普通高等教育土木工程系列教材

建设工程安全生产与环境保护

主　编　张晶晶　项　勇

副主编　杜德权　魏　瑶　文　希

参　编　杨　雨　洪乔峰　郑凌云

主　审　尤　完

机械工业出版社

本书分为上篇和下篇两部分。上篇由第1~8章组成，主要介绍了建设工程安全生产与环境保护管理体系的框架及其主要环节、相关的法律法规，以及建设行政主管部门的相关政策规定，主要包括建设工程安全生产管理与环境保护概述、建设工程安全生产与环境保护相关法律法规、建设工程安全生产管理机制及制度、危大工程管控与建筑施工安全生产检查、危险源管控及应急预案、建设工程安全生产事故调查与处理、文明施工及环境保护、职业健康安全及职业病防治。上篇内容以帮助读者建立建设工程安全生产与环境保护管理的体系框架。下篇由第9~16章组成，主要介绍了建设工程施工现场的安全生产管理重点及难点，以及所涉及的安全生产技术，主要包括深基坑工程施工安全技术、主体工程施工安全技术、脚手架工程施工安全技术、高处作业安全技术、施工现场临时用电安全技术、施工现场消防安全技术、吊装工程施工安全技术、建筑机械安全技术。下篇内容帮助读者掌握施工现场安全生产与环境保护的常用技术。

本书结合了现行国家、行业、地方规范和标准，以及注册建造师（建筑工程）、注册安全工程师（建筑施工）执业资格考试的考试大纲及系列辅导教材中关于建设工程安全生产与环境保护的知识版块，可作为土木工程、工程管理、工程造价等相关专业的教材，也可供从事安全文明施工管理工作的技术人员参考。

图书在版编目（CIP）数据

建设工程安全生产与环境保护/张晶晶，项勇主编. —北京：机械工业出版社，2024.4

普通高等教育土木工程系列教材

ISBN 978-7-111-75355-1

Ⅰ.①建… Ⅱ.①张… ②项… Ⅲ.①建筑工程–安全生产–高等学校–教材 ②建筑工程–环境保护–高等学校–教材 Ⅳ.①TU714②X3

中国国家版本馆 CIP 数据核字（2024）第 054282 号

机械工业出版社（北京市百万庄大街22号 邮政编码100037）

策划编辑：林 辉　　　　　　责任编辑：林 辉 高凤春 宫晓梅
责任校对：杨 霞 张昕妍　　封面设计：严娅萍
责任印制：常天培

北京机工印刷厂有限公司印刷

2024年5月第1版第1次印刷

184mm×260mm · 20.25印张 · 502千字

标准书号：ISBN 978-7-111-75355-1

定价：68.00 元

电话服务　　　　　　　　　　网络服务

客服电话：010-88361066　　机 工 官 网：www.cmpbook.com
　　　　　010-88379833　　机 工 官 博：weibo.com/cmp1952
　　　　　010-68326294　　金 书 网：www.golden-book.com

封底无防伪标均为盗版　机工教育服务网：www.cmpedu.com

前　言

党的二十大报告中提出："提高公共安全治理水平。坚持安全第一、预防为主，建立大安全大应急框架，完善公共安全体系，推动公共安全治理模式向事前预防转型。推进安全生产风险专项整治，加强重点行业、重点领域监管。"党的二十大报告为建设工程安全生产管理指明了方向。

一直以来，安全生产管理与环境保护都是工程项目管理的重要内容，随着建设行政主管部门对建设工程项目安全与环保重视程度的提高，工程项目管理基本目标要求已经由"质量、进度、成本"提升为"安全、环保、质量、进度、成本"，安全与环保成为工程项目管理的首要目标。在施工项目现场管理中，"安全第一，预防为主，综合治理"是安全管理必须遵循的原则，安全为质量服务，而质量必须以安全作保证。提升地方政府和企业的环保意识和能力，是我国可持续发展战略的重要组成部分。

西华大学本课程教学团队在深入研究目前部分高校"建筑施工安全""建设工程安全管理"等课程教学实际情况的基础上，结合当前的行业需求、人才培养目标编写了本书。本书根据国家"新工科"建设提出的培养一批学习能力好、创新思想强、行动能力卓越的富有创造力的新型人才的要求，结合了国家政策及建设工程行业背景的更新，参考了注册建造师（建筑工程）、注册安全工程师（建筑施工）执业资格考试的考试大纲，强调教学改革，培养学生理论与实践相结合的能力、运用所学解决实际问题的能力及毕业后的职业实操能力。从实用性和适用性出发，将建设工程安全生产与环境保护管理专业人才应具备的管理方面的主要基础知识、专业实践素质与工程建造活动的特殊性相结合，在阐明相关原理与方法的基础上，结合实例，系统介绍了工程建设过程中与安全生产与环境保护监督管理相关的政策、法规、规范、标准与方法。

与目前已经出版的建设工程安全生产管理书籍相比，本书具有以下特色：

1）结构清晰，体现了管理线与技术线的结合，增加了施工现场环境管理的相关内容，内容较全面，综合性较强。本书分为上、下两篇，上篇以建设工程安全生产与环境保护管理体系建构为主线，下篇以建设工程安全生产与环境保护技术为主线。上篇主要介绍了建设工程安全与环境保护管理体系的建构，对整个管理体系作了仔细的梳理，厘清了管理体系中的关键环节，以及这些环节对应的国家、建设行政主管部门颁发的相关法律、法规、规章，可以使读者建立起清晰的管理框架。下篇主要介绍了工程项目建设过程中安全管控重点，事故高发的分部工程的安全技术，主要介绍了深基坑工程施工安全技术、主体工程施工安全技术、脚手架工程施工安全技术、高处作业安全技术、施工现场临时用电安全技术、施工现场消防安全技术、吊装工程施工安全技术、建筑机械安全技术。

2）政策、法规、规章、标准、规范与时俱进，根据党的二十大以来国家各领域改革的最新发展以及与建设工程行业相关的各类法律、法规、标准、规范和政策文件的最新要求，保证本书内容组织紧跟时代步伐。同时在内容编排和思考题组织上结合注册建造师、注册安全工程师执业资格考试的考试大纲中对工程项目安全生产管理、环境管理理论及实务的要求，使读者的学习内容与未来的职业规划发展所需要的知识和技能要求实现良好的衔接。

本书各章附有一定量的课后思考题，以帮助读者在学习过程中加深理解、巩固所学知识。同时本书配备了详细的课程教学资源，包括任课教师使用的PPT，各章课后拓展思考题，从事安全生产及环境保护管理工作涉及的现行主要规范、标准，工程安全领域典型实际案例、模拟试题等，需要者请登录机械工业出版社教育服务网（www.cmpedu.com）注册后下载。

本书大纲由西华大学的张晶晶、项勇策划并整理。各章具体编写分工如下：第1~3章由项勇和杨雨编写，第4~6章由杜德权和洪乔峰编写，第7~9章由文希和郑凌云编写，第10~13章由张晶晶编写，第14~16章由魏瑶编写。全书的整理和校核工作由杨雨和文希负责，课后思考题的整理及答案校对由洪乔峰和郑凌云负责。

感谢北京建筑大学的尤完教授作为主审为本书的编写提供了许多宝贵的意见，使本书在内容的适用性和专业性方面得到了较大幅度的提升。另外，本书在编写过程中还参考了部分国内学者的研究成果，在此深表谢意！

由于编者的水平和时间有限，书中难免会有缺点和不足之处，恳请读者批评指正，以便本书再版时修改和完善。

编　者

目　录

下篇 安全生产技术篇

上篇　安全生产与环境保护管理篇

第1章 建设工程安全生产管理与环境保护概述

【本章主要内容】 安全生产与安全生产管理的概念；安全生产管理的基本方针；安全生产管理中的不安全因素；建设工程施工生产的特点；建设工程施工现场安全管理的范围与原则；建设工程施工环境保护概述。

【本章重点、难点】 安全生产与安全生产管理的概念；建设工程施工安全管理的特点；建设工程施工安全生产管理中的不安全因素。

安全生产是一种生产经营单位的行为，是指在组织生产经营活动的过程中，为避免造成人员伤害和财产损失，而采取相应的事故预防和控制措施，以保证从业人员的人身安全，保证生产经营活动得以顺利进行的相关活动。

人的生命安全与健康是经济社会发展的基础和目标，离开了人，经济发展将失去其动力和意义。因此，在经济社会发展过程中，最不应该忽视的就是人的生命安全和健康。

对于人类来说，安全是一个极为重要的课题。美国著名学者马斯洛曾经说过人有五种需要：生理需要、安全需要、社交需要、尊重需要和自我实现需要。这就是说，人类在求得生存的基础上，接下来就是谋求安全的需要，可见安全对于人类来说是何等重要。然而，人类的生存必须靠生产劳动实践活动来获得物质和文化的需要。在生产劳动过程中，由于生产劳动的客观条件和人的主观状况，使得人类不得不面临各类危害人身安全与健康的因素，特别是建筑产品的生产现场、施工现场作为生产因素（人、材、机）的聚集地，具有规模庞大、环境复杂、动态交叉作业、多工种综合交叉作业、大型机械设备现场操作、存在大量的露天作业和高处作业等特点，保证安全生产更显得尤为重要。建设工程施工现场安全生产管理的重要性突显。

人们随着生活水平的提高和认识素质的增强，对人与周围环境的协调越发关注，就国际大环境来说，"保护环境，防止水土流失，维持生存环境的魅力"是世界人民共同追求的目标。工程项目建设既要消耗大量的自然资源，又要向自然界排放大量的废水、废气、废渣以及产生噪声等，这些均是造成环境问题的主要根源。因此，加强工程项目的环境保护已成为项目管理水平的一项重要指标，施工现场环境保护显得尤为重要。

1.1　安全生产管理概述

1.1.1　安全生产

《辞海》里对安全的定义是"无危则安，无缺则全"，即没有危险和隐患，生产过程不出事故，人的身体健康不受伤害，财产不受损失并保持完整无损的状态。安全可分为人身安全和财产安全两种情形。

建设工程安全生产是指在建设工程生产活动中，通过人、机械设备、物料、环境的和谐运作，使生产过程中潜在的各种事故风险和伤害因素始终处于有效控制状态，切实保护劳动者的生命安全和身体健康。

1.1.2　安全生产管理

安全生产管理是管理的重要组成部分，是安全科学的一个分支。所谓安全生产管理，就是针对人们在生产过程中的安全问题，运用有效的资源，发挥人们的智慧，通过人们的努力，进行有关决策、计划、组织和控制等活动，实现生产过程中人与机械设备、物料、环境的和谐，达到安全生产的目标。

安全生产管理的目标是减少和控制危害，减少和控制事故，尽量避免生产过程中由于事故所造成的人身伤害、财产损失、环境污染以及其他损失。安全生产管理包括安全生产法制管理、行政管理、监督检查、工艺技术管理、设备设施管理、作业环境和条件管理等方面。

安全生产管理的基本对象是企业中的所有人员、设备设施、物料、环境等。安全生产管理的内容包括安全生产管理机构和安全生产管理人员、安全生产责任制、安全生产管理规章制度、安全生产策划、安全生产技术措施、安全教育培训、安全生产档案等。

1.1.3　安全生产管理的基本方针

2021年6月10日，第十三届全国人民代表大会常务委员会第二十九次会议通过《全国人民代表大会常务委员会关于修改〈中华人民共和国安全生产法〉的决定》，自2021年9月1日起施行新的《中华人民共和国安全生产法》。总则第三条规定：安全生产工作应当以人为本，坚持人民至上、生命至上，把保护人民生命安全摆在首位，树牢安全发展理念，坚持安全第一、预防为主、综合治理的方针，从源头上防范化解重大安全风险。党的二十大报告强调要"坚持安全第一、预防为主，建立大安全大应急框架，完善公共安全体系，推动公共安全治理模式向事前预防转型。推进安全生产风险专项整治，加强重点行业、重点领域安全监管。提高防灾减灾救灾和重大突发公共事件处置保障能力，加强国家区域应急力量建设"。其具体含义如下：

1. 安全第一

安全第一就是在生产过程中把安全放在第一重要的位置上，切实保护劳动者的生命安全和身体健康。坚持安全第一，是贯彻落实以人为本的科学发展观、构建社会主义和谐社会的必然要求。其内涵就是要把安全生产工作放在第一位，无论在干什么、什么时候都要抓安全，任何事情都要为安全让路。安全生产工作实行管行业必须管安全、管业务必须管安全、管生产经营必须管安全，要正确处理好安全生产与效益的关系，当两者发生矛盾时，坚持安全第一的原则。

2. 预防为主

预防为主就是把安全生产工作的关口前移，超前防范，建立预教、预测、预想、预报、预警、预防的递进式、立体化事故隐患预防体系，改善安全状况，预防安全事故。在新时期，预防为主就是通过建设安全文化、健全安全法制、提高安全科技水平、落实安全责任、加大安全投入，构筑坚固的安全防线。

3. 综合治理

综合治理是指适应我国安全生产形势的要求，自觉遵循安全生产规律，正视安全生产工作的长期性、艰巨性和复杂性，抓住安全生产工作中的主要矛盾和关键环节，综合运用经济、法律、行政等手段，人管、法治、技防多管齐下，并充分发挥社会、职工、舆论的监督作用，有效解决安全生产领域的问题。

1.1.4 安全生产管理中的不安全因素

1. 人的不安全因素

人的不安全因素是指对安全产生影响的人方面的因素，即能够使生产系统发生故障或发生性能不良事件的个人的不安全因素以及违背设计和安全要求的错误行为。人的不安全因素可分为个人的不安全因素和人的不安全行为两大类。

（1）个人的不安全因素　个人的不安全因素是指人员的心理、生理、能力中所具有的不能适应工作、作业岗位要求的影响安全的因素。个人的不安全因素主要包括以下几种：

1）心理上的不安全因素，是指人在心理上具有影响安全的性格、气质和情绪，如急躁、懒散、粗心等。

2）生理上的不安全因素，包括视觉、听觉等感觉器官，体能、年龄、疾病等不符合工作或作业岗位要求的影响因素。

3）能力上的不安全因素，包括知识技能、应变能力、资格等不能适应工作或作业岗位要求的影响因素。

（2）人的不安全行为　人的不安全行为是指造成事故的人为错误，包括引起事故发生的不安全动作，以及应该按照安全规程去做，而没有去做的行为。不安全行为反映了事故发生的人的方面的原因。

在施工现场，不安全行为按《企业职工伤亡事故分类》（GB 6441—1986）可分为十三个大类：

1）操作失误，忽视安全，忽视警告。

2）造成安全装置失效。

3）使用不安全设备。

4）手代替工具操作。

5）物体存放不当。

6）冒险进入危险场所。

7）攀、坐不安全位置。

8）在起吊物下作业、停留。

9）在机器运转时进行检查、维修、保养等工作。

10）有分散注意力的行为。

11）没有正确使用个人防护用品、用具。

12）不安全装束。

13）对易燃易爆等危险物品处理错误。

人的不安全行为产生的主要原因有系统、组织的原因，思想、责任心的原因等。诸多事故分析表明，绝大多数事故不是技术问题造成的，而是违规、违章所致，是由降低安全标准，减少投入，不落实安全组织措施，不建立安全生产责任制，缺乏安全技术措施，没有安全教育、安全检查制度，不做安全技术交底，违章指挥、违章作业、违反劳动纪律等人为因素造成的，因此必须防止产生人的不安全行为。

2．物的不安全状态

物的不安全状态是指能导致事故发生的物质条件，包括机械设备等物质或环境所存在的不安全因素。

（1）物的不安全状态的内容

1）物（包括机器、设备、工具等）本身存在的缺陷。

2）防护保险方面的缺陷。

3）物的放置方法的缺陷。

4）作业环境场所的缺陷。

5）外部的和自然界的不安全状态。

6）作业方法导致的物的不安全状态。

7）保护器具信号、标志和个体防护用品的缺陷。

（2）物的不安全状态的类型

1）防护等装置缺乏或有缺陷。

2）设备、设施、工具、附件等有缺陷。

3）个人防护用品、用具缺少或有缺陷。

4）施工生产场地环境不良，现场布置杂乱无章，视线不畅，沟渠纵横，交通阻塞，材料工具乱堆、乱放，机械无防护装置，电器无漏电保护，粉尘飞扬，噪声刺耳等使劳动者生理、心理难以承受等。

3．管理上的不安全因素

管理上的不安全因素通常也称为管理上的缺陷，是事故潜在的不安全因素，作为间接原因，主要体现在以下几个方面：

1）对物的管理失误，主要是管理不善导致物的状态有缺陷。

2）对人的管理失误，包括教育、培训、指示和对作业人员安排上的缺陷。

3）管理工作上的缺陷，包括对作业程序、操作规程、工艺过程的管理失误以及对采购、安全监控、事故防范措施的管理失误。

1.2 建设工程施工安全管理概述

1.2.1 建设工程施工生产的特点

1. 建筑产品的多样性

建筑产品的多样性使得建筑安全问题不断变化。建筑产品是固定的，附着在土地上的，而世界上没有完全相同的两块土地；建筑结构是多样的，有混凝土结构、钢结构、木结构等；建筑规模是多样的，从几百平方米到数百万平方米不等；建筑功能、建筑外形和工艺方法也是多样的，因此建筑产品没有完全相同的。建造不同的建筑产品，对人员、材料、机械设备、防护用品、施工技术等都有不同的要求。由于各种建筑物或构筑物都有特定的使用功能，因而建筑产品的种类繁多，不同的建筑物建造不仅需要制订一套适应于生产对象的工艺方案，还应针对工程特点编制切实可行并行之有效的施工安全技术措施，才能确保施工顺利进行和安全生产。

2. 建筑施工的流动性

建筑产品都必须固定在一定的地点建造，这使建筑施工具有流动性，主要表现在以下三个方面：一是各工种的工人在某建筑物的部位上流动；二是施工人员在一个工地范围内的各幢建筑物上流动；三是建筑施工队伍在不同地区工地上流动。这些都给安全生产带来了许多可变因素，稍有不慎，易导致伤亡事故发生。

3. 建筑施工的综合性

建筑物的建造是多工种在不同空间、不同时间劳动并相互配合协调的过程。同一时间的垂直交叉作业不可避免，若隔离防护措施不当，则容易造成伤亡事故。若各工种间的交叉作业安排不当，则也容易导致伤亡事故的发生。

4. 作业条件的多变性

首先，露天作业，日晒雨淋、严寒酷暑以及大风影响等形成的恶劣环境，不仅影响施工人员的健康，还易诱发安全事故。其次，高处作业多。据统计，建筑施工中的高处作业占总工程量的90%左右，且高处作业的等级越来越高，有不少高度超过100m的高处作业，高处作业除了不安全因素多，还会影响人的生理和心理健康，建筑施工伤亡事故中，有近60%与高处作业有关；另外，不少作业在未完成安装的结构上或搭设的临时设施（如脚手架等）上进行，使得高处作业的危险程度更高。

5. 操作人员劳动强度的繁重性

建筑施工中不少工种仍以手工操作为主，加上组织管理不善，无限期地加班加点，工人在高强度劳动和超长时间作业中，体力消耗过大，容易造成过度疲劳，由此引起的注意力不集中或作业中的力不从心等易导致事故的发生。

6. 施工现场设施的临时性

随着社会发展，建筑物体量和高度不断增加，工程的施工周期也随之延长，一年以上工期的工程比比皆是。为了保证工程建造正常和顺利地进行，施工中必须使用各种临时设施，如临时建筑、临时供电系统以及现场安全防护设施。这些临时设施经过长时间的风吹、日晒、雨淋、冻融和种种人为因素，其安全可靠性往往明显降低，特别是这些设施的临时性容易导致施工管理人员忽视这些设施的质量，因而安全隐患和防护漏洞时有出现。

1.2.2　建设工程施工现场安全管理的范围与原则

1. 建设工程施工现场安全管理的范围

建设工程施工现场安全管理的中心问题是保护施工生产活动中人的健康与安全以及财产不受损伤，保证生产顺利进行。

概括地讲，宏观的安全管理包括劳动保护、施工安全技术和职业健康安全，它们是既相互联系又相互独立的三个方面。劳动保护偏重于以法律、法规、规程、条例、制度等形式规范管理或操作行为，从而使劳动者的劳动安全与身体健康得到应有的法律保障。施工安全技术侧重于对劳动手段与劳动对象的管理，包括预防伤亡事故的工程技术和安全技术规范、规程、技术规定、标准条例等，以规范物的状态。职业健康安全着重于对施工生产中的粉尘、振动、噪声、毒物的管理，通过防护、医疗、保健等措施，防止劳动者的安全与健康受到有害因素的危害。

2. 建设工程施工现场安全管理的原则

（1）管生产同时管安全　安全寓于生产之中，并对生产起到促进与保证作用。安全与生产虽然有时会出现矛盾，但从安全、生产管理的目标和目的来看，二者表现出高度的一致和完全的统一。

安全管理是生产管理的重要组成部分，安全与生产在实施过程中存在着密切的联系，有进行共同管理的基础。

管生产同时管安全，不仅对各级领导人员明确了安全管理责任，同时也向一切与生产有关的机构、人员明确了业务范围内的安全管理责任。由此可见，一切与生产有关的机构、人员，都必须参与安全管理并在管理中承担责任。认为安全管理只是安全部门的事，是一种片面的、错误的认识。

各级人员安全生产责任制度的建立，管理责任的落实，体现了管生产同时管安全的原则。

（2）坚持安全管理的目的性　安全管理的内容是对生产中的人、物、环境因素状态的管理，有效地控制人的不安全行为和物的不安全状态，消除或避免事故，达到保护劳动者的安全与健康的目的。没有明确目的的安全管理是一种盲目行为。盲目的安全管理充其量只能算作花架子，劳民伤财，危险因素依然存在。在一定意义上，盲目的安全管理会纵容威胁人的安全与健康的状态向更为严重的方向发展或转化。

（3）贯彻预防为主的方针　安全生产的方针是"安全第一，预防为主，综合治理"。安全第一是从保护生产力的角度和高度，表明在生产范围内安全与生产的关系，肯定安全在生产活动中的重要性。进行安全管理不是处理事故，而是在生产活动中针对生产的特点，对生产因素采取管理措施，有效地控制不安全因素的发展与扩大，把可能发生的事故消灭在萌芽状态，以保证生产活动中人的安全与健康。

贯彻预防为主，首先要端正对生产中不安全因素的认识，端正消除不安全因素的态度，选准消除不安全因素的时机。在安排与布置生产内容时，针对施工生产中可能出现的危险因素，采取措施予以消除是最佳选择。在生产活动过程中，经常检查、及时发现不安全因素，采取措施，明确责任，尽快地、坚决地予以消除，是安全管理应有的鲜明态度。

（4）坚持"四全"动态原理　安全管理不是少数人和安全机构的事，而是一切与生产有关的人共同的事。缺乏全员的参与，安全管理不会出现好的管理效果。当然，这并非是否定安全管理第一责任人和安全机构的作用。生产组织者在安全管理中的作用固然重要，全员性参与管理也十分重要。

安全管理涉及生产活动的方方面面，包括从开工到竣工交付的全部生产过程、全部的生产时间、一切变化着的生产因素。因此，生产活动中必须坚持全员、全过程、全方位、全天候的动态安全管理。

（5）安全管理重在控制　安全管理的目的是预防、消灭事故，防止或消除事故伤害，保护劳动者的安全与健康。在安全管理的四项主要内容中，对生产因素状态的控制与安全管理目的的关系显得更为突出。因此，对生产中人的不安全行为和物的不安全状态的控制是安全管理的重点。事故的发生，是由于人的不安全行为运动轨迹与物的不安全状态运动轨迹的交叉导致的。从事故发生的原理来看，也应该把对生产因素状态的控制当作安全管理的重点，而不是把约束当作安全管理的重点，因为约束缺乏带有强制性的手段。

（6）在管理中发展提高　既然安全管理是在变化着的生产活动中的管理，是一种动态的，就意味着其管理是不断发展的、不断变化的，以适应变化的生产活动，消除新的危险因素。然而更为重要的是不间断地摸索新的规律，总结管理、控制的办法与经验，指导新的变化后的管理，从而使安全管理不断地上升到新的高度。

1.3　建设工程施工环境保护概述

环境是人类生存和活动的场所，也是向人类提供生产和消费所需要自然资源的供应基地。《中华人民共和国环境保护法》（以下简称《环境保护法》）明确指出："本法所称环境，是指影响人类生存和发展的各种天然的和经过人工改造的自然因素的总体，包括大气、水、海洋、土地、矿藏、森林、草原、湿地、野生生物、自然遗迹、人文遗迹、自然保护区、风景名胜区、城市和乡村等。"其中，"影响人类生存和发展的各种天然的和经过人工改造的自然因素的总体"就是环境科学且概括的定义。它有两层含义：第一，《环境保护法》所说的环境，是指以人为中心的人类生存环境，关系到人类的毁灭与生存。环境不是泛指人类周围的一切自然的和社会的客观事物整体，如银河系，我们并不把它包括在环境这个概念中。所以环境保护所指的环境是人类赖以生存的环境，是作用于人类并影响人类未来生存和发展的外界的一个施势体。第二，随着人类社会的发展，环境概念也在发展。虽然现阶段没有把月球视为人类的生存环境，但是随着航天事业的发展，月球将来有可能会成为人类生存环境的组成部分。

环境问题一般是指由于自然界或人类活动作用于人类周围的环境而引起环境质量下降或生态失调，以及这种变化反过来对人类的生产和生活产生不利影响的现象。人类在改造自然环境和创建社会环境的过程中，自然环境仍以其固有的自然规律变化着。社会环境受自然环境的制约，也以其固有的规律变化着。人类与环境不断地相互影响和作用而产生环境问题。

环境问题多种多样，归纳起来有两大类：一类是自然演变和自然灾害引起的原生环境问题，也叫作第一环境问题，如地震、洪涝、干旱、台风、崩塌、滑坡、泥石流等；另一类是人类活动引起的次生环境问题，也叫作第二环境问题，次生环境问题一般又分为环境污染和生态破坏两大类，如乱砍滥伐引起的森林植被的破坏、过度放牧引起的草原退化、大面积开垦草原引起的沙漠化和土地沙化、工业生产造成大气和水环境恶化等。

通常所说的环境问题，多指人为因素所作用的结果。当前人类面临着日益严重的环境问题，环境污染和自然资源的破坏直接威胁着生态环境，威胁着人类的健康和子孙后代的生存。环境问题从根本上说是经济、社会发展的伴生产物，具体来说，可概括为以下几个方面：

1）由于人口增加对环境造成的巨大压力。

2）伴随人类的生产、生活活动产生的环境污染。

3）人类在开发建设活动中造成的生态破坏的不良变化。

4）由于人类的社会活动，如军事活动、旅游活动等，造成的人文遗迹、风景名胜区、自然保护区的破坏，珍稀物种的灭绝以及海洋等自然和社会环境的破坏与污染。

到目前为止，已经威胁人类生存并已被人类认识到的环境问题主要有全球变暖、臭氧层破坏、酸雨、淡水资源危机、资源和能源短缺、森林资源锐减、土地荒漠化、物种加速灭绝、垃圾成灾、有毒化学品污染等。

1. 全球变暖

全球变暖是指全球气温升高。近100年来，全球平均气温经历了冷→暖→冷→暖两次波动，总体为上升趋势，全球平均气温上升了约0.74℃。20世纪80年代后，全球气温明显上升。在过去的20年中，这一上升的速度在不断加快，每10年的平均气温比前一个10年高出0.2℃。如果按照这个趋势持续下去，预计到21世纪末，全球气温可能上升2℃以上。

导致全球变暖的主要原因是人类大量使用矿物燃料（如煤、石油等），排放出大量CO_2等温室气体。这些温室气体对来自太阳辐射的短波具有高度的透过性，而对地球反射出来的长波具有高度的吸收性，形成温室效应，导致全球气候变暖。全球变暖会使全球降水量重新分配，冰川和冻土消融，海平面上升等，既危害自然生态系统的平衡，又威胁人类的食物供应和居住环境。

2. 臭氧层破坏

在地球大气层近地面20~30km的平流层里存在着一个臭氧层，其中臭氧含量占这一高度气体总量的十万分之一。臭氧虽然含量极微，却具有强烈的吸收紫外线的功能，因此它能挡住太阳紫外辐射对地球生物的伤害。然而人类生产和生活所排放的一些污染物，如冰箱、空调等设备制冷剂中的氟氯烃类化合物以及具有其他用途的氟溴烃类化合物等，受到紫外线的照射后可被激化，形成活性很强的原子与臭氧层中的臭氧作用，使其变成氧分子，这种作用连锁般地发生，臭氧迅速耗减，使臭氧层遭到破坏。南极的臭氧层空洞，就是臭氧层破坏的一个最显著的标志。南极上空的臭氧层是在20亿年里形成的，可是在一个世纪里就被破坏了60%。北半球上空的臭氧层也比以往任何时候都薄，欧洲和北美洲上空的臭氧层平均减少了10%~15%，西伯利亚上空甚至减少了35%。因此科学家警告说，地球上空臭氧层破坏的程度远比一般人想象的要严重得多。

3. 酸雨

酸雨是由空气中二氧化硫和氮氧化物等酸性污染物引起的pH小于5.6的酸性降水。受酸雨危害的地区，出现了土壤和湖泊酸化，植被和生态系统遭受破坏，建筑材料、金属结构和文物被腐蚀等一系列严重的环境问题。酸雨在20世纪五六十年代最早出现于北欧及中欧，当时北欧的酸雨是欧洲中部工业酸性废气迁移所致。20 世纪 70 年代以来，许多工业化国家采取各种措施防治大气污染，其中一个重要的措施就是增加烟囱的高度，这一措施虽然有效地改变了排放地区的大气环境质量，但大气污染物远距离迁移的问题却更加严重，污染物越过国界进入邻国，甚至漂浮很远的距离，形成更广泛的跨国酸雨。此外，全世界使用矿物燃料的量有增无减，也使得受酸雨危害的地区进一步扩大。

4. 淡水资源危机

地球表面虽然 2/3 被水覆盖，但是 97% 为无法饮用的海水，只有不到 3% 是淡水，其中又有 2% 封存于极地冰川之中。在仅有的 1% 的淡水中，25% 为工业用水，70% 为农业用水，只有极少部分可供饮用。20 世纪初，国际上就有"19 世纪争煤、20 世纪争石油、21 世纪争水"的说法。第 47 届联合国大会更是将每年的 3 月 22 日定为"世界水日"，号召世界各国对全球普遍存在的淡水资源紧缺问题引起高度重视。根据联合国统计，全球淡水消耗量自 20 世纪初以来增加了 6~7 倍，比人口增长速度高 2 倍，全球目前有 14 亿人缺乏安全清洁的饮用水，即平均每 5 人中便有 1 人缺水。估计到 2025 年，全世界将有近 1/3 的人口（23 亿人）缺水，波及的国家和地区达 40 多个，中国是其中之一。中国被联合国认定为世界上 13 个最贫淡水的国家之一。我国淡水资源总量名列世界第六，但人均占有量仅为世界平均值的 1/4，位居世界第 109 位，而且水资源在时间和地区分布上很不均衡，有 10 个省、自治区、直辖市的水资源已经低于起码的生存线，那里的人均水资源拥有量不足 500m³。目前我国有 300 个城市缺水，其中 110 个城市严重缺水，主要分布在华北、东北、西北和沿海地区，水已经成为这些地区经济发展的瓶颈。有专家估计，2030 年前我国的缺水量将达到 600 亿 m³。因此，为保证我国经济的可持续发展，淡水资源问题的解决已迫在眉睫。

5. 资源和能源短缺

当前，世界上资源和能源短缺问题已经在大多数国家甚至全球范围内出现。这种现象的出现，主要是人类无计划、不合理地大规模开采所致。2023 年 6 月 26 日，英国能源研究院（Energy Institute，EI）及其合作伙伴毕马威和科尔尼发布了第 72 个《世界能源统计年鉴》（以下简称《年鉴》），首次提供 2022 年完整的全球能源数据。

《年鉴》汇总了 2022 年全球能源数据。2022 年全球能源消费量为 604.04EJ（艾焦），同比增长 1.1%。其中，化石燃料占能源消费的 81.8%，较 2021 年减少 0.2%。

从各国的情况来看，全球绝大部分国家能源消费呈增长态势。中国能源消费量为 159.39EJ，同比增长 0.9%，占全球能源总消费量的 26.4%。能源消费量排名前十的国家分别为中国、美国、印度、俄罗斯、日本、加拿大、巴西、韩国、德国和伊朗。从石油、煤、水利和核能发展的情况来看，要满足这种需求量是十分困难的。因此，在新能源（如太阳能、快中子反应堆电站、核聚变电站等）开发利用尚未取得较大突破之前，世界能源供应将日趋紧张。此外，其他不可再生性矿产资源的储量也在日益减少，这些资源终究会被消耗殆尽。

6. 森林资源锐减

森林是陆地生态系统的主体，对维持陆地生态平衡起着决定性的作用。但是，最近 100 多年来，人类对森林的破坏达到了十分惊人的程度。人类文明初期地球陆地的 2/3 被森林所覆盖，约为 76 亿 hm²（1hm²=10⁴m²）；19 世纪中期减少到 56 亿 hm²；20 世纪末期锐减到 34.4 亿 hm²，森林覆盖率下降到 27%。联合国发布的《2000 年全球生态环境展望》指出，由于人类对木材和耕地等的需求，全球森林减少了一半，9% 的树种面临灭绝，30% 的森林变成农业用地，热带森林每年消失 13 万 km^2；地球表面覆盖的原始森林 80% 遭到破坏，剩下的原始森林不是支离破碎，就是残次退化，而且分布极为不均，难以支撑人类文明的大厦。科学家说：由于大量森林被毁，已经使人类生存的地球出现了比任何问题都要难以对付的严重生态危机，生态危机有可能取代核战争成为人类面临的最大威胁。

7. 土地荒漠化

从世界范围来看，在 1994 年通过的《联合国关于在发生严重干旱和 / 或荒漠化的国家特别是在非洲防治荒漠化的公约》中，荒漠化是指包括气候变异和人类活动在内的种种因素造成的干旱（arid）、半干旱（semi-arid）和亚湿润干旱（dry subhumid）地区的土地退化。联合国环境规划署估计，荒漠化在 110 多个国家直接影响 2.5 亿人的生活。受威胁的干旱土地，覆盖了 40% 的陆地面积，涉及约 20 亿人，既包括发达国家，也包括发展中国家，如南部非洲、中东、俄罗斯南部、澳大利亚、美国、墨西哥、巴西北部、南美西部，甚至冰岛等。荒漠化影响了 16% 的全球农业土地，中美洲 75%、非洲 20% 和亚洲 11% 的农地严重退化。因为荒漠化，全球每年农作物损失估计为 420 亿美元，主要在亚非的发展中国家。中国每年因荒漠化损失 65 亿美元，非洲撒哈拉地区因为荒漠化导致其农村的国内生产总值损失 3%。

8. 物种加速灭绝

物种就是指生物种类。现今地球上生存着 500 万 ~1000 万种生物。一般来说，物种灭绝速度与物种生成的速度应是平衡的。但是，由于人类活动破坏了这种平衡，使物种灭绝速度加快，据世界自然基金会发布的《地球生命力报告 2020》显示，1970—2016 年，监测到的哺乳类、鸟类、两栖类、爬行类和鱼类种群规模平均下降了 68%。在全球范围内，拥有全球最大热带森林的拉丁美洲生物多样性丧失最为明显，40 年间物种丰富度下降 94%，是全球最严重地区。而土地和海洋利用的变化，包括栖息地的丧失和退化是生物多样性面临的最大的威胁。

以拉丁美洲为例，亚马孙热带森林是地球生物多样性最丰富的生态系统之一，有超过 300 万物种都生活在雨林，有超过 2500 树种（约占地球所有热带树木的 1/3）共同维持着这个充满活力的生态系统。

但同样在这个雨林，物种灭绝速度也前所未见。据联合国估计，有 100 万个物种正处于灭绝状态。仅从 2018 年 8 月到 2019 年 7 月，亚马孙地区就损失了超过 9842km^2 的森林，森林砍伐率达到十年最高峰。

人类强占土地和工农业用地扩张，对草原、雨林、湿地过度开发，是导致该地区物种减少的最主要原因。

《地球生命力报告 2020》指出，目前全球陆地生物多样性已经岌岌可危，全球平均生物多样性完整性指数只有 79%，远低于安全下限值 90%，并且仍在不断下滑。我国是世界上生物多样性最丰富的国家之一，有高等植物 3 万余种，居世界第三位，仅次于巴西和哥伦比亚；有脊椎动物 6000 余种，占世界总种数的 13.7%。虽然我国是世界上物种最为丰富的国家之一，但同时也是生物多样性受到威胁最严重的国家之一。由于生态系统的破坏和退化，使许多物种变成濒危种和受威胁种。

2020 年，高等植物中受威胁物种高达 1 万多种，占评估物种总数的 29.3%，真菌中受威胁物种高达 6500 多种，占评估物种总数的 70.3%。

在《濒危野生动植物种国际贸易公约》列出的640个世界性濒危物种中，我国有156种，约占其总数的25%。

而当下，如果不采取措施，全球物种灭绝速度将进一步加速，而现在的灭绝速度已经至少比过去1000万年的平均值高出数千倍。

9. 垃圾成灾

全球每年产生垃圾近100亿t，而且处理垃圾的能力远远赶不上垃圾增加的速度。我国的垃圾排放量已相当可观，在许多城市周围，排满了一座座垃圾山，除了占用大量土地，还污染环境。危险垃圾，特别是有毒、有害垃圾的处理问题（包括运送、存放），因其造成的危害更为严重、产生的危害更为深远，而成为当今世界各国面临的一个十分棘手的环境问题。

10. 有毒化学品污染

市场上有7万~8万种化学品，对人体健康和生态环境有危害的约有3.5万种。其中有致癌、致畸、致突变作用的有500余种。随着工农业生产的发展，如今每年又有1000~2000种新的化学品投入市场。由于化学品的广泛使用，全球的大气、水体、土壤乃至生物都受到了不同程度的污染、毒害，连南极的企鹅也未能幸免。自20世纪50年代以来，涉及有毒有害化学品的污染事件日益增多，如果不采取有效防治措施，将对人类和动植物造成严重的危害。

建设工程施工是人类生产活动的一种，在施工生产中，必然会与环境发生交互作用，对环境产生影响，建设行业主管部门一直重视施工过程中的环境保护，在相关法律、法规上作出明确的规定。比如《中华人民共和国建筑法》规定，建筑施工企业应当遵守有关环境保护和安全生产的法律、法规的规定，采取控制和处理施工现场的各种粉尘、废气、废水、固体废物以及噪声、振动对环境污染和危害的措施。

《建设工程安全生产管理条例》进一步规定，施工单位应当遵守有关环境保护法律、法规的规定，在施工现场采取措施，防止或者减少粉尘、废气、废水、固体废物、噪声、振动和施工照明对人和环境的危害和污染。

思 考 题

1. 简述建设工程法律法规体系的构成。
2. 建设工程有关法律法规体系按法律效力高低如何排序？
3. 建设工程法律、行政法规、部门规章，各自的制定颁布规定是怎样的？
4. 强制性标准与推荐性标准的不同之处是什么？
5. 建设工程活动中对强制性标准的执行监督检查的机构是什么？监督检查的内容和方式是什么？

第 2 章　建设工程安全生产与环境保护相关法律法规

> 【本章主要内容】　建设工程法律法规体系；建设工程法律有关内容；建设工程行政法规有关内容；建设工程部门规章有关内容；工程建设标准有关内容。
>
> 【本章重点、难点】　建设工程法律法规体系；法律、法规、规章、标准制定；与建设工程安全生产管理及环境保护相关的主要法律、法规、规章的规定，国家标准、行业标准、地方标准的相关内容。

党的十八届四中全会通过的《中共中央关于全面推进依法治国若干重大问题的决定》明确提出，"全面推进依法治国，总目标是建设中国特色社会主义法治体系，建设社会主义法治国家……坚持法治国家、法治政府、法治社会一体建设，实现科学立法、严格执法、公正司法、全民守法，促进国家治理体系和治理能力现代化"。作为建设工程行业从业者，必须增强法律意识和法治观念，做到学法、懂法、守法和用法。

党的二十大报告强调："法治社会是构筑法治国家的基础。弘扬社会主义法治精神，传承中华优秀传统法律文化，引导全体人民做社会主义法治的忠实崇尚者、自觉遵守者、坚定捍卫者。建设覆盖城乡的现代公共法律服务体系，深入开展法治宣传教育，增强全民法治观念。推进多层次多领域依法治理，提升社会治理法治化水平。"

法律体系通常是指一个国家全部现行法律规范分类组合为不同的法律部门而形成的有机联系的统一整体。简单地说，法律体系就是部门法体系。部门法是根据一定标准、原则所制定的同类规范的总称。我国法律体系的基本框架由宪法及宪法相关法、民法商法、行政法、经济法、社会法、刑法、诉讼与非诉讼程序法等构成。

2.1　建设工程法律法规体系

建设工程法律法规体系是指根据《中华人民共和国立法法》的规定，制定和公布施行的有关建设工程的各项法律、行政法规、地方性法规、部门规章和地方政府规章的一个相互联系、相互补充、相互协调的完整统一的体系。目前，这个体系已基本形成。

1. 法的形式

我国法的形式是制定法形式，具体可分为以下七类：

（1）宪法　宪法是由全国人民代表大会依照特别程序制定的具有最高效力的根本法。宪法是整个法律体系的基础，主要表现形式是《中华人民共和国宪法》。宪法是集中反映统治阶级的意志和利益，规定国家制度、社会制度的基本原则，具有最高法律效力的根本大法，其主要功能是制约和平衡国家权力，保障公民权利。宪法也是建设法规的最高形式，是国家进行建设管理、监督的权力基础。

（2）法律　法律是指由全国人民代表大会和全国人民代表大会常务委员会制定颁布的规范性法律文件，即狭义的法律。法律分为基本法律和一般法律（又称非基本法律、专门法）两类。基本法律是由全国人民代表大会制定的调整国家和社会生活中带有普遍性的社会关系的规范性法律文件的统称，如《中华人民共和国刑法》《中华人民共和国民法典》《中华人民共和国民事诉讼法》以及有关国家机构的组织法等法律。一般法律是由全国人民代表大会常务委员会制定的调整国家和社会生活中某种具体社会关系或其中某一方面内容的规范性文件的统称。全国人民代表大会和全国人民代表大会常务委员会通过的法律由国家主席签署主席令予以公布。

依照2023年3月经修改后公布的《中华人民共和国立法法》（以下简称《立法法》）的规定，下列事项只能制定法律：

1）国家主权的事项。

2）各级人民代表大会、人民政府、监察委员会、人民法院和人民检察院的产生、组织和职权。

3）民族区域自治制度、特别行政区制度、基层群众自治制度。

4）犯罪和刑罚。

5）对公民政治权利的剥夺、限制人身自由的强制措施和处罚。

6）税种的设立、税率的确定和税收征收管理等税收基本制度。

7）对非国有财产的征收、征用。

8）民事基本制度。

9）基本经济制度以及财政、海关、金融和外贸的基本制度。

10）诉讼和仲裁制度。

11）必须由全国人民代表大会及其常务委员会制定法律的其他事项。

建设法律既包括专门的建设领域的法律，又包括与建设活动相关的其他法律，例如，前者有《中华人民共和国城乡规划法》《中华人民共和国建筑法》《中华人民共和国城市房地产管理法》等，后者有《中华人民共和国民法典》《中华人民共和国行政许可法》等。

（3）行政法规　行政法规是国家最高行政机关国务院根据宪法和法律就有关执行法律和履行行政管理职权的问题，以及依据全国人民代表大会及其常务委员会特别授权所制定的规范性文件的总称。行政法规由总理签署国务院令公布。

《立法法》规定，国务院根据宪法和法律，制定行政法规。行政法规可以就下列事项作出规定：

1）为执行法律的规定需要制定行政法规的事项。

2）《宪法》第八十九条规定的国务院行政管理职权的事项。

应当由全国人民代表大会及其常务委员会制定法律的事项，国务院根据全国人民代表大会及其常务委员会的授权决定先制定的行政法规，经过实践检验，制定法律的条件成熟时，国务院应当及时提请全国人民代表大会及其常务委员会制定法律。

现行的建设行政法规主要有《建设工程安全生产管理条例》《建设工程质量管理条例》《建设工程勘察设计管理条例》《城市房地产开发经营管理条例》《中华人民共和国招标投标法实施条例》等。

（4）地方性法规、自治条例和单行条例　省、自治区、直辖市的人民代表大会及其常务委员会根据本行政区域的具体情况和实际需要，在不与宪法、法律、行政法规相抵触的前提下，可以制定地方性法规。设区的市的人民代表大会及其常务委员会根据本市的具体情况和实际需要，在不与宪法、法律、行政法规和本省、自治区的地方性法规相抵触的前提下，可以对城乡建设与管理、环境保护、历史文化保护等方面的事项制定地方性法规。设区的市的地方性法规须报省、自治区的人民代表大会常务委员会批准后施行。省、自治区的人民代表大会常务委员会对报请批准的地方性法规，应当对其合法性进行审查，认为同宪法、法律、行政法规和本省、自治区的地方性法规不抵触的，应当在四个月内予以批准。省、自治区的人民代表大会常务委员会在对报请批准的设区的市的地方性法规进行审查时，发现其同本省、自治区的人民政府的规章相抵触的，应当作出处理决定。

地方性法规可以就下列事项作出规定：

1）为执行法律、行政法规的规定，需要根据本行政区域的实际情况作具体规定的事项。

2）属于地方性事务需要制定地方性法规的事项。

省、自治区、直辖市的人民代表大会制定的地方性法规由大会主席团发布公告予以公布。省、自治区、直辖市的人民代表大会常务委员会制定的地方性法规由常务委员会发布公告予以公布。设区的市、自治州的人民代表大会及其常务委员会制定的地方性法规报经批准后，由设区的市、自治州的人民代表大会常务委员会发布公告予以公布。自治条例和单行条例报经批准后，分别由自治区、自治州、自治县的人民代表大会常务委员会发布公告予以公布。

目前，各地方都制定了大量的规范建设活动的地方性法规、自治条例和单行条例，如《成都市建设施工现场管理条例》《天津市建筑市场管理条例》《新疆维吾尔自治区建筑市场管理条例》等。

（5）部门规章　部门规章是国务院各部、委员会、中国人民银行、审计署和具有行政管理职能的直属机构以及法律规定的机构，可以根据法律和国务院的行政法规、决定、命令，在本部门的权限范围内，制定规章，主要形式是命令、指示、规定等。部门规章由部门首长签署命令予以公布。

部门规章规定的事项应当属于执行法律或者国务院的行政法规、决定、命令的事项，其名称可以是"规定""办法""实施细则"等。没有法律或者国务院的行政法规、决定、命令的依据，部门规章不得设定减损公民、法人和其他组织权利或者增加其义务的规范，不得增加本部门的权力或者减少本部门的法定职责。

目前，大量的建设法规是以部门规章的方式发布的，《建筑施工企业安全生产许可证管理规定》《房屋建筑和市政基础设施工程竣工验收备案管理办法》《危险性较大的分部分项工程安全管理规定》《招标公告和公示信息发布管理办法》《必须招标的工程项目规定》等。涉及两个以上国务院部门职权范围的事项，应当提请国务院制定行政法规或者由国务院有关部门联合制定部门规章。

（6）地方政府规章　省、自治区、直辖市和设区的市、自治州的人民政府，可以根据法律、行政法规和本省、自治区、直辖市的地方性法规，制定规章。地方政府规章由省长、自治区主席、市长或者自治州州长签署命令予以公布。地方政府规章签署公布后，及时在本级人民政府公报和我国政府法制信息网以及在本行政区域范围内发行的报纸上刊载。

地方政府规章可以就下列事项作出规定：

1）为执行法律、行政法规、地方性法规的规定需要制定规章的事项。

2）属于本行政区域的具体行政管理事项。

设区的市、自治州的人民政府根据1）、2）制定地方政府规章，限于城乡建设与管理、生态文明建设、历史文化保护、基层治理等方面的事项。已经制定的地方政府规章，涉及上述事项范围以外的，继续有效。没有法律、行政法规、地方性法规的依据，地方政府规章不得设定减损公民、法人和其他组织权利或者增加其义务的规范。应当制定地方性法规但条件尚不成熟的，因行政管理迫切需要，可以先制定地方政府规章。规章实施满两年需要继续实施规章所规定的行政措施的，应当提请本级人民代表大会或者其常务委员会制定地方性法规。

（7）国际条约　国际条约是指我国与外国缔结、参加、签订、加入、承认的双边、多边的条约、协定和其他具有条约性质的文件。国际条约的名称，除条约外，还有公约、协议、协定、议定书、宪章、盟约、换文和联合宣言等。除我国在缔结时宣布持保留意见不受其约束的以外，这些条约的内容都与国内法具有一样的约束力，所以也是我国法的形式。例如，我国加入 WTO 后，WTO 中与工程建设有关的协定也对我国的建设活动产生约束力。

2. 法的效力层级

法的效力层级是指法律体系中的各种法的形式，由于制定的主体、程序、时间、适用范围等的不同，具有不同的效力，形成法的效力等级体系。

（1）宪法至上　宪法是具有最高法律效力的根本大法，具有最高的法律效力。宪法作为根本法和母法，还是其他立法活动的最高法律依据。一切法律、法规都必须遵循宪法而产生，无论是维护社会稳定、保障社会秩序，还是规范经济秩序，都不能违背宪法的基本准则。

（2）上位法优于下位法　在我国法律体系中，法律的效力仅次于宪法而高于其他法的形式。行政法规的法律地位和法律效力仅次于宪法和法律，高于地方性法规和规章。地方性法规的效力高于本级和下级地方政府规章。省、自治区人民政府制定的规章的效力高于本行政区域内的设区的市、自治州人民政府制定的规章。

自治条例和单行条例依法对法律、行政法规、地方性法规作变通规定的，在本自治地方适用自治条例和单行条例的规定。经济特区法规根据授权对法律、行政法规、地方性法规作变通规定的，在本经济特区适用经济特区法规的规定。

部门规章之间、部门规章与地方政府规章之间具有同等效力，在各自的权限范围内施行。

（3）特别法优于一般法　特别法优于一般法，是指公法权力主体在实施公权力行为中，当一般规定与特别规定不一致时，优先适用特别规定。《立法法》规定，同一机关制定的法律、行政法规、地方性法规、自治条例和单行条例、规章，特别规定与一般规定不一致的，适用特别规定。

（4）新法优于旧法 新法、旧法对同一事项有不同规定时，新法的效力优于旧法。《立法法》规定，同一机关制定的法律、行政法规、地方性法规、自治条例和单行条例、规章，新的规定与旧的规定不一致的，适用新的规定。

（5）需要由有关机关裁决适用的特殊情况 法律之间对同一事项的新的一般规定与旧的特别规定不一致，不能确定如何适用时，由全国人民代表大会常务委员会裁决。

行政法规之间对同一事项的新的一般规定与旧的特别规定不一致，不能确定如何适用时，由国务院裁决。

地方性法规、规章之间不一致时，由有关机关依照下列规定的权限作出裁决：

1）同一机关制定的新的一般规定与旧的特别规定不一致时，由制定机关裁决。

2）地方性法规与部门规章之间对同一事项的规定不一致，不能确定如何适用时，由国务院提出意见，国务院认为应当适用地方性法规的，应当决定在该地方适用地方性法规的规定；认为应当适用部门规章的，应当提请全国人民代表大会常务委员会裁决。

3）部门规章之间、部门规章与地方政府规章之间对同一事项的规定不一致时，由国务院裁决。

3. 备案和审查

行政法规、地方性法规、自治条例和单行条例、规章应当在公布后的三十日内依照下列规定报有关机关备案：

1）行政法规报全国人民代表大会常务委员会备案。

2）省、自治区、直辖市的人民代表大会及其常务委员会制定的地方性法规，报全国人民代表大会常务委员会和国务院备案；设区的市、自治州的人民代表大会及其常务委员会制定的地方性法规，由省、自治区的人民代表大会常务委员会报全国人民代表大会常务委员会和国务院备案。

3）自治州、自治县的人民代表大会制定的自治条例和单行条例，由省、自治区、直辖市的人民代表大会常务委员会报全国人民代表大会常务委员会和国务院备案；自治条例、单行条例报送备案时，应当说明对法律、行政法规、地方性法规作出变通的情况。

4）部门规章和地方政府规章报国务院备案；地方政府规章应当同时报本级人民代表大会常务委员会备案；设区的市、自治州的人民政府制定的规章应当同时报省、自治区的人民代表大会常务委员会和人民政府备案。

5）根据授权制定的法规应当报授权决定规定的机关备案；经济特区法规报送备案时，应当说明对法律、行政法规、地方性法规作出变通的情况。

2.2 建设工程法律

建设工程法律主要包括：《中华人民共和国建筑法》《中华人民共和国安全生产法》《中华人民共和国劳动合同法》《中华人民共和国招标投标法》《中华人民共和国土地管理法》《中华人民共和国城乡规划法》《中华人民共和国城市房地产管理法》《中华人民共和国环

境保护法》《中华人民共和国环境影响评价法》《中华人民共和国消防法》《中华人民共和国特种设备安全法》。

2.2.1 《中华人民共和国建筑法》有关内容

《中华人民共和国建筑法》（以下简称《建筑法》）于 1997 年 11 月 1 日第八届全国人民代表大会常务委员会第二十八次会议通过，自 1998 年 3 月 1 日起施行。2011 年 4 月 22 日，根据第十一届全国人民代表大会常务委员会第二十次会议《关于修改〈中华人民共和国建筑法〉的决定》进行了第一次修正。2019 年 4 月 23 日，根据第十三届全国人民代表大会常务委员会第十次会议《关于修改〈中华人民共和国建筑法〉等八部法律的决定》进行了第二次修正。

《建筑法》总计八十五条，是我国第一部规范建筑活动的部门法律，它的颁布施行强化了建筑工程质量和安全的法律保障。

《建筑法》主要规定了建筑许可、建筑工程发包与承包、建筑工程监理、建筑安全生产管理、建筑工程质量管理及相应法律责任等方面的内容。

《建筑法》确立了安全生产责任制度、群防群治制度、安全生产教育培训制度、伤亡事故处理报告制度、安全责任追究制度。

2.2.2 《中华人民共和国安全生产法》有关内容

《中华人民共和国安全生产法》（以下简称《安全生产法》）于 2002 年 6 月 29 日由第九届全国人民代表大会常务委员会第二十八次会议通过，自 2002 年 11 月 1 日起施行。2009 年 8 月 27 日，根据第十一届全国人民代表大会常务委员会第十次会议《关于修改部分法律的决定》进行了第一次修正。2014 年 8 月 31 日，根据第十二届全国人民代表大会常务委员会第十次会议《关于修改〈中华人民共和国安全生产法〉的决定》进行了第二次修正。根据 2021 年 6 月 10 日第十三届全国人民代表大会常务委员会第二十九次会议《关于修改〈中华人民共和国安全生产法〉的决定》进行了第三次修正。

《安全生产法》是安全生产领域的综合性基本法，它是我国第一部全面规范安全生产的专门法律，是我国安全生产法律体系的主体法。

《安全生产法》提供了四种监督途径，即工会民主监督、社会舆论监督、公众举报监督和社区服务监督。

《安全生产法》明确了生产经营单位必须做好安全生产的保证工作；明确了从业人员为保证安全生产所应尽的义务；明确了从业人员进行安全生产所享有的权利；明确了生产经营单位负责人的安全生产责任；明确了对违法单位和个人的法律责任追究制度；明确了要建立事故应急救援制度，制定应急救援预案，形成应急救援预案体系。

2.2.3 《中华人民共和国环境保护法》有关内容

《中华人民共和国环境保护法》是环境保护领域的综合性基本法，是我国第一部全面规范环境保护的专门法律。

《中华人民共和国环境保护法》（以下简称《环境保护法》）于 1989 年 12 月 26 日第七届全国人民代表大会常务委员会第十一次会议通过。2014 年 4 月 24 日第十二届全国人民代表大会常务委员会第八次会议修订，共七章节七十条。

新修订的《环境保护法》进一步明确了政府对环境保护监督管理职责，完善了生态保护红线等环境保护基本制度，强化了企业污染防治责任，加大了对环境违法行为的法律制裁，法律条文也从原来的四十七条增加到七十条，增强了法律的可执行性和可操作性。

1）引入了生态文明建设和可持续发展的理念。《环境保护法》明确要推进生态文明建设，促进经济社会可持续发展，要使经济社会发展与环境保护相协调，充分体现了环境保护的新理念。

2）明确了保护环境的基本国策和基本原则。《环境保护法》进一步强化环境保护的战略地位，增加规定"保护环境是国家的基本国策"，并明确"环境保护坚持保护优先、预防为主、综合治理、公众参与、损害担责的原则"。

3）完善了环境管理基本制度。

4）突出强调政府监督管理责任。

5）设信息公开和公众参与专章（《环境保护法》第五章）。《环境保护法》专章规定了环境信息公开和公众参与，加强公众对政府和排污单位的监督。

6）规定了公民的环境权利和环保义务。增加规定公民应当遵守环境保护法律法规，配合实施环境保护措施，按照规定对生活废弃物进行分类放置，减少日常生活对环境造成的损害。规定每年 6 月 5 日为环境日。

7）强化了主管部门和相关部门的责任。包括编制本行政区域环保规划、制定环境质量和污染物排放标准、现场检查、查封、扣押等。

8）强化了企事业单位和其他生产经营者的环保责任。实施清洁生产、减少环境污染和危害、按照排污标准和总量排放、安装使用监测设备、建立环境保护制度、缴纳排污费，以及制定环境事件应急预案等。

9）完善了环境经济政策。鼓励投保环境污染责任保险。

10）加强农村环境保护。《环境保护法》第三十三条增加规定"各级人民政府应当加强对农业环境的保护，促进农业环境保护新技术的使用，加强对农业污染源的监测预警，统筹有关部门采取措施"；规定"县级、乡级政府应当提高农村环境保护公共服务水平，推动农村环境综合整治"。第四十九条规定"施用农药、化肥等农业投入品及进行灌溉，应当采取措施，防止重金属及其他有毒有害物质污染环境"；规定"县级人民政府负责组织农村生活废弃物的处置工作"。

11）加大了违法排污的责任。解决了违法成本低的问题，《环境保护法》加大了处罚力度。

2.3 建设工程行政法规

建设工程行政法规主要包括：《建设工程质量管理条例》《建设工程安全生产管理条例》《安全生产许可证条例》《生产安全事故报告和调查处理条例》《建设工程勘察设计管理条例》《中华人民共和国土地管理法实施条例》《工伤保险条例》《国务院关于特大安全事故行政责任追究的规定》《特种设备安全监察条例》等。

2.3.1 《建设工程安全生产管理条例》有关内容

《建设工程安全生产管理条例》于2003年11月12日经国务院第二十八次常务会议通过，自2004年2月1日起施行。

《建设工程安全生产管理条例》较为详细地规定了建设单位、勘察单位、设计单位、施工单位、工程监理单位、其他有关单位的安全责任，以及政府部门对建设工程安全生产实施监督管理的责任等。

2.3.2 《安全生产许可证条例》有关内容

《安全生产许可证条例》于2004年1月7日经国务院第34次常务会议通过，2004年1月13日中华人民共和国国务院令第397号公布，自公布之日起施行。2014年7月29日《国务院关于修改部分行政法规的决定》第二次修订，共计二十四条。

该条例的颁布施行标志着我国依法建立起了安全生产许可制度。国家对矿山企业、建筑施工企业和危险化学品、烟花爆竹、民用爆炸物品生产企业实行安全生产许可制度。企业取得安全生产许可证，应当具备相关的安全生产条件。企业进行生产前，应当依照规定向安全生产许可证颁发管理机关申请领取安全生产许可证，并提供规定的相关文件、资料。

2.3.3 《生产安全事故报告和调查处理条例》有关内容

《生产安全事故报告和调查处理条例》于2007年3月28日经国务院第172次常务会议通过，自2007年6月1日起施行。

该条例是为了规范生产安全事故的报告和调查处理，落实生产安全事故责任追究制度，防止和减少生产安全事故，根据《安全生产法》和有关法律制定。

2.3.4 《国务院关于特大安全事故行政责任追究的规定》有关内容

《国务院关于特大安全事故行政责任追究的规定》于2001年4月21日由国务院第302号令公布，自公布之日起施行。

该规定主要内容概述如下：各级政府部门对特大安全事故预防的法律规定、各级政府部门对特大安全事故处理的法律规定、各级政府部门负责人对特大安全事故应承担的法律责任。

2.3.5 《特种设备安全监察条例》有关内容

《特种设备安全监察条例》于2003年2月19日经国务院第68次常务会议通过，2003年3月11日国务院令第373号公布，自2003年6月1日起施行。2009年1月24日根据《国务院关于修改〈特种设备安全监察条例〉的决定》进行了修订。

特种设备的生产、使用、检验检测及其监督检查，应当遵守该条例。

2.4 建设工程部门规章

建设工程部门规章主要包括：《建筑业企业资质管理规定》《注册建造师管理规定》《建

筑施工企业安全生产许可证管理规定》《建筑工程设计招标投标管理办法》《建筑工程施工许可管理办法》《注册安全工程师管理规定》《生产安全事故应急预案管理办法》《建筑施工企业主要负责人、项目负责人和专职安全生产管理人员安全生产管理规定》《安全生产培训管理办法》《实施工程建设强制性标准监督规定》等。

2.4.1　《建筑工程施工许可管理办法》有关内容

《建筑工程施工许可管理办法》于 2014 年 6 月 25 日由中华人民共和国住房和城乡建设部令第 18 号公布，自 2014 年 10 月 25 日起施行。

该办法规定了在中华人民共和国境内从事各类房屋建筑及其附属设施的建造、装修装饰和与其配套的线路、管道、设备的安装，以及城镇市政基础设施工程的施工，建设单位在开工前应当按规定向工程所在地的县级以上地方人民政府住房城乡建设主管部门申请领取施工许可证，未取得施工许可证的一律不得开工。

2.4.2　《实施工程建设强制性标准监督规定》有关内容

《实施工程建设强制性标准监督规定》于 2000 年 8 月 25 日由中华人民共和国建设部令第 81 号公布，2015 年 1 月 22 日根据中华人民共和国住房和城乡建设部令第 23 号《住房和城乡建设部关于修改〈市政公用设施抗灾设防管理规定〉等部门规章的决定》修正。

该规定共 24 条，主要规定了实施工程建设强制性标准的监督管理工作的政府部门，对工程建设各阶段执行强制性标准的情况实施监督的机构以及强制性标准监督检查的内容。

2.5　工程建设标准、规范

工程建设标准是指为在工程建设领域内获得最佳秩序，对建设工程的勘察、设计、施工、安装、验收、运营维护及管理等活动和结果需要协调统一的事项所制定的共同的、重复使用的技术依据和准则。

2.5.1　工程建设标准的分类

《中华人民共和国标准化法》（以下简称《标准化法》）规定，我国的标准分为国家标准、行业标准、地方标准、团体标准和企业标准。国家标准分为强制性标准和推荐性标准。

2015 年 3 月国务院印发的《深化标准化工作改革方案》中规定，通过改革，把政府单一供给的现行标准体系，转变为由政府主导制定的标准和市场自主制定的标准共同构成的新型标准体系。政府主导制定的标准由六类整合精简为四类，分别是强制性国家标准和推荐性国家标准、推荐性行业标准、推荐性地方标准；市场自主制定的标准分为团体标准和企业标准。环境保护、工程建设、医药卫生强制性国家标准、强制性行业标准和强制性地方标准，按现有模式管理。

1. 工程建设国家标准

（1）工程建设国家标准的范围和类型　1992 年 12 月中华人民共和国建设部发布《工程建设国家标准管理办法》规定，对需要在全国范围内统一的下列技术要求，应当制定国家标准：

1）工程建设勘察、规划、设计、施工（包括安装）及验收等通用的质量要求。

2）工程建设通用的有关安全、卫生和环境保护的技术要求。

3）工程建设通用的术语、符号、代号、量与单位、建筑模数和制图方法。

4）工程建设通用的试验、检验和评定等方法。

5）工程建设通用的信息技术要求。

6）国家需要控制的其他工程建设通用的技术要求。

工程建设国家标准分为强制性标准和推荐性标准。下列标准属于强制性标准：

1）工程建设勘察、规划、设计、施工（包括安装）及验收等通用的综合标准和重要的通用的质量标准。

2）工程建设通用的有关安全、卫生和环境保护的标准。

3）工程建设重要的通用的术语、符号、代号、量与单位、建筑模数和制图方法标准。

4）工程建设重要的通用的试验、检验和评定方法等标准。

5）工程建设重要的通用的信息技术标准。

6）国家需要控制的其他工程建设通用的标准。

强制性标准以外的标准是推荐性标准。

（2）工程建设国家标准的制定　制定国家标准应当遵循下列原则：

1）必须贯彻执行国家的有关法律、法规和方针、政策，密切结合自然条件，合理利用资源，充分考虑使用和维修的要求，做到安全适用、技术先进、经济合理。

2）对需要进行科学试验或测试验证的项目，应当纳入各级主管部门的科研计划，认真组织实施，写出成果报告。凡经过行政主管部门或受委托单位鉴定，技术上成熟，经济上合理的项目应当纳入标准。

3）应当积极采用新技术、新工艺、新设备、新材料。纳入标准的新技术、新工艺、新设备、新材料，应当经有关主管部门或受委托单位鉴定，有完整的技术文件，且经实践检验行之有效。

4）积极采用国际标准和国外先进标准，凡经过认真分析论证或测试验证，并且符合我国国情的，应当纳入国家标准。

5）国家标准条文规定应当严谨明确，文句简练，不得模棱两可；其内容深度、术语、符号、计量单位等应当前后一致，不得矛盾。

6）必须做好与现行相关标准之间的协调工作。对需要与现行工程建设国家标准协调的，应当遵守现行工程建设国家标准的规定；确有充分依据对其内容进行更改的，必须经过国务院工程建设行政主管部门审批，方可另行规定。凡属于产品标准方面的内容，不得在工程建设国家标准中加以规定。

7）必须充分发扬民主。对国家标准中有关政策性问题，应当认真研究、充分讨论、统一认识；对有争论的技术性问题，应当在调查研究、试验验证或专题讨论的基础上，经过充分协商，恰如其分地作出结论。

工程建设国家标准的制定程序分为准备、征求意见、送审和报批四个阶段。

（3）工程建设国家标准的审批发布和编号　工程建设国家标准由国务院工程建设行政主管部门审查批准，由国务院标准化行政主管部门统一编号，由国务院标准化行政主管部门和国务院工程建设行政主管部门联合发布。

工程建设国家标准的编号由国家标准代号、发布标准的顺序号和发布标准的年号组成。强制性国家标准的代号为"GB"，推荐性国家标准的代号为"GB/T"。例如《建筑工程施工质量验收统一标准》（GB 50300—2013），其中"GB"表示强制性国家标准，"50300"表示标准发布顺序号，"2013"表示 2013 年批准发布。再如《工程建设施工企业质量管理规范》（GB/T 50430—2017），其中"GB/T"表示推荐性国家标准，"50430"表示标准发布顺序号，"2017"表示 2017 年批准发布。

（4）国家标准的复审与修订　国家标准实施后，应当根据科学技术的发展和工程建设的需要，由该国家标准的管理部门适时组织有关单位进行复审。复审一般在国家标准实施后 5 年进行 1 次。复审可以采取函审或会议审查，一般由参加过该标准编制或审查的单位或个人参加。

国家标准复审后，标准管理单位应当提出其继续有效或者予以修订、废止的意见，经该国家标准的主管部门确认后报国务院工程建设行政主管部门批准。凡属下列情况之一的国家标准，应当进行局部修订：

1）国家标准的部分规定已制约了科学技术新成果的推广应用。

2）国家标准的部分规定经修订后可取得明显的经济效益、社会效益、环境效益。

3）国家标准的部分规定有明显缺陷或与相关的国家标准相抵触。

4）需要对现行的国家标准做局部补充规定。

2. 工程建设行业标准

（1）工程建设行业标准的范围和类型　1992 年 12 月中华人民共和国建设部发布的《工程建设行业标准管理办法》规定，对没有国家标准而需要在全国某个行业范围内统一的下列技术要求，可以制定行业标准：

1）工程建设勘察、规划、设计、施工（包括安装）及验收等行业专用的质量要求。

2）工程建设行业专用的有关安全、卫生和环境保护的技术要求。

3）工程建设行业专用的术语、符号、代号、量与单位和制图方法。

4）工程建设行业专用的试验、检验和评定等方法。

5）工程建设行业专用的信息技术要求。

6）其他工程建设行业专用的技术要求。

工程建设行业标准也分为强制性标准和推荐性标准。下列标准属于强制性标准：

1）工程建设勘察、规划、设计、施工（包括安装）及验收等行业专用的综合性标准和重要的行业专用的质量标准。

2）工程建设行业专用的有关安全、卫生和环境保护的标准。

3）工程建设重要的行业专用的术语、符号、代号、量与单位和制图方法标准。

4）工程建设重要的行业专用的试验、检验和评定方法等标准。

5）工程建设重要的行业专用的信息技术标准。

6）行业需要控制的其他工程建设标准。

强制性标准以外的标准是推荐性标准。行业标准不得与国家标准相抵触。行业标准的某些规定与国家标准不一致时，必须有充分的科学依据和理由，并经国家标准的审批部门批准。行业标准在相应的国家标准实施后，应当及时修订或废止。

（2）工程建设行业标准的制定、修订程序与复审　工程建设行业标准的制定、修订程序，也可以按准备、征求意见、送审和报批四个阶段进行。

工程建设行业标准实施后，根据科学技术的发展和工程建设的实际需要，该标准的批准部门应当适时进行复审，确认其继续有效或予以修订、废止，一般也是 5 年复审 1 次。

3. 工程建设地方标准

（1）工程建设地方标准制定的范围和权限　我国幅员辽阔，各地的自然环境差异较大，而工程建设在许多方面要受到自然环境的影响。例如，我国的黄土地区、冻土地区以及膨胀土地区，对建筑技术的要求有很大区别。因此，工程建设标准除国家标准、行业标准外，还需要有相应的地方标准。

《住房城乡建设部办公厅关于进一步规范工程建设地方标准备案工作的通知》中提到，没有国家标准、行业标准或国家标准、行业标准规定不具体，且需要在本行政区域内作出统一规定的工程建设技术要求，可制定相应的地方标准。

工程建设地方标准在省、自治区、直辖市范围内由省、自治区、直辖市建设行政主管部门统一计划、统一审批、统一发布、统一管理。

（2）工程建设地方标准的实施和复审　对没有国家标准或行业标准，或国家标准、行业标准规定不具体，需要且具备条件在全省统一工程建设技术要求的，可制定地方标准及图集，主要范围为我省住房和城乡建设领域工程建设质量、技术等内容。地方标准及图集不得与国家标准、行业标准相抵触，且应当协调、统一，避免重复。

地方标准及图集的制定、修订程序一般包括立项、组织起草、征求意见、技术审查、批准发布五个阶段。

地方标准及图集发布后应当实行不少于 3 个月的实施过渡期。地方标准及图集发布后实施前，可以选择执行原地方标准及图集或者新地方标准及图集。新地方标准及图集实施后，原地方标准及图集同时废止。

地方标准及图集实施后，省住建厅根据经济社会和科学技术发展需要，国家标准、行业标准制定、修订，以及地方标准及图集实施信息反馈情况，适时组织地方标准及图集复审，提出继续有效、修订或者废止的复审结论。复审评估周期，工程建设地方标准和通用图集一般不超过 5 年，推荐图集一般不超过 3 年。

4. 工程建设企业标准

国务院印发的《深化标准化工作改革方案》中规定，放开搞活企业标准。企业根据需要自主制定、实施企业标准。鼓励企业制定高于国家标准、行业标准、地方标准，具有竞争力的企业标准。建立企业产品和服务标准自我声明公开和监督制度，逐步取消政府对企业产品标准的备案管理，落实企业标准化主体责任。鼓励标准化专业机构对企业公开的标准开展比对和评价，强化社会监督。

5. 培育发展团体标准

《深化标准化工作改革方案》中规定，在标准制定主体上，鼓励具备相应能力的学会、协会、商会、联合会等社会组织和产业技术联盟协调相关市场主体共同制定满足市场和创新需要的标准，供市场自愿选用，增加标准的有效供给。在标准管理上，对团体标准不设行政许可，由社会组织和产业技术联盟自主制定发布，通过市场竞争优胜劣汰。国务院标准化主管部门会同国务院有关部门制定团体标准发展指导意见和标准化良好行为规范，对团体标准进行必要的规范、引导和监督。在工作推进上，选择市场化程度高、技术创新活跃、产品类标准较多的领域，先行开展团体标准试点工作。支持专利融入团体标准，推动技术进步。

2016 年 2 月国家质量监督检验检疫总局、国家标准化管理委员会发布的《关于培育和发展团体标准的指导意见》要求，社会团体可在没有国家标准、行业标准和地方标准的情况下，制定团体标准，快速响应创新和市场对标准的需求，填补现有标准空白。鼓励社会团体制定严于国家标准和行业标准的团体标准，引领产业和企业的发展，提升产品和服务的市场竞争力。

2016 年 11 月住房和城乡建设部办公厅发布的《关于培育和发展工程建设团体标准的意见》要求，团体标准经建设单位、设计单位、施工单位等合同相关方协商同意并订立合同采用后，即工程建设活动的依据，必须严格执行。政府相关部门在制定行业政策和标准规范时，可直接引用具有自主创新技术、具备竞争优势的团体标准。被强制性标准引用的团体标准应与该强制性标准同步实施。

【案例 2-1】　某施工企业（以下称施工方）承包了某开发公司（以下称建设方）的商务楼工程施工，双方签订了工程施工合同。该工程封顶时，建设方发现该商务楼的顶层十七层以及十五层、十六层的混凝土凝固较慢。于是建设方认为施工方使用的混凝土强度不够，要求施工方采取措施，对该三层重新施工。施工方则认为，该混凝土强度符合相关的技术规范，不同意重新施工或者采取其他措施。双方协商未果，建设方便将施工方起诉至某区法院，要求施工方对混凝土强度不够的那三层重新施工或采取其他措施，并赔偿建设方相应损失。根据双方的请求，受诉法院委托某建筑工程质量检测中心按照两种建设规范对该工程结构混凝土实体强度进行检测，具体检测情况如下：

根据原告即建设方的要求，检测中心按照行业协会推荐性标准《钻芯法检测混凝土强度技术规程》（CECS 03—2007）检测的结果：第十五、十六、十七层的结构混凝土实体强度达不到该技术规程的要求，其他各层的结构混凝土实体均达到该技术规程的要求。

根据被告即施工方的请求，检测中心按照地方推荐性标准《结构混凝土实体检测技术规程》（DB/T 29—148—2005）检测的结果：第十五、十六、十七层及其他各层结构混凝土实体强度均达到该规范的要求。

1. 问题

1）本案中的检测中心按照两个推荐性标准分别进行了检测，法院应以哪个标准作为判案的依据？

2）当事人若在合同中约定了推荐性标准，对国家强制性标准是否仍须执行？

2. 分析

1）本案中的行业协会标准、地方标准均为推荐性标准，且建设方、施工方未在合同中约定采用哪个标准。《标准化法》中规定，国家鼓励采用推荐性标准。所以在没有国家强制性标准的情况下，施工方有权自主选择采用地方推荐性标准。

2）依据《标准化法》的规定，强制性标准必须执行。因此如果有国家强制性标准，即使双方当事人在合同中约定了采用某项推荐性标准，也必须执行国家强制性标准。据此，受诉法院经过庭审作出如下判决：驳回原告即建设方的诉讼请求；案件受理费和检测费由原告建设方承担。

法院判决的主要理由：目前尚无此方面的国家强制性标准，只有协会标准、地方标准，双方应当通过合同来约定施工过程中所要适用的技术规范。本案中的双方并没有在施工合同中具体约定适用哪个规范。因此，施工方有权选择适用地方标准《结构混凝土实体检测技术规程》（DB/T 29—148—2005）。

2.5.2 工程建设强制性标准实施的规定

我国工程建设领域所出现的各类工程质量事故，大多是没有贯彻或没有严格贯彻强制性标准的结果。因此，《标准化法》规定，强制性标准必须执行。2019 年 4 月经修改后公布的《建筑法》规定，建筑活动应当确保建筑工程质量和安全，符合国家的建筑工程安全标准。

1. 工程建设各方主体实施强制性标准的规定

《建筑法》规定，建设单位不得以任何理由，要求建筑设计单位或者建筑施工企业在工程设计或者施工作业中，违反法律、行政法规和建筑工程质量、安全标准，降低工程质量。建筑设计单位和建筑施工企业对建设单位违反规定提出的降低工程质量的要求，应当予以拒绝。2019 年二次修订颁布的《建设工程质量管理条例》规定，建设单位不得明示或者暗示设计单位或者施工单位违反工程建设强制性标准，降低建设工程质量。

勘察、设计单位必须按照工程建设强制性标准进行勘察、设计，并对其勘察、设计的质量负责。建筑工程设计应当符合按照国家规定制定的建筑安全规程和技术规范，保证工程的安全性能。勘察、设计文件应当符合有关法律、行政法规的规定和建筑工程质量、安全标准、建筑工程勘察、设计技术规范以及合同的约定。设计文件选用的建筑材料、建筑构配件和设备，应当注明其规格、型号、性能等技术指标，其质量要求必须符合国家规定的标准。

施工单位必须按照工程设计图和施工技术标准施工，不得擅自修改工程设计，不得偷工减料。施工单位必须按照工程设计要求、施工技术标准和合同约定，对建筑材料、建筑构配件、设备和商品混凝土进行检验，检验应当有书面记录和专人签字；未经检验或者检验不合格的，不得使用。

建筑工程监理应当依照法律、行政法规及有关的技术标准、设计文件和建筑工程承包合同，对承包单位在施工质量、建设工期和建设资金使用等方面，代表建设单位实施监督。工程监理人员认为工程施工不符合工程设计要求、施工技术标准和合同约定的，有权要求建筑施工企业改正。工程监理人员发现工程设计不符合建筑工程质量标准或者合同约定的质量要求的，应当报告建设单位要求设计单位改正。

2. 对工程建设强制性标准的监督检查

（1）监督管理机构及其职责 2015 年 1 月住房和城乡建设部修改后发布的《实施工程建设强制性标准监督规定》规定，国务院住房城乡建设主管部门负责全国实施工程建设强制性标准的监督管理工作。国务院有关主管部门按照国务院的职能分工负责实施工程建设强制性标准的监督管理工作。县级以上地方人民政府住房城乡建设主管部门负责本行政区域内实施工程建设强制性标准的监督管理工作。

建设项目规划审查机关应当对工程建设规划阶段执行强制性标准的情况实施监督。施工图设计文件审查单位应当对工程建设勘察、设计阶段执行强制性标准的情况实施监督。建筑安全监督管理机构应当对工程建设施工阶段执行施工安全强制性标准的情况实施监督。工程质量监督机构应当对工程建设施工、监理、验收等阶段执行强制性标准的情况实施监督。

建设项目规划审查机关、施工图设计文件审查单位、建筑安全监督管理机构、工程质量监督机构的技术人员必须熟悉、掌握工程建设强制性标准。

（2）监督检查的内容和方式 强制性标准监督检查的内容包括：

1）工程技术人员是否熟悉、掌握强制性标准。

2）工程项目的规划、勘察、设计、施工、验收等是否符合强制性标准的规定。

3）工程项目采用的材料、设备是否符合强制性标准的规定。

4）工程项目的安全、质量是否符合强制性标准的规定。

5）工程项目采用的导则、指南、手册、计算机软件的内容是否符合强制性标准的规定。

工程建设标准批准部门应当定期对建设项目规划审查机关、施工图设计文件审查单位、建筑安全监督管理机构、工程质量监督机构实施强制性标准的监督进行检查，对监督不力的单位和个人，给予通报批评，建议有关部门处理。

工程建设标准批准部门应当对工程项目执行强制性标准情况进行监督检查。监督检查可以采取重点检查、抽查和专项检查的方式。

建设行政主管部门或者有关行政主管部门在处理重大事故时，应当有工程建设标准方面的专家参加。工程事故报告应当包含是否符合工程建设强制性标准的意见。工程建设标准批准部门应当将强制性标准监督检查结果在一定范围内公告。

工程建设标准主要包括：《建筑工程施工质量验收统一标准》《施工企业安全生产管理规范》《建筑施工安全检查标准》《建设工程施工现场环境与卫生标准》《建筑施工高处作业安全技术规范》《施工现场临时用电安全技术规范》《建筑施工扣件式钢管脚手架安全技术规范》《建筑机械使用安全技术规程》《建筑施工起重吊装工程安全技术规范》等。

2.5.3 《建筑施工安全检查标准》有关内容

《建筑施工安全检查标准》（JGJ 59—2011）是强制性行业标准，于2011年实施。制定该标准是为了科学地评价建筑施工安全生产情况，由一系列得分表把对施工现场的安全文明施工管理工作的定性评价细化为若干具体评价指标，通过对这些评价指标逐项打分，最后按计分原则得出总分，从而把对安全文明施工工作的定性评价转化为定量评价，让安全检查工作更客观、可信、具体，后续的改进工作更具有针对性，从而提高安全生产工作和文明施工的管理水平，预防伤亡事故的发生，确保职工的安全和健康，实现检查评价工作的标准化和规范化。

2.5.4 《建设工程施工现场环境与卫生标准》有关内容

《建设工程施工现场环境与卫生标准》（JGJ 146—2013）是强制性行业标准，于2014年6月1日起实施。该标准明确了施工现场环境与卫生管理的各项要求，明确了文明施工管理工作的具体内容。各地在此标准基础上可对施工现场文明施工工作作出更高要求。

思 考 题

1. 简述建设工程法律法规体系的构成。
2. 建设工程有关法律法规体系按法律效力高低如何排序？
3. 建设工程法律、行政法规、部门规章，各自的制定及颁布规定是怎样的？
4. 强制性标准与推荐性标准的不同之处是什么？
5. 建设工程活动中对强制性标准的执行监督检查的机构是什么？监督检查的内容和方式是什么？

第3章 建设工程安全生产管理机制及制度

> 【本章主要内容】 建筑施工安全生产管理机制的主要内容；建设工程安全生产管理的主要制度；施工企业从业资格制度；建造师执业资格制度；建筑施工企业安全生产许可制度；建设工程施工许可制度；建筑施工企业三类人员考核任职制度；特种作业人员持证上岗制度；安全生产责任制度；建筑施工企业安全生产管理机构设置及专职安全生产管理人员配备制度；安全生产教育培训制度；安全技术交底制度；安全检查与评分制度；安全考核与奖惩制度；建设工程保险制度。
>
> 【本章重点、难点】 建设工程安全生产管理机制的主要内容；建筑施工生产活动中施行的主要制度包含的内容和要求。

多年来，我国各级建设主管部门在建筑施工事故处理、建筑施工安全生产管理方面做了大量工作，在已发事故当中吸取教训，总结经验，在建筑施工安全管理方面取得了显著成绩，形成了建筑施工安全生产管理行之有效的管理机制，探索出一系列在建设工程施工中应该建立的主要的安全生产管理制度，在遏制事故发生，创建安全有序的生产方面取得了显著的效果。本章介绍我国建筑施工安全生产的管理机制，以及应该建立的建设工程安全生产管理的主要制度。

3.1 建筑施工安全生产管理机制

《安全生产法》指出我国的安全生产方针是"安全第一、预防为主、综合治理"，强调在安全生产管理中要做好预防工作，将可能发生的事故消灭在萌芽状态之中。长期以来我国形成的安全生产管理机制是"国家监察、行业管理、企业负责、群众监督、劳动者遵章守纪"。这一管理机制从不同的角度、不同的层次、不同的方面立体、全面推动"安全第一、预防为主、综合治理"方针的贯彻实施，保证安全生产的实现。

1. 国家监察

国家监察是指政府部门的安全监督机构，按照国家赋予的权力所进行的安全监察活动。通过国家监察来纠正和惩戒违反安全生产法规的行为，保证安全生产方针、政策和法规的贯彻实施。

国家监察的职能：一是实行监察，二是反馈信息。国家监察的主要对象是企事业单位，也包括国家法规中所确定的负有安全职责的有关政府机关、企事业主管部门、行业主管部门。

国家监察的任务是对上述被监察对象履行安全职责和执行安全生产法规、政策的情况进行监督检查，及时发现存在的问题和偏差，并进行纠正，惩戒违章失职行为，以保证国家安全生产方针、政策和法规的贯彻执行。

国家设立安全监察机构以实现安全监察的职能。安全监察机构的主要职责和权限如下：

1）监察经济管理、生产管理部门和企事业单位对国家安全生产法律、法规的贯彻执行情况。

2）市场准入审查，对新建、改建、扩建和技术改造工程项目中有关健康安全内容的设计进行审查和竣工验收。

3）参加有关健康安全科研成果、新产品、新技术、新工艺、新材料、新设备的鉴定，对劳动条件、劳动环境进行检测和评价，对企业的安全管理工作进行评价。

4）对特种防护用品、特种设备和危险性较大的机械设备等工业产品进行健康安全审查、鉴定、检测、认证，监察其按国家法规标准进行生产的情况。

5）参加伤亡事故的调查和处理，提出结论性意见。

6）对违反安全生产法规的生产管理部门、企业限期整改，逾期不改者，有权予以经济处罚或停工、停产整顿等行政处罚，对其主要负责人和领导人，可给予经济处罚和提出处理建议，造成严重后果、触犯刑律的移交司法部门处理。

7）对劳动安全监察人员、有关干部、特种作业人员进行安全技术培训，考核发证。

安全监察的主要内容如下：

1）对新建工程的监察。对新建、改建、扩建和重大技术改造项目的监察，主要是通过参加可行性研究、审查初步设计和劳动保护专篇及参加竣工验收，来保证新建、改建、扩建和技术改造项目中的健康安全设施与主体工程同时设计审查、同时施工制造、同时验收投产。

2）对设备、产品的监察。对生产厂家制造的可能产生特别危险和危害的生产设备、安全专用仪器仪表、特种防护用品等，通过制定强制性的安全标准，建立国家的安全认证制度来控制其设计、制造、销售和使用。

3）对正在使用的特种设备的监察。

4）对有职业危害的作业场所的监察。

5）对特殊人员的监察。

国家安全监察工作的程序：一检查，二处理，三惩罚。检查是了解和发现存在的问题；处理是令其改正，消除隐患；惩罚则是强迫其改正。其中，惩罚的方式一般有四种：经济制裁；查封整顿；提请企业主管部门给当事者以纪律处分；对造成事故且后果严重的，提请司法部门依法起诉。

2. 行业管理

行业管理的主要职责是对行业所属企业贯彻执行国家安全生产方针、政策、法规和标准，进行计划、组织、指挥、协调和宏观控制。

行业管理的职责分为以下七个方面：

1）贯彻执行国家安全生产方针、政策、法规和标准，制定本行业的具体规章制度和安全规范，并组织实施。

2）实行安全目标管理。

3）在重大经济、技术决策中提出有关安全生产的要求和内容，指导企业制定和落实安全措施，督促企业改善劳动条件。

4）贯彻执行主体工程与健康安全设施同时设计、同时施工、同时投产的"三同时"规定。

5）参与组织对本行业的职工进行安全教育和培训工作。

6）对本行业所属企业安全生产工作进行督促检查，解决存在的问题和隐患，组织或参与伤亡事故的调查处理，并协助国家监察部门查处违章失职行为。

7）组织本行业的安全检查、评比和考核，表彰先进，总结和交流安全生产经验。

3. 企业负责

企业的安全责任包括对企业内部的安全责任、对企业外部的安全责任两个方面。对企业内部的安全责任主要是保护员工在生产过程中的身心健康和避免财产损失；对企业外部的安全责任包括企业生产的产品应该有很好的安全性能，防止用户在使用产品的过程中发生事故而导致人员伤亡、财产损失等。

企业负责就是企业在其生产经营活动中必须对本企业安全生产负全面责任。坚持"管生产必须管安全"原则，在搞好生产经营的同时，搞好安全工作。企业负责的另一种含义是，企业作为独立的法人团体，对企业违反安全生产法律法规的行为、对发生的事故应当承担法律责任、行政责任或经济责任。

4. 群众监督

群众监督是广大职工通过工会或职工代表大会监督和协助各级管理人员贯彻落实安全生产方针、政策、法规，做好事故预防工作。群众监督主要是发挥工会的作用。

5. 劳动者遵章守纪

劳动者遵章守纪是指劳动者在生产过程中遵守安全生产方面的法规、制度、规范、标准和纪律。在安全事故原因中，人的不安全行为占有很大比重。所以安全管理的一项重要内容就是教育、约束劳动者遵章守纪。劳动者在生产过程中也要约束自己遵章守纪。

3.2　建筑施工安全生产管理制度

新中国成立以来，国家在对建设工程安全生产的监管中，总结出不少经验教训，形成了一套行之有效的管理制度，主要有施工企业从业资格制度、建造师执业资格制度、建筑施工企业安全生产许可制度、建设工程施工许可制度、建筑施工企业三类人员考核任职制度、特种作业人员持证上岗制度、安全生产责任制度、建筑施工企业安全生产管理机构设置及专职安全生产管理人员配备制度、安全生产教育培训制度、安全技术交底制度、安全检查与评分制度、安全考核与奖惩制度、建设工程保险制度等。

3.2.1 施工企业从业资格制度

《建筑法》规定，从事建筑活动的建筑施工企业、勘察单位、设计单位和工程监理单位，应当具备下列条件：

1）有符合国家规定的注册资本。

2）有与其从事的建筑活动相适应的具有法定执业资格的专业技术人员。

3）有从事相关建筑活动所应有的技术装备。

4）法律、行政法规规定的其他条件。

工程建设活动不同于一般的经济活动，其从业单位所具备条件的高低直接影响建设工程生产安全和质量。因此，从事工程建设活动的单位必须符合相应的资质条件。

《建筑业企业资质管理规定》规定，建筑业企业是指从事土木工程、建筑工程、线路管道设备安装工程的新建、扩建、改建等施工活动的企业。施工单位应当依法取得相应等级的资质证书，并在其资质等级许可的范围内承揽工程。

1. 施工企业资质的法定条件

《建筑业企业资质管理规定》规定，企业应当按照其拥有的资产、主要人员、已完成的工程业绩和技术装备等条件申请建筑业企业资质，经审查合格，取得建筑业企业资质证书后，方可在资质许可的范围内从事建筑施工活动。

（1）有符合规定的净资产　企业资产是指企业拥有或控制的能以货币计量的经济资源，包括各种财产、债权和其他权利。企业净资产是指企业的资产总额减去负债以后的净额。净资产是属于企业所有并可以自由支配的资产，即所有者权益。相对于注册资本而言，它能够更准确地体现企业的经济实力。所有建筑业企业都必须具备基本的责任承担能力。这是法律上权利与义务相一致、利益与风险相一致原则的体现，是维护债权人利益的需要。显然，对净资产要求的全面提高意味着对企业资信要求的提高。2015年11月住房和城乡建设部颁发的《关于调整建筑业企业资质标准中净资产指标考核有关问题的通知》规定，企业净资产以企业申请资质前一年度或当期合法的财务报表中净资产指标为准考核。

以建设工程施工总承包企业为例，《建筑业企业资质标准》规定，一级企业净资产1亿元以上；二级企业净资产4000万元以上；三级企业净资产800万元以上。

（2）有符合规定的主要人员　工程建设施工活动是一种专业性、技术性很强的活动。因此，建筑业企业应当拥有注册建造师及其他注册人员、工程技术人员、施工现场管理人员和技术工人。

（3）有符合规定的已完成工程业绩　工程建设施工活动是一项重要的实践活动。有无承担过相应工程的经验及其业绩好坏，是衡量施工企业实际能力和水平的一项重要标准。

同时，《住房城乡建设部关于简化建筑业企业资质标准部分指标的通知》进一步规定，对申请建筑工程、市政公用工程施工总承包特级、一级资质的企业，未进入全国建筑市场监管与诚信信息发布平台的企业业绩，不作为有效业绩认定。

（4）有符合规定的技术装备　施工单位必须使用与其从事施工活动相适应的技术装备，而许多大中型机械设备都可以采用租赁或融资租赁的方式取得。因此，目前的企业资质标准对技术装备的要求并不多。

2. 施工企业的资质序列、类别和等级

（1）施工企业的资质序列　《建筑业企业资质管理规定》规定，建筑业企业资质分为施工总承包资质、专业承包资质、施工劳务资质三个序列。

（2）施工企业的资质类别和等级　施工总承包资质、专业承包资质按照工程性质和技术特点分别划分为若干资质类别，各资质类别按照规定的条件划分为若干资质等级。施工劳务资质不分类别与等级。

《建筑业企业资质标准》规定，施工总承包资质序列设有十二个类别，即：建筑工程施工总承包、公路工程施工总承包、铁路工程施工总承包、港口与航道工程施工总承包、水利水电工程施工总承包、电力工程施工总承包、矿山工程施工总承包、冶金工程施工总承包、石油化工工程施工总承包、市政公用工程施工总承包、通信工程施工总承包、机电工程施工总承包。

施工总承包资质一般分为四个等级，即特级、一级、二级和三级。

专业承包序列设有三十六个类别，即地基基础工程专业承包、起重设备安装工程专业承包、预拌混凝土专业承包、电子与智能化工程专业承包、消防设施工程专业承包、防水防腐保温工程专业承包、桥梁工程专业承包、隧道工程专业承包、钢结构工程专业承包、模板脚手架专业承包、建筑装修装饰工程专业承包、建筑机电安装工程专业承包、建筑幕墙工程专业承包、古建筑工程专业承包、城市及道路照明工程专业承包、公路路面工程专业承包、公路路基工程专业承包、公路交通工程专业承包、铁路电务工程专业承包、铁路铺轨架梁工程专业承包、铁路电气化工程专业承包、机场场道工程专业承包、民航空管工程及机场弱电系统工程专业承包、机场目视助航工程专业承包、港口与海岸工程专业承包、航道工程专业承包、通航建筑物工程专业承包、港航设备安装及水上交管工程专业承包、水工金属结构制作与安装工程专业承包、水利水电机电安装工程专业承包、河湖整治工程专业承包、输变电工程专业承包、核工程专业承包、海洋石油工程专业承包、环保工程专业承包、特种工程专业承包。

专业承包序列一般分为三个等级，即一级、二级、三级。

3. 施工企业的资质管理

我国对建筑业企业的资质管理，实行分级实施与有关部门相配合的管理模式。

（1）施工企业资质管理体制　《建筑业企业资质管理规定》规定，国务院住房城乡建设主管部门负责全国建筑业企业资质的统一监督管理。国务院交通运输、水利、工业信息化等有关部门配合国务院住房城乡建设主管部门实施相关资质类别建筑业企业资质的管理工作。

省、自治区、直辖市人民政府住房城乡建设主管部门负责本行政区域内建筑业企业资质的统一监督管理。省、自治区、直辖市人民政府交通运输、水利、通信等有关部门配合同级住房城乡建设主管部门实施本行政区域内相关资质类别建筑业企业资质的管理工作。

企业违法从事建筑活动的，违法行为发生地的县级以上地方人民政府住房城乡建设主管部门或者其他有关部门应当依法查处，并将违法事实、处理结果或者处理建议及时告知该建筑业企业资质的许可机关。

（2）施工企业资质的许可权限

1）下列建筑业企业资质，由国务院住房城乡建设主管部门许可：

① 施工总承包资质序列特级资质、一级资质及铁路工程施工总承包二级资质。

② 专业承包资质序列公路、水运、水利、铁路、民航方面的专业承包一级资质及铁路、民航方面的专业承包二级资质；涉及多个专业的专业承包一级资质。

2）下列建筑业企业资质，由企业工商注册所在地省、自治区、直辖市人民政府住房城乡建设主管部门许可：

① 施工总承包资质序列二级资质及铁路、通信工程施工总承包三级资质。

② 专业承包资质序列一级资质（不含公路、水运、水利、铁路、民航方面的专业承包一级资质及涉及多个专业的专业承包一级资质）。

③ 专业承包资质序列二级资质（不含铁路、民航方面的专业承包二级资质）；铁路方面专业承包三级资质；特种工程专业承包资质。

3）下列建筑业企业资质，由企业工商注册所在地设区的市人民政府住房城乡建设主管部门许可：

① 施工总承包资质序列三级资质（不含铁路、通信工程施工总承包三级资质）。

② 专业承包资质序列三级资质（不含铁路方面专业承包资质）及预拌混凝土、模板脚手架专业承包资质。

③ 施工劳务资质。

④ 燃气燃烧器具安装、维修企业资质。

近年来，资质管理政策历经多次调整，相继颁布建立"四库一平台"（建筑业企业库、人员库、业绩库和诚信库）、工程业绩录入、全面推行电子化申报和审批、整治注册执业人员挂证行为、劳务用工实名制等相关文件，尤其是资质告知承诺审批制，直接影响施工企业资质升级。

国务院办公厅印发的《关于促进建筑业持续健康发展的意见》，提出要进一步简化工程建设企业资质类别和等级设置，减少不必要的资质认定。住房和城乡建设部将按照国务院深化建筑业"放管服"改革的要求，修订工程设计资质标准，拟简化资质标准条件和专业类别，减少企业资质标准对注册人员的要求，特别是减少挂靠较为严重的公用设备、电气等专业注册人员要求，以减轻企业负担，激发企业活力。

4）禁止无资质或越级承揽工程的规定。施工单位的资质等级，是施工单位人员素质、资金数量、技术装备、管理水平、工程业绩等综合能力的体现，反映了该施工单位从事某项施工活动的资格和能力，是国家对建设市场准入管理的重要手段。为此，我国的法律规定施工单位除应具备企业法人营业执照外，还应取得相应的资质证书，并严格在其资质等级许可的经营范围内从事施工活动。

① 禁止无资质承揽工程。《建筑法》规定，承包建筑工程的单位应当持有依法取得的资质证书，并在其资质等级许可的业务范围内承揽工程。

《建设工程质量管理条例》也规定，施工单位应当依法取得相应等级的资质证书，并在其资质等级许可的范围内承揽工程。《建设工程安全生产管理条例》进一步规定，施工单位从事建设工程的新建、扩建、改建和拆除等活动，应当具备国家规定的注册资本、专业技术人员、技术装备和安全生产等条件，依法取得相应等级的资质证书，并在其资质等级许可的范围内承揽工程。

近年来，随着工程建设法规体系的不断完善和建设市场的整顿规范，公然以无资质的方式状态承揽建设工程特别是大中型建设工程的行为已十分罕见，往往是采取比较隐蔽的挂靠形式。但是在专业工程分包或者劳务作业分包中仍存在着无资质承揽工程的现象。《建筑法》明确规定，禁止总承包单位将工程分包给不具备相应资质条件的单位。2014 年 8 月住房和城乡建设部修改后发布的《房屋建筑和市政基础设施工程施工分包管理办法》进一步规定，分包工程承包人必须具有相应的资质，并在其资质等级许可的范围内承揽业务。严禁个人承揽分包工程业务。目前，无资质承揽劳务分包工程，常见的是作为自然人的包工头，带领一部分农民工组成的施工队，与总承包企业或者专业承包企业签订劳务合同，或者是通过层层转包、违法分包获签合同。

需要指出的是，无资质承包主体签订的专业分包合同或者劳务分包合同都是无效合同。当作为无资质的实际施工人的利益受到侵害时，其可以向合同相对方（即转包或违法分包方）主张权利，甚至可以向建设工程项目的发包方主张权利。《最高人民法院关于审理建设工程施工合同纠纷案件适用法律问题的解释》第二十六条规定，实际施工人以转包人、违法分包人为被告起诉的，人民法院应当依法受理。实施工人以发包人为被告主张权利的，人民法院可以追加转包人或者违法分包人为本案第三人，发包人只在欠付工程价款的范围内对实际施工人承担责任。此规定在依法查处违法承揽工程的同时，也能使实际施工人的合法权益得到保障。

② 禁止越级承揽工程。《建筑法》和《建设工程质量管理条例》均规定，禁止施工单位超越本单位资质等级许可的业务范围承揽工程。随着建筑市场秩序的逐步规范，在施工总承包活动中超越资质承揽工程的现象已不多见。但是在联合共同承包和分包工程活动中依然存在着超越资质等级承揽工程的问题。

《建筑法》规定，两个以上不同资质等级的单位实行联合共同承包的，应当按照资质等级低的单位的业务许可范围承揽工程。

联合共同承包是国际工程承包的一种通行做法，一般适用于大型或技术复杂的建设工程项目。采用联合承包的方式，可以优势互补，增加中标机会，并可降低承包风险。但是施工单位应当在资质等级范围内承包工程，这同样适用于联合共同承包。如果几个联合承包方的资质等级不同，则须以低资质等级的承包方为联合承包方的业务许可范围。这样可有效地避免在实践中以联合承包为借口进行资质挂靠的不规范行为。

3.2.2　建造师执业资格制度

执业资格制度是指对具有一定专业学历和资历并从事特定专业技术活动的专业技术人员，通过考试和注册确定其执业的技术资格，获得相应文件签字权的一种制度。

1. 建设工程专业人员执业资格的准入管理

《建筑法》规定，从事建筑活动的专业技术人员，应当依法取得相应的执业资格证书，并在执业资格证书许可的范围内从事建筑活动。这是因为建设工程的技术要求比较复杂，建设工程的质量和安全生产直接关系人身安全及公共财产安全，责任极为重大。因此对从事建设工程活动的专业技术人员，应当建立起必要的个人执业资格制度。只有依法取得相应执业资格证书的专业技术人员，方可在其执业资格证书许可的范围内从事建设工程活动。

我国对从事建设工程活动的单位实行资质管理制度比较早，但对建设工程专业技术人员（即在勘察、设计、施工、监理等专业技术岗位上工作的人员）实行个人执业资格制度则起步较晚，出现了一些高资质的单位承接建设工程，却由低水平人员甚至非专业技术人员来完成的现象，不仅影响建设工程质量和安全，还影响投资效益的发挥。因此建立健全专业技术人员的执业资格制度，严格执行建设工程相关活动的人员准入与清出，有利于避免上述问题的发生，明确专业技术人员的责、权、利，保证建设工程的质量安全和顺利实施。

建造师执业资格制度于 1834 年起源于英国。许多发达国家如美国、英国、日本、加拿大等早已建立这项制度。我国在工程建设领域实行专业技术人员的执业资格制度，有利于促进与国际接轨，适应对外开放的需要，并可以同有关国家谈判执业资格对等互认，使我国的专业技术人员更好地进入国际建设市场。

我国工程建设领域最早建立的执业资格制度是注册建筑师制度，1995 年 9 月国务院颁布了《中华人民共和国注册建筑师条例》，随后又相继建立了注册监理工程师、结构工程师、造价工程师等制度。2002 年 12 月人事部（即现在的人力资源和社会保障部，下同）、建设部（即现在的住房和城乡建设部，下同）联合颁发了《建造师执业资格制度暂行规定》，标志着我国建造师制度的建立和建造师工作的正式启动。

2. 建造师考试、注册的规定

注册建造师是指通过考核认定或考试合格取得中华人民共和国建造师资格证书，并按照规定注册，取得中华人民共和国建造师注册证书和执业印章，担任施工单位项目负责人及从事相关活动的专业技术人员。未取得注册证书和执业印章的，不得担任建设工程项目的施工单位项目负责人，不得以注册建造师的名义从事相关活动。

《建造师执业资格制度暂行规定》中规定，建造师分为一级建造师和二级建造师。经国务院有关部门同意，获准在中华人民共和国境内从事建设工程项目施工管理的外籍及港、澳、台地区的专业人员，符合本规定要求的，也可报名参加建造师执业资格考试以及申请注册。

（1）一级建造师的考试　《建造师执业资格制度暂行规定》中规定，一级建造师执业资格实行统一大纲、统一命题、统一组织的考试制度，由人事部、建设部共同组织实施，原则上每年举行一次考试。

建设部负责编制一级建造师执业资格考试大纲和组织命题工作，统一规划建造师执业资格的培训等有关工作。培训工作按照培训与考试分开、自愿参加的原则进行。人事部负责审定一级建造师执业资格考试科目、考试大纲和考试试题，组织实施考务工作会同建设部对考试考务工作进行检查、监督、指导和确定合格标准。

1）考试内容。《建造师执业资格制度暂行规定》中规定，一级建造师执业资格考试，分综合知识与能力和专业知识与能力两个部分。

2004 年 2 月人事部、建设部发布的《建造师执业资格考试实施办法》进一步规定，一级建造师执业资格考试设"建设工程经济""建设工程法规及相关知识""建设工程项目管理"和"专业工程管理与实务"四个科目。2006 年 12 月人事部办公厅、建设部办公厅发布的《关于建造师资格考试相关科目专业类别调整有关问题的通知》规定，一级建造师资格考试"专业工程管理与实务"科目设置十个专业类别，分别是建筑工程、公路工程、铁路工程、民航机场工程、港口与航道工程、水利水电工程、市政公用工程、通信与广电工程、矿业工程、机电工程。

2）报考条件和考试申请。《建造师执业资格制度暂行规定》中规定，凡遵守国家法律、法规，具备下列条件之一者，可以申请参加一级建造师执业资格考试：

① 取得工程类或工程经济类大学专科学历，工作满 6 年，其中从事建设工程项目施工管理工作满 4 年。

② 取得工程类或工程经济类大学本科学历，工作满 4 年，其中从事建设工程项目施工管理工作满 3 年。

③ 取得工程类或工程经济类双学士学位或研究生班毕业，工作满 3 年，其中从事建设工程项目施工管理工作满 2 年。

④ 取得工程类或工程经济类硕士学位，工作满 2 年，其中从事建设工程项目施工管理工作满 1 年。

⑤ 取得工程类或工程经济类博士学位，从事建设工程项目施工管理工作满 1 年。

已取得一级建造师执业资格证书的人员，还可根据实际工作需要，选择"专业工程管理与实务"科目的相应专业，报名参加考试。考试合格后核发国家统一印制的相应专业合格证明。该证明作为注册时增加执业专业类别的依据。

参加考试由本人提出申请，携带所在单位出具的有关证明及相关材料到当地考试管理机构报名。考试管理机构按规定程序和报名条件审查合格后，发给准考证。考生凭准考证在指定的时间、地点参加考试。中央管理的企业和国务院各部门及其所属单位的人员按属地原则报名参加考试。

考试成绩实行 2 年为一个周期的滚动管理办法，参加全部四个科目考试的人员须在连续的两个考试年度内通过全部科目，免试部分科目的人员须在一个考试年度内通过应试科目。

参加一级建造师执业资格考试合格，由各省、自治区、直辖市人事部门颁发人事部统一印制，人事部、建设部用印的"中华人民共和国一级建造师执业资格证书"。该证书在全国范围内有效。

（2）一级建造师的注册　2016 年 9 月经修改后颁布的《注册建造师管理规定》规定，注册建造师实行注册执业管理制度，注册建造师分为一级注册建造师和二级注册建造师。取得资格证书的人员，经过注册方能以注册建造师的名义执业。

1）申请初始注册。申请初始注册时应当具备以下条件：

① 经考核认定或考试合格取得资格证书。

② 受聘于一个相关单位。

③ 达到继续教育要求。

④ 没有《注册建造师管理规定》第十五条所列情形。

取得一级建造师资格证书并受聘于一个建设工程勘察、设计、施工、监理、招标代理、造价咨询等单位的人员，应当通过聘用单位提出注册申请，并可以向单位工商注册所在地的省、自治区、直辖市人民政府住房城乡建设主管部门提交申请材料。

省、自治区、直辖市人民政府住房城乡建设主管部门收到申请材料后，应当在 5 日内将全部申请材料报国务院住房城乡建设主管部门审批。国务院住房城乡建设主管部门在收到申请材料后，应当依法作出是否受理的决定，并出具凭证，申请材料不齐全或者不符合法定形式的，应当在 5 日内一次性告知申请人需要补正的全部内容。逾期不告知的，自收到申请材料之日起即为受理。符合条件的，由国务院住房城乡建设主管部门核发"中华人民共和国一级建造师注册证书"，并核定执业印章编号。对申请初始注册的，国务院住房城乡建设主管部门应当自受理之日起 20 日内作出审批决定。自作出决定之日起 10 日内公告审批结果。

初始注册者，可自资格证书签发之日起 3 年内提出申请。逾期未申请者，须符合本专业继续教育的要求后方可申请初始注册。

2008 年 2 月建设部发布的《注册建造师执业管理办法（试行）》规定，注册建造师注册证书和执业印章由本人保管，任何单位（发证机关除外）和个人不得扣押注册建造师注册证书或执业印章。

2）延续注册、变更注册和增项注册。《注册建造师管理规定》规定，注册证书与执业印章有效期为 3 年。注册有效期满需继续执业的，应当在注册有效期届满 30 日前，按照规定申请延续注册。延续注册的，有效期为 3 年。

在注册有效期内，注册建造师变更执业单位，应当与原聘用单位解除劳动关系，并按照规定办理变更注册手续，变更注册后仍延续原注册有效期。

对申请变更注册、延续注册的，国务院住房城乡建设主管部门应当自受理之日起 10 日内作出审批决定。自作出决定之日起 10 日内公告审批结果。

注册建造师需要增加执业专业的，应当按照规定申请专业增项注册，并提供相应的资格证明。

《注册建造师执业管理办法（试行）》规定，注册建造师应当通过企业按规定及时申请办理变更注册、续期注册等相关手续。多专业注册的注册建造师，其中一个专业注册期满仍需以该专业继续执业和以其他专业执业的，应当及时办理续期注册。

注册建造师变更聘用企业的，应当在与新聘用企业签订聘用合同后的 1 个月内，通过新聘用企业申请办理变更手续。因变更注册申报不及时影响注册建造师执业、导致工程项目出现损失的，由注册建造师所在聘用企业承担责任，并作为不良行为记入企业信用档案。

聘用企业与注册建造师解除劳动关系的，应当及时申请办理注销注册或变更注册。聘用企业与注册建造师解除劳动合同关系后无故不办理注销注册或变更注册的，注册建造师可向省级建设主管部门申请注销注册证书和执业印章。注册建造师要求注销注册或变更注册的，应当提供与原聘用企业解除劳动关系的有效证明材料。建设主管部门经向原聘用企业核实，聘用企业在 7 日内没有提供书面反对意见和相关证明材料的，应予办理注销注册或变更注册。

3. 建造师的受聘单位和执业岗位范围

（1）一级建造师的受聘单位　《注册建造师管理规定》规定，取得资格证书的人员应当受聘于一个具有建设工程勘察、设计、施工、监理、招标代理、造价咨询等一项或者多项资质的单位，经注册后方可从事相应的执业活动。担任施工单位项目负责人的，应当受聘并注册于一个具有施工资质的企业。

据此，建造师可以受聘在施工单位从事施工活动的管理工作，也可以在勘察、设计、监理、招标代理、造价咨询等单位或具有多项上述资质的单位执业。但是如果担任施工单位的项目负责人即项目经理，其所受聘的单位必须具有相应的施工企业资质，而不能是仅具有勘察、设计、监理等资质的其他企业。

（2）一级建造师的执业范围　《建造师执业资格制度暂行规定》规定，建造师的执业范围包括：担任建设工程项目施工的项目经理；从事其他施工活动的管理工作；法律、行政法规或国务院建设行政主管部门规定的其他业务。

1）执业区域范围。《注册建造师执业管理办法（试行）》规定，一级注册建造师可在全国范围内以一级注册建造师名义执业。

工程所在地各级建设主管部门和有关部门不得增设或者变相设置跨地区承揽工程项目执业准入条件。

2）执业岗位范围。大中型工程施工项目负责人必须由本专业注册建造师担任。一级注册建造师可担任大、中、小型工程施工项目负责人。注册建造师不得同时担任两个及以上建设工程施工项目负责人。发生下列情形之一的除外：同一工程相邻分段发包或分期施工的；合同约定的工程验收合格的；因非承包方原因致使工程项目停工超过120天（含），经建设单位同意的。

注册建造师担任施工项目负责人期间原则上不得更换。如发生下列情形之一的，应当办理书面交接手续后更换施工项目负责人：

① 发包方与注册建造师受聘企业已解除承包合同的。

② 发包方同意更换项目负责人的。

③ 因不可抗力等特殊情况必须更换项目负责人的。注册建造师担任施工项目负责人，在其承建的建设工程项目竣工验收或移交项目手续办结前，除以上规定的情形外，不得变更注册至另一企业。建设工程合同履行期间变更项目负责人的，企业应当于项目负责人变更5个工作日内报建设行政主管部门和有关部门及时进行网上变更。

此外，注册建造师还可以从事建设工程项目总承包管理或施工管理，建设工程项目管理服务，建设工程技术经济咨询，以及法律、行政法规和国务院建设主管部门规定的其他业务。

3）执业工程范围。注册建造师应当在其注册证书所注明的专业范围内从事建设工程施工管理活动。注册建造师分十个专业，各专业的执业工程范围如下：

① 建筑工程专业，执业工程范围为房屋建筑、装饰装修、地基与基础、土石方、建筑装修装饰、建筑幕墙、预拌商品混凝土、混凝土预制构件、园林古建筑、钢结构、高耸建筑物、电梯安装、消防设施、建筑防水、防腐保温、附着升降脚手架、金属门窗、预应力、爆破与拆除、建筑智能化、特种专业。

② 公路工程专业，执业工程范围为公路，地基与基础、土石方、预拌商品混凝土、混凝土预制构件、钢结构、消防设施、建筑防水、防腐保温、预应力、爆破与拆除、公路路面、公路路基、公路交通、桥梁、隧道、附着升降脚手架、起重设备安装、特种专业。

③ 铁路工程专业，执业工程范围为铁路，土石方、地基与基础、预拌商品混凝土、混凝土预制构件、钢结构、附着升降脚手架、预应力、爆破与拆除、铁路铺轨架梁、铁路电气化、铁路桥梁、铁路隧道、城市轨道交通、铁路电务、特种专业。

④ 民航机场工程专业，执业工程范围为民航机场，土石方、预拌商品混凝土、混凝土预制构件、钢结构、高耸构筑物、电梯安装、消防设施、建筑防水、防腐保温、附着升降脚手架、金属门窗、预应力、爆破与拆除、建筑智能化、桥梁、机场场道、机场空管、航站楼弱电系统、机场目视助航、航油储运、暖通、空调、给水排水、特种专业。

⑤ 港口与航道工程专业，执业工程范围为港口与航道，土石方、地基与基础、预拌商品混凝土、混凝土预制构件、消防设施、建筑防水、防腐保温、附着升降脚手架、爆破与拆除、港口及海岸、港口装卸设备安装、航道、航运梯级、通航设备安装、水上交通管制、水工建筑物基础处理、水工金属结构制作与安装、船台、船坞、滑道、航标、灯塔、栈桥、

人工岛、筒仓、堆场道路及陆域构筑物、围堤、护岸、特种专业。

⑥ 水利水电工程专业，执业工程范围为水利水电，土石方、地基与基础、预拌商品混凝土、混凝土预制构件、钢结构、建筑防水、消防设施、起重设备安装、爆破与拆除、水工建筑物基础处理、水利水电金属结构制作与安装、水利水电机电设备安装、河湖整治、堤防、水工大坝、水工隧洞、送变电、管道、无损检测、特种专业。

⑦ 矿业工程专业，执业工程范围为矿山，地基与基础、土石方、高耸构筑物、消防设施、防腐保温、环保、起重设备安装、管道、预拌商品混凝土、混凝土预制构件、钢结构、建筑防水、爆破与拆除、隧道、窑炉、特种专业。

⑧ 市政公用工程专业，执业工程范围为市政公用，土石方、地基与基础、预拌商品混凝土、混凝土预制构件、预应力、爆破与拆除、环保、桥梁、隧道、道路路面、道路路基、道路交通、城市轨道交通、城市及道路照明、体育场地设施、给水排水、燃气、供热、垃圾处理、园林绿化、管道、特种专业。

⑨ 通信与广电工程专业，执业工程范围为通信与广电，通信线路、微波通信、传输设备、交换、卫星地球站、移动通信基站、数据通信及计算机网络、本地网、接入网、通信管道、通信电源、综合布线、信息化工程、铁路信号、特种专业。

⑩ 机电工程专业，执业工程范围为机电、石油化工、电力、冶炼，钢结构、电梯安装、消防设施、防腐保温、起重设备安装、机电设备安装、建筑智能化、环保、电子、仪表安装、火电设备安装、送变电、核工业、炉窑、冶炼机电设备安装、化工石油设备、管道安装、管道、无损检测、海洋石油、体育场地设施、净化、旅游设施、特种专业。

3.2.3 建筑施工企业安全生产许可制度

为了严格规范建筑施工企业的安全生产条件，进一步加强安全生产监督管理，防止和减少生产安全事故，建设部根据《安全生产许可证条例》《建设工程安全生产管理条例》等有关行政法规，于 2004 年 7 月制定建设部令第 128 号《建筑施工企业安全生产许可证管理规定》（以下简称《规定》）。

国家对建筑施工企业实行安全生产许可制度，建筑施工企业未取得安全生产许可证的，不得从事建筑施工活动。

《规定》的主要内容包括以下几个方面：

1. 安全生产许可证的申请条件

建筑施工企业取得安全生产许可证，应当具备下列安全生产条件：

1）建立、健全安全生产责任制度，制定完备的安全生产规章制度和操作规程。

2）保证本单位安全生产条件所需资金的投入。

3）设备安全生产管理机构，按照国家有关规定配备专职安全生产管理人员。

4）主要负责人、项目负责人、专职安全生产管理人员经建设主管部门或者其他有关部门考核合格。

5）特种作业人员经有关业务主管部门考核合格，取得特种作业操作资格证书。

6）管理人员和作业人员每年至少进行一次安全生产教育培训并考核合格。

7）依法参加工伤保险，依法为施工现场从事危险作业的人员办理意外伤害保险，为从业人员缴纳保险费。

8）施工现场的办公、生活区及作业场所和安全防护用具、机械设备、施工机具及配件符合有关安全生产法律法规、标准和规程的要求。

9）有职业危害防治措施，并为作业人员配备符合国家标准或者行业标准的安全防护用具和安全防护服装。

10）有对危险性较大的分部分项工程及施工现场易发生重大事故的部位、环节的预防、监控措施和应急预案。

11）有生产安全事故应急救援预案、应急救援组织或者应急救援人员，并配备必要的应急救援器材、设备。

12）法律、法规规定的其他条件。

2. 安全生产许可证的申请与颁发

建筑施工企业从事建筑施工活动前，应依照《规定》向省级以上住房城乡建设主管部门申请领取安全生产许可证。中央管理的建筑施工企业（集团公司、总公司）应向国务院住房城乡建设主管部门申请领取安全生产许可证，其他建筑施工企业，包括中央管理的建筑施工企业（集团公司、总公司）下属的建筑施工企业，应向企业注册所在地的省、自治区、直辖市人民政府住房城乡建设主管部门申请领取安全生产许可证。

住房城乡建设主管部门应当自受理建筑施工企业的申请之日起 45 日内审查完毕。经审查符合安全生产条件的，颁发安全生产许可证；不符合安全生产条件的，不予颁发安全生产许可证，书面通知企业并说明理由。企业自接到通知之日起应进行整改，整改合格后方可再次提出申请。由住房城乡建设主管部门审查建筑施工企业安全生产许可证申请，涉及铁路、交通、水利等有关专业工程时，可以征求铁路、交通、水利等有关部门的意见。

安全生产许可证的有效期为 3 年。安全生产许可证有效期满需要延期的，企业应当于期满前 3 个月向原安全生产许可证颁发管理机关申请办理延期手续。企业在安全生产许可证有效期内应严格遵守有关安全生产的法律法规，未发生死亡事故的，安全生产许可证有效期满时，经原安全生产许可证颁发管理机关同意，不再审查，安全生产许可证有效期延期 3 年。

建筑施工企业变更名称、地址、法定代表人等时，应在变更后 10 日内，到原安全生产许可证颁发管理机关办理安全生产许可证变更手续。

建筑施工企业破产、倒闭、撤销时，应当将安全生产许可证交回原安全生产许可证颁发管理机关予以注销。

建筑施工企业遗失安全生产许可证时，应当立即向原安全生产许可证颁发管理机关报告，并在公众媒体上声明作废后，方可申请补办。

安全生产许可证申请表采用住房和城乡建设部规定的统一式样。安全生产许可证采用国务院安全生产监督管理部门规定的统一式样。安全生产许可证分为正本和副本，正、副本具有同等法律效力。

3. 安全生产许可证的监督管理

县级以上人民政府住房城乡建设主管部门应加强对建筑施工企业安全生产许可证的监督管理。住房城乡建设主管部门在审核发放施工许可证时，应当对已经确定的建筑施工企业是否有安全生产许可证进行审查，对没有取得安全生产许可证的不得颁发施工许可证。

跨省从事建筑施工活动的建筑施工企业有违反《规定》的行为时，由工程所在地的省级人民政府住房城乡建设主管部门将建筑施工企业在本地区的违法事实、处理结果和处理建议抄告原安全生产许可证颁发管理机关。

建筑施工企业取得安全生产许可证后，不得降低安全生产条件，并应当加强日常安全生产管理，接受住房城乡建设主管部门的监督检查。安全生产许可证颁发管理机关若发现企业不再具备安全生产条件，应暂扣或者吊销安全生产许可证。

安全生产许可证颁发管理机关或其上级行政机关发现有下列情形之一时，可以撤销已经颁发的安全生产许可证：

1）安全生产许可证颁发管理机关工作人员滥用职权、玩忽职守而颁发安全生产许可证的。

2）超越法定职权颁发安全生产许可证的。

3）违反法定程序颁发安全生产许可证的。

4）对不具备安全生产条件的建筑施工企业颁发安全生产许可证的。

5）依法可以撤销已经颁发的安全生产许可证的其他情形。

依照上述规定撤销安全生产许可证而使建筑施工企业的合法权益受到损害时，住房城乡建设主管部门应当依法给予赔偿。

安全生产许可证颁发管理机关应建立、健全安全生产许可证档案管理制度，定期向社会公布企业取得安全生产许可证的情况，每年向同级安全生产监督管理部门通报建筑施工企业安全生产许可证的颁发和管理情况。

建筑施工企业不得转让、冒用安全生产许可证或者使用伪造的安全生产许可证。

住房城乡建设主管部门的工作人员在安全生产许可证颁发、管理和监督检查工作中，不得索取或接受建筑施工企业的财物，不得谋取其他利益。

任何单位或者个人对违反《规定》的行为，有权向安全生产许可证颁发管理机关或监察机关等有关部门举报。

3.2.4 建设工程施工许可制度

建设工程施工活动的专业性、技术性极强。因此，对建设工程是否具备施工条件以及对从业单位、专业技术人员进行严格的过程管控，对于规范建设市场秩序，保证工程质量和安全施工，保障公民生命财产安全和国家财产安全，提高投资效益，意义重大。

《建筑法》规定，建筑工程开工前，建设单位应当按照国家有关规定向工程所在地县级以上人民政府建设行政主管部门申请领取施工许可证；但是，国务院建设行政主管部门确定的限额以下的小型工程除外。按照国务院规定的权限和程序批准开工报告的建筑工程，不再领取施工许可证。

施工许可制度是由国家授权的有关行政主管部门，在建设工程开工之前对其是否符合法定的开工条件进行审核，对符合条件的建设工程允许其开工建设的法定制度。建立施工许可制度，有利于保证建设工程的开工符合必要条件，避免不具备条件的建设工程因盲目开工而给当事人造成损失或导致国家财产的消费，从而使建设工程在开工后能够顺利实施，也便于有关行政主管部门了解和掌握所辖范围内有关建设工程的数量、规模以及施工队伍等基本情况，依法进行指导和监督，保证建设工程活动依法有序进行。

1. 施工许可证的适用范围

我国目前对建设工程开工条件的审批，存在着办理施工许可证和批准开工报告两种形式。多数工程是办理施工许可证，少数工程则为批准开工报告。

（1）需要办理施工许可证的建设工程　2014 年 6 月住房和城乡建设部经修改后发布的《建筑工程施工许可管理办法》规定，在中华人民共和国境内从事各类房屋建筑及其附属设施的建造、装饰装修和与其配套的线路、管道、设备的安装，以及城镇市政基础设施工程的施工，建设单位在开工前应当依照本办法的规定，向工程所在地的县级以上地方人民政府住房城乡建设主管部门申请领取施工许可证。

（2）不需要办理施工许可证的建设工程

1）限额以下的小型工程。按照《建筑法》的规定，国务院建设行政主管部门确定的限额以下的小型工程，可以不申请办理施工许可证。

据此，《建筑工程施工许可管理办法》规定，工程投资额在 30 万元以下或者建筑面积在 300m² 以下的建筑工程，可以不申请办理施工许可证。省、自治区、直辖市人民政府住房城乡建设主管部门可以根据当地的实际情况，对限额进行调整，并报国务院住房城乡建设主管部门备案。

2）抢险救灾等工程。《建筑法》规定，抢险救灾及其他临时性房屋建筑和农民自建低层住宅的建筑活动，不适用该法。

（3）不重复办理施工许可证的建设工程　为避免同一建设工程的开工由不同行政主管部门重复审批的现象，《建筑法》规定，按照国务院规定的权限和程序批准开工报告的建设工程，不再领取施工许可证。这有两层含义：一是实行开工报告批准制度的建设工程，必须符合国务院的规定，其他任何部门的规定无效；二是开工报告与施工许可证不要重复办理。

（4）另行规定的建设工程　《建筑法》规定，军用房屋建筑工程建筑活动的具体管理办法，由国务院、中央军事委员会依据该法制定。

据此，军用房屋建筑工程是否实行施工许可，由国务院、中央军事委员会另行规定。

2. 施工许可证申请主体和法定批准条件

《建筑法》规定，建筑工程开工前，建设单位应当按照国家有关规定向工程所在地县级以上人民政府建设行政主管部门申请领取施工许可证。

建设单位（又称业主或项目法人）是建设项目的投资者，如果建设项目是政府投资，则建设单位为该建设项目的管理单位或使用单位。为施工单位进场和开工做好各项前期准备工作，是建设单位应尽的义务。因此，施工许可证的申请领取，应该是由建设单位负责，而不是由施工单位或其他单位负责。

依据《建筑工程施工许可管理办法》，建设单位申请领取施工许可证，应提交相应的证明文件，并具备下列条件：

1）依法应当办理用地批准手续的，已经办理该建筑工程用地批准手续。

2）在城市、镇规划区的建筑工程，已经取得规划许可证。在城市、镇规划区内，规划许可证包括建设用地规划许可证和建设工程规划类许可证。在乡、村庄规划区内进行乡镇企业、乡村公共设施和公益事业建设的，须核发乡村建设规划许可证。

根据 2016 年 5 月颁发的《国务院关于印发清理规范投资项目报建审批事项实施方案的通知》要求，将原建设工程（含临时建设）规划许可证核发、历史建筑实施原址保护审批等四项合并为建设工程规划类许可证核发。

① 建设用地规划许可证。2019 年 4 月经修正后公布的《中华人民共和国城乡规划法》

规定，在城市、镇规划区内以划拨方式提供国有土地使用权的建设项目，经有关部门批准、核准、备案后，建设单位应当向城市、县人民政府城乡规划主管部门提出建设用地规划许可申请，由城市、县人民政府城乡规划主管部门依据控制性详细规划核定建设用地的位置、面积、允许建设的范围，核发建设用地规划许可证。

建设单位在取得建设用地规划许可证后，方可向县级以上地方人民政府土地主管部门申请用地，经县级以上人民政府审批后，由土地主管部门划拨土地。

以出让方式取得国有土地使用权的建设项目，建设单位在取得建设项目的批准、核准、备案文件和签订国有土地使用权出让合同后，向城市、县人民政府城乡规划主管部门领取建设用地规划许可证。

② 建设工程规划许可证。在城市、镇规划区内进行建筑物、构筑物、道路、管线和其他工程建设的，建设单位或者个人应当向城市、县人民政府城乡规划主管部门或者省、自治区、直辖市人民政府确定的镇人民政府申请办理建设工程规划许可证。

3）施工场地已经基本具备施工条件，需要征收房屋的，其进度符合施工要求。施工场地应该具备的基本施工条件，通常要根据建设工程项目的具体情况决定。例如，已进行场区的施工测量，设置永久性经纬坐标桩、水准基桩和工程测量控制网；搞好"三通一平"或"五通一平"或"七通一平"；施工使用的生产基地和生活基地，包括附属企业、加工厂站、仓库堆场，以及办公、生活、福利用房等；强化安全管理和安全教育，在施工现场要设安全纪律牌、施工公告牌、安全标志牌等。实行监理的建设工程，一般要由监理单位查看后填写"施工场地已具备施工条件的证明"，并加盖单位公章确认。

4）已经确定施工企业。建设工程的施工必须由具备相应资质的施工企业来承担。因此，在建设工程开工前，建设单位必须依法通过招标或直接发包的方式确定承包该建设工程的施工企业，并签订建设工程承包合同，明确双方的责任、权利和义务。

《建筑工程施工许可管理办法》进一步规定，按照规定应该招标的工程没有招标，应当公开招标的工程没有公开招标，或者肢解发包工程，以及将工程发包给不具备相应资质条件的企业的，所确定的施工企业无效。

5）有满足施工需要的技术资料，施工图设计文件已按规定审查合格。施工图是实行建设工程最根本的技术文件，这就要求设计单位须按工程的施工顺序和施工进度，安排好施工图的配套交付计划，保证满足施工的需要。特别是在开工前，必须有满足施工需要的施工图和技术资料。

技术资料一般包括地形、地质、水文、气象等自然条件资料和主要原材料、燃料来源、水电供应和运输条件等技术经济条件资料。

2017年10月经修正后颁布的《建设工程勘察设计管理条例》规定，编制施工图设计文件，应当满足设备材料采购、非标准设备制作和施工的需要，并注明建设工程合理使用年限。

我国有严格的施工图设计文件审查制度。施工图设计文件不仅要满足施工需要，还应当按照规定对其涉及公共利益、公众安全、工程建设强制性标准的内容进行审查。《建设工程质量管理条例》和《建设工程勘察设计管理条例》均规定，施工图设计文件未经审查批准的，不得使用。

6）有保证工程质量和安全的具体措施。质量和安全是工程建设的永恒主题。《建设工程质量管理条例》规定，建设单位在开工前，应当按照国家有关规定办理工程质量监督手续。2003 年 11 月颁布的《建设工程安全生产管理条例》规定，建设单位在申请领取施工许可证时，应当提供建设工程有关安全施工措施的资料。建设行政主管部门在审核发放施工许可证时，应当对建设工程是否有安全施工措施进行审查，对没有安全施工措施的，不得颁发施工许可证。《建筑工程施工许可管理办法》中对"有保证工程质量和安全的具体措施"作了进一步规定，施工企业编制的施工组织设计中有根据建筑工程特点制定的相应质量、安全技术措施。建立工程质量安全责任制并落实到人。专业性较强的工程项目编制了专项质量、安全施工组织设计，并按照规定办理了工程质量、安全监督手续。

施工组织设计的重要内容之一是要有能保证建设工程质量和安全的具体措施。其编制水平直接影响建设工程质量和安全生产，影响组织施工能否顺利进行。

7）按照规定应当委托监理的工程已委托监理。根据《建筑法》，国务院可以规定实行强制监理的建筑工程的范围。据此，《建设工程质量管理条例》明确规定，下列建设工程必须实行监理：国家重点建设工程；大中型公用事业工程；成片开发建设的住宅小区工程；利用外国政府或者国际组织贷款、援助资金的工程；国家规定必须实行监理的其他工程。

8）建设资金已经落实。建设资金的落实是建设工程开工后能否顺利实施的关键。在实践中，无视国家有关规定和自身经济实力，在建设资金不落实或资金不足的情况下，建设项目盲目上马，强行要求施工企业垫资承包，转嫁投资缺口，造成严重拖欠工程款的情形屡见不鲜，既影响了工程建设的正常进行，又扰乱了建设市场的秩序。许多烂尾楼都是建设资金不到位的恶果。

《建筑工程施工许可管理办法》明确规定，建设工期不足一年的，到位资金原则上不得少于工程合同价的 50%，建设工期超过一年的，到位资金原则上不得少于工程合同价的 30%。建设单位应当提供本单位截至申请之日无拖欠工程款情形的承诺书或者能够表明其无拖欠工程款情形的其他材料，以及银行出具的到位资金证明，有条件的可以实行银行付款保函或者其他第三方担保。

9）法律、行政法规规定的其他条件。由于施工活动自身的复杂性，以及各类工程的建设要求也不同，申领施工许可证的条件会随着国家对建设活动管理的不断完善而做相应调整。但是，按照《建筑法》的规定，只有全国人民代表大会及其常务委员会制定的法律和国务院制定的行政法规，才有权增加施工许可证新的申领条件，其他如部门规章、地方性法规、地方规章等都不得规定增加施工许可证的申领条件。据此，《建筑工程施工许可管理办法》明确规定，县级以上地方人民政府住房城乡建设主管部门不得违反法律法规规定，增设办理施工许可证的其他条件。

《建设工程消防监督管理规定》第八条中规定：依法应当经消防设计审核、消防验收的建设工程，未经审核或者审核不合格的，不得组织施工；未经验收或者验收不合格的，不得交付使用。

需要注意的是，上述各项法定条件必须同时具备，缺一不可。发证机关应当自收到申请之日起 15 日内，对符合条件的申请颁发施工许可证。对于证明文件不齐全或者失效的，应当场或者 5 日内一次告知建设单位需要补正的全部内容，审批时间可以自证明文件补正齐全后作相应顺延；对于不符合条件的，应当自收到申请之日起 15 日内书面通知建设单位，并说明理由。此外，应当申请领取施工许可证的建筑工程未取得施工许可证的，一律不得开工。任何单位和个人不得将应当申请领取施工许可证的工程项目分解为若干限额以下的工程项目，规避申请领取施工许可证。

3.2.5 建筑施工企业三类人员考核任职制度

依据 2014 年住房和城乡建设部发布的《建筑施工企业主要负责人、项目负责人和专职安全生产管理人员安全生产管理规定》（住建部令第 17 号），为贯彻落实《安全生产法》《建筑工程安全生产管理条例》等法律法规，提高建筑施工企业主要负责人、项目负责人、专职安全生产管理人员（以下合称"安管人员"）的安全生产知识水平和管理能力，保证建筑施工安全生产，应对建筑施工企业三类人员进行考核认定。三类人员应经住房城乡建设主管部门或其他有关部门考核合格后方可任职，考核内容主要是安全生产知识和安全生产管理能力。

1. 三类人员的组成

三类人员是指建筑施工企业的主要负责人、项目负责人、专职安全生产管理人员。

建筑施工企业主要负责人是指对本企业生产经营活动和安全生产工作具有决策权的领导人员。

建筑施工企业项目负责人是指取得相应注册执业资格，由企业法定代表人授权，负责具体工程项目管理的人员。

建筑施工企业专职安全生产管理人员是指在企业专职从事安全生产管理工作的人员，包括企业安全生产管理机构的人员和工程项目专职从事安全生产管理工作的人员。

2. 三类人员考核任职的主要规定

（1）考核的目的和依据　为了提高"安管人员"的安全生产知识水平和管理能力，保证建筑施工安全生产，根据《安全生产法》《建设工程安全生产管理条例》等法律法规，制定"安管人员考核"任职制度。

（2）考核范围　在中华人民共和国境内从事建设工程施工活动的"安管人员"。

"安管人员"必须经住房城乡建设主管部门或其他有关部门进行安全生产考核，考核合格并取得安全生产考核合格证书后，方可担任相应职务。

（3）"安管人员"考核的管理工作及相关要求　国务院住房城乡建设主管部门负责全国"安管人员"的安全生产考核工作，并负责中央管理的"安管人员"的安全生产考核和发证工作。

省、自治区、直辖市人民政府住房城乡建设主管部门负责本行政区域内中央管理以外的"安管人员"的安全生产考核和发证工作。

"安管人员"应具备相应的文化程度、专业技术职称和一定的安全生产工作经历，与企业确立劳动关系，并经企业年度安全生产教育培训，合格后方可参加住房城乡建设主管部门组织的安全生产考核。

"安管人员"安全生产考核的内容包括安全生产知识和安全生产管理能力。

住房城乡建设主管部门对"安管人员"进行安全生产考核时不得收取考核费用，且不得组织强制培训。

对安全生产考核合格的，考核机关应当在 20 个工作日内核发安全生产考核合格证书，并予以公告；对不合格的，应当通过"安管人员"所在企业通知本人并说明理由。

"安管人员"的安全生产考核合格证书由国务院住房城乡建设主管部门规定统一的式样。

任何单位和个人不得伪造、转让、冒用"安管人员"的安全生产考核合格证书。

"安管人员"若遗失安全生产考核合格证书，应在公共媒体上声明作废，通过其受聘企业向原考核机关申请补办。考核机关应当在受理申请之日起5个工作日内办理完毕。

"安管人员"安全生产考核合格证书的有效期为3年，有效期满需要延期时，应于期满前3个月通过受聘企业向原考核机关申请证书延续。准予证书延续的，证书有效期延续3年。

对证书有效期内未因生产安全事故或者违反相关规定受到行政处罚，信用档案中无不良行为记录，且已按规定参加企业和县级以上人民政府住房城乡建设主管部门组织的安全生产教育培训的，考核机关应当在受理延续申请之日起20个工作日内，准予证书延续。

"安管人员"不得涂改、倒卖、出租、出借或者以其他形式非法转让安全生产考核合格证书。

县级以上人民政府住房城乡建设主管部门应当依照有关法律法规，对"安管人员"持证上岗、教育培训和履行职责等情况进行监督检查。

县级以上人民政府住房城乡建设主管部门在实施监督检查时，应当有两名以上监督检查人员参加，不得妨碍企业正常的生产经营活动，不得索取或者收受企业的财物，不得谋取其他利益。

有关企业和个人对依法进行的监督检查应当协助与配合，不得拒绝或者阻挠。

县级以上人民政府住房城乡建设主管部门依法进行监督检查时，发现"安管人员"有违反相关规定行为的，应当依法查处并将违法事实、处理结果或者处理建议告知考核机关。考核机关应当建立本行政区域内"安管人员"的信用档案。违法违规行为、被投诉举报处理、行政处罚等情况应当作为不良行为记入信用档案，并按规定向社会公开。

"安管人员"及其受聘企业应当按规定向考核机关提供相关信息。

3.2.6　特种作业人员持证上岗制度

1. 特种作业的定义

《特种作业人员安全技术培训考核管理规定》规定，特种作业是指容易发生事故，对操作者本人、他人的安全健康及设备、设施的安全可能造成重大危害的作业。

《建筑施工特种作业人员管理规定》对建筑施工特种作业人员作出了明确规定。

建筑施工特种作业人员是指在房屋建筑和市政工程施工活动中，从事可能对本人、他人及周围设备设施的安全造成重大危害作业的人员。

建筑施工特种作业包括：建筑电工、建筑架子工、建筑起重信号司索工、建筑起重机械司机、建筑起重机械安装拆卸工、高处作业吊篮安装拆卸工、经省级以上人民政府建设主管部门认定的其他特种作业。

建筑施工特种作业人员必须经建设主管部门考核合格，取得建筑施工特种作业人员操作资格证书（以下简称"资格证书"），方可上岗从事相应作业。

国务院建设主管部门负责全国建筑施工特种作业人员的监督管理工作。

省、自治区、直辖市人民政府建设主管部门负责本行政区域内建筑施工特种作业人员的监督管理工作。

2. 特种作业人员应具备的基本条件

1）年满 18 周岁，且符合相关工种规定的年龄要求。

2）经医院体检合格且无妨碍从事相应特种作业的疾病和生理缺陷。

3）初中及以上学历。

4）符合相应特种作业需要的其他条件。

3. 考核、发证

1）建筑施工特种作业人员考核大纲由国务院建设主管部门制定。

2）符合资格要求的人员应当向本人户籍所在地或者从业所在地考核发证机关提出考核申请，并提交相关证明材料。

考核发证机关应当自收到申请人提交的申请材料之日起 5 个工作日内依法作出受理或者不予受理决定。对于受理的申请，考核发证机关应当及时向申请人核发准考证。

3）建筑施工特种作业人员的考核发证工作，由省、自治区、直辖市人民政府建设主管部门或其委托的考核发证机构（以下简称"考核发证机关"）负责组织实施。

考核发证机关应当在办公场所公布建筑施工特种作业人员申请条件、申请程序、工作时限、收费依据和标准等事项。

考核发证机关应当在考核前在机关网站或新闻媒体上公布考核科目、考核地点、考核时间和监督电话等事项。

4）建筑施工特种作业人员的考核内容应当包括安全技术理论和实际操作。

5）考核发证机关应当自考核结束之日起 10 个工作日内公布考核成绩。

6）考核发证机关对于考核合格的，应当自考核结果公布之日起 10 个工作日内颁发资格证书；对于考核不合格的，应当通知申请人并说明理由。资格证书应当采用国务院建设主管部门规定的统一样式，由考核发证机关编号后签发。资格证书在全国通用。

4. 从业

1）持有资格证书的人员，应当受聘于建筑施工企业或者建筑起重机械出租单位（以下简称用人单位），方可从事相应的特种作业。

2）用人单位对于首次取得资格证书的人员，应当在其正式上岗前安排不少于 3 个月的实习操作。

3）建筑施工特种作业人员应当严格按照安全技术标准、规范和规程进行作业，正确佩戴和使用安全防护用品，并按规定对作业工具和设备进行维护保养。

4）建筑施工特种作业人员应当参加年度安全教育培训或者继续教育，每年不得少于24h。

5）在施工中发生危及人身安全的紧急情况时，建筑施工特种作业人员有权立即停止作业或者撤离危险区域，并向施工现场专职安全生产管理人员和项目负责人报告。

5. 用人单位应当履行的职责

1）与持有效资格证书的特种作业人员订立劳动合同。

2）制定并落实本单位特种作业安全操作规程和有关安全管理制度。

3）书面告知特种作业人员违章操作的危害。

4）向特种作业人员提供齐全、合格的安全防护用品和安全的作业条件。

5）按规定组织特种作业人员参加年度安全教育培训或者继续教育，培训时间不少于24h。

6）建立本单位特种作业人员管理档案。

7）查处特种作业人员违章行为并记录在档。

8）法律法规及有关规定明确的其他职责。

9）任何单位和个人不得非法涂改、倒卖、出租、出借或者以其他形式转让资格证书。

10）建筑施工特种作业人员变动工作单位，任何单位和个人不得以任何理由非法扣押其资格证书。

6. 延期复核

1）资格证书有效期为两年。有效期满需要延期的，建筑施工特种作业人员应当于期满前 3 个月内向原考核发证机关申请办理延期复核手续。延期复核合格的，资格证书有效期延期 2 年。

2）建筑施工特种作业人员申请延期复核，应当提交下列材料：

① 身份证（原件和复印件）。

② 体检合格证明。

③ 年度安全教育培训证明或者继续教育证明。

④ 用人单位出具的特种作业人员管理档案记录。

⑤ 考核发证机关规定提交的其他资料。

3）建筑施工特种作业人员在资格证书有效期内，有下列情形之一的，延期复核结果为不合格：

① 超过相关工种规定年龄要求的。

② 身体健康状况不再适应相应特种作业岗位的。

③ 对生产安全事故负有责任的。

④ 2 年内违章操作记录达 3 次（含 3 次）以上的。

⑤ 未按规定参加年度安全教育培训或者继续教育的。

⑥ 考核发证机关规定的其他情形。

4）考核发证机关在收到建筑施工特种作业人员提交的延期复核资料后，应当根据以下情况分别作出处理：

① 对于延期复核结果不合格的，自收到延期复核资料之日起 5 个工作日内作出不予延期决定，并说明理由。

② 对于提交资料齐全且延期复核结果合格的，自受理之日起 10 个工作日内办理准予延期复核手续，并在证书上注明延期复核合格，并加盖延期复核专用章。

考核发证机关应当在资格证书有效期满前按以上两条作出决定；逾期未作出决定的，视为延期复核合格。

7. 监督管理

1）考核发证机关应当制定建筑施工特种作业人员考核发证管理制度，建立本地区建筑施工特种作业人员档案。

2）县级以上地方人民政府建设主管部门应当监督检查建筑施工特种作业人员从业活动，查处违章作业行为并记录在档。

3）考核发证机关应当在每年年底向国务院建设主管部门报送建筑施工特种作业人员考核发证和延期复核情况的年度统计信息资料。

4）有下列情形之一的，考核发证机关应当撤销资格证书：

① 持证人弄虚作假骗取资格证书或者办理延期复核手续的。

② 考核发证机关工作人员违法核发资格证书的。

③ 考核发证机关规定应当撤销资格证书的其他情形。

5）有下列情形之一的，考核发证机关应当注销资格证书：

① 依法不予延期的。

② 持证人逾期未申请办理延期复核手续的。

③ 持证人死亡或者不具有完全民事行为能力的。

④ 考核发证机关规定应当注销的其他情形。

3.2.7 安全生产责任制度

《建筑法》规定了有关部门和单位的安全生产责任。《建设工程安全生产管理条例》对各级部门和建设工程有关单位的安全责任有了更为明确的规定，其主要规定如下所述。

（1）建设单位的安全责任 建设单位应当向施工单位提供施工现场及毗邻区域内的供水、排水、供电、供气、供热、通信、广播电视等地下管线资料，气象和水文观测资料，相邻建筑物和构筑物、地下工程的有关资料，并保证资料的真实、准确、完整。

建设单位不得对勘察、设计、施工、工程监理等单位提出不符合建设工程安全生产法律、法规和强制性标准规定的要求，不得压缩合同约定的工期。

建设单位在编制工程概算时，应当确定为保证建设工程安全作业环境及安全施工措施所需的费用。

建设单位不得明示或者暗示施工单位购买、租赁、使用不符合安全施工要求的安全防护用具、机械设备、施工机具及配件、消防设施和器材。

建设单位在申请领取施工许可证时，应当提供建设工程的有关安全施工措施的资料。

依法批准开工报告的建设工程，建设单位应当自开工报告批准之日起15日内，将保证安全施工的措施报送建设工程所在地的县级以上地方人民政府建设行政主管部门或者其他有关部门备案。

建设单位应当将拆除工程发包给具有相应资质等级的施工单位。

建设单位应当在拆除工程施工15日前，将下列资料报送建设工程所在地的县级以上地方人民政府建设行政主管部门或者其他有关部门备案：

1）施工单位资质等级证明。

2）拟拆除建筑物、构筑物及可能危及毗邻建筑的说明。

3）拆除施工组织方案。

4）堆放、清除废弃物的措施。

（2）勘察单位的安全责任 勘察单位应当按照法律法规和工程建设强制性标准进行勘察，提供的勘察文件应当真实、准确，以满足建设工程安全生产的需要。

勘察单位在勘察作业时，应当严格执行操作规程，并采取措施以保证各类管线、设施和周边建筑物、构筑物的安全。

（3）设计单位的安全责任　设计单位应当按照法律法规和工程建设强制性标准进行设计，防止因设计不合理导致生产安全事故的发生。

设计单位和注册建筑师等注册执业人员应当对其设计负责。

设计单位应当考虑施工安全操作和防护的需要，对涉及施工安全的重点部位和环节应在设计文件中注明，并对防范生产安全事故提出指导意见。

对于采用新结构、新材料、新工艺的建设工程和特殊结构的建设工程，设计单位应当在设计中提出保障施工作业人员安全和预防生产安全事故的措施及建议。

（4）工程监理单位的安全责任　工程监理单位和监理工程师应当按照法律法规和工程建设强制性标准实施监理，并对建设工程安全生产承担监理责任。

工程监理单位应当审查施工组织设计中的安全技术措施或者专项施工方案是否符合工程建设强制性标准。

工程监理单位在实施监理过程中，发现存在安全事故隐患的，应当要求施工单位整改；情况严重的，应当要求施工单位暂时停止施工，并及时报告建设单位。施工单位拒不整改或者不停止施工的，工程监理单位应当及时向有关主管部门报告。

（5）施工单位的安全责任

1）施工单位的一般安全责任。施工单位从事建设工程的新建、扩建、改建和拆除等活动，应当具备国家规定的注册资本、专业技术人员、技术装备和安全生产等条件，依法取得相应等级的资质证书，并在其资质等级许可的范围内承揽工程。

施工单位主要负责人依法对本单位的安全生产工作全面负责。施工单位应当建立健全安全生产责任制度和安全生产教育培训制度，制定安全生产规章制度和操作规程，保证本单位安全生产条件所需资金的投入，对所承担的建设工程进行定期的和专项的安全检查，并做好安全检查记录。

施工单位的项目负责人应当由取得相应执业资格的人员担任，对建设工程项目的安全施工负责，落实安全生产责任制度、安全生产规章制度和操作规程，确保安全生产费用的有效使用，并根据工程的特点组织制定安全施工措施，消除安全事故隐患，及时、如实报告生产安全事故。

施工单位对列入建设工程概算的保证安全作业环境及安全施工措施所需的费用，应当用于施工安全防护用具及设施的采购和更新、安全施工措施的落实、安全生产条件的改善，不得挪作他用。

施工单位应当设立安全生产管理机构，并配备专职的安全生产管理人员。

施工单位应当在施工组织设计中编制安全技术措施和施工现场临时用电方案，对下列达到一定规模的危险性较大的分部分项工程编制专项施工方案，并附具安全验算结果，经施工单位技术负责人、总监理工程师签字后实施，由专职的安全生产管理人员进行现场监督：基坑支护与降水工程，土方开挖工程，模板工程，起重吊装工程，脚手架工程，拆除、爆破工程，国务院建设行政主管部门或者其他有关部门规定的其他危险性较大的工程。

对前面所列工程中涉及深基坑、地下暗挖工程、高大模板工程的专项施工方案，施工单位还应当组织专家进行论证、审查。

施工单位应当在施工现场入口处、施工起重机械、临时用电设施、脚手架、出入通道口、楼梯口、电梯井口、孔洞口、桥梁口、隧道口、基坑边沿、爆破物及有害危险气体和液体存放处等危险部位，设置明显的安全警示标志。安全警示标志必须符合国家标准。

施工单位应当根据不同施工阶段和周围环境及季节、气候的变化，在施工现场采取相应的安全施工措施。施工现场暂时停止施工的，施工单位应当做好现场防护，所需费用由责任方承担，或者按照合同约定执行。

施工单位应当将施工现场的办公、生活区与作业区分开设置，并保持安全距离；办公、生活区的选址应当符合安全性要求。职工的膳食、饮水、休息场所等应当符合卫生标准。施工单位不得在尚未竣工的建筑物内设置员工集体宿舍。

施工现场临时搭建的建筑物应当符合安全使用要求。施工现场使用的装配式活动房屋应当具有产品合格证。

施工单位对因建设工程施工可能造成损害的毗邻建筑物、构筑物和地下管线等，应当采取专项防护措施。

施工单位应当遵守有关环境保护法律、法规的规定，在施工现场采取措施，防止或者减少粉尘、废气、废水、固体废物、噪声、振动和施工照明对人和环境的危害和污染。

在城市市区内的建设工程，施工单位应当对施工现场实行封闭围挡。

施工单位应当在施工现场建立消防安全责任制度，确定消防安全责任人，制定用火、用电、使用易燃易爆材料等各项消防安全管理制度和操作规程，设置消防通道、消防水源，配备消防设施和灭火器材，并在施工现场入口处设置明显标志。

施工单位应当向作业人员提供安全防护用具和安全防护服装，并书面告知危险岗位的操作规程和违章操作的危害。

施工单位采购、租赁的安全防护用具、机械设备、施工机具及配件，应当具有生产（制造）许可证、产品合格证，并在进入施工现场前进行查验。

施工现场的安全防护用具、机械设备、施工机具及配件必须由专人管理，定期进行检查、维修和保养，建立相应的资料档案，并按照国家有关规定及时报废。

施工单位在使用施工起重机械和整体提升脚手架、模板等自升式架设设施前，应当组织有关单位进行验收，也可以委托具有相应资质的检验检测机构进行验收；使用承租的机械设备和施工机具及配件的，由施工总承包单位、分包单位、出租单位和安装单位共同进行验收。验收合格的方可使用。

《特种设备安全监察条例》规定的施工起重机械，在验收前应当经有相应资质的检验检测机构监督检验合格。

施工单位应当自施工起重机械和整体提升脚手架、模板等自升式架设设施验收合格之日起 30 日内，向建设行政主管部门或者其他有关部门登记，登记标志应当置于或者附着于该设备的显著位置。

施工单位的主要负责人、项目负责人、专职安全生产管理人员应当经建设行政主管部门或者其他有关部门考核合格后方可任职。

施工单位应当对管理人员和作业人员每年至少进行一次安全生产教育培训，其教育培训情况记入个人工作档案。安全生产教育培训考核不合格的人员，不得上岗。

施工单位在采用新技术、新工艺、新设备、新材料时，应当对作业人员进行相应的安全生产教育培训。

施工单位应当为施工现场从事危险作业的人员办理意外伤害保险。意外伤害保险费由施工单位支付。实行施工总承包的，由总承包单位支付意外伤害保险费。意外伤害保险期限自建设工程开工之日起至竣工验收合格止。

施工单位应当制定本单位生产安全事故应急救援预案，建立应急救援组织或配备应急救援人员，配备必要的应急救援器材、设备，并定期组织演练。

施工单位应当根据建设工程施工的特点、范围，对施工现场易发生重大事故的部位、环节进行监控，制定施工现场生产安全事故应急救援预案。实行施工总承包的，由总承包单位统一组织编制建设工程生产安全事故应急，救援预案，工程总承包单位和分包单位按照应急救援预案，各自建立应急救援组织或者配备应急救援人员，配备救援器材、设备，并定期组织演练。

施工单位发生生产安全事故，应当按照国家有关伤亡事故报告和调查处理的规定，及时、如实地向负责安全生产监督管理的部门、建设行政主管部门或者其他有关部门报告；特种设备发生事故的，还应当同时向特种设备安全监督管理部门报告。

发生生产安全事故后，施工单位应当采取措施防止事故扩大，保护事故现场。当需要移动现场物品时，应当作出标记和书面记录，妥善保管有关证物。

2）总承包单位的安全责任。实行施工总承包的建设工程，由总承包单位对施工现场的安全生产负总责。

① 总承包单位应当自行完成建设工程主体结构的施工。

② 总承包单位依法将建设工程分包给其他单位的，分包合同中应当明确各自的安全生产方面的权利、义务。总承包单位和分包单位对分包工程的安全生产承担连带责任。

③ 实行施工总承包的建设工程，由总承包单位负责上报事故。

分包单位应当服从总承包单位的安全生产管理，分包单位不服从管理导致生产安全事故的，由分包单位承担主要责任。

3）施工单位内部的安全职责分工。《建设工程安全生产管理条例》的重点是规定建设工程安全生产的各有关部门和单位之间的责任划分。施工单位的内部安全职责分工应按照该条例的要求进行，特别是在"安全生产、人人有责"的思想指导下，在建立安全生产管理体系的基础上，施工单位应按照所确定的目标和方针，将各级管理责任人、各职能部门和各岗位员工所应做的工作及应负的责任加以明确规定。要求通过合理分工和明确责任，增强各级人员的责任心，共同协调配合，努力实现既定的目标。

职责分工应包括纵向各级人员（即主要负责人、技术负责人、财务负责人、党政工团以及员工）的责任和横向各专业部门（即安全、质量、设备、技术、生产、保卫、采购、行政、财务等部门）的责任。

① 主要负责人的职责：

a. 贯彻执行国家有关安全生产的方针政策、法规和规范。

b. 建立健全本单位的安全生产责任制度，承担本单位安全生产的最终责任。

c. 组织制定本单位的安全生产规章制度和操作规程。

d. 保证本单位安全生产投入的有效实施。

e. 督促、检查本单位的安全生产工作，及时消除安全事故隐患。

f. 组织制定并实施本单位的安全生产事故应急救援预案。

g. 及时、如实地报告安全事故。

② 技术负责人的职责：

a. 贯彻执行国家有关安全生产的方针政策、法规和有关规范、标准，并组织落实。

b. 组织编制和审批施工组织设计或专项施工组织设计。

c. 对新工艺、新技术、新材料的使用，负责审核其实施过程中的安全性，提出预防措施，组织编制相应的操作规程和进行交底工作。

d. 领导安全生产技术改进和研究项目。

e. 参与重大安全事故的调查，分析原因，提出纠正措施，并检查措施的落实情况，做到持续改进。

③ 财务负责人的职责：保证安全生产的资金能专项专用，并检查资金的使用是否正确。

④ 工会的职责：

a. 有权对违反安全生产的法律、法规和侵犯员工合法权益的行为进行纠正。

b. 发现违章指挥、强令冒险作业或事故隐患时，有权提出解决的建议，施工单位应及时进行研究并作出答复。

c. 发现危及员工生命的情况时，有权建议组织员工撤离危险场所，施工单位必须立即处理。

d. 有权依法参加事故调查，向有关部门提出处理意见，并要求追究有关人员的责任。

⑤ 安全部门的职责：

a. 贯彻执行安全生产的有关法规、标准和规定，做好安全生产的宣传教育工作。

b. 参与施工组织设计和安全技术措施的编制，并组织进行定期和不定期的安全生产检查，对贯彻执行情况进行监督检查，若发现问题应当及时改进。

c. 制止违章指挥和违章作业行为，遇有紧急情况有权暂停生产，并报告有关部门。

d. 总结推广先进经验，积极提出预防和纠正措施，使安全生产工作能持续改进。

e. 建立健全安全生产档案，定期进行统计分析，探索安全生产的规律。

⑥ 生产部门的职责：合理组织生产，遵守施工顺序，将安全生产所需的工序和资源排入计划。

⑦ 技术部门的职责：按照有关标准和安全生产要求编制施工组织设计，提出相应的措施，进行安全生产技术的改进和研究工作。

⑧ 设备材料采购部门的职责：保证所供应的设备安全技术性能可靠，具有必要的安全防护装置；按机械使用说明书的要求进行保养和检修，确保安全运行；所供应的材料和安全防护用品应能确保质量。

⑨ 财务部门的职责：按照规定提供实现安全生产措施、安全教育培训和宣传的经费，并监督其合理使用。

⑩ 教育部门的职责：将安全生产教育列入培训计划，按工作需要组织各级员工的安全生产教育。

⑪ 劳务管理部门的职责：做好新员工上岗前培训、换岗培训工作，并考核培训的效果，组织特殊工种的取证工作。

⑫ 卫生部门的职责：定期对员工进行体格检查，发现有不适合现岗的员工要立即提出，要指导和组织监测有毒有害作业场所的危害程度，提出职业病防治和改善卫生条件的措施。

⑬ 项目经理部的职责：施工企业的项目经理部应根据安全生产管理体系的要求，由项目经理主持，把安全生产责任目标分解到岗、落实到人。

a. 项目经理应由取得相应执业资格的人员担任，对建设工程项目的安全施工负责。其安全职责：认真贯彻安全生产方针、政策、法规和各项规章制度，制定和执行安全生产管理办法，严格执行安全考核指标和安全生产奖惩办法，确保安全生产措施费用的有效使用，严格执行安全技术措施审批制度和施工安全技术措施交底制度；建设工程施工前，施工单位负责项目管理的技术人员还应将有关安全施工的技术要求向施工作业班组、作业人员作出详细说明，并由双方签字确认；施工中定期组织安全生产检查和分析，针对可能产生的安全隐患制定相应的预防措施；当施工过程中发生安全事故时，项目经理必须及时、如实地按安全事故处理的有关规定和程序及时上报和处置，并制订防止同类事故再次发生的措施。

b. 施工单位安全员的安全职责：对安全生产进行现场监督检查，若发现安全事故隐患，应及时向项目负责人和安全生产管理机构报告，对违章指挥、违章操作的行为应立即制止；落实安全设施的设置；组织安全教育和全员安全活动，监督检查劳保用品质量及其正确使用情况。

c. 作业队长的安全职责：向本工种作业人员进行安全技术措施交底，严格执行本工种安全技术操作规程，拒绝违章指挥；组织实施安全技术措施；作业前应对本次作业所使用的机具、设备、防护用具、设施及作业环境进行安全检查，以消除安全隐患，并检查安全标牌是否按规定设置以及标识方法和内容是否正确完整；组织班组开展安全活动，对作业人员进行安全操作规程培训，增强作业人员的安全意识，召开上岗前安全生产会；每周要进行安全讲评；当发生重大或恶性工伤事故时，应保护现场，立即上报并参与事故调查处理。

d. 作业人员的安全职责：认真学习并严格执行安全技术操作规程，自觉遵守安全生产规章制度，执行安全技术交底和有关安全生产的规定；不违章作业；服从安全监督人员的指导，积极参加安全活动；爱护安全设施。

作业人员有权对施工现场的作业条件、作业程序和作业方式中存在的安全问题提出批评，进行检举和控告；有权对不安全作业提出意见；有权拒绝违章指挥和强令冒险作业；在施工中发生危及人身安全的紧急情况时，作业人员有权立即停止作业或者在采取必要的应急措施后撤离危险区域。

作业人员应遵守安全施工的强制性标准、规章制度和操作规程，正确使用安全防护用具、机械设备等。

作业人员进入新的岗位或新的施工现场前，应接受安全生产教育培训。未经教育培训或教育培训不合格的人员，不得上岗作业。垂直运输机械作业人员、安装拆卸工、爆破作业人员、起重信号工、登高架设人员等特种作业人员，必须按照有关规定经过专门的安全作业培训，取得特种作业操作资格证书后，方可上岗作业。

作业人员应努力学习安全技术，提高自我保护意识和自我保护能力。

（6）其他有关单位的安全责任　为建设工程提供机械设备和配件的单位，应当按照安全施工的要求配备齐全有效的保险、限位等安全设施和装置。

出租的机械设备和施工机具及配件，应当具有生产（制造）许可证、产品合格证。

出租单位应当对出租的机械设备和施工机具及配件的安全性能进行检测，在签订租赁协议时，应当出具检测合格证明。禁止出租检测不合格的机械设备和施工机具及配件。

在施工现场安装、拆卸施工起重机械和整体提升脚手架、模板等自升式架设设施，必须由具有相应资质的单位承担。

安装、拆卸施工起重机械和整体提升脚手架、模板等自升式架设设施，应当编制拆装方案、制定安全施工措施，并由专业技术人员现场监督。

施工起重机械和整体提升脚手架、模板等自升式架设设施安装完毕后，安装单位应当自检，出具自检合格证明，并向施工单位进行安全使用说明，办理验收手续并签字。

3.2.8 建筑施工企业安全生产管理机构设置及专职安全生产管理人员配备制度

1. 建筑施工企业安全生产管理机构设置

根据《建筑施工企业安全生产管理机构设置及专职安全生产管理人员配备办法》的要求，建筑施工企业应当依法设置安全生产管理机构，在企业主要负责人的领导下开展本企业的安全生产管理工作。

建筑施工企业安全生产管理机构具有以下职责：

1）宣传和贯彻国家有关安全生产法律法规和标准。

2）编制并适时更新安全生产管理制度并监督实施。

3）组织或参与企业安全生产事故应急救援预案的编制及演练。

4）组织开展安全教育培训与交流。

5）协调配备项目专职安全生产管理人员。

6）制订企业安全生产检查计划并组织实施。

7）监督在建项目安全生产费用的使用。

8）参与危险性较大工程安全专项施工方案专家论证会。

9）通报在建项目违规违章查处情况。

10）组织开展安全生产评优评先表彰工作。

11）建立企业在建项目安全生产管理档案。

12）考核评价分包企业安全生产业绩及项目安全生产管理情况。

13）参加生产安全事故的调查和处理工作。

14）企业明确的其他安全生产管理职责。

2. 专职安全生产管理人员配备

1）建筑施工企业安全生产管理机构专职安全生产管理人员的配备应满足下列要求，并应根据企业经营规模、设备管理和生产需要予以增加。

① 建筑施工总承包资质序列企业：特级资质不少于 6 人；一级资质不少于 4 人；二级和二级以下资质企业不少于 3 人。

② 建筑施工专业承包资质序列企业：一级资质不少于 3 人；二级和二级以下资质企业不少于 2 人。

③ 建筑施工劳务分包资质序列企业：不少于 2 人。

④ 建筑施工企业的分公司、区域公司等较大的分支机构（以下简称分支机构）应依据实际生产情况配备不少于 2 人的专职安全生产管理人员。

2）总承包单位配备项目专职安全生产管理人员应当满足下列要求：

① 建筑工程、装修工程按照建筑面积配备：1 万 m^2 以下的工程不少于 1 人；1 万～

5 万 m² 的工程不少于 2 人；5 万 m² 及以上的工程不少于 3 人，且按专业配备专职安全生产管理人员。

② 土木工程、线路管道、设备安装工程按照工程合同价配备：5000 万元以下的工程不少于 1 人；5000 万 ~1 亿元的工程不少于 2 人；1 亿元及以上的工程不少于 3 人，且按专业配备专职安全生产管理人员。

3）分包单位配备项目专职安全生产管理人员应当满足下列要求：

① 专业承包单位应当配置至少 1 人，并根据所承担的分部分项工程的工程量和施工危险程度增加。

② 劳务分包单位施工人员在 50 人以下的，应当配备 1 名专职安全生产管理人员；50~200 人的，应当配备 2 名专职安全生产管理人员；200 人及以上的，应当配备 3 名及以上专职安全生产管理人员，并根据所承担的分部分项工程施工危险实际情况增加，不得少于工程施工人员总人数的 0.5‰。

3.2.9 安全生产教育培训制度

1. 教育和培训的时间

根据《建筑业企业职工安全培训教育暂行规定》的要求，安全生产教育培训制度的教育和培训的时间如下所述：

1）企业法人代表、项目经理每年不少于 30 学时。

2）企业专职安全管理人员每年不少于 40 学时。

3）企业其他管理人员和技术人员每年不少于 20 学时。

4）企业特殊工种每年不少于 20 学时。

5）企业其他职工每年不少于 15 学时。

6）企业待岗、转岗、换岗职工重新上岗前，接受一次不少于 20 学时的安全培训。

2. 教育和培训的内容

教育和培训按等级、层次和工作性质分别进行。管理人员的学习重点是安全生产意识和安全管理水平，操作者的学习重点是遵章守纪、自我保护和提高防范事故的能力。

1）新工人（包括合同工、临时工、学徒工、实习和代培人员）必须进行公司、工地和班组的三级安全教育，教育内容包括安全生产方针、政策、法规、标准及安全技术知识、设备性能、操作规程、安全制度、严禁事项及本工种的安全操作规程。

2）电工、焊工、架工、司炉工、爆破工、机操工及起重工、打桩机和各种机动车辆司机等特殊工种工人，除进行一般安全教育外，还要经过本工程的专业安全技术教育。

3）采用新工艺、新技术、新设备进行施工和调换工作岗位时，应对操作人员进行新技术、新岗位的安全教育。

3. 安全教育和培训的形式

（1）新工人三级安全教育 对新工人或调换工种的工人必须按规定进行安全教育和技术培训，经考核合格后方准上岗。

三级安全教育是每个刚进企业的新工人必须接受的首次安全生产方面的基本教育，三级是指公司（即企业）、项目（或工程处、施工处、工区）、班组这三级。对新工人或调换工种的工人必须按规定进行安全教育和技术培训，经考核合格后方准上岗。

1）公司级。新工人在分配到施工队之前必须进行初步的安全教育，其教育内容：劳动保护的意义和任务；安全生产方针、政策、法规、标准、规范、规程和安全知识；企业安全规章制度等。

2）项目（或工程处、施工处、工区）级。项目级教育是新工人被分配到项目以后进行的安全教育，其教育内容：建安工人安全生产技术操作一般规定；施工现场安全管理规章制度；安全生产纪律和文明生产要求；在施工程基本情况，包括现场环境、施工特点、可能存在不安全因素的危险作业部位及必须遵守的事项。

3）班组级。岗位教育是新工人分配到班组后开始工作前的一级教育，其教育内容：本人从事施工生产工作的性质，必要的安全知识，机具设备及安全防护设施的性能和作用；本工种的安全操作规程；班组安全生产、文明施工的基本要求和劳动纪律；本工种事故案例剖析、易发事故部位及劳防用品的使用要求。

4）三级教育的要求：三级教育一般由企业的安全、教育、劳动、技术等部门配合进行；受教育者必须经过考试合格后才准予进入生产岗位；给每一名职工建立职工劳动保护教育卡，以记录三级教育、变换工种教育等教育考核情况，并经教育者与受教育者双方签字后入册。

（2）特种作业人员培训　除进行一般安全教育外，特种作业人员还要执行《关于特种作业人员安全技术培训考核管理规定》的有关规定，按国家、行业、地方和企业的规定进行本工种专业培训、资格考核，在取得"特种作业人员操作证"后方准上岗。

（3）特定情况下的适时安全教育　特定情况一般包括以下八种情况：

1）季节性，如冬季、夏季、雨雪天、汛期、台风期施工。

2）节假日前后。

3）节假日加班或突击赶任务。

4）工作对象改变。

5）工种变换。

6）新工艺、新材料、新技术、新设备施工。

7）发现事故隐患或发生事故后。

8）新进入现场。

（4）三类人员的安全培训教育　施工单位的主要负责人是安全生产的第一责任人，必须经过考核合格后持证上岗。在施工现场，项目负责人是施工项目安全生产的第一责任人，也必须持证上岗，并加强对队伍的培训，使安全管理进入规范化。

（5）安全生产的经常性教育　企业在做好新工人入场教育、特种作业人员安全生产教育和各级领导干部、安全管理干部的安全生产培训的同时，还必须把经常性的安全教育贯穿于管理工作的全过程，并根据接受教育对象的不同特点，采取多层次、多渠道和多种方法进行教育。安全生产宣传教育多种多样，应及时贯彻并严肃、真实，做到简明、醒目，具体形式如下所述：

1）施工现场（车间）入口处的安全纪律牌。

2）举办安全生产训练班、讲座、报告会、事故分析会。

3）建立安全保护教育室，举办安全保护展览。

4）设置安全保护广播，印发安全保护简报、通报等，办安全保护黑板报、宣传栏。

5）张挂安全保护挂图或宣传画、安全标志和标语口号。

6）举办安全保护文艺演出，放映安全保护音像制品。

7）组织家属做职工的安全生产思想工作。

（6）班前安全活动　班组长在班前应进行上岗交流、上岗教育，并做好上岗记录。

1）上岗交底。上交当天的作业环境、气候情况、主要工作内容和各个环节的操作安全要求以及特殊工种的配合等情况。

2）上岗检查。检查上岗人员的劳动防护情况，每个岗位周围作业环境是否安全无患，机械设备的安全保险装置是否完好有效，各类安全技术措施的落实情况等。

4. 安全教育培训效果检查

对安全教育培训效果的检查主要包括以下几个方面：

（1）检查施工单位的安全教育制度　建筑施工单位要广泛开展安全生产的宣传教育，使各级领导和广大职工真正认识到安全生产的重要性、必要性，懂得安全生产、文明施工的科学知识，牢固树立安全第一的思想，自觉遵守各项有关安全生产的法令和规章制度。因此，企业要建立健全安全教育和培训考核制度。

（2）检查新入厂工人是否进行三级安全教育　现在临时劳务工多，伤亡事故主要发生在临时劳务工之中，因此在三级安全教育上应将临时劳务工作为新入厂工人对待。新工人（包括合同工、临时工、学徒工、实习和代培人员）都必须进行三级安全教育，主要检查施工单位、工区、班组对新入厂工人的三级教育考核记录。

（3）检查安全教育内容　安全教育要有具体内容，要把《建筑安装工人安全技术操作规程》作为安全教育的重要内容，做到人手一册。除此之外，企业、工程处、项目经理部、班组都要有具体的安全教育内容。电工、焊工、架子工、司炉工、爆破工、机械工及起重工、打桩机和各种机动车辆司机等特殊工种也要有具体的安全教育内容，经教育合格后方准独立操作，每年还要复审。对于从事尘毒危害作业的工人，要进行尘毒危害和防治知识教育，故也应有相应的安全教育内容。

检查时主要检查每个工人包括特殊工种工人是否人手一册《建筑安装工人安全技术操作规程》，还要检查企业、工程处、项目经理部、班组的安全教育资料。

（4）检查变换工种时是否进行安全教育　各工种工人及特殊工种工人除懂得一般安全生产知识外，还要懂得各自的安全技术操作规程。当采用新技术、新工艺、新设备进行施工和调换工作岗位时，要对操作人员进行新技术操作和新岗位的安全教育，未经教育不得上岗操作。检查时主要检查变换工种的工人在调换工种时重新进行安全教育的记录，还要检查采用新技术、新工艺、新设备进行施工时是否有进行新技术操作安全教育的记录。

（5）检查工人对本工种安全技术操作规程的熟悉程度　这既是考核各工种工人掌握《建筑安装工人安全技术操作规程》的程度，也是施工单位对各工种工人安全教育效果的检验。根据《建筑安装工人安全技术操作规程》的内容，到施工现场（车间）随机抽查各工种工人进行对本工种安全技术操作规程的考察，各工种工人宜抽查 2 人以上。

（6）检查施工管理人员的年度培训　各级住房城乡建设主管部门若行文规定施工单位的施工管理人员进行年度有关安全生产方面的培训，施工单位应按各级住房城乡建设主管部门的文件规定，安排施工管理人员培训。施工单位内部也要规定施工管理人员每年进行一次有关安全生产工作的培训学习。检查时主要检查施工管理人员进行年度培训的记录。

（7）检查专职安全员的年度培训考核情况　建设部、各省、自治区、直辖市的住房城乡建设主管部门规定专职安全员要进行年度培训考核，具体由县级、地区（市）级住房城乡建设主管部门经办。建筑企业应根据上级住房城乡建设主管部门的规定，对本企业的专职安全员进行年度培训考核，以提高专职安全员的专业技术水平和安全生产工作的管理水平；应按上级住房城乡建设管理部门和本企业有关安全生产管理的文件，核查专职安全员是否进行年度培训考核及考核是否合格，未进行安全培训的或考核不合格的，是否仍在岗工作等。

3.2.10　安全技术交底制度

为贯彻落实国家安全生产方针、政策、规程规范、行业标准及企业各种规章制度，及时对安全生产、工人职业健康进行有效预控，提高施工管理、操作人员的安全生产管理、操作技能，努力创造安全生产环境，根据《安全生产法》《建设工程安全生产管理条例》和《建筑施工安全检查标准》等有关规定，结合企业实际，制定安全技术交底制度。安全技术交底主要包括以下几个层次：

1）工程开工前，由公司环境安全监督处与基层单位负责向项目部进行安全生产管理首次交底。交底包括以下内容：

① 国家和地方有关安全生产的方针、政策、法律法规、标准、规范、规程和企业的安全规章制度。

② 项目安全管理目标、伤亡控制指标、安全达标和文明施工目标。

③ 危险性较大的分部分项工程及危险源的控制、专项施工方案清单和方案编制的指导及要求。

④ 施工现场安全质量标准化管理的一般要求。

⑤ 公司部门对项目部安全生产管理的具体措施要求。

2）项目部负责向施工队长或班组长进行书面安全技术交底。交底包括以下内容：

① 项目各项安全管理制度、办法，注意事项及安全技术操作规程。

② 每一分部、分项工程施工安全技术措施，施工生产中可能存在的不安全因素以及防范措施等，确保施工活动安全。

③ 特殊工种的作业、机电设备的安拆与使用、安全防护设施的搭设等，项目技术负责人均要对操作班组做安全技术交底。

④ 两个以上工种配合施工时，项目技术负责人要按工程进度定期或不定期地向有关班组长进行交叉作业的安全交底。

3）施工队长或班组长要根据交底要求，对操作工人进行针对性的班前作业安全交底，操作人员必须严格执行安全交底的要求。交底包括以下内容：

① 本工种安全操作规程。

② 现场作业环境要求本工种操作的注意事项。

③ 个人防护措施等。

安全技术交底要全面、有针对性，符合有关安全技术操作规程的规定，内容要全面准确。安全技术交底要经交底人与接受交底人签字方能生效。交底字迹要清晰，必须本人签字，不得代签。

安全交底后,项目技术负责人、安全员、班组长等要对安全交底的落实情况进行检查和监督,督促操作工人严格按照交底要求施工,制止违章作业现象发生。

3.2.11　安全检查与评分制度

工程项目安全检查是在工程项目建设过程中消除隐患、防止事故、改善劳动条件及增强员工安全生产意识的重要手段,是安全控制工作的一项重要内容。通过安全检查,可以发现工程中的危险因素,以便有计划地采取措施保证安全生产。施工项目的安全检查应由项目经理组织,定期进行。

安全检查不仅是安全生产职能部门必须履行的职责,也是监督、指导和消除事故隐患、杜绝安全事故的有效方法和措施。《建筑施工安全检查标准》(JGJ 59—2011)对安全检查提出了如下要求:

1)工程项目部应建立安全检查制度。

2)安全检查应由项目负责人组织,专职安全员及相关专业人员参加,定期进行并填写检查记录。

3)对检查中发现的事故隐患应下达隐患整改通知单,定人、定时间、定措施进行整改。重大事故隐患整改后,应由相关部门组织复查。

安全检查后,首先要根据检查结果,按照《建筑施工安全检查标准》(JGJ 59—2011)的各检查项目表格进行打分,然后按标准规定评价建筑施工安全生产情况。

3.2.12　安全考核与奖惩制度

安全考核与奖惩制度是指企业的上级主管部门,包括政府主管安全生产的职能部门、企业内部的各级行政领导等按照国家安全生产的方针政策、法律法规和企业的规章制度等有关规定,按照企业内部各级实施安全生产目标控制管理时所下达的安全生产各项指标完成的情况,对企业法人代表及各责任人执行安全生产情况的考核与奖惩的制度。

安全考核与奖惩制度是建筑行业的一项基本制度。实践表明,全员安全生产的意识尚未达到较佳的状态,职工自觉遵守安全法规和制度的良好作风未能完全形成之前,实行严格的考核与奖惩制度是我们常抓不懈的工作。安全工作不但要责任到人,还要与员工的切身利益联系起来。安全考核与奖惩制度主要体现在以下几个方面:

1)项目部必须将生产安全和消防安全工作放在首位,列入日常安全检查、考核、评比的内容。

2)对在生产安全和消防安全工作中成绩突出的个人给予表彰和奖励,坚持遵章必奖、违章必惩、权责挂钩、奖惩到人的原则。

3)对未依法履行生产安全、消防安全职责,违反企业生产安全、消防安全制度的行为,按照有关规定追究有关责任人的责任。

4)企业各部门必须认真执行安全考核与奖惩制度,增强生产安全和消防安全的约束机制,以确保安全生产。

5)杜绝安全考核工作中弄虚作假、敷衍塞责的行为。

6)按照奖惩对等的原则,对所完成的工作的良好程度给出结果并按一定标准给予奖惩;奖惩情况应及时张榜公示。

3.2.13　建设工程保险制度

建设工程活动涉及的法律关系较为复杂，风险较为多样。因此，建设工程活动涉及的险种也较多，主要包括工伤保险、建筑职工意外伤害险、建筑工程一切险（及第三者责任险）、安装工程一切险（及第三者责任险）等。这里主要了解工伤保险、建筑意外伤害保险。

1. 工伤保险

《建筑法》规定，建筑施工企业应当依法为职工参加工伤保险缴纳工伤保险费。鼓励企业为从事危险作业的职工办理意外伤害保险，支付保险费。

据此，工伤保险是强制性保险。意外伤害保险则属于法定的鼓励性保险，其适用范围是施工现场从事危险作业的特殊职工群体，即在施工现场从事高处作业、深基坑作业、爆破作业等危险性较大的施工人员，尽管这部分人员可能已参加了工伤保险，但法律鼓励建筑施工企业再为其办理意外伤害保险，使他们能够比其他职工依法获得更多的权益保障。

（1）工伤保险的规定　2010 年 12 月经修订后颁布的《工伤保险条例》规定，中华人民共和国境内的企业、事业单位、社会团体、民办非企业单位、基金会、律师事务所、会计师事务所等组织和有雇工的个体工商户（以下称用人单位）应当依照该条例规定参加工伤保险，为本单位全部职工或者雇工（以下称职工）缴纳工伤保险费。

中华人民共和国境内的企业、事业单位、社会团体、民办非企业单位、基金会、律师事务所、会计师事务所等组织的职工和个体工商户的雇工，均有依照《工伤保险条例》的规定享受工伤保险待遇的权利。

1）工伤保险基金。工伤保险基金由用人单位缴纳的工伤保险费、工伤保险基金的利息和依法纳入工伤保险基金的其他资金构成。

工伤保险费根据以支定收、收支平衡的原则，确定费率。

国家根据不同行业的工伤风险程度确定行业的差别费率，并根据工伤保险费使用、工伤发生率等情况在每个行业内确定若干费率档次。

用人单位应当按时缴纳工伤保险费，职工个人不缴纳工伤保险费。

用人单位缴纳工伤保险费的数额为本单位职工工资总额乘以单位缴费费率之积。

工伤保险基金存入社会保障基金财政专户，用于《工伤保险条例》规定的工伤保险待遇，劳动能力鉴定，工伤预防的宣传、培训等费用，以及法律、法规规定的用于工伤保险的其他费用的支付。

任何单位或者个人不得将工伤保险基金用于投资运营、兴建或者改建办公场所、发放奖金，或者挪作其他用途。

2）工伤认定。

① 职工有下列情形之一的，应当认定为工伤：

a. 在工作时间和工作场所内，因工作原因受到事故伤害的。

b. 工作时间前后在工作场所内，从事与工作有关的预备性或者收尾性工作受到事故伤害的。

c. 在工作时间和工作场所内，因履行工作职责受到暴力等意外伤害的。

d. 患职业病的。

e. 因工外出期间，由于工作原因受到伤害或者发生事故下落不明的。

　　f. 在上下班途中，受到非本人主要责任的交通事故或者城市轨道交通、客运轮渡、火车事故伤害的。

　　g. 法律、行政法规规定应当认定为工伤的其他情形。

　　② 职工有下列情形之一的，视同工伤：

　　a. 在工作时间和工作岗位，突发疾病死亡或者在 48h 之内经抢救无效死亡的。

　　b. 在抢险救灾等维护国家利益、公共利益活动中受到伤害的。

　　c. 职工原在军队服役，因战、因公负伤致残，已取得革命伤残军人证，到用人单位后旧伤复发的。

　　职工有②中的第 a. 项、第 b. 项情形的，按照《工伤保险条例》的有关规定享受工伤保险待遇；职工有②中第 c. 项情形的，按照《工伤保险条例》的有关规定享受除一次性伤残补助金以外的工伤保险待遇。

　　③ 职工符合①、②的规定，但是有下列情形之一的，不得认定为工伤或者视同工伤：

　　a. 故意犯罪的。

　　b. 醉酒或者吸毒的。

　　c. 自残或者自杀的。

　　《工伤保险条例》第十七条第一款规定，职工发生事故伤害或者按照职业病防治法规定被诊断、鉴定为职业病，所在单位应当自事故伤害发生之日或者被诊断、鉴定为职业病之日起 30 日内，向统筹地区社会保险行政部门提出工伤认定申请。遇有特殊情况，经报社会保险行政部门同意，申请时限可以适当延长。

　　用人单位未按以上规定提出工伤认定申请的，工伤职工或者其近亲属、工会组织在事故伤害发生之日或者被诊断、鉴定为职业病之日起 1 年内，可以直接向用人单位所在地统筹地区社会保险行政部门提出工伤认定申请。

　　按照《工伤保险条例》第十七条第一款规定应当由省级社会保险行政部门进行工伤认定的事项，根据属地原则由用人单位所在地的设区的市级社会保险行政部门办理。

　　用人单位未在《工伤保险条例》第十七条第一款规定的时限内提交工伤认定申请，在此期间发生符合《工伤保险条例》规定的工伤待遇等有关费用由该用人单位负担。

　　④ 提出工伤认定申请应当提交下列材料：

　　a. 工伤认定申请表。

　　b. 与用人单位存在劳动关系（包括事实劳动关系）的证明材料。

　　c. 医疗诊断证明或者职业病诊断证明书（或者职业病诊断鉴定书）。

　　工伤认定申请表应当包括事故发生的时间、地点、原因以及职工伤害程度等基本情况。

　　工伤认定申请人提供材料不完整的，社会保险行政部门应当一次性书面告知工伤认定申请人需要补正的全部材料。申请人按照书面告知要求补正材料后，社会保险行政部门应当受理。

　　社会保险行政部门受理工伤认定申请后，根据审核需要可以对事故伤害进行调查核实，用人单位、职工、工会组织、医疗机构以及有关部门应当予以协助。职业病诊断和诊断争议的鉴定，依照职业病防治法的有关规定执行。对依法取得职业病诊断证明书或者职业病诊断鉴定书的，社会保险行政部门不再进行调查核实。

　　职工或者其近亲属认为是工伤，用人单位不认为是工伤的，由用人单位承担举证责任。

社会保险行政部门应当自受理工伤认定申请之日起 60 日内作出工伤认定的决定，并书面通知申请工伤认定的职工或者其近亲属和该职工所在单位。

社会保险行政部门对受理的事实清楚、权利义务明确的工伤认定申请，应当在 15 日内作出工伤认定的决定。

作出工伤认定决定需要以司法机关或者有关行政主管部门的结论为依据的，在司法机关或者有关行政主管部门尚未作出结论期间，作出工伤认定决定的时限中止。

社会保险行政部门工作人员与工伤认定申请人有利害关系的，应当回避。

（2）监督管理　任何组织和个人对有关工伤保险的违法行为，有权举报。社会保险行政部门对举报应当及时调查，按照规定处理，并为举报人保密。

工会组织依法维护工伤职工的合法权益，对用人单位的工伤保险工作实行监督。

职工与用人单位发生工伤待遇方面的争议，按照处理劳动争议的有关规定处理。

有下列情形之一的，有关单位或者个人可以依法申请行政复议，也可以依法向人民法院提起行政诉讼：

1）申请工伤认定的职工或者其近亲属、该职工所在单位对工伤认定申请不予受理的决定不服的。

2）申请工伤认定的职工或者其近亲属、该职工所在单位对工伤认定结论不服的。

3）用人单位对经办机构确定的单位缴费费率不服的。

4）签订服务协议的医疗机构、辅助器具配置机构认为经办机构未履行有关协议或者规定的。

5）工伤职工或者其近亲属对经办机构核定的工伤保险待遇有异议的。

（3）针对建筑行业特点的工伤保险制度　《关于进一步做好建筑业工伤保险工作的意见》提出，针对建筑行业的特点，建筑施工企业对相对固定的职工，应按用人单位参加工伤保险；对不能按用人单位参保、建筑项目使用的建筑业职工特别是农民工，按项目参加工伤保险。

按用人单位参保的建筑施工企业应以工资总额为基数依法缴纳工伤保险费。以建设项目为单位参保的，可以按照项目工程总造价的一定比例计算缴纳工伤保险费。要充分运用工伤保险浮动费率机制，根据各建筑企业工伤事故发生率、工伤保险基金使用等情况适时适当调整费率，促进企业加强安全生产，预防和减少工伤事故。

建设单位要在工程概算中将工伤保险费用单独列支，作为不可竞争费，不参与竞标，并在项目开工前由施工总承包单位一次性代缴本项目工伤保险费，覆盖项目使用的所有职工，包括专业承包单位、劳务分包单位使用的农民工。

施工总承包单位应当在工程项目施工期内督促专业承包单位、劳务分包单位建立职工花名册、考勤记录、工资发放表等台账，对项目施工期内全部施工人员实行动态实名制管理。施工人员发生工伤后，以劳动合同为基础确认劳动关系。对未签订劳动合同的，由人力资源社会保障部门参照工资支付凭证或记录、工作证、招工登记表、考勤记录及其他劳动者证言等证据，确认事实劳动关系。

职工发生工伤事故，应当由其所在用人单位在 30 日内提出工伤认定申请，施工总承包单位应当密切配合并提供参保证明等相关材料。用人单位未在规定时限内提出工伤认定申请的，职工本人或其近亲属、工会组织可以在 1 年内提出工伤认定申请，经社会保险行政部门调查确认工伤的，在此期间发生的工伤待遇等有关费用由其所在用人单位负担。各地社会保险行政部门和劳动能力鉴定机构要优化流程，简化手续，缩短认定、鉴定时间。对于事实清楚、权利义务关系明确的工伤认定申请，应当自受理工伤认定申请之日起 15 日内作出工伤认定决定。

对认定为工伤的建筑业职工，各级社会保险经办机构和用人单位应依法按时足额支付各项工伤保险待遇。对在参保项目施工期间发生工伤、项目竣工时尚未完成工伤认定或劳动能力鉴定的建筑业职工，其所在用人单位要继续保证其医疗救治和停工期间的法定待遇，待完成工伤认定及劳动能力鉴定后，依法享受参保职工的各项工伤保险待遇；其中应由用人单位支付的待遇，工伤职工所在用人单位要按时足额支付，也可根据其意愿一次性支付。针对建筑业工资收入分配的特点，对相关工伤保险待遇中难以按本人工资作为计发基数的，可以参照统筹地区上年度职工平均工资作为计发基数。

未参加工伤保险的建设项目，职工发生工伤事故，依法由职工所在用人单位支付工伤保险待遇，施工总承包单位、建设单位承担连带责任；用人单位和承担连带责任的施工总承包单位、建设单位不支付的，由工伤保险基金先行支付，用人单位和承担连带责任的施工总承包单位、建设单位应当偿还；不偿还的，由社会保险经办机构依法追偿。

建设单位、施工总承包单位或具有用工主体资格的分包单位将工程（业务）发包给不具备用工主体资格的组织或个人，该组织或个人招用的劳动者发生工伤的，发包单位与不具备用工主体资格的组织或个人承担连带赔偿责任。

施工总承包单位应当按照项目所在地人力资源社会保障部门统一规定的式样，制作项目参加工伤保险情况公示牌，在施工现场显著位置予以公示，并安排有关工伤预防及工伤保险政策讲解的培训课程，保障广大建筑业职工特别是农民工的知情权，增强其依法维权意识。

开展工伤预防试点的地区可以从工伤保险基金提取一定比例用于工伤预防。各地人力资源社会保障部门应会同住房城乡建设部门积极开展建筑业工伤预防的宣传和培训工作，并将建筑业职工，特别是农民工作为宣传和培训的重点对象。

2. 建筑意外伤害保险

《建筑法》规定，鼓励企业为从事危险作业的职工办理意外伤害保险，支付保险费。《建设工程安全生产管理条例》还规定，施工单位应当为施工现场从事危险作业的人员办理意外伤害保险。意外伤害保险费由施工单位支付。实行施工总承包的，由总承包单位支付意外伤害保险费。意外伤害保险期限自建设工程开工之日起至竣工验收合格止。

《国务院安委会关于进一步加强安全培训工作的决定》进一步要求，研究探索由开展安全生产责任险、建筑意外伤害险的保险机构安排一定资金，用于事故预防与安全培训工作。

（1）建筑意外伤害保险的范围、保险期限和最低保险金额　2003 年 5 月建设部发布的《建设部关于加强建筑意外伤害保险工作的指导意见》中指出，建筑施工企业应当为施工现场从事施工作业和管理的人员，在施工活动过程中发生的人身意外伤亡事故提供保障，办理建筑意外伤害保险、支付保险费。范围应当覆盖工程项目。已在企业所在地参加工伤保险的人员，从事现场施工时仍可参加建筑意外伤害保险。

保险期限应涵盖工程项目开工之日到工程竣工验收合格日。提前竣工的，保险责任自行终止。因延长工期的，应当办理保险顺延手续。

各地建设行政主管部门要结合本地区实际情况，确定合理的最低保险金额。最低保险金额要能够保障施工伤亡人员得到有效的经济补偿。施工企业办理建筑意外伤害保险时，投保的保险金额不得低于此标准。

（2）建筑意外伤害保险的保险费和费率　保险费应当列入建筑安装工程费用。保险费由施工企业支付，施工企业不得向职工摊派。

施工企业和保险公司双方应本着平等协商的原则，根据各类风险因素商定建筑意外伤害保险费率，提倡差别费率和浮动费率。差别费率可与工程规模、类型、工程项目风险程度和施工现场环境等因素挂钩。浮动费率可与施工企业安全生产业绩、安全生产管理状况等因素挂钩。对重视安全生产管理、安全业绩好的企业可采用下浮费率；对安全生产业绩差、安全管理不善的企业可采用上浮费率。通过浮动费率机制，激励投保企业安全生产的积极性。

（3）建筑意外伤害保险的投保　施工企业应在工程项目开工前，办理完投保手续。鉴于工程建设项目施工工艺流程中各工种调动频繁、用工流动性大，投保应实行不记名和不计人数的方式。工程项目中有分包单位的由总承包施工企业统一办理，分包单位合理承担投保费用。业主直接发包的工程项目由承包企业直接办理。

投保人办理投保手续后，应将投保有关信息以布告形式张贴于施工现场，告知被保险人。

（4）建筑意外伤害保险的索赔　建筑意外伤害保险应规范和简化索赔程序，搞好索赔服务。各地建设行政主管部门要积极创造条件，引导投保企业在发生意外事故后即向保险公司提出索赔，使施工伤亡人员能够得到及时、足额的赔付。各级建设行政主管部门应设置专门电话接受举报，凡被保险人发生意外伤害事故，企业和工程项目负责人隐瞒不报、不索赔的，要严肃查处。

（5）建筑意外伤害保险的安全服务　施工企业应当选择能提供建筑安全生产风险管理、事故防范等安全服务和有保险能力的保险公司，以保证事故后能及时补偿与事故前能主动防范。目前还不能提供安全风险管理和事故预防的保险公司，应通过建筑安全服务中介组织向施工企业提供与建筑意外伤害保险相关的安全服务。建筑安全服务中介组织必须拥有一定数量、专业配套、具备建筑安全知识和管理经验的专业技术人员。

安全服务内容可包括施工现场风险评估、安全技术咨询、人员培训、防灾防损设备配置、安全技术研究等。施工企业在投保时可与保险机构商定具体服务内容。

思 考 题

1. 建筑施工企业取得安全生产许可证，应当具备哪些安全生产条件？
2. 项目经理的执业要求是什么？
3. 建筑施工企业的资质规定中关于资质序列、类别、等级的规定是什么？
4. 长期以来形成的安全生产管理机制是什么？
5. 对于施工企业，哪些制度是保障安全生产必须要建立的制度？
6. 建筑施工的特种作业是指哪些作业？
7. 建筑施工企业三类人员具体是指哪三类？
8. 工伤保险和意外伤害保险的规定是什么？
9. 建筑施工企业的专职安管人员配备要求是什么？
10. "三级安全教育培训"是指哪三级？

第4章 危大工程管控与建筑施工安全生产检查

【本章主要内容】 建筑施工危险性较大的分部分项工程的定义、类型、范围；危险性较大的分部分项工程的管控程序；对于危险性较大的分部分项工程，需要编制的安全专项方案；对于超过一定规模的危险性较大的分部分项工程，专家评审、论证其专项方案的流程和方法；通过专家评审后专项施工方案的实施及监督相关规定；建筑施工安全生产检查的内容、形式、要求、方法、标准。

【本章重点、难点】 安全专项方案的编制内容和要求；建筑施工危险性较大的分部分项工程的定义、类型、范围；危险性较大分部分项工程的识别、危险性较大分部分项工程的管控程序；建筑施工安全生产检查的内容、形式、要求；建设工程安全生产检查的方法；《建筑施工安全检查标准》(JGJ 59—2011) 的使用，尤其是评分表的使用。

施工现场事故隐患较大的分部分项工程，历来是现场安全管理的重点，对于危险性较大的分部分项工程，应该严格按照《危险性较大的分部分项工程安全管理规定》的规定，启动危险性较大的分部分项工程的管控程序，识别项目施工中存在的"危险性较大的分部分项工程"，区分"达到一定规模的危大"及"超出一定规模的危大"，从危大识别到专项施工方案实施，按规定程序进行危大管控。

4.1 危险性较大的分部分项工程及专项施工方案

危险性较大的分部分项工程（以下简称"危大工程"），是指房屋建筑和市政基础设施工程在施工过程中，容易导致人员群死群伤或者造成重大经济损失的分部分项工程。

按照国家相关规定，把危险性较大的分部分项工程分为"达到一定规模的危大工程"和"超过一定规模的危大工程"，具体划分指标见下列相关内容。

4.1.1 危大工程识别

1. 达到一定规模的危大工程

（1）基坑工程

1）开挖深度超过 3m（含 3m）的基坑（槽）的土方开挖、支护、降水工程。

2）开挖深度虽未超过 3m，但地质条件、周围环境和地下管线复杂，或影响毗邻建、构筑物安全的基坑（槽）的土方开挖、支护、降水工程。

（2）模板工程及支撑体系

1）各类工具式模板工程：包括滑模、爬模、飞模、隧道模等工程。

2）混凝土模板支撑工程：搭设高度 5m 及以上，或搭设跨度 10m 及以上，或施工总荷载（荷载效应基本组合的设计值，以下简称设计值）10kN/m^2 及以上，或集中线荷载（设计值）15kN/m 及以上，或高度大于支撑水平投影宽度且相对独立无联系构件的混凝土模板支撑工程。

3）承重支撑体系：用于钢结构安装等满堂支撑体系。

（3）起重吊装及起重机械安装拆卸工程

1）采用非常规起重设备、方法，且单件起重量在 10kN 及以上的起重吊装工程。

2）采用起重机械进行安装的工程。

3）起重机械安装和拆卸工程。

（4）脚手架工程

1）搭设高度 24m 及以上的落地式钢管脚手架工程（包括采光井、电梯井脚手架）。

2）附着式升降脚手架工程。

3）悬挑式脚手架工程。

4）高处作业吊篮。

5）卸料平台、操作平台工程。

6）异型脚手架工程。

（5）拆除工程　可能影响行人、交通、电力设施、通信设施或其他建（构）筑物安全的拆除工程。

（6）暗挖工程　采用矿山法、盾构法、顶管法施工的隧道、洞室工程。

（7）其他

1）建筑幕墙安装工程。

2）钢结构、网架和索膜结构安装工程。

3）人工挖孔桩工程。

4）水下作业工程。

5）装配式建筑混凝土预制构件安装工程。

6）采用新技术、新工艺、新材料、新设备可能影响工程施工安全，尚无国家、行业及地方技术标准的分部分项工程。

2. 超过一定规模的危大工程

（1）深基坑工程　开挖深度超过 5m（含 5m）的基坑（槽）的土方开挖、支护、降水工程。

（2）模板工程及支撑体系

1）各类工具式模板工程：包括滑模、爬模、飞模、隧道模等工程。

2）混凝土模板支撑工程：搭设高度 8m 及以上，或搭设跨度 18m 及以上，或施工总荷载（设计值）15kN/m² 及以上，或集中线荷载（设计值）20kN/m 及以上。

3）承重支撑体系：用于钢结构安装等满堂支撑体系，承受单点集中荷载 7kN 及以上。

（3）起重吊装及起重机械安装拆卸工程

1）采用非常规起重设备、方法，且单件起重量在 100kN 及以上的起重吊装工程。

2）起重量在 300kN 及以上，或搭设总高度在 200m 及以上，或搭设基础标高在 200m 及以上的起重机械安装和拆卸工程。

（4）脚手架工程

1）搭设高度 50m 及以上的落地式钢管脚手架工程。

2）提升高度在 150m 及以上的附着式升降脚手架工程或附着式升降操作平台工程。

3）分段架体搭设高度 20m 及以上的悬挑式脚手架工程。

（5）拆除工程

1）码头、桥梁、高架、烟囱、水塔或拆除中容易引起有毒有害气（液）体或粉尘扩散、易燃易爆事故发生的特殊建（构）筑物的拆除工程。

2）文物保护建筑、优秀历史建筑或历史文化风貌区影响范围内的拆除工程。

（6）暗挖工程　采用矿山法、盾构法、顶管法施工的隧道、洞室工程。

（7）其他

1）施工高度 50m 及以上的建筑幕墙安装工程。

2）跨度 36m 及以上的钢结构安装工程，或跨度 60m 及以上的网架和索膜结构安装工程。

3）开挖深度 16m 及以上的人工挖孔桩工程。

4）水下作业工程。

5）重力 1000kN 及以上的大型结构整体顶升、平移、转体等施工工艺。

6）采用新技术、新工艺、新材料、新设备可能影响工程施工安全，尚无国家、行业及地方技术标准的分部分项工程。

4.1.2　安全专项施工方案的编制

对建筑工程在施工过程中存在的、可能导致作业人员群死群伤或造成重大不良社会影响的分部分项工程，需编制危大工程安全专项施工方案。该专项施工方案是指施工单位在编制施工组织（总）设计的基础上，针对危大工程单独编制的安全技术措施文件。

危大工程专项施工方案应当包括以下主要内容。

1）工程概况：危大工程概况和特点、施工平面布置、施工要求和技术保证条件。

2）编制依据：相关法律、法规、规范性文件、标准、规范及施工图设计文件、施工组织设计等。

3）施工计划：包括施工进度计划、材料与设备计划。

4）施工工艺技术：技术参数、工艺流程、施工方法、操作要求、检查要求等。

5）施工安全保证措施：组织保障措施、技术措施、监测监控措施等。

6）施工管理及作业人员配备和分工：施工管理人员、专职安全生产管理人员、特种作业人员、其他作业人员等。

7）验收要求：验收标准、验收程序、验收内容、验收人员等。

8）应急处置措施。

9）计算书及相关施工图。

4.1.3 安全专项施工方案专家审核论证

1. 安全专项施工方案审核论证流程

专项施工方案应当由施工单位技术部门组织本单位施工技术、安全、质量等部门的专业技术人员进行审核。经审核合格的，由施工单位技术负责人签字。实行施工总承包的，专项施工方案应当由总承包单位技术负责人及相关专业承包单位技术负责人签字。施工单位完成签字盖章后提交给监理单位，由监理单位总监理工程师审核后签字、盖章，对于超过一定规模的危大工程专项施工方案，还应当由施工单位组织召开专家论证会。审核论证流程图如图 4-1 所示。

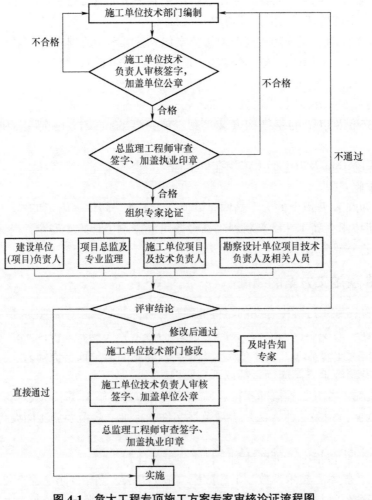

图 4-1 危大工程专项施工方案专家审核论证流程图

2. 专家论证会

超过一定规模的危大工程专项施工方案，还应当由施工单位组织召开专家论证会。实行施工总承包的，由施工总承包单位组织召开专家论证会。

（1）参会人员

1）专家。设区的市级以上地方人民政府住房城乡建设主管部门建立的专家库专家应当具备以下基本条件：

① 诚实守信、作风正派、学术严谨。

② 从事相关专业工作 15 年以上或具有丰富的专业经验。

③ 具高级专业技术职称。

设区的市级以上地方人民政府住房城乡建设主管部门应当加强对专家库专家的管理，定期向社会公布专家业绩，对于专家不认真履行论证职责、工作失职等行为，记入不良信用记录，情节严重的，取消专家资格。

2）建设单位项目负责人。

3）监理单位项目总监理工程师及专业监理工程师。

4）总承包单位和分包单位技术负责人或授权委派的专业技术负责人、项目负责人、项目技术负责人、专项施工方案编制人员、项目专职安全生产管理人员及相关人员。

5）有关勘察、设计单位项目技术负责人及相关人员。

（2）专家论证会论证的主要内容

1）专项施工方案内容是否完整、可行。

2）专项施工方案计算书和验算依据、施工图是否符合有关标准规范。

3）专项施工方案是否满足现场实际情况，并能够确保施工安全。

（3）专项施工方案修改　经专家论证后结论为"直接通过"的，施工单位可参考专家意见自行修改完善；结论为"修改后通过"的，专家意见要明确具体修改内容，施工单位应当按照专家意见进行修改，并履行有关审核和审查手续后方可实施，修改情况应及时告知专家。

施工单位应当严格按照专项施工方案组织施工，不得擅自修改、调整专项施工方案；如因设计、结构、外部环境等因素发生变化确需修改的，修改后的专项施工方案应当按相关管理办法重新审核。对于超过一定规模的危大工程的专项施工方案，施工单位应当重新组织专家进行论证。

4.1.4　安全专项施工方案实施相关单位职责

1. 施工单位职责

专项施工方案实施前，编制人员或项目技术负责人应当向现场管理人员和作业人员进行安全技术交底；施工单位应当指定专人对专项施工方案实施情况进行现场监督和按规定进行监测。发现不按照专项施工方案施工的，应当要求其立即整改；发现有危及人身安全紧急情况的，应当立即组织作业人员撤离危险区域；施工单位技术负责人应当定期巡查专项施工方案实施情况。

2. 监理单位职责

监理单位应当将危大工程列入监理规划和监理实施细则，应当针对工程特点、周边环境和施工工艺等，制订安全监理工作流程、方法和措施；监理单位应当对专项施工方案实施情况进行现场监理，对不按专项施工方案实施的，应当责令整改，施工单位拒不整改的，应当及时向建设单位报告；建设单位接到监理单位报告后，应当立即责令施工单位停工整改，施工单位仍不停工整改的，建设单位应当及时向住房城乡建设主管部门报告。

3. 建设行政主管部门职责

住房城乡建设主管部门应当依据有关法律法规对以下行为予以处罚：

1）建设单位未按规定提供危大工程清单和安全管理措施，未责令施工单位停工整改的，未向住房城乡建设主管部门报告的。施工单位未按规定编制、实施专项施工方案的。

2）监理单位未按规定审核专项施工方案或未对危大工程实施监理的。

4. 相关单位应承担的验收职责

对于按规定需要验收的危大工程，施工单位、监理单位应当组织有关人员进行验收。验收合格的，经施工单位项目技术负责人及项目总监理工程师签字后，方可进入下一道工序。

4.2 建设工程安全生产检查

4.2.1 建设工程安全生产检查的内容

建设工程安全生产检查主要是查安全思想、查安全责任、查安全制度、查安全措施、查安全防护、查设备设施、查教育培训、查操作行为、查劳动防护用品使用和查伤亡事故处理。

1）查安全思想，主要是检查以项目经理为首的项目全体员工（包括分包作业人员）的安全生产意识和对安全生产工作的重视程度。

2）查安全责任，主要是检查现场安全生产责任制度的建立；安全生产责任目标的分解与考核情况；安全生产责任制度与责任目标是否已落实到每一个岗位和每一个人员，并得到了确认。

3）查安全制度，主要是检查现场各项安全生产规章制度和安全技术操作规程的建立和执行情况。

4）查安全措施，主要是检查现场安全措施计划及各项安全专项施工方案的编制、审核、审批及实施情况；重点检查方案的内容是否全面、措施是否具体并有针对性，现场的实施运行是否与方案规定的内容相符。

5）查安全防护，主要是检查现场临边、洞口等各项安全防护设施是否到位，有无安全隐患。

6）查设备设施，主要是检查现场投入使用的设备设施的购置、租赁、安装、验收、使用、过程维护保养等各个环节是否符合要求；设备设施的安全装置是否齐全、灵敏、可靠，有无安全隐患。

7）查教育培训，主要是检查现场教育培训岗位、教育培训人员、教育培训内容是否明确、具体、有针对性；三级安全教育制度和特种作业人员持证上岗制度的落实情况是否到位；教育培训档案资料是否真实、齐全。

8）查操作行为，主要是检查现场施工作业过程中有无违章指挥、违章作业、违反劳动纪律的行为发生。

9）查劳动防护用品使用，主要是检查现场劳动防护用品、用具的购置，产品质量，配备数量和使用情况是否符合安全与职业卫生的要求。

10）查伤亡事故处理，主要是检查现场是否发生伤亡事故，对发生的伤亡事故是否已按照"四不放过"的原则进行了调查处理，是否已有针对性地制订了纠正与预防措施；制订的纠正与预防措施是否已得到落实并取得实效。

4.2.2 建设工程安全生产检查的主要形式

建设工程安全生产检查的主要形式一般可分为定期安全检查，经常性安全检查，季节性安全检查，节假日安全检查，开工、复工安全检查，专业性安全检查和设备设施安全验收检查等。

安全检查的组织形式应根据检查的目的、内容而定，因此参加检查的组成人员也就不完全相同。

1）定期安全检查。建筑施工企业应建立定期分级安全检查制度，定期安全检查属全面性和考核性的检查，建设工程施工现场应至少每旬开展一次安全检查工作，施工现场的定期安全检查应由项目经理亲自组织。

2）经常性安全检查。建设工程施工应经常开展预防性的安全检查工作，以便于及时消除事故隐患，保证施工生产正常进行。施工现场经常性的安全检查主要包括如下方式：

① 现场专（兼）职安全生产管理人员及安全值班人员每天例行开展的安全巡视、巡查。

② 现场项目经理、责任工程师及相关专业技术管理人员在检查生产工作的同时进行的安全检查。

③ 作业班组在班前、班中、班后进行的安全检查。

3）季节性安全检查。季节性安全检查主要是针对气候特点（如暑季、雨季、风季、冬季等）可能给安全生产造成的不利影响或带来的危害而组织的安全检查。

4）节假日安全检查。在节假日、特别是重大或传统节假日（如"五一""十一"、元旦、春节等）前后和节日期间，为防止现场管理人员和作业人员思想麻痹、纪律松懈等而进行的安全检查。节假日加班，更要认真检查各项安全防范措施的落实情况。

5）开工、复工安全检查。针对工程项目开工、复工之前进行的安全检查，主要是检查现场是否具备保障安全生产的条件。

6）专业性安全检查。由有关专业人员对现场某项专业安全问题或在施工生产过程中存在的比较系统性的安全问题进行的单项检查。这类检查专业性强，主要应由专业工程技术人员、专业安全管理人员参加。

7）设备设施安全验收检查。针对现场塔式起重机等起重设备、外用施工电梯、龙门架及井架物料提升机、电气设备、脚手架、现浇混凝土模板支撑系统等设备设施在安装、搭设过程中或完成后进行的安全验收、检查。

4.2.3 建设工程安全生产检查的要求

1）根据检查内容配备力量，抽调专业人员，确定检查负责人，明确分工。

2）应有明确的检查目的和检查项目、内容及检查标准、重点、关键部位。对面积大或数量多的项目，可采取系统整体的观感和一定数量的测点相结合的检查方法。检查时尽量采用检测工具，并做好检查记录。

3）对现场管理人员和操作工人不仅要检查是否有违章指挥和违章作业行为，还应进行应知应会的抽查，以便了解管理人员及操作工人的安全素质和安全意识。对于违章指挥、违章作业、违反劳动纪律的行为，检查人员可以当场指出、进行纠正。

4）认真、详细做好检查记录，特别是对隐患的记录必须具体，如隐患的部位、危险性程度及处理意见等。采用安全检查评分表的，应记录每项扣分的原因。

5）对于检查中发现隐患的，应发出隐患整改通知书，责令责任单位进行整改，并作为整改后的备查依据。对凡是有即发型事故危险的隐患，检查人员应责令其停工，被查单位必须立即整改。

6）定量、系统性地做出检查结论，进行安全评价，以利于受检单位根据安全评价研究对策进行整改、加强管理。

7）检查后应对隐患整改情况进行跟踪复查，查被检单位是否按"三定"（定人、定期限、定措施）原则落实整改，经复查整改合格后，进行销案。

4.2.4 建设工程安全生产检查的主要方法

建设工程安全生产检查在正确使用安全检查表的基础上，可以采用"听""问""看""量""测""运转试验"等方法。

1）"听"，听取基层管理人员或施工现场安全员汇报安全生产情况，介绍现场安全工作经验、存在的问题、今后的发展方向。

2）"问"，主要是指通过询问、提问，对以项目经理为首的现场管理人员和操作工人进行的应知应会抽查，以便了解现场管理人员和操作工人的安全意识和安全素质。

3）"看"，主要是指查看施工现场安全管理资料和对施工现场进行巡视。例如，查看项目负责人、专职安全管理人员、特种作业人员等的持证上岗情况；现场安全标志设置情况；劳动防护用品使用情况；现场安全防护情况；现场安全设施及机械设备安全装置配置情况等。

4）"量"，主要是指使用测量工具对施工现场的一些设施、装置进行实测实量。例如，对脚手架各种杆件间距的测量；对现场安全防护栏杆高度的测量；对电气开关箱安装高度的测量；对在建工程与外电边线安全距离的测量等。

5）"测"，主要是指使用专用仪器、仪表等监测器具对特定对象关键特性技术参数的测试。例如，使用漏电保护器测试仪对漏电保护器漏电动作电流、漏电动作时间的测试；使用地阻仪对现场各种接地装置接地电阻的测试；使用绝缘电阻表对电机绝缘电阻的测试；使用经纬仪对塔式起重机、外用电梯安装垂直度的测试等。

6）"运转试验"，主要是指由具有专业资格的人员对机械设备进行实际操作、试验，检验其运转的可靠性或安全限位装置的灵敏性。例如，对塔式起重机力矩限制器、变幅限位器、起重限位器等安全装置的试验；对施工电梯制动器、限速器、上下极限限位器、门联锁装置等安全装置的试验；对龙门架超高限位器、断绳保护器等安全装置的试验等。

4.2.5　建设工程安全生产检查标准

《建筑施工安全检查标准》（JGJ 59—2011）使建设工程安全生产检查由传统的定性评价上升到定量评价，使安全检查进一步规范化、标准化。

建设工程现场安全管理水平的评价得分由安全检查评分汇总表得出。《建筑施工安全检查标准》附录中检查评分表分为 A 表和 B 表，A 表为评分汇总表，B 表为分项检查评分表。安全检查分项评分表（B 表）中包括保证项目和一般项目，其中保证项目应全数检查。保证项目是指检查评定项目中，对施工人员生命、设备设施及环境安全起关键性作用的项目；一般项目是指检查评定项目中，除保证项目以外的其他项目。

1.《建筑施工安全检查标准》中各检查表检查项目的构成

1）建筑施工安全检查评分汇总表主要内容包括安全管理、文明施工、脚手架、基坑工程、模板支架、高处作业、施工用电、物料提升机与施工升降机、塔式起重机与起重吊装、施工机具十项，见表 4-1，得分作为对一个施工现场安全生产情况的综合评价依据。

2）安全管理检查评定保证项目包括安全生产责任制、施工组织设计及专项施工方案、安全技术交底、安全检查、安全教育、应急救援。一般项目包括分包单位安全管理、持证上岗、生产安全事故处理、安全标志。

3）文明施工检查评定保证项目包括现场围挡、封闭管理、施工场地、材料管理、现场办公与住宿、现场防火。一般项目包括综合治理、公示标牌、生活设施、社区服务。

4）脚手架检查评分表分为扣件式钢管脚手架检查评分表、门式钢管脚手架检查评分表、碗扣式钢管脚手架检查评分表、承插型盘扣式钢管脚手架检查评分表、满堂脚手架检查评分表、悬挑式脚手架检查评分表、附着式升降脚手架检查评分表、高处作业吊篮检查评分表八种安全检查评分表。

① 扣件式钢管脚手架检查评定保证项目应包括施工方案、立杆基础、架体与建筑结构拉结、杆件间距与剪刀撑、脚手板与防护栏杆、交底与验收。一般项目包括横向水平杆设置、杆件连接、层间防护、构配件材质、通道。

② 门式钢管脚手架检查评定保证项目包括施工方案、架体基础、架体稳定、杆件锁臂、脚手板、交底与验收。一般项目包括架体防护、构配件材质、荷载、通道。

③ 碗扣式钢管脚手架检查评定保证项目包括施工方案、架体基础、架体稳定、杆件锁件、脚手板、交底与验收。一般项目包括架体防护、构配件材质、荷载、通道。

④ 承插型盘扣式钢管脚手架检查评定保证项目包括施工方案、架体基础、架体稳定、杆件设置、脚手板、交底与验收。一般项目包括架体防护、杆件连接、构配件材质、通道。

⑤ 满堂脚手架检查评定保证项目包括施工方案、架体基础、架体稳定、杆件锁件、脚手板、交底与验收。一般项目包括架体防护、构配件材质、荷载、通道。

⑥ 悬挑式脚手架检查评定保证项目包括施工方案、悬挑钢梁、架体稳定、脚手板、荷载、交底与验收。一般项目包括杆件间距、架体防护、层间防护、构配件材质。

⑦ 附着式升降脚手架检查评定保证项目包括施工方案、安全装置、架体构造、附着支座、架体安装、架体升降。一般项目包括检查验收、脚手板、架体防护、安全作业。

76

表 4-1 建筑施工安全检查评分汇总表

企业名称：　　　　　　　　　　资质等级：　　　　　　　　　　　　　　　　　年　月　日

单位工程（施工现场）名称	建筑面积/m²	结构类型	总计得分（满分100分）	项目名称及分值									
				安全管理（10分）	文明施工（15分）	脚手架（10分）	基坑工程（10分）	模板支架（10分）	高处作业（10分）	施工用电（10分）	物料提升机与施工升降机（10分）	塔式起重机与起重吊装（10分）	施工机具（5分）

评语：

检查单位		受检项目		项目经理	
负责人					

⑧ 高处作业吊篮检查评定保证项目包括施工方案、安全装置、悬挂机构、钢丝绳、安装作业、升降作业。一般项目包括交底与验收、安全防护、吊篮稳定、荷载。

5）基坑工程检查评定保证项目包括施工方案、基坑支护、降排水、基坑开挖、坑边荷载、安全防护。一般项目包括基坑监测、支撑拆除、作业环境、应急预案。

6）模板支架检查评定保证项目包括施工方案、支架基础、支架构造、支架稳定、施工荷载、交底与验收。一般项目包括杆件连接、底座与托撑、构配件材质、支架拆除。

7）高处作业检查评定项目包括安全帽、安全网、安全带、临边防护、洞口防护、通道口防护、攀登作业、悬空作业、移动式操作平台、悬挑式物料钢平台。

8）施工用电检查评定的保证项目包括外电防护、接地与接零保护系统、配电线路、配电箱与开关箱。一般项目包括配电室与配电装置、现场照明、用电档案。

9）物料提升机检查评定保证项目包括安全装置，防护设施，附墙架与缆风绳，钢丝绳，安拆、验收与使用。一般项目包括基础与导轨架、动力与传动、通信装置、卷扬机操作棚、避雷装置。

10）施工升降机检查评定保证项目包括安全装置，限位装置，防护设施，附墙架，钢丝绳、滑轮与对重，安拆、验收与使用。一般项目包括导轨架、基础、电气安全、通信装置。

11）塔式起重机检查评定保证项目包括荷载限制装置，行程限位装置，保护装置，吊钩、滑轮、卷筒与钢丝绳，多塔作业，安拆、验收与使用。一般项目包括附着、基础与轨道、结构设施、电气安全。

12）起重吊装检查评定保证项目包括施工方案、起重机械、钢丝绳与地锚、索具、作业环境、作业人员。一般项目包括起重吊装、高处作业、构件码放、警戒监护。

13）施工机具检查评定项目包括平刨、圆盘锯、手持电动工具、钢筋机械、电焊机、搅拌机、气瓶、翻斗车、潜水泵、振捣器、桩工机械。

项目涉及的上述各建筑施工安全检查评定中，所有保证项目均应全数检查。

2. 检查评分方法

1）分项检查评分表（B 表）和检查评分汇总表（A 表）的满分分值均应为 100 分，评分表的实得分应为各检查项目所得分值之和。

2）评分应采用扣减分值的方法，扣减分值总和不得超过该检查项目的应得分值。

3）当按分项检查评分表评分，保证项目中有一项未得分或保证项目小计得分不足 40 分时，此分项检查评分表不应得分。

4）检查评分汇总表中各分项项目实得分值应按下式计算：

$$A_1 = \frac{BC}{100}$$

式中　A_1——汇总表各分项项目实得分值；

　　　B——汇总表中该项应得满分值；

　　　C——该项检查评分表实得分值。

5）评分遇有缺项时，分项检查评分表或检查评分汇总表的总得分值应按下式计算：

$$A_2 = \frac{D}{E} \times 100$$

式中　A_2——遇有缺项时总得分值；

　　　　D——实查项目在该表的实得分值之和；

　　　　E——实查项目在该表的应得满分值之和。

6）脚手架、物料提升机与施工升降机、塔式起重机与起重吊装项目的实得分值，应为所对应专业的分项检查评分表实得分值的算术平均值。

7）等级的划分原则。施工安全检查的评定结论分为优良、合格、不合格三个等级，依据为汇总表的总得分、分项评分表保证项目的达标情况。

建筑施工安全检查评定的等级划分应符合下列规定：

① 优良。分项检查评分表无零分，评分汇总表得分值应在80分及以上。

② 合格。分项检查评分表无零分，评分汇总表得分值应在80分以下、70分及以上。

③ 不合格。当评分汇总表得分值不足70分时；当有一分项检查评分表为零时。

若建筑施工安全检查评定的等级为不合格，则必须限期整改达到合格。

思　考　题

1. 什么是危大工程？
2. 危大工程的类型和范围是什么？
3. 安全专项施工方案是指什么？安全专项施工方案应包含哪些内容？
4. 安全专项施工方案专家论证会的流程是怎样的？
5. 专家论证会的结论分哪几种情况？如何处理完善？
6. 安全专项施工方案实施的相关单位职责是什么？
7. 建设工程安全生产检查的内容是什么？
8. 建设工程安全生产检查的形式及要求是什么？
9. 建设工程安全生产检查的方法是什么？
10. 建设工程安全生产检查的依据标准是什么？
11. 案例题。

背景资料：

某工程施工现场安全检查结果如下：安全管理检查评分表、文明施工检查评分表、高处作业检查评分表、施工机具检查评分表和塔式起重机与起重吊装检查评分表实际得分分别为78分、80分、84分、82分和84分，模板支架检查评分得分为80分，物料提升机与施工升降机检查评分得分为85分，基坑工程检查评分得分为84分。该工程采用两种脚手架，扣件式脚手架得分为88分，悬挑式脚手架得分为82分，施工用电检查评分表中外电防护这一保证项目缺项（该项目应得分值为20分），其他项目检查得分为68分。

问题：

1）本工程安全检查总分是多少分？

2）可评为哪一级别？

第5章　危险源管控及应急预案

【本章主要内容】　建设工程安全生产管理中危险源的定义及分类、危险源的识别与判断、重大危险源的控制和管理措施、生产安全事故应急预案、施工安全应急预案等。

【本章重点、难点】　危险源的定义及分类；生产安全事故应急预案的作用；危险源的识别与判断；危险源风险评价方法、重大危险源的管理和控制措施、生产安全事故应急预案的主要内容、应急预案演练相关规定、施工安全应急预案。

党的二十大报告中提出"建立大安全大应急框架"，关键是"大"，实质是"全"。

"大"就是：使命"大格局"，责任"大体系"，价值"大范畴"。

"全"就是：事故、灾难、灾害"全灾种"，事前、事发、事中、事后"全链条"，生命安全、财产安全、环境安全、经济安全、社会稳定"全目标"，防灾、减灾、抗灾、救灾"全对策"，人因、物因、环境、管理"全要素"，专业化、层次化、系统化。

安全生产在"大"上下功夫，应该以重大危险源、重大风险源为防控对象，以重大隐患为治理对象，从而实现遏制重特大事故灾难。

5.1　危险源的定义及分类

1. 危险源的定义

危险源是各种事故发生的根源，是指可能导致死亡、伤害或疾病、财产损失、工作环境破坏或这些情况组合的根源或状态。它包括人的不安全行为、物的不安全状态、管理上的缺陷和环境上的缺陷等。危险源的定义包括以下几个方面的含义：

（1）决定性　事故的发生以危险源的存在为前提，危险源的存在是事故发生的基础，离开了危险源就不会有事故。

（2）可能性　危险源并不必然导致事故，只有失去控制或控制不足的危险源才可能导致事故。

（3）危害性　危险源一旦转化为事故，会给生产和生活带来不良影响，还会对人的生命健康、财产安全及生存环境等造成危害。

（4）隐蔽性　危险源是潜在的，只有当事故发生时才会明确地显现出来。人们对危险源及其危险性的认识是一个不断总结教训并逐步完善的过程。

危险源是安全控制的主要对象，因此，有人把安全控制也称为危害控制或安全风险控制。

2. 危险源的分类

对危险源进行分类，是为了便于进行危险源的识别与分析。危险源的分类方法有多种，可按危险源在事故发生过程中的作用、引起的事故类型、导致事故和职业危害的直接原因、职业病类别等进行分类。

（1）按危险源在事故发生过程中的作用分类　在实际生活和生产过程中，危险源是以多种形式存在的，危险源导致的事故可归结为能量的意外释放和有害物质的泄漏。根据危险源在事故发生过程中的作用，可分为第一类危险源和第二类危险源。

第一类危险源是指可能发生意外释放能量的载体或危险物质。通常，把产生能量的能量源或拥有能量的能量载体作为第一类危险源来处理。

第二类危险源是指造成约束、限制能量措施失效或破坏的各种不安全因素。生产过程中的能量或危险物质受到约束或限制，在正常情况下不会发生意外释放，即不会发生事故。但是，一旦约束或限制能量或危险物质的措施受到破坏或失效（故障），则将发生事故。第二类危险源包括人的不安全行为、物的不安全状态和不利环境条件三个方面。建筑工地的绝大部分危险和有害因素属于第二类危险源。

事故的发生是两类危险源共同作用的结果。第一类危险源是事故的前提，是事故的主体，决定事故的严重程度；第二类危险源的出现是第一类危险源导致事故的必要条件，决定事故发生的可能性大小。

（2）按引起的事故类型分类　根据《企业职工伤亡事故分类》（GB 6441—1986），综合考虑事故的起因物、致害物、伤害方式等特点，将危险源及危险源造成的事故分为二十类。识别施工现场危险源时，对危险源或其造成伤害的分类多采用此分类法。具体分为物体打击、车辆伤害、机械伤害、起重伤害、触电、淹溺、灼烫、火灾、高处坠落、坍塌、冒顶片帮、透水、放炮、火药爆炸、瓦斯爆炸、锅炉爆炸、容器爆炸、其他爆炸（化学爆炸、炉膛爆炸、钢水爆炸等）、中毒和窒息、其他伤害（扭伤、跌伤、野兽咬伤等）。在建设工程施工生产中，最主要的事故类型是高处坠落、物体打击、触电、机械伤害、坍塌、火灾和爆炸等。

5.2　危险源的识别与风险评价

危险源识别是识别危险源的存在并确定其特性的过程。施工现场识别危险源的方法有专家调查法、安全检查表法、现场调查法、工作任务分析法、危险与可操作性研究、事件树分析、故障树分析等，其中专家调查法、安全检查表法、现场调查法是经常采用的方法。

1. 危险源识别的方法

（1）专家调查法　专家调查法是通过向有经验的专家咨询、调查，分析和评价危险源的一类方法。其优点是简便易行，缺点是受专家的知识、经验和占有资料的限制，可能出现遗漏。常用的有头脑风暴法和德尔菲法。

头脑风暴法是通过专家创造性的思考，从而产生大量的观点、问题和议题的方法。其特点是多人讨论，集思广益，采取专家会议的方式来相互启发、交换意见，使危险、危害因素的辨识更加细致、具体，可以弥补个人判断的不足。该方法常用于目标比较单纯的议题，如果涉及面较广，包含因素多时，可以先分解目标，再对单一目标或简单目标使用本方法。

德尔菲法是采用背对背的方式对专家进行调查，主要特点是避免了集体讨论中的从众倾向，更代表了专家的真实意见。此方法要求对调查的各种意见先进行统计处理后，再反馈给专家征求意见。

（2）安全检查表法　安全检查表法实际上就是实施安全检查和诊断项目的明细表，运用已编制好的安全检查表进行系统的安全检查，辨识工程项目存在的危险源。检查表的内容一般包括分类项目、检查内容及要求、检查处理意见等。

安全检查表法的优点是简单易懂，易于掌握，可以事先组织专家编制检查项目，使安全检查系统化、完整化；缺点是只能作出定性评价。

（3）现场调查法　现场调查法是通过询问交谈、现场观察、查阅有关记录、获取外部信息等，加以分析研究来识别有关危险源的方法。

施工现场从事某项作业技术活动有经验的人员，往往能指出其作业技术活动中的危险源，通过对其询问交谈，可初步分析出该项作业技术活动中存在的各类危险源。

通过对施工现场作业环境的现场观察，可发现存在的危险源，但要求从事现场观察的人员具有安全生产、劳动保护、环境保护、消防安全、职业健康安全等法律法规、标准规范知识。

查阅有关记录是指查阅企业的事故、职业病记录，可从中发现存在的危险源。

获取外部信息是指从有关类似企业、类似项目、文献资料、专家咨询等方面获取有关危险源信息，以利于识别本工程项目施工现场有关的危险源。

2. 危险源识别注意事项

1）从范围上讲，危险源的分布应包括施工现场内受到影响的全部人员、活动与场所，以及受到影响的毗邻社区等，也包括相关方（包括分包单位、供应单位、建设单位、工程监理单位等）的人员、活动与场所可能施加的影响；从内容上讲，危险源的分布应涉及所有可能的伤害与影响，包括人为失误，物料与设备过期、老化、性能下降等造成的问题；从状态上讲，危险源的分布应考虑三种状态，即正常状态、异常状态、紧急状态；从时态上讲，危险源的分布应考虑三种时态，即过去、现在、将来。

2）弄清危险源伤害的方式或途径，确认危险源伤害的范围，要特别关注重大危险源，防止遗漏，对危险源保持高度警觉，持续进行动态识别。

3）充分发挥全体员工对危险源识别的作用，广泛听取每一位员工（包括供应商、分包商的员工）的意见和建议，必要时还可征求设计单位、工程监理单位、专家和政府主管部门等的意见。

3. 风险评价方法

风险是某一特定危险情况发生的可能性和后果的结合。风险评价是评估危险源所带来的风险大小及确定风险是否可容许的全过程。根据评价结果对风险进行分级，弄清高度风险、一般风险与可忽略风险，按不同级别的风险有针对性地进行风险控制。具有高度风险的危险源为重大风险源,属于安全管控的主要对象。

风险评价应围绕可能性和后果两个方面综合进行。安全风险评价的方法很多,如专家打分法、定量风险评价法、作业条件危险性评价法(也称 LEC 法)、预先危险分析法等,一般通过定量和定性相结合的方法进行危险源的风险评价。

(1)专家打分法 由专家组成评价小组(一般 5~7 人)对本单位、本项目已辨识出的危险源进行逐个打分,根据分值大小确定一般危险源和重大危险源。在评价时要考虑:伤害程度、风险发生的可能性、法律法规符合性、影响范围、资源消耗等因素。其分值大小见表 5-1。

表 5-1　危险源评价专家打分法分值表

评价项目	伤害可能的程度	应得分值
伤害程度	严重	5
	一般	3
	轻微	1
发生的可能性	大	5
	中	3
	小	1
法律法规符合性	超标	5
	接近标准	3
	达标	1
影响范围	周围社区	5
	场界内	3
	操作者本人	1
资源消耗	大	3
	中	2
	小	1

(2)定量风险评价法 该方法是将安全风险的大小 R 用事故发生的概率 p 与事故后果的严重程度 f 的乘积来衡量,即 $R=pf$。

根据估算结果,对风险的大小进行分级。

(3)作业条件危险性评价法 也称 LEC 法,该方法是用与系统危险性有关的三个因素指标之积来评价作业条件的危险性。危险性以下式表示:

$$D = LEC$$

式中　L——发生事故的可能性大小,按表 5-2 取值;

　　　E——人体暴露在危险环境中的频繁程度,按表 5-3 取值;

　　　C—— 一旦发生事故会造成的后果,按表 5-4 取值;

　　　D——危险性总分值,见表 5-5。

一般情况，D 值大于或等于 70 的显著危险、高度危险和极其危险统称为重大风险；D 值小于 70 的一般危险和稍有危险统称为一般风险。

表 5-2　发生事故的可能性大小

分数值	事故发生的可能性	分数值	事故发生的可能性
10	必然发生	0.5	很不可能，可以设想
6	相当可能	0.2	极不可能
3	可能，但不经常	0.1	实际不可能
1	可能性小，完全意外		

表 5-3　人体暴露在危险环境中的频繁程度

分数值	人体暴露在危险环境中的频繁程度	分数值	人体暴露在危险环境中的频繁程度
10	连续暴露	2	每月一次暴露
6	每天工作时间内暴露	1	每年几次暴露
3	每周一次或偶然暴露	0.5	非常罕见暴露

表 5-4　发生事故会造成的后果

分数值	发生事故会造成的后果	分数值	发生事故会造成的后果
100	大灾难，许多人死亡（10 人以上死亡，直接经济损失 100 万~300 万元）	7	严重（伤残，经济损失 1 万~10 万元）
40	灾难，多人死亡（3~9 人死亡，直接经济损失 30 万~100 万元）	3	较严重（重伤，经济损失 1 万元以下）
15	非常严重（1~2 人死亡，直接经济损失 10 万~30 万元）	1	引人关注，轻伤（损失 1~105 个工日的失能伤害）

表 5-5　危险性总分值对应的风险等级

D 值	危险程度	风险等级	风险分类
>320	极其危险，不能继续作业	5	重大风险
160~320	高度危险，要立即整改	4	
70~160	显著危险，需整改	3	
20~70	一般危险，需注意	2	一般风险
<20	稍有危险，可以接受	1	

危险等级的划分是经验判断，难免带有局限性，应用时需根据实际情况予以修正。

4. 重大危险源的判断依据

凡符合以下条件之一的危险源，均可判定为重大危险源：

1）严重不符合法律法规、标准规范和其他要求。

2）相关方有合理抱怨和要求。

3）曾经发生过事故，且未采取有效防范控制措施。

4）直接观察到可能导致危险且无适当控制措施。

5）通过作业条件危险性评价，D 值大于160。

评价重大危险源时，应结合工程和服务的主要内容进行，并考虑日常工作中的重点。

安全风险评价结果应形成评价记录，一般可与危险源识别结果合并列表记录。对确定的重大危险源还应另列清单，并按优先考虑的顺序排列。

5.3 建设工程施工重大危险源的控制和管理措施

经过建设工程施工中的危险源识别、风险评价筛选出的重大危险源，应启动重大危险源管控程序，首先思想上对重大危险源充分重视，具体管控措施包括制定重大危险源的应急预案，施工现场重大危险源公示，针对重大危险源编制专项施工方案，施工前严格进行技术交底，施工过程中注意现场监督和检查，发现问题及时整改，建立危险源管控的专门档案，充分发挥监理的监督作用等，具体措施如下：

1）项目部应加强对重大危险源的控制与管理，制定重大危险源的管理制度，制定针对重大危险源的应急预案，建立施工现场重大危险源的辨识、登记、公示、控制管理体系，明确具体责任，认真组织实施。

2）对存在重大危险源的分部分项工程，项目部在施工前必须编制专项施工方案。专项施工方案除应有切实可行的安全技术措施外，还应当包括监控措施、应急预案以及紧急救护措施等内容。

3）专项施工方案由项目部技术部门的专业技术人员及监理单位安全专业监理工程师进行审核，由项目部技术负责人、监理单位总监理工程师签字。凡属超过一定规模的危大工程的专项施工方案，施工单位应组织专家组进行审查论证。

4）对存在重大危险部位的施工，项目部应按专项施工方案，由工程技术人员严格进行技术交底，并有书面记录和签字，确保作业人员清楚掌握施工方案的技术要领。重大危险部位的施工应按方案实施，凡涉及验收的项目，方案编制人员应参加验收，并及时形成验收记录。

5）项目部要对从事重大危险部位施工作业的施工队伍、特种作业人员进行登记造册，掌控作业队伍，采取有效措施。在作业活动中要对作业人员进行管理，控制和分析不安全的行为。

6）项目部应根据工程特点和施工范围，对施工过程进行安全分析，对分部分项工程、各道工序、各个环节可能发生的危险因素及物的不安全状态进行辨识，并登记、汇总重大危险源明细；采取相关的控制措施，对施工现场重大危险源部位进行环节控制，并公示控制的项目、部位、环节及内容等，以及可能发生事故的类别、对危险源采取的防护设施情况及防护设施的状态，将责任落实到个人。

7）项目部项目工程部应将重大危险源公示项目作为每天施工前对施工人员进行安全交底的内容，提高作业人员的防范能力，规范安全行为。

8）安监部门应对重大危险源专项施工方案进行审核，对施工现场重大危险源的辨识、登记、公示、控制情况进行监督管理，对重大危险部位作业进行旁站监理。对旁站过程中发现的安全隐患及时开具监理通知单，问题严重的，有权停止其施工。对整改不力或拒绝整改的，应及时将有关情况报当地建设行政主管部门或建设工程安全监督管理机构。

9）项目部要保证用于重大危险源防护措施所需的费用，及时划拨；施工单位要将施工现场重大危险源的安全防护、文明施工措施费单独列支，保证专款专用。

10）项目部应对施工项目建立重大危险源施工档案，每周组织有关人员对施工现场重大危险源进行安全检查，并做好施工安全检查记录。

11）各级主管部门或工程安全监督管理机构应对施工现场的重大危险源实施重点管理，进行定期或不定期专项检查。应重点检查重大危险源管理制度的建立和实施；检查专项施工方案的编制、审批、交底和过程控制；检查现场实物与内业资料的相符性。

12）各级主管部门或工程安全监督管理机构和项目监理单位，应把施工单位对重大危险源的监控及施工情况作为工程项目安全生产阶段性评价的一项重要内容，落实控制措施，保证工程项目安全生产。

5.4　生产安全事故应急预案

近年来，我国政府相继颁布的一系列法律法规，对特大安全事故、重大危险源等应急救援和应急预案工作提出了相应的规定和要求。《安全生产法》规定，生产经营单位的主要负责人对本单位安全生产工作负有组织制定并实施本单位的生产安全事故应急救援预案的职责。第八十条规定，县级以上地方各级人民政府应当组织有关部门制定本行政区域内生产安全事故应急救援预案，建立应急救援体系。2006 年，国务院发布了《国家安全生产事故灾难应急预案》，它适用于特别重大安全生产事故灾难。上述说明制定安全应急预案已经成为安全管理的重要组成部分。

《"十四五"国家应急体系规划》指出，到 2025 年，应急管理体系和能力现代化建设取得重大进展，形成统一指挥、专常兼备、反应灵敏、上下联动的中国特色应急管理体制，建成统一领导、权责一致、权威高效的国家应急能力体系，防范化解重大安全风险体制机制不断健全，应急救援力量建设全面加强，应急管理法治水平、科技信息化水平和综合保障能力大幅提升，安全生产、综合防灾减灾形势趋稳向好，自然灾害防御水平明显提升，全社会防范和应对处置灾害事故能力显著增强。到 2035 年，建立与基本实现现代化相适应的中国特色大国应急体系，全面实现依法应急、科学应急、智慧应急，形成共建共治共享的应急管理新格局。

5.4.1　生产安全事故应急预案的作用

制定事故应急预案是贯彻落实"安全第一，预防为主，综合治理"方针，提高应对风险和防范事故的能力，保证职工安全健康和公众生命安全，最大限度地减少财产损失、环境损害和社会影响的重要措施。

事故应急预案在应急系统中起着关键作用，它明确了在突发事故发生之前、发生过程中以及刚刚结束之后，谁负责做什么、何时做，以及相应的策略和资源准备等。它是针对可能发生的重大事故及其影响和后果的严重程度，为应急准备和应急响应的各个方面所预先做出的详细安排，是开展及时、有序和有效事故应急救援工作的行动指南。

事故应急预案的作用如下：

1）应急预案确定了应急救援的范围和体系，使应急管理不再无据可依、无章可循。尤其是通过培训和演习，可以使应急人员熟悉自己的任务，具备完成指定任务所需的相应能力，并检验预案和行动程序，评估应急人员的整体协调性。

2）应急预案有利于作出及时的应急响应，降低事故后果。应急预案预先明确了应急各方的职责和响应程序，在应急资源等方面进行了先期准备，可以指导应急救援迅速、高效、有序地开展，将事故的人员伤亡、财产损失和环境破坏降到最低限度。

3）应急预案是各类突发重大事故的应急基础，可以对那些事先无法预料到的突发事故起到基本的应急指导作用，成为开展应急救援的底线。在此基础上，可以针对特定事故类别编制专项应急预案，并有针对性地开展专项应急准备活动。

4）应急预案建立了与上级单位和部门应急救援体系的衔接。应急预案可以确保当发生超过本级应急能力的重大事故时与有关应急机构的联系和协调。

5）应急预案有利于提高风险防范意识。应急预案的编制、评审、发布、宣传、教育和培训，有利于各方了解可能面临的重大事故及其相应的应急措施，有利于促进各方提高风险防范的意识和能力。

5.4.2 生产安全事故应急预案的主要内容

应急预案是整个应急管理体系的反映，它不仅包括事故发生过程中的应急响应和救援措施，还包括事故发生前的各种应急准备和事故发生后的短期恢复，以及预案的管理与更新等。《生产经营单位生产安全事故应急预案编制导则》（GB/T 29639—2020）详细规定了综合应急预案、专项应急预案和现场处置方案的主要内容。

通常，完整的应急预案主要包括以下几个方面的内容：

1. 应急预案概况

应急预案概况主要描述生产经营单位概况以及危险特性状况等，同时简述紧急情况下应急事件、适用范围和方针原则等并作必要说明。应急救援体系首先应有一个明确的方针和原则来作为指导应急救援工作的纲领。方针与原则反映了应急救援工作的优先方向、政策、范围和总体目标，如保护人员安全优先，防止和控制事故蔓延优先，保护环境优先。此外，方针与原则还应体现事故损失控制、预防为主、统一指挥以及持续改进等思想。

2. 事故预防

预防程序是对潜在事故、可能发生的次生与衍生事故进行分析，并说明所采取的预防和控制事故的措施。

应急预案是有针对性的，具有明确的对象，其对象可能是某一类或多类可能发生的重大事故类型。应急预案的制定必须基于对所针对的潜在事故类型有一个全面系统的认识和评价，识别出重要的潜在事故类型、性质、区域、分布及事故后果，同时根据危险分析的结果，分析应急救援的应急力量和可用资源情况，并提出建设性意见。

（1）危险分析　危险分析的最终目的是明确应急的对象（可能存在的重大事故）、事故的性质及其影响范围、后果严重程度等，为应急准备、应急响应和减灾措施提供决策和指导依据。危险分析包括危险识别、脆弱性分析和风险分析。危险分析应依据国家和地方有关的法律法规要求，根据具体情况进行。

（2）资源分析　针对危险分析所确定的主要危险，明确应急救援所需的资源，列出可用的应急力量和资源，包括各类应急力量的组成及分布情况，各种重要应急设备、物资的准备情况，上级救援机构或周边可用的应急资源。资源分析可为应急资源的规划与配备、与相邻地区签订互助协议和预案编制提供指导。

（3）法律法规要求　有关应急救援的法律法规是开展应急救援工作的重要前提保障。编制预案前，应调研国家和地方有关应急预案、事故预防、应急准备、应急响应和恢复相关的法律法规文件，以作为预案编制的依据和授权。

3. 准备程序

准备程序应说明应急行动前所需进行的准备工作。应急预案能否在应急救援中成功地发挥作用，不仅取决于应急预案自身的完善程度，还依赖于应急准备的充分与否。应急准备主要包括各应急机构组织、应急资源的准备、公众教育、应急人员培训、预案演习和互助协议的签署等。

（1）应急机构组织　为保证应急救援工作的反应迅速、协调有序，必须建立完善的应急机构组织体系，包括城市应急管理的领导机构、应急响应中心以及各有关机构部门等。对应急救援中承担任务的所有应急组织，应明确相应的职责、负责人、候补人及联络方式。

（2）应急资源的准备　应急资源的准备是应急救援工作的重要保障，应根据潜在事故的性质和危险分析，合理组建专业和社会救援力量，配备应急救援中所需的各种救援机械和装备、监测仪器、堵漏和清消材料、交通工具、个体防护装备、医疗器械和药品、生活保障物资等，并定期检查、维护与更新，保证始终处于完好状态。另外，对应急资源信息应实施有效的管理与更新。

（3）公众教育、应急人员培训与预案演习　为全面提高应急能力，应急预案应对公众教育、应急人员培训和预案演习作出相应的规定，包括其内容、计划、组织与准备、效果评估等。

公众意识和自我保护能力是减少重大事故伤亡不可忽视的一个重要方面。作为应急准备的一项内容，应对公众的日常教育作出规定，尤其是位于重大危险源周边的人群，要使他们了解潜在危险的性质和对健康的危害，掌握必要的自救知识，了解预先指定的主要及备用疏散路线和集合地点，了解各种警报的含义和应急救援工作的有关要求。

预案演习是对应急能力的综合检验。合理开展由应急各方参加的预案演习，有助于提高应急能力。同时，通过对演习结果进行评估总结，有助于改进应急预案和应急管理工作中存在的不足，持续提高应急能力，完善应急管理工作。

（4）互助协议的签署　当有关的应急力量与资源相对薄弱时，应事先寻求与邻近区域签订正式的互助协议，并做好相应的安排，以便在应急救援中及时得到外部救援力量和资源的援助。此外，也应与社会专业技术服务机构、物资供应企业等签署相应的互助协议。

4. 应急程序

在应急救援过程中，存在一些必需的核心功能和任务，如接警与通知、指挥与控制、警报和紧急公告、通信、事态监测与评估、警戒与治安、人群疏散与安置、医疗与卫生、公共关系、应急人员安全、消防和抢险、泄漏物控制等，无论何种应急过程都必须围绕上述功能和任务开展。

5. 现场恢复

现场恢复也称为紧急恢复，是指事故被控制住后进行的短期恢复。从应急过程来说意味着应急救援工作的结束，进入另一个工作阶段，即将现场恢复到一个基本稳定的状态。大量的经验教训表明，在现场恢复的过程中仍存在潜在的危险，如余烬复燃、受损建筑倒塌等，因此应充分考虑现场恢复过程中可能存在的危险。该部分主要内容应包括宣布应急结束的程序、撤离和交接程序、恢复正常状态的程序、现场清理和受影响区域的连续检测、事故调查与后果评价等。

6. 预案管理与评审改进

应急预案是应急救援工作的指导文件，应当对预案的制定、修改、更新、批准和发布作出明确的管理规定，保证定期或在应急演习、应急救援后对应急预案进行评审和改进，针对各种实际情况的变化以及预案应用中暴露出的缺陷，持续改进，以不断完善应急预案体系。

上述六个方面既相对独立，又紧密联系，从应急的方针、策划、准备、响应、恢复到预案的管理与评审改进，形成了一个有机联系并持续改进的体系结构。这些要素是重大事故应急预案编制所应涉及的基本方面。在编制应急预案时，可根据职能部门的设置和职责分配等具体情况，将要素进行合并或增加，以更符合实际。

5.4.3 生产安全事故应急预案的演练

应急预案的演练（以下简称应急演练）是应急管理的重要环节，在应急管理工作中有着十分重要的作用。通过开展应急演练，可以实现评估应急准备状态，发现并及时修改应急预案、执行程序等相关工作的缺陷和不足；评估对突发公共事件的应急能力，识别资源需求，澄清相关机构、组织和人员的职责，改善不同机构、组织和人员之间的协调问题；检验应急响应人员对应急预案、执行程序的了解程度和实际操作技能，评估应急培训效果，分析培训需求。同时，作为一种培训手段，通过调整演练难度，可以进一步提高应急响应人员的业务素质和能力；促进公众、媒体对应急预案的理解，争取他们对应急工作的支持。

1. 应急演练的定义、目的与原则

（1）应急演练的定义　应急演练是指各级政府部门、企事业单位、社会团体，组织相关应急人员与群众，针对待定的突发事件假想情景，按照应急预案所规定的职责和程序，在特定的时间和地域，执行应急响应任务的训练活动。

（2）应急演练的目的

1）检验预案。通过开展应急演练，查找应急预案中存在的问题，进而完善应急预案，提高应急预案的实用性和可操作性。

2）完善准备。通过开展应急演练，检查应对突发事件所需应急队伍、物资、装备、技术等方面的准备情况，发现不足及时予以调整补充，做好应急准备工作。

3）锻炼队伍。通过开展应急演练，增强演练组织单位、参与单位和人员等对应急预案的熟悉程度，提高其应急处置能力。

4）磨合机制。通过开展应急演练，进一步明确相关单位和人员的职责任务，理顺工作关系，完善应急机制。

5）科普宣教。通过开展应急演练，普及应急知识，提高公众风险防范意识和自救互救

等灾害应对能力。

（3）应急演练的原则

1）结合实际，合理定位。紧密结合应急管理工作实际，明确演练目的，根据资源条件确定演练方式和规模。

2）着眼实战，讲求实效。以提高应急指挥人员的指挥协调能力、应急队伍的实战能力为着眼点，重视对演练效果及组织工作的评估、考核，总结推广好经验，及时整改存在的问题。

3）精心组织，确保安全。围绕演练目的，精心策划演练内容，科学设计演练方案，周密组织演练活动，制定并严格遵守有关安全措施，确保演练参与人员及演练装备设施的安全。

4）统筹规划，厉行节约。统筹规划应急演练活动，适当开展跨地区、跨部门、跨行业的综合性演练，充分利用现有资源，努力提高应急演练效益。

2. 应急演练的组织与实施

一次完整的应急演练活动要包括计划、准备、实施、评估总结和改进五个阶段。

（1）计划阶段的主要任务　明确演练需求，提出演练的基本构想和初步安排。

（2）准备阶段的主要任务　完成演练策划，编制演练总体方案及其附件，进行必要的培训和预演，做好各项保障工作安排。

（3）实施阶段的主要任务　按照演练总体方案完成各项演练活动，为演练评估总结搜集信息。

（4）评估总结阶段的主要任务　评估总结演练参与单位在应急准备方面的问题和不足，明确改进的重点，提出改进计划。

（5）改进阶段的主要任务　按照改进计划，由相关单位实施落实，并对改进效果进行监督检查。

5.4.4　生产安全事故应急预案的编制

2007 年 8 月颁布的《中华人民共和国突发事件应对法》规定，应急预案应当根据该法和其他有关法律、法规的规定，针对突发事件的性质、特点和可能造成的社会危害，具体规定突发事件应急管理工作的组织指挥体系与职责和突发事件的预防与预警机制、处置程序、应急保障措施以及事后恢复与重建措施等内容。

《建设工程安全生产管理条例》规定，施工单位应当根据建设工程施工的特点、范围，对施工现场易发生重大事故的部位、环节进行监控，制定施工现场生产安全事故应急救援预案。

国家安全生产监督管理总局发布的《生产安全事故应急预案管理办法》进一步规定，生产经营单位应急预案分为综合应急预案、专项应急预案和现场处置方案。生产经营单位编制的各类应急预案之间应当相互衔接，并与相关人民政府及其部门、应急救援队伍和涉及的其他单位的应急预案相衔接。

综合应急预案应当规定应急组织机构及其职责、应急预案体系、事故风险描述、预警及信息报告、应急响应、保障措施、应急预案管理等内容。专项应急预案应当规定应急指挥机构与职责、处置程序和措施等内容。现场处置方案应当规定应急工作职责、应急处置措施和注意事项等内容。

应急预案的编制应当符合下列基本要求：

1）有关法律、法规、规章和标准的规定。

2）本地区、本部门、本单位的安全生产实际情况。

3）本地区、本部门、本单位的危险性分析情况。

4）应急组织和人员的职责分工明确，并有具体的落实措施。

5）有明确、具体的应急程序和处置措施，并与其应急能力相适应。

6）有明确的应急保障措施，满足本地区、本部门、本单位的应急工作要求。

7）应急预案基本要素齐全、完整，应急预案附件提供的信息准确。

8）应急预案内容与相关应急预案相互衔接。

应急预案应当包括应急组织机构和人员的联系方式、应急物资储备清单等附件信息。此外，《消防法》还规定，企业应当履行落实消防安全责任制，制定本单位的消防安全制度、消防安全操作规程，制定灭火和应急疏散预案的消防安全职责。2011年12月经修改后颁布的《职业病防治法》规定，用人单位应当建立、健全职业病危害事故应急救援预案。《特种设备安全法》规定，特种设备使用单位应当制定特种设备事故应急专项预案，并定期进行应急演练。2002年5月颁布的《使用有毒物品作业场所劳动保护条例》规定，从事使用高毒物品作业的用人单位，应当配备应急救援人员和必要的应急救援器材、设备，制定事故应急救援预案，并根据实际情况变化对应急救援预案适时进行修订，定期组织演练。

5.4.5 生产安全事故应急预案的评审和备案

《生产安全事故应急预案管理办法》规定，地方各级安全生产监督管理部门应当组织有关专家对本部门编制的部门应急预案进行审定；必要时，可以召开听证会，听取社会有关方面的意见。

应急预案的评审或者论证应当注重基本要素的完整性、组织体系的合理性、应急处置程序和措施的针对性、应急保障措施的可行性、应急预案的衔接性等内容。

生产经营单位的应急预案经评审或者论证后，由本单位主要负责人签署公布，并及时发放到本单位有关部门、岗位和相关应急救援队伍。

中央企业总部（上市公司）的应急预案，报国务院主管的负有安全生产监督管理职责的部门备案，并抄送国家安全生产监督管理总局；其所属单位的应急预案报所在地的省、自治区、直辖市或者设区的市级人民政府主管的负有安全生产监督管理职责的部门备案，并抄送同级安全生产监督管理部门。

生产经营单位申请应急预案备案，应当提交以下材料：应急预案备案申请表、应急预案评审或者论证意见、应急预案文本及电子文档、风险评估结果和应急资源调查清单。

对于实行安全生产许可的生产经营单位，已经进行应急预案备案登记的，在申请安全生产许可证时，可以不提供相应的应急预案，仅提供应急预案备案登记表。

5.4.6 生产安全事故应急预案的修订

《国务院关于坚持科学发展安全发展促进安全生产形势持续稳定好转的意见》进一步指出，建立健全安全生产应急预案体系，加强动态修订完善。

《生产安全事故应急预案管理办法》进一步规定，有下列情形之一的，应急预案应当及时修订并归档：

　　1）依据的法律、法规、规章、标准及上位预案中的有关规定发生重大变化的。

　　2）应急指挥机构及其职责发生调整的。

　　3）面临的事故风险发生重大变化的。

　　4）重要应急资源发生重大变化的。

　　5）预案中的其他重要信息发生变化的。

　　6）在应急演练和事故应急救援中发现问题需要修订的。

　　7）编制单位认为应当修订的其他情况。

　　应急预案修订涉及组织指挥体系与职责、应急处置程序、主要处置措施、应急响应分级等内容变更的，修订工作应当参照《生产安全事故应急预案管理办法》规定的应急预案编制程序进行，并按照有关应急预案报备程序重新备案。

　　生产经营单位应当按照应急预案的规定，落实应急指挥体系、应急救援队伍、应急物资及装备，建立应急物资、装备配备及其使用档案，并对应急物资、装备进行定期检测和维护，使其处于适用状态。

思　考　题

1. 危险源风险评价的方法有哪些？

2. LEC 法是怎么评价危险源的？筛选出重大危险源的依据是什么？

3. 按危险源在事故发生过程中的作用，如何对危险源进行分类？

4. 建设工程施工中重大危险源的控制和管理措施具体有哪些？

5. 施工安全应急预案的编制、评审和备案、培训和演练、修订的规定是怎样的？

第6章 建设工程安全生产事故调查与处理

> 【本章主要内容】 建设工程安全生产事故的概念；建设工程安全生产事故的危害；建设工程安全生产事故的分类；事故致因理论；建设工程安全生产事故报告制度和调查处理原则。
>
> 【本章重点、难点】 建设工程安全生产事故的概念、危害；建设工程安全生产事故的分类、事故致因理论；建设工程安全生产事故报告制度和调查处理原则。

建设工程，包括土木工程、建筑工程、线路管道和设备安装工程及装修工程。建筑工程施工（广义上说）主要包括建筑工程、道路工程、桥梁工程、铁路工程、水利工程等的施工。

建设工程安全生产事故是指在建筑工程施工过程中，在施工现场突然发生的一个或一系列违背人们意愿的，可能导致人员伤亡（包括人员急性中毒）、设备损坏、建筑工程倒塌或废弃、安全设施破坏以及财产损失的（发生其中任一项或多项），迫使人们有目的的活动暂时或永久停止的意外事故。

6.1 建设工程安全生产事故的危害

1. 人员伤亡

建设工程安全生产事故会直接带来人员的伤亡。建设工程安全生产事故带来的人员伤亡数在各项安全事故中一直居高不下，在各产业系统中居于第二位，仅次于交通运输业。

2. 财产损失

建设工程安全生产事故不仅给国家、企业和个人造成了很大的经济损失，也给社会带来了不安定因素。建筑业中较高的事故发生率、人员伤亡以及巨大的经济损失已经成为制约建筑业劳动生产率提高和技术进步的主要原因。

3. 社会不良影响

建设工程安全生产事故一旦发生，其后果是带来人员伤亡和经济损失，波及的人和家庭较广，影响会在社会面扩散，给安全生产秩序、社会安定带来不良影响。

6.2　建设工程安全生产事故的分类

建设工程安全生产事故从不同的角度有不同的分类。

1. 按事故性质分类

安全生产事故按性质不同可分为责任事故、非责任事故。

1）责任事故：由于人的过失造成的事故，这类事故责任可以追溯到个人、单位。

2）非责任事故：在人们不能预见或不可抗拒的自然条件中，由于科学技术条件的限制而发生的无法预料的事故。对于能够预见并可以采取措施加以避免的伤亡事故，或没有经过认真研究解决技术问题而造成的事故，不能包括在内。

2. 按事故原因分类

从建设工程施工的特点及事故的原因来看，建设工程施工安全事故可以分为四类，即生产事故、质量事故、技术事故、环境事故。

（1）生产事故　生产事故主要是指在建筑产品的生产、维修、拆除过程中，操作人员违反有关施工操作规程等而直接导致的安全事故。这类事故一般都是在施工作业过程中出现的，事故发生的次数比较频繁，是建设工程安全事故的主要类型之一。目前我国对建设工程安全生产的管理主要针对生产事故。

（2）质量事故　质量事故主要是指由于设计不符合规范、标准或施工达不到要求等原因而导致建筑结构实体或使用功能存在瑕疵，进而引发事故。设计不符合规范、标准是指建筑工程的施工图提供方由于自身技术本身有缺陷或技术管理环节有问题而导致的施工图有误，从而导致事故。施工达不到要求，一是施工过程中违反有关操作规程留下隐患，二是施工单位有意不按图施工以节约成本。质量问题导致的事故可能发生在施工作业过程中，也可能发生在建筑实体的使用过程中。特别是在建筑实体的使用过程中，质量问题带来的危害是极其严重的，在外加灾害（如地震、火灾）发生的情况下，其危害不堪设想。

（3）技术事故　技术事故主要是指由于工程技术原因而导致的安全事故。技术事故的结果通常是毁灭性的。技术是安全的保证，曾被确信无疑的技术可能会在突然之间出现问题，起初微不足道的瑕疵可能导致灾难性的后果，很多时候正是由于一些不经意的技术失误才导致了严重的事故。在工程技术领域，人类历史上曾发生过多次技术灾难，包括人类和平利用核能过程中的切尔诺贝利核事故，"挑战者"号航天飞机爆炸事故等。在工程建设领域，这方面的惨痛失败的教训同样也是深刻的，技术事故，可能发生在施工生产阶段，也可能发生在使用阶段。

（4）环境事故　环境事故主要是指建筑实体在施工或使用的过程中，由于使用环境或周边环境原因而导致的安全事故。使用环境原因主要是对建筑实体的使用不当，如荷载超标、按静荷载设计但实际情况却为动荷载、使用高污染建筑材料或放射性材料等。使用高污染建筑材料或放射性材料的建筑物，一是会给施工人员造成职业病危害，二是会对使用者的身体带来伤害。周边环境原因主要是一些自然灾害方面，如山体滑坡等。在一些地质灾害频发的地区，应该特别注意环境事故的发生。环境事故的发生，往往归咎于自然灾害，但其实是我们缺乏对环境事故的预判和防治能力。

3. 按事故类别分类

依据《企业职工伤亡事故分类》（GB 6441—1986），按照事故类别，施工现场的事故可以分为十四类：物体打击、车辆伤害、机械伤害、起重伤害、触电、灼烫、火灾、高处坠落、坍塌、透水、爆炸、中毒、窒息、其他伤害。其中，高处坠落、坍塌、物体打击、机械伤害、触电在施工现场属于高发事故，被称为建筑施工中的"五大伤害"。

4. 按事故严重程度分类

（1）轻伤事故　轻伤事故是指造成职工肢体伤残或某器官功能性或器质性程度损伤，表现为劳动能力轻度或暂时丧失的伤害，一般是指受伤职工歇工在 1 个工作日以上，计算损失工作日低于 105 日的失能伤害。

（2）重伤事故　重伤事故是指造成职工肢体残缺或视觉、听觉等器官受到严重损伤，一般是指能引起人体长期存在功能障碍，或损失工作日大于或等于 105 日，6000 个工作日以下劳动能力有重大损失的失能伤害。

（3）死亡事故　死亡事故是指事故发生后当即死亡（含急性中毒死亡）或负伤后在 30 天以内死亡的事故或损失工作日达到 6000 个工作日以上的伤害。

5. 按事故划分等级分类（根据生产安全事故造成的人员伤亡数目或者直接经济损失具体数额大小）

（1）特别重大事故　特别重大事故是指造成 30 人以上死亡，或者 100 人以上重伤（包括急性工业中毒，下同），或者 1 亿元以上直接经济损失的事故。

（2）重大事故　重大事故是指造成 10 人以上 30 人以下死亡，或者 50 人以上 100 人以下重伤，或者 5000 万元以上 1 亿元以下直接经济损失的事故。

（3）较大事故　较大事故是指造成 3 人以上 10 人以下死亡，或者 10 人以上 50 人以下重伤，或者 1000 万元以上 5000 万元以下直接经济损失的事故。

（4）一般事故　一般事故是指造成 3 人以下死亡，或者 10 人以下重伤，或者 1000 万元以下直接经济损失的事故。

以上分类中，所称的"以上"包括本数，所称的"以下"不包括本数。

伤亡事故经济损失是指企业职工在劳动生产过程中发生伤亡事故所引起的一切经济损失，包括直接经济损失和间接经济损失。直接经济损失是指因事故造成人身伤亡及善后处理支出的费用和毁坏财产的价值。间接经济损失是指因事故导致产值减少、资源破坏和受事故影响而造成其他损失的价值。

（1）直接经济损失的计算方法和标准

直接经济损失的计算方法和标准，按照《企业职工伤亡事故经济损失统计标准》（GB 6721—1986）进行计算。直接经济损失的统计范围分为三个组成部分：人身伤亡后所支出的费用、伤害处理费用、财产损失价值，即直接经济损失 = 人身伤亡后所支出的费用 + 伤害处理费用 + 财产损失价值，这三个组成部分各自包含的具体费用如下：

1）人身伤亡后所支出的费用包括医疗费用（含护理费用）、丧葬及抚恤费用、补助及救济费用、歇工工资。

2）伤害处理费用包括处理事故的事务性费用、现场抢救费用、清理现场费用、事故罚款和赔偿费用。

3）财产损失价值包括固定资产损失价值、流动资产损失价值。

（2）间接经济损失的统计范围

1）停产、减产损失价值。

2）工作损失价值。

3）资源损失价值。

4）处理环境污染的费用。

5）补充新职工的培训费用。

6）其他损失费用。

6.3　事故致因理论

事故致因理论分为单因素理论、多因素理论和系统理论三种。事故致因理论的研究领域包括事故定义、致因因素、事故模式、演变规律及预防原理。

（1）事故频发倾向理论　认为事故频发倾向者的存在是工业事故发生的主要原因，即少数具有事故频发倾向的工人是事故频发倾向者，他们的存在是工业事故发生的原因。

（2）海因里希的事故因果连锁理论　把伤害事故的发生、发展过程描述为具有一定因果关系的事件的连锁发生过程，认为伤亡事故的发生不是一个孤立的事件，尽管伤害可能在某瞬间突然发生，却是一系列事件相继发生的结果。

（3）能量意外释放论　认为大多数伤亡事故都是由于能量或有害物质的意外释放所引起的，这种意外释放都来源于人的不安全行为或物的不安全状态。

（4）轨迹交叉论　认为伤害事故是由许多相互关联的事件顺序发展的结果，这些事件概括起来可分为人和物（包括环境）两条运动轨迹。

在系统中，当人的不安全行为（人为失误）和物的不安全状态（多为机械故障和物的不安全放置）在各自发展过程中延伸，在一定时间、空间发生了接触（交叉）时，伤害事故就会发生，即两条轨迹的交叉点就是事故发生的时间和空间。而人的不安全行为和物的不安全状态之所以在一定的时空节点出现交叉，是由于生产安全管理环节出现漏洞，因此导致二者的耦合。

（5）系统致因理论（两类危险源理论）　该理论认为，一起事故的发生是两类危险源共同起作用的结果：第一类危险源的存在是事故发生的条件（主体），是第二类危险源出现的前提，并决定事故后果的严重程度；第二类危险源的出现是第一类危险源导致事故的必要条件，决定事故发生的可能性。

（6）现代因果连锁理论（治理失误论）　该理论强调管理因素作为背后的原因，在事故中起着重要作用，人的不安全行为或物的不安全状态是工业事故的直接原因，必须加以追究。但是，它们又只是其背后深层原因的征兆，是管理上缺陷的反映。只有找出深层的、背后的原因，改进企业安全管理，才能有效地防止事故发生。

6.4　生产安全事故报告制度

《建设工程安全生产管理条例》第五十条规定，施工单位发生生产安全事故，应当按照国家有关伤亡事故报告和调查处理的规定，及时、如实地向负责安全生产监督管理的部门、建设行政主管部门或者其他有关部门报告；特种设备发生事故的，还应当同时向特种设备安全监督管理部门报告。接到报告的部门应当按照国家有关规定，如实上报。实行施工总承包的建设工程，由总承包单位负责上报事故。

6.4.1　事故处理的原则

国家对发生事故后遵循"四不放过"原则，其具体内容如下：

1. 事故原因未查清不放过

要求在调查处理伤亡事故时，首先把事故的原因分析清楚，找出导致事故发生的真正原因，未找到真正原因绝不轻易放过。直到找到真正原因并搞清各因素之间的因果关系才算达到事故原因分析的目的。

2. 事故责任人未受到处理不放过

这是安全事故责任追究制的具体体现，对事故责任者要严格按照安全事故责任追究的法律法规的规定进行严肃处理。不仅要追究事故直接责任人的责任，同时要追究相关负责人的领导责任。当然，处理事故责任者必须谨慎，避免事故责任追究的扩大化。

3. 事故责任人和周围群众没有受到教育不放过

使事故责任者和广大群众了解事故发生的原因及所造成的危害，并深刻认识到搞好安全生产的重要性，从事故中汲取教训，提高安全意识，改进安全管理工作。

4. 事故没有制定切实可行的整改措施不放过

必须针对事故发生的原因，提出防止相同或类似事故发生的切实可行的预防措施，并督促事故发生单位加以实施，只有这样，才算达到了事故调查和处理的最终目的。

6.4.2　事故报告、事故调查、事故处理、法律责任的具体规定

《生产安全事故报告和调查处理条例》（国务院令第 493 号）对事故报告、事故调查、事故处理、法律责任有具体规定，见附录。

思　考　题

1. 建设工程安全生产事故的危害是什么？
2. 事故的致因理论主要有哪几种？
3. 从不同的角度对事故进行分类。
4. 根据《生产安全事故报告和调查处理条例》，事故报告、事故调查、事故处理的具体规定如何？
5. 案例：施工现场一起事故导致 10 人重伤、3 人轻伤。事故经济损失包括医疗费用及歇工工资 390 万元，现场抢救及清理费用 30 万元，财产损失价值 50 万元，停产损失 1210 万元，事故罚款 70 万元。问直接经济损失为多少？该起事故的等级为几级？

第7章 文明施工及环境保护

【本章主要内容】 施工现场文明施工的意义；文明施工管理的内容；文明施工的组织管理；现场文明施工的基本要求；施工现场环境与卫生管理的要求；施工现场环境污染的类型及防治。

【本章重点、难点】 文明施工的意义，文明施工管理的内容，文明施工的组织管理；现场文明施工的基本要求，施工现场环境与卫生管理的要求，施工现场环境污染的类型；建设工程施工现场环境与卫生标准，施工现场环境污染的防治。

7.1 文明施工

7.1.1 文明施工概述

1. 文明施工的意义

文明施工是指保持良好的作业环境、卫生条件和工作秩序，以促进安全生产、加快施工进度、保证工程质量、降低工程成本、提高经济和社会效益。文明施工是使施工实现优质、高效、低耗、安全、清洁、卫生的有效手段。

现代化施工需要采用先进的技术、工艺、材料、设备和科学的施工方案，需要严密组织、严格要求、标准化管理和较高的职工素质，只有文明施工才能适应这种现代化施工的要求。

文明施工可以提高职工队伍的文化、技术和思想素质，培养尊重科学、遵守纪律、团结协作的大生产意识，促进企业精神文明建设，有利于员工的身心健康，有利于培养和提高施工队伍的整体素质。

保护和改善施工环境是保证人们身体健康和社会文明的需要。工程项目施工中采用了大量机械和材料，极易产生粉尘、噪声和各种废弃物，对环境造成污染。所以采取措施防止粉尘、噪声和水源污染，保护好作业现场及其周围的环境，是文明施工的重要内容之一。

2. 文明施工管理的内容

1）规范施工现场的场容，保持作业环境的规范、整洁、卫生。

2）科学组织施工，使生产有序进行。

3）减少施工对周围居民和环境的影响。

4）保证职工的安全和身体健康。

5）保护和改善作业现场的环境，控制现场的各种粉尘、废水、废气、固体废弃物、噪声、振动等对环境的污染和危害。

3. 文明施工的组织管理

施工现场应成立以项目经理为第一责任人的文明施工管理组织。分包单位应服从总包单位的文明施工管理组织的统一管理，并接受监督检查。

总包单位的项目经理部应负责施工现场场容文明形象管理的总体策划和部署，各分包单位应在总包单位项目经理部的指导和协调下，按分区划块原则搞好分包人施工用地区域的场容文明形象管理规划并严格执行。

应制定相应的文明施工的管理制度，包括个人岗位责任制、经济责任制、文明施工检查制度、持证上岗制度、奖惩制度、竞赛制度和各项专业管理制度等。加强和落实现场文明检查、考核及奖惩管理，以促进施工文明管理工作的提高。检查范围和内容应全面周到，包括生产区、生活区、施工区三区场容场貌、环境文明及制度落实等内容。应该建立和保存文明施工管理的档案资料，其内容如下：

1）上级关于文明施工的标准、规定、法律法规等资料。

2）施工组织设计（方案）中对文明施工的管理规定，各阶段施工现场文明施工的措施。

3）文明施工自检资料。

4）文明施工教育、培训、考核计划的资料。

5）文明施工活动各项记录资料。

4. 文明施工的组织措施

1）施工组织总设计应制订文明施工的总目标。施工总承包工程单位（或建设单位）和各施工分包单位应按总目标的要求统一规划，实行目标管理。

2）施工总承包单位（或建设单位）及其他施工单位项目部都应建立文明施工的组织机构，明确文明施工管理部门，形成管理网络。

3）各施工单位都应根据有关规程、规范、文件和合同的要求建立和健全文明施工管理制度和实施办法，制定明确规定的奖惩制度。

4）施工组织设计中应有明确的文明施工要求。施工总平面布置，施工临时建筑的规划，施工方案的制订，质量、职业健康安全和环境管理体系的建立等，都应考虑满足文明施工的要求。

5）各施工单位项目部都应对施工人员和管理人员进行文明施工意识教育和培训，不断提高职工文明施工的素质和行为规范。

6）文明单位施工宜实行区域责任制管理。施工总承包单位（或建设单位）应在施工组织总设计中明确划分各分包施工单位的文明施工责任区，并根据施工的进展适时进行调整。

5. 现场文明施工的基本要求

1）施工现场的管理人员在施工现场应当佩戴证明其身份的证卡。

2）应当按照施工总平面布置图设置各项临时设施。现场堆放的大宗材料、成品、半成品和机具设备不得侵占场内道路及安全防护等设施。

3）施工现场的用电线路、用电设施的安装和使用必须符合安装规范和安全操作规程，并按照施工组织设计进行架设，严禁任意拉线接电。施工现场必须设有保证施工安全要求的夜间照明。危险潮湿场所的照明以及手持照明灯具，必须采用符合安全要求的电压。

4）施工机械应当按照施工总平面布置图规定的位置和线路设置，不得任意侵占场内道路。施工机械进场须经过安全检查，经检查合格的方能使用。施工机械操作人员必须建立机组责任制，并依照有关规定持证上岗，禁止无证人员操作。

5）应保证施工现场道路畅通，排水系统处于良好的使用状态，保持场容场貌的整洁，随时清理建筑垃圾。在车辆、行人通行的地方施工，应当设置施工标志，并对沟井坎穴进行覆盖。

6）对施工现场的各种安全设施和劳动保护器具，必须定期进行检查和维护，及时消除隐患。

7）施工临时建筑设施完整，布置得当，生活区应与施工区、办公区分开设置。办公用房、生活临时建筑、施工临时建筑力求标准化、标识统一。有条件的可设置相应的学习、文化娱乐和体育设施。

8）施工现场宜实行区域隔离，各施工区域可根据各自的施工特点对区域内的设施及物品实行定置管理，并绘制区域文明施工平面图。

9）施工区、办公区和生活区等场所都应进行日常的清洁维护，保持环境整洁。各作业面都应做到"工完、料尽、场地清"。剩余材料要堆放整齐、可靠，废料及时清理干净。

10）建设单位和各施工单位都应根据情况明确禁烟区，并设立明确的禁烟标志，禁止施工人员流动吸烟或边作业、边吸烟。

11）场区施工道路畅通，路面平整清洁，设置明显的路标，不应在路边堆放设备和材料等制品，因工程需要切断道路前，必须经施工总承包单位（或建设单位）主管部门批准，并采取相应措施后才能实施，以保证正常交通。

12）施工人员宜统一着装并佩戴标识，各类宣传牌、标志应统一规划，施工机械、设备力求标识统一。

13）材料、土方、设备、机械等堆（停）放合理，各种物资标识清楚，排放有序，并符合安全防火标准。进入作业现场的材料（包括周转性材料）、设备、机械、施工器材及临时设施与作业需求和文明施工管理的要求相适应，控制进入作业现场的顺序、时间表、数量，保持通道的畅通，施工完毕后及时撤出。土方施工力争做到地下部分一次施工完成，应有切实可行的存放和弃土方案，不得随意堆放。

14）工程项目的工序安排应合理，衔接紧密，配合得当，做到均衡施工。

15）施工用电及用水管道系统布置合理、安全，场地排水与消防设施完备。

16）建筑与安装交叉作业、安装进入以及安装交付调试时，应符合安装和调试具备的安全文明施工条件，施工综合进度应为具备这些条件作出安排。

17）建筑、安装工程应采取措施，尽量减少立体交叉作业。当必须进行立体交叉作业时，应采取相应的隔离和防止高空落物、坠落的措施。

18）制订设备和成品保护、防止"二次污染"的措施，严格把好设备运输、检验、存放、起吊、安装各道工序关，避免发生损坏、腐蚀及落入杂物等问题，对已施工完毕的成品表面，应采取保护措施，保持外观的整洁美观。

19）施工区各类脚手架必须由专业施工人员搭设和拆除，结构合理、牢固，经检查合格后挂牌，标明负责人、承载能力和使用期限。特殊类型脚手架应由专业人员设计，经批准后搭设。

20）使用安全标志并符合《安全标志及其使用导则》（GB 2894—2008）的有关规定。

21）施工用机械设备完好、清洁，安全操作规程齐全，操作人员持证上岗并熟悉机械性能和工作条件。

22）施工机械要进行定期检查和保养，安全保护装置必须完善，及时消除故障，严禁带故障运行。

23）起重机械不得超铭牌规定范围使用，如有特殊情况需超铭牌规定范围使用时，必须由使用部门制订详细的安全技术措施，并经总工程师批准后方可施行。

24）对施工机械的噪声与振动等环境因素应制订相应措施予以控制。

25）施工现场泥浆及污水未经处理不得直接排入城市排水设施和河流、湖泊、池塘。

26）建筑和安装垃圾、渣土应在指定地点堆放，每日进行清理。装载建筑材料、垃圾或渣土的车辆，应采取防止尘土飞扬、遗撒的有效措施。施工现场应根据需要设置机械、车辆冲洗设施，冲洗污水应进行处理。

27）严格控制施工工艺水平，严格执行工艺纪律，使工艺质量符合规范和有关的规定要求。

28）各主、辅设备厂，各种管路、箱罐及电气设备应消除漏煤、漏灰、漏风、漏气、漏水、漏油、漏烟等现象。

29）各类施工技术资料齐全，归类明确，目录查阅方便，保管妥善。

7.1.2 文明施工现场管理

1. 场容管理

施工单位应根据企业的管理水平，按照功能齐全、节约用地、经济合理的要求，合理布置施工现场的临时建筑和临时设施，建立和健全施工平面管理和现场物料器具管理标准，为项目经理部提供场容管理策划的依据。

项目经理部应结合施工条件，按照施工技术方案、组织方案和进度计划的要求，认真进行施工平面图的规划、设计、布置、使用和管理。

1）施工平面图应按指定的施工用地范围及其布置的内容，分为全工地性施工总平面图和单位工程施工平面图，分别进行布置和管理。

2）单位工程施工平面图应根据不同施工阶段的需要，分别设计成阶段性施工平面图，并在阶段性进度节点目标开始实施前，通过施工协调会议确定后实施。

应按照已审批的施工总平面图或相关的单位工程施工平面图划定的位置进行施工平面布

置，包括施工项目的所有机械设备、脚手架、模具，施工临时道路，供水、供电、供气管道或线路，施工材料制品堆场及仓库，土方及建筑垃圾，变配电间，消防栓，警卫室，现场办公、生产、生活临时设施等。

3）施工物料器具除应按施工平面图指定位置布置外，还应根据不同特点和性质，规范布置方式和要求，包括执行码放整齐、限宽限高、上架入箱、规格分类、挂牌标识等管理标准。

4）施工现场周边应设置临时围护设施，市区主要路段周边工地的围护设施不应低于2.5m，非主要路段周边工地的围护设施不应低于1.8m，临街脚手架、高压电缆、起重扒杆回转半径伸至街道的应设置安全隔离栅。危险品仓库附近应有明显标志及围挡措施。

5）施工现场应设置畅通的排水沟渠系统，场地不积水，不积泥浆，保持道路干燥坚实。

6）在施工现场入口的醒目位置处，应设置公示标牌。公示标牌应做到规格统一，字迹端正，表达正确。公示标牌应包括五牌一图：

① 工程概况标牌。内容包括工程的规模、性质和用途，工程的建设方，建设、设计、施工、监理单位名称，施工起止年月等。

② 安全生产牌。

③ 文明施工牌。

④ 消防保卫牌。

⑤ 管理人员名单及监督电话牌。

⑥ 施工总平面图。

7）施工现场不准乱堆垃圾及余物。应在适当地点设置临时堆放点，并定期外运。

8）清运渣土垃圾及流体物品，要采取遮盖防漏措施，运送途中不得遗撒。

9）施工现场应清洁整齐，做到活完料清，工完场地清，及时清除在楼梯、楼板上的砂浆、混凝土。

10）要有严格的成品保护措施，严禁损坏污染成品，堵塞管道。

11）高层建筑要设置临时便桶，严禁随地大小便。

12）砂浆、混凝土在搅拌、运输、使用过程中，要做到不洒、不漏、不剩。

13）建筑物内清除的垃圾渣土，要通过临时搭设的竖井或利用电梯等设施稳妥下卸，严禁从门窗口向外抛掷。

14）施工现场可设置宣传标语和黑板报，并适时更换内容，切实起到表扬先进、促进后进的作用。

15）现场使用的机械设备，要按平面布置规划固定点存放；遵守机械安全规程，经常保持机身及周围环境的清洁，机械的标识、编号明显，安全装置可靠。塔式起重机轨道按规定铺设整齐稳固，塔边要封闭，道碴不外溢，路基内外排水畅通。

16）清洗机械排出的污水要有排放措施，不得随地流淌。在用的搅拌机、砂浆机旁应设沉淀池，不得将浆水直接排入下水道及河流等处。

17）施工现场严禁居住居民，严禁居民在施工现场穿行玩耍。

2. 施工区环境卫生管理

1）施工现场应明确划分办公区、施工区和生活区，将施工区和生活区分成若干片，分片包干，建立责任区。

2）从道路交通、消防器材、材料堆放到厕所、厨房、宿舍、火炉等都有专人负责，做到责任落实到人。

3）施工现场要保持整洁卫生，场地平整，各类物资堆放整齐，道路畅通，做到无积水、无恶臭、无垃圾，排水顺畅。

4）施工现场无堆放物和散落物，零散材料要及时清理，生活垃圾与建筑垃圾分别定点堆放，严禁混放，并及时清运。垃圾临时堆放不得超过1天。

5）保持办公室整洁卫生，做到窗明地净，文具摆放整齐。

6）职工宿舍做到整洁有序，室内和宿舍四周保持干净，污水和污物、生活垃圾集中堆放，及时外运。

7）冬季办公室和职工宿舍取暖炉，应有验收手续，合格后方可使用。

8）施工现场严禁随地大小便，现场的厕所，坚持天天打扫，每周撒白灰或打药一两次，消灭蝇蛆，便坑须加盖。

9）施工现场应设置保温桶、开水桶（有盖加锁）、一次性杯子。

10）施工现场的卫生要定期进行检查，发现问题，限期改正，并保存检查评分记录。

3. 宿舍和办公室环境卫生管理

（1）宿舍卫生管理

1）职工宿舍应制定卫生管理制度，卫生值日名单应张贴上墙。宿舍应每天有人打扫，清扫出的垃圾倒在指定的垃圾站，并及时清理。

2）宿舍内保持清洁卫生，保持室内窗明地净，通风良好。不到处乱放物品，做到整齐美观。

3）生活废水应排入污水池，不得乱倒乱流，做到卫生区内无污水、无污物。

4）冬季取暖炉应设有防煤气中毒设施，并经验收合格后，方可使用。

（2）办公室卫生管理

1）办公室应保持整洁美观。做到窗明地净，无蝇、无鼠。

2）建立办公室全体人员轮流卫生值日制度，值班人员负责打扫卫生、打开水，做好来访记录，整理文具。

3）冬季值班人员负责清扫取暖炉的炉灰，并按指定地点堆放，定期清理外运。

4. 食堂卫生管理

（1）食品采购卫生

1）应通过合法的正规供货单位采购食品，严防采购伪劣冒牌食品。

2）采购外地食品应向供货单位索取县以上食品卫生监督机构开具的检验合格证或检验单。必要时可请当地食品卫生监督机构进行复验。

3）采购食品使用的车辆、容器要清洁卫生，不得采购腐败变质、霉变、生虫、有异味或明令禁止生产经营的食品。

4）食品应做到生熟分开，防尘、防蝇、防雨、防晒。

（2）食品储存保管卫生

1）食品不得接触有毒物、不洁物。严禁与亚硝酸盐和食盐同仓共储。

2）主副食品、原料、半成品、成品要分开存放。注意做到通风、防潮、防虫、防鼠。

食堂内必须设置合格的密封熟食间，有条件的单位应设冷藏设备。

3）盛放酱油、盐等副食调料要做到加盖存放，清洁卫生。

4）禁止用铝制品、非食用性塑料制品盛放熟菜。

（3）食品制售过程卫生

1）制作食品的原料要新鲜卫生，各种食品要烧熟煮透，以免发生食物中毒。

2）制售过程及所用工具（刀、墩、案板、盆、碗及其他盛器、筐、水池、抹布和冰箱等）要清洁卫生，严格做到生熟分开。

3）共用食具要洗净消毒，应有餐具洗涤设备。

4）工地食堂禁止供应生吃凉拌菜，以防止肠道传染疾病。剩饭、剩菜要回锅彻底加热再食用。

5）使用的代价券必须每天消毒，防止交叉污染。

6）盛放丢弃食物的泔水桶（缸）必须有盖，并及时清运。

（4）炊管人员个人卫生

1）凡在岗位上的炊管人员，必须持有所在地区卫生防疫部门办理的健康证和岗位培训合格证，并且每年进行一次体检。

2）凡患有痢疾、肝炎、伤寒、活动性肺结核、渗出性皮肤病以及其他有碍食品卫生的疾病的人员，不得参加接触直接入口食品的制售及食品洗涤工作。

3）炊管人员应做好个人卫生，要坚持做到四勤（勤理发、勤洗澡、勤换衣、勤剪指甲）。

4）炊管人员操作时必须穿戴好工作服、发帽，做到"三白"（白衣、白帽、白口罩），并保持清洁整齐，做到文明操作，不赤背，不光脚，禁止随地吐痰。

（5）职工饮水卫生

1）施工现场应供应开水，饮水器具要卫生。

2）夏季要制订相应的防暑降温措施，确保施工现场的凉开水或清凉饮料供应充足，暑伏天可增加绿豆汤。

5. 厕所卫生管理

1）施工现场要按规定设置厕所，厕所的设置要距食堂至少30m以外，屋顶墙壁要严密，门窗齐全有效。

2）厕所应设有化粪池，露天粪池必须加盖。严禁将粪便直接排入下水道或河流沟渠中。

3）厕所应有专人管理，天天冲洗打扫，做到无积垢、垃圾及明显臭味，市区工地厕所要有水冲设施，保持厕所清洁卫生。

4）厕所应定期打药或撒白灰粉，消灭蝇蛆。

7.2　环境保护

《建筑法》规定，建筑施工企业应当遵守有关环境保护和安全生产的法律、法规的规定，采取控制和处理施工现场的各种粉尘、废气、废水、固体废物以及噪声、振动对环境污染和危害的措施。

《建设工程安全生产管理条例》进一步规定，施工单位应当遵守有关环境保护法律、法规的规定，在施工现场采取措施，防止或者减少粉尘、废气、废水、固体废物、噪声、振动和施工照明对人和环境的危害和污染。

党的十八大以来，以习近平同志为核心的党中央以前所未有的力度抓生态文明建设，我国污染防治攻坚战各项阶段性目标任务全面完成，生态环境得到显著改善。

党的二十大报告提出："尊重自然、顺应自然、保护自然，是全面建设社会主义现代化国家的内在要求。必须牢固树立和践行绿水青山就是金山银山的理念，站在人与自然和谐共生的高度谋划发展。"

党的二十大报告要求："深入推进环境污染防治。坚持精准治污、科学治污、依法治污，持续深入打好蓝天、碧水、净土保卫战。加强污染物协同控制，基本消除重污染天气。统筹水资源、水环境、水生态治理，推动重要江河湖库生态保护治理，基本消除城市黑臭水体。加强土壤污染源头防控，开展新污染物治理。提升环境基础设施建设水平，推进城乡人居环境整治。全面实行排污许可制，健全现代环境治理体系。严密防控环境风险。深入推进中央生态环境保护督察。"

7.2.1　水污染防治

《中华人民共和国水污染防治法》（以下简称《水污染防治法》）规定，水污染防治应当坚持预防为主、防治结合、综合治理的原则，优先保护饮用水水源，严格控制工业污染、城镇生活污染，防治农业面源污染，积极推进生态治理工程建设，预防、控制和减少水环境污染和生态破坏。

水污染是指水体因某种物质的介入，而导致其化学、物理、生物或者放射性等方面特性的改变，从而影响水的有效利用，危害人体健康或者破坏生态环境，造成水质恶化的现象。

水污染防治包括江河、湖泊、运河、渠道、水库等地表水体以及地下水体的污染防治。

1. 建设项目水污染的防治

《水污染防治法》规定，新建、改建、扩建直接或者间接向水体排放污染物的建设项目和其他水上设施，应当依法进行环境影响评价。

建设单位在江河、湖泊新建、改建、扩建排污口的，应当取得水行政主管部门或者流域管理机构同意；涉及通航、渔业水域的，环境保护主管部门在审批环境影响评价文件时，应当征求交通、渔业主管部门的意见。

建设项目的水污染防治设施，应当与主体工程同时设计、同时施工、同时投入使用。水污染防治设施应当符合经批准或者备案的环境影响评价文件的要求。

有下列行为之一的，由县级以上地方人民政府环境保护主管部门责令停止违法行为，处10万元以上50万元以下的罚款；并报经有批准权的人民政府批准，责令拆除或者关闭：

1）在饮用水水源一级保护区内新建、改建、扩建与供水设施和保护水源无关的建设项目的。

2）在饮用水水源二级保护区内新建、改建、扩建排放污染物的建设项目的。

3）在饮用水水源准保护区内新建、扩建对水体污染严重的建设项目，或者改建建设项目增加排污量的。

2. 施工现场水污染的防治

（1）水污染物主要来源

1）工业污染源：主要有各种工业废水。

2）生活污染源：主要有食物废渣、食油、粪便、合成洗涤剂、杀虫剂、病原微生物等。

3）农业污染源：主要有化肥、农药等。

施工现场废水和固体废物随水流流入水体部分，包括泥浆、水泥、油漆、各种油类、混凝土外加剂、重金属、酸碱盐、非金属无机毒物等。

（2）污水处理技术　污水处理的目的是把污水中所含的有害物质清除出去。常用的污水处理方法可分为物理法、化学法和生物法三种。

1）物理法。污水处理的物理法主要包括沉淀、浮选、筛选、反渗透等方法。

① 沉淀法。利用污水中的悬浮物和水的密度不同的原理，借助悬浮物的重力沉降作用，通过沉砂池、沉淀池和隔油池去除污水中的悬浮物。

② 浮选法。将空气混入水中，使其以微小气泡的形式从水中析出，并使污水中密度接近于水的微小颗粒污染物与空气气泡黏附，同时随气泡上升至水面，形成泡沫浮渣，然后将泡沫浮渣除去。

③ 筛选法。利用钢条、筛网、纱布、微孔管等筛滤介质来截留污水中的悬浮物。筛选法所用的处理设备有栅格、过滤机、压滤机、砂滤池等。

④ 反渗透法。在一定的压力作用下，将水分子压过一种特殊的半渗透膜，溶解于水中的污染物会被渗透膜所截留，从而去除水中的污染物。

2）化学法。化学法是通过在污水中投加化学药剂或利用其他化学反应来除去污水中的污染物或使污染物转化为无害物质的处理方法。常用的污水处理的化学法有混凝法、氧化还原法、电解法、中和法，此外还有气体传递法、吸附法、离子交换法和消毒法等。

① 混凝法。水中胶体状态的污染物质一般带有负电荷，颗粒间同性相斥的原理使污染物和水形成稳定的混合液。如在水中投加相反电荷（正电荷）的电解液，就可以使胶体颗粒变为中性体，此时由于分子引力的作用，胶体颗粒之间发生凝聚，形成较大的颗粒在水中下沉。混凝法就是利用胶体带电的这种特性来去除污染物的一种方法。常用的混凝剂有硫酸铝、硫酸亚铁、三氧化铁和有机高分子混凝剂。

② 氧化还原法。通过在污水中投放氧化剂或还原剂，使水中的污染物发生氧化或还原作用，从而将污水转化为无毒害的清洁水。常用的氧化剂有漂白粉、氯气等，常用的还原剂有铁屑、硫酸亚铁等。

③ 电解法。在污水中插入电极，通过电流使阳极发生氧化反应，产生氧气，在阴极上发生还原反应，产生氢气，使有毒有害的污染物在两极析出。电解法可用于含铬或含氰的废水的处理。

④ 中和法。在酸性废水中加入石灰、石灰石、氢氧化钠等碱性物质，在碱性废水中加入酸性物质或混入二氧化碳等酸性气体，利用酸碱中和的原理使废水中和还原。

3）生物法。生物法是利用微生物的活性使污水中的有机物质转化为可发散到大气中的各种气体和通过沉降可以除去的细胞组织，从而使污水中可生物降解的胶体状态的和溶解状态的有机物质除去。

生物法可分为好氧分解和厌氧分解生物处理两大类，其中常用的方法有活性污泥法、生物膜法、厌氧消化法等。

① 活性污泥法。将空气连续不断地注入曝气池的污水中，经过一段时间，水中即形成繁殖有大量好氧微生物的絮凝体，即活性污泥。污水中的有机物被吸附到活性污泥上，生活在活性污泥上的微生物以有机物为食物而不断生长繁殖，微生物的新陈代谢首先将有机物氧化分解和同化为微生物细胞，其次以微生物细胞质的自身氧化分解而除去有机物，再次经过沉淀使泥水分离，最后达到水的净化。

② 生物膜法。使污水连续不断地流经固定的透水填料，在填料上形成污泥状的生物膜，生物膜上繁殖着大量微生物来吸附与降解水中的有机质，最终使污水得到净化，其净化过程与活性污泥法相同。

③ 厌氧消化法。此法是利用兼性厌氧菌和专性厌氧菌的新陈代谢功能来净化污水的一种方法，可以用来处理高浓度的有机污水和混合污泥。

（3）施工过程中水污染的防治措施

1）禁止将有毒有害废弃物作为土方回填。

2）施工现场搅拌站废水、现制水磨石的污水、电石（碳化钙）的污水必须经沉淀池沉淀合格后再排放，最好将沉淀水用于工地洒水降尘或采取措施回收利用。

3）若现场存放油料，则必须对库房地面进行防渗处理，如采取防渗混凝土地面、铺油毡等措施。使用油料时，要采取防止油料跑、冒、滴、漏的措施，以免污染水体。

4）施工现场设置的食堂，用餐人数在 100 人以上的，应设置简易有效的隔油池，并应加强管理，专人负责定期掏油，防止污染。

5）工地临时厕所的化粪池应采取防渗漏措施。中心城市施工现场的临时厕所可采用水冲式厕所，并有防蝇、灭蛆措施，防止污染水体和环境。

6）化学用品、外加剂等要妥善保管，库内存放，防止污染环境。

《绿色施工导则》进一步规定：

① 施工现场污水排放应达到国家标准《污水综合排放标准》（GB 8978—1996）的要求。

② 在施工现场应针对不同的污水，设置相应的处理设施，如沉淀池、隔油池、化粪池等。

③ 污水排放应委托有资质的单位进行废水水质检测，提供相应的污水检测报告。

④ 保护地下水环境。采用隔水性能好的边坡支护技术。在缺水地区或地下水位持续下降的地区，基坑降水尽可能少地抽取地下水；当基坑开挖抽水量大于 50 万 m^3 时，应进行地下水回灌，并避免地下水被污染。

⑤ 对于化学品等有毒材料、油料的储存地，应有严格的隔水层设计，做好渗漏液收集和处理。

3. 发生事故或者其他突发性事件的规定

《水污染防治法》规定，企业事业单位发生事故或者其他突发性事件，造成或者可能造成水污染事故的，应当立即启动本单位的应急方案，采取隔离等应急措施，防止水污染物进入水体，并向事故发生地的县级以上地方人民政府或者环境保护主管部门报告。环境保护主管部门接到报告后，应当及时向本级人民政府报告，并抄送有关部门。

【案例 7-1】 某市突降大雨，环保局执法人员巡查发现市区某路段有大面积的积水，便及时上报该局。不久，市政部门派人来疏通管道，从管道中清出大量的泥沙、水泥块，还发现井口内有一个非市政部门设置的排水口，其方向紧靠某工地一侧。经执法人员调查确认，该工地的排水管道是在工地施工打桩时铺设的，工地内没有任何污水处理设施，其施工废水直接排放到工地外。工地的排污口通向该路段一侧的雨水井。

1. 问题

1）本案例中，施工单位向道路雨水井排放施工废水的行为是否构成水污染违法行为？

2）施工单位向道路雨水井排放施工废水的行为应受到何种处罚？

2. 分析

1）施工单位向道路雨水井排放施工废水的行为构成了水污染违法行为。《水污染防治法》第三十七条规定：禁止向水体排放、倾倒工业废渣、城镇垃圾和其他废弃物。本案例中的施工单位向雨水井中排放的施工废水中含有大量的泥沙、水泥块等废弃物。

2）根据《水污染防治法》第八十四条的规定，市环保局应当责令该施工单位限期改正，限期拆除私自设置的排污口，并可对该施工单位处 2 万元以上 10 万元以下的罚款；逾期不拆除的，强制拆除，所需费用由违法者承担，处 10 万元以上 50 万元以下的罚款；情节严重的，可以责令停产整治。

7.2.2 大气污染防治

按照国际标准化组织（ISO）的定义，大气污染通常是指由于人类活动或自然过程引起某些物质进入大气中，呈现出足够的浓度，达到足够的时间，并因此危害了人体的舒适健康或环境污染的现象。如果不对大气污染物的排放总量加以控制和防治，就会严重破坏生态系统和人类生存环境。

1. 建设项目大气污染的防治

《中华人民共和国大气污染防治法》（以下简称《大气污染防治法》）规定，防治大气污染，应当以改善大气环境质量为目标，坚持源头治理，规划先行，转变经济发展方式，优化产业结构和布局，调整能源结构。

防治大气污染，应当加强对燃煤、工业、机动车船、扬尘、农业等大气污染的综合防治，推行区域大气污染联合防治，对颗粒物、二氧化硫、氮氧化物、挥发性有机物、氨等大气污染物和温室气体实施协同控制。

2. 施工现场大气污染的防治

（1）大气污染物的分类 大气污染物通常以气体状态和粒子状态存在于空气中。

1）气体状态污染物。气体状态污染物具有运动速度较大，扩散较快，在周围大气中分布比较均匀等特点。气体状态污染物包括分子状态污染物和蒸气状态污染物。

① 分子状态污染物，是指在常温常压下以气体分子形式分散于大气中的物质，如燃料

107

燃烧过程中产生的二氧化硫、氮氧化物、一氧化碳等。

②　蒸气状态污染物，是指在常温常压下易挥发的物质，以蒸气状态进入大气，如机动车尾气、沥青烟中含有的碳氢化合物等。

2）粒子状态污染物。粒子状态污染物又称固体颗粒污染物，是分散在大气中的微小液滴和固体颗粒，粒径为 $0.01\sim100\mu m$，是一个复杂的非均匀体。通常根据粒子状态污染物在重力作用下的沉降特性又可分为降尘和飘尘。

①　降尘，是指在重力作用下能很快下降的固体颗粒，其粒径大于 $10\mu m$。

②　飘尘，是指可长期飘浮于大气中的固体颗粒，其粒径小于 $10\mu m$。飘尘具有胶体的性质，故又称为气溶胶，它易随呼吸进入人体肺脏，危害人体健康，故称为可吸入颗粒。

施工工地的粒子状态污染物主要有锅炉、熔化炉、厨房烧煤产生的烟尘，土石方工程产生的灰土粉尘，还有建材破碎、筛分、碾磨、加料过程以及装卸运输过程中产生的粉尘等。

（2）大气污染的防治措施　大气污染的防治措施主要针对上述粒子状态污染物和气体状态污染物进行治理。

防治的基本方法如下：

1）除尘技术。在气体中除去或收集固态（液态）粒子的设备称为除尘装置，主要种类有机械除尘装置、洗涤式除尘装置、过滤除尘装置和电除尘装置等。工地的烧煤茶炉、锅炉、炉灶等应选用装有上述除尘装置的设备。

2）气态污染物治理技术。大气中气态污染物的治理技术主要有以下几种方法：

①　吸收法。选用合适的吸收剂，可吸收空气中的二氧化硫、硫化氢、氟化氢、四氧化氮等。

②　吸附法。让气体混合物与多孔性固体接触，把混合物中的某个成分吸留在固体表面。

③　催化法。利用催化剂把气体中的有害物质转化为无害物质。

④　燃烧法。通过热氧化作用，将废气中的可燃有害部分化为无害物质。

⑤　冷凝法。使处于气态的污染物冷凝，从气体中分离出来。该法特别适合处理有较高浓度的有机废气，如对沥青气体的冷凝、回收油品。

⑥　生物法。利用微生物的代谢活动过程把废气中的气态污染物转化为少害甚至无害的物质。该法应用广泛，成本低廉，但只适用于低浓度污染物。

（3）施工现场防治空气污染的措施

1）高大建筑物清理施工垃圾时，要使用封闭式的容器或者采取其他措施处理高空废弃物，严禁凌空随意抛撒。

2）除设有符合规定的装置外，禁止在施工现场焚烧油毡、橡胶、塑料、皮革、树叶、枯草、各种包装物等废弃物品以及其他会产生有毒、有害烟尘和恶臭气体的物质。

3）工地茶炉应尽量采用电热水器茶炉。当只能使用烧煤茶炉和锅炉时，应选用消烟除尘型茶炉和锅炉，大灶应选用消烟节能回风炉灶，使烟尘降至允许排放范围为止。

4）大城市市区的建设工程已不允许搅拌混凝土。在允许设置搅拌站的工地，应将搅拌站封闭严密，并在进料仓上方安装除尘装置，采取可靠措施控制工地粉尘污染。

5）施工现场主要道路必须进行硬化处理。施工现场应采取覆盖、固化、绿化、洒水等有效措施，做到不泥泞、不扬尘。施工现场的材料存放区、大模板存放区等场地必须平整夯实。

6）遇有4级风以上天气不得进行土方回填、转运以及其他可能产生扬尘污染的施工。

7）施工现场应有专人负责环保工作，配备相应的洒水设备，及时洒水，减少扬尘污染。

8）建筑物内的施工垃圾清运必须采用封闭式专用垃圾道或封闭式容器吊运，严禁凌空抛撒。施工现场应设密闭式垃圾站，施工垃圾、生活垃圾应分类存放。施工垃圾清运时应提前适量洒水，并按规定及时清运消纳。

9）水泥、粉煤灰、石灰和其他易飞扬的细颗粒建筑材料应密闭存放，使用过程中应采取有效措施防止扬尘。施工现场土方应集中堆放，采取覆盖或固化等措施。

10）土方、渣土和施工垃圾的运输，必须使用密闭式运输车辆。施工现场出入口处设置冲洗车辆的设施，出场时必须将车辆清理干净，不得将泥沙带出现场，做到不撒土，不扬尘。

11）道路施工铣刨作业时，应采取冲洗等措施，控制扬尘污染，灰土和无机料拌和，应采用预拌进场，碾压过程中要洒水降尘。

12）施工现场使用的热水锅炉、炊事炉灶及冬期施工采暖锅炉等必须使用清洁燃料。

13）施工机械、车辆尾气排放应符合环保要求。

14）拆除旧有建筑物时，应随时洒水，减少扬尘污染。渣土要在拆除施工完成之日起3日内清运完毕，并应遵循拆除工程的有关规定。

《绿色施工导则》进一步规定：

① 运送土方、垃圾、设备及建筑材料等，不污损场外道路。运输容易散落、飞扬、流漏的物料的车辆，必须采取措施封闭严密，保证车辆清洁。施工现场出口应设置洗车槽。

② 土方作业阶段，采取洒水、覆盖等措施，达到作业区目测扬尘高度小于1.5m，不扩散到场区外。

③ 结构施工、安装装饰装修阶段，作业区目测扬尘高度小于0.5m。对易产生扬尘的堆放材料应采取覆盖措施；对粉末状材料应封闭存放；场区内可能引起扬尘的材料及建筑垃圾搬运应有降尘措施，如覆盖、洒水等；浇筑混凝土前清理灰尘和垃圾时尽量使用吸尘器，避免使用吹风器等易产生扬尘的设备；机械剔凿作业时可用局部遮挡、掩盖、水淋等防护措施；高层或多层建筑清理垃圾应搭设封闭性临时专用道或采用容器吊运。

④ 施工现场非作业区达到目测无扬尘的要求。对现场易飞扬物质采取有效措施，如洒水、地面硬化、围挡、密网覆盖、封闭等，防止产生扬尘。

⑤ 构筑物机械拆除前，做好扬尘控制计划。可采取清理积尘、拆除体洒水、设置隔挡等措施。

⑥ 构筑物爆破拆除前，做好扬尘控制计划。可采用清理积尘、淋湿地面、预湿墙体、屋面敷水袋、楼面蓄水、建筑外设高压喷雾状水系统、搭设防尘排栅和直升机投水弹等综合降尘，选择风力小的天气进行爆破作业。

⑦ 在场界四周隔挡高度位置测得的大气总悬浮颗粒物（TSP）月平均浓度与城市背景值的差值不大于0.08mg/m³。

3. 对向大气排放污染物单位的监管

《大气污染防治法》规定，向大气排放持久性有机污染物的企事业单位和其他生产经营者以及废弃物焚烧设施的运营单位，应当按照国家有关规定，采取有利于减少持久性有机污染物排放的技术方法和工艺，配备有效的净化装置，实现达标排放。

禁止在人口集中地区和其他依法需要特殊保护的区域内焚烧沥青、油毡、橡胶、塑料、皮革、垃圾以及其他产生有毒有害烟尘和恶臭气体的物质。

【案例7-2】 某小区居民张先生向该市环保局投诉，称小区旁的一处建筑工地正进行施工，尘土飞扬，还传来阵阵刺鼻味道，严重影响了当地居民生活。该市环保局随即对该工地进行检查，发现该工地正进行土石方回填及屋面防水施工。由于运土方的车辆没有采取进出场地清洗、密闭措施，导致运土车辆沿线漏撒了许多泥土，激起大量扬尘；屋面防水工程使用的沥青，在熬制过程中挥发出大量刺激（刺鼻）性气体，对小区居民生活造成了严重影响。市环保局要求该施工单位进行限期整改。但是该施工单位未采取任何整改措施，依然照常进行施工作业。

1. 问题

1）施工单位违反了哪些法律规定？

2）市环保局应当对其进行哪些处罚？

2. 分析

1）《大气污染防治法》第七十条规定，运输煤炭、垃圾、渣土、砂石、土方、灰浆等散装、流体物料的车辆应当采取密闭或者其他措施防止物料遗撒造成扬尘污染，并按照规定路线行驶。本案例中的施工单位违反了此项规定，没有对运土方车辆采取必要的防漏撒及清洗等除尘措施，导致产生大量粉尘污染环境。

2）《大气污染防治法》第八十二条规定，禁止在人口集中地区和其他依法需要特殊保护的区域内焚烧沥青、油毡、橡胶、塑料、皮革、垃圾以及其他产生有毒有害烟尘和恶臭气体的物质。本案例中的施工单位违反法律规定，导致沥青在熬制过程中挥发出大量刺激性气体，对小区居民生活造成了严重影响。

3）《大气污染防治法》第一百一十六条规定，运输煤炭、垃圾、渣土、砂石、土方、灰浆等散装、流体物料的车辆，未采取密闭或者其他措施防止物料遗撒的，由县级以上地方人民政府确定的监督管理部门责令改正，处2000元以上2万元以下的罚款；拒不改正的，车辆不得上道路行驶。《大气污染防治法》第一百一十七条规定，有下列行为之一的，由县级以上人民政府生态环境等主管部门按照职责责令改正，处1万元以上10万元以下的罚款；拒不改正的，责令停工整治或者停业整治：

① 未密闭煤炭、煤矸石、煤渣、煤灰、水泥、石灰、石膏、砂土等易产生扬尘的物料的。

② 对不能密闭的易产生扬尘的物料，未设置不低于堆放物高度的严密围挡，或者未采取有效覆盖措施防治扬尘污染的。

③ 装卸物料未采取密闭或者喷淋等方式控制扬尘排放的。

④ 存放煤炭、煤矸石、煤渣、煤灰等物料，未采取防燃措施的。

⑤ 码头、矿山、填埋场和消纳场未采取有效措施防治扬尘污染的。

⑥ 排放有毒有害大气污染物名录中所列有毒有害大气污染物的企事业单位，未按照规定建设环境风险预警体系或者对排放口和周边环境进行定期监测、排查环境安全隐患并采取有效措施防范环境风险的。

⑦ 向大气排放持久性有机污染物的企事业单位和其他生产经营者以及废弃物焚烧设施的运营单位，未按照国家有关规定采取有利于减少持久性有机污染物排放的技术方法和工艺，配备净化装置的。

⑧ 未采取措施防止排放恶臭气体的。

7.2.3 施工现场噪声污染防治

1. 建设项目环境噪声污染的防治

《中华人民共和国噪声污染防治法》（以下简称《噪声污染防治法》）规定，新建、改建、扩建可能产生噪声污染的建设项目，应当依法进行环境影响评价。

各级人民政府及其有关部门制定、修改国土空间规划和相关规划，应当依法进行环境影响评价，充分考虑城乡区域开发、改造和建设项目产生的噪声对周围生活环境的影响，统筹规划，合理安排土地用途和建设布局，防止、减轻噪声污染。有关环境影响篇章、说明或者报告书中应当包括噪声污染防治内容。

建设项目的噪声污染防治设施应当与主体工程同时设计、同时施工、同时投产使用。

建设项目在投入生产或者使用之前，建设单位应当依照有关法律法规的规定，对配套建设的噪声污染防治设施进行验收，编制验收报告，并向社会公开。未经验收或者验收不合格的，该建设项目不得投入生产或者使用。

2. 施工现场环境噪声污染的防治

（1）噪声的概念 声音是由固体、液体、气体等声源体产生振动时引起的。声音可以按其频率的高低分为次声、可听声、超声。次声是指低于人耳听觉范围以外的声波，即频率低于20Hz的声波；可听声是人耳可以听到的声音，其频率在20~2000Hz范围内；超声是指声波的频率超过人耳听觉范围极限以上的声波，人耳觉察不出声波的存在，这种声波即超声波。因此，当声波的频率在20~20000Hz时，作用于人耳鼓膜产生的感觉称为声音。由声构成的环境称为声环境。环境中对人类、动物及自然物没有产生不良影响的声音，称为正常声；相反，对人的生活和工作造成不良影响的声音就称为噪声。

（2）噪声的分类

1）按振动性质不同分类。

① 气体动力噪声。

② 机械噪声。

③ 电磁性噪声。

2）按噪声来源不同分类。

① 交通噪声，如汽车、火车、飞机等。

② 工业噪声，如鼓风机、汽轮机、冲压设备等。

③ 建筑施工噪声，如打桩机、推土机、混凝土搅拌机等发出的声音。

④ 社会生活噪声，如高音喇叭、收音机等。

（3）噪声的危害 噪声是对人体影响和危害非常广泛的环境污染问题，强烈的噪声会引起耳聋、诱发各种疾病、影响人们的工作和休息、干扰人们的语言交流，还会因影响人们

111

的注意力而造成生产事故和降低生产效率、掩蔽安全信号。

1）噪声性耳聋。噪声对人体最直接的危害是听力损害。当人们长期在强烈的噪声环境中工作，日积月累，内耳器官不断受到噪声刺激，便可发生器质性病变，导致永久性听力下降，这就是噪声性耳聋。

一般当听力损失在 20dB 以内时，对人们的工作和生活不会有什么影响，而当听力损失超过 25dB 时，人的听力便会受到损伤，导致轻度噪声性耳聋。表 7-1 为听力损失的分级。

表 7-1　听力损失的分级

听力损失级别	听觉损失程度	听力损失平均值 /dB	对谈话的听觉能力
A	正常（损害不明显）	<25	可听清低声谈话
B	轻度（稍有损伤）	25~40	听不清低声谈话
C	中度（中等程度损伤）	40~55	听不清普通谈话
D	高度（损伤明显）	55~70	听不清大声谈话
E	重度（严重损伤）	70~90	听不到大声谈话
F	最重度（几乎耳聋）	>90	很难听到声音

2）噪声对人体健康的影响。噪声对人体的健康会产生广泛的影响。

① 噪声作用于人的大脑中枢神经系统，可引起头痛、脑胀、耳鸣、多梦、失眠、记忆力减退，造成全身疲乏无力。

② 噪声作用于内耳腔的前庭，可使人眩晕、恶心、呕吐；噪声会使交感神经紧张，从而使心跳加快、心律不齐、血压升高。长期在高噪声环境下工作的人，高血压、动脉硬化和冠心病的患病率要比正常环境下工作的人高 2~3 倍。

此外噪声也会引起消化系统的疾病，如消化不良、食欲不振、胃炎和胃溃疡等。

3）噪声对人们生活的影响。噪声会影响人的睡眠质量，强烈的噪声还会使人无法入睡，心烦意乱。噪声在 35dB 以下时是最理想的睡眠环境，当噪声超过 50dB 时，约有 15% 的人的正常睡眠会受到影响。

噪声除了对人们的休息和睡眠有影响之外，还会干扰人们的学习、工作等。

4）噪声对工作效率的影响。在噪声较大的环境下工作，人会感到烦躁、疲劳和不安，从而使注意力分散，容易出现差错，降低工作效率。此外，噪声还能掩蔽安全信号，如警报信号、车辆行驶信号等。在噪声的干扰下，人们不易觉察差错，因而容易出现工伤事故。

3. 噪声的允许标准

为了保护人们的听力和健康，国际标准化组织（ISO）推荐的噪声标准值见表 7-2。

表 7-2　ISO 推荐的噪声标准值

累积噪声暴露时间 /h	8	4	2	1	1/2	1/4	1/8	最高限值
噪声标准 /（dB/A）	85~90	88~93	91~96	94~99	97~102	100~105	103~108	115

不同时间的环境噪声标准见表 7-3。

表 7-3　不同时间的环境噪声标准

时间	噪声标准/（dB/A）
白天	35~45
晚上	30~40
午夜	20~30

4. 噪声的控制措施

噪声可从声源、传播途径、接收者的防护等方面进行控制。

（1）声源的控制　从声源上降低噪声，这是防止噪声污染最根本的措施。

1）尽量采用低噪声设备代替高噪声设备，如使用低噪声的振捣器、风机、电动空压机、电锯等。

2）改变工艺和操作方法，如用低噪声的铆接代替高噪声的焊接，用液压代替高噪声的锤打等。

3）在声源处安装消声器消声，即在通风机、鼓风机、压缩机、燃气机、内燃机及各类排气放空装置等进出风管的适当位置设置消声器。

（2）传播途径的控制　从传播途径上控制噪声的方法主要有以下几种：

1）吸声。利用吸声材料（大多由多孔材料制成）或由吸声结构形成的共振结构（金属或木质薄板钻孔制成的空腔体）吸收声能，降低噪声。

2）隔声。应用隔声结构，阻碍噪声向空间传播，将接收者与噪声声源分隔。隔声结构包括隔声室、隔声罩、隔声屏障、隔声墙等。

3）消声。利用消声器阻止传播。允许气流通过的消声降噪是防治空气动力性噪声的主要装置。

4）隔振。将产生振动的设备与地板基础的接触，从原来的刚性接触改变为弹性接触，如采用隔振基础、隔振器等。

5）减振。对由振动引起的噪声，通过降低机械振动减小噪声，如将阻尼材料涂在振动源上，或改变振动源与其他刚性结构的连接方式等。

常采用的噪声控制措施的基本原理及其应用范围见表 7-4。

表 7-4　常采用的噪声控制措施的基本原理及其应用范围

措施种类	降噪原理	应用范围	减噪效果/（dB/A）
吸声	利用吸声材料或结构，降低厂房、室内反射声，如悬挂吸声体等	车间内噪声设备多且分散	4~10
隔声	利用隔声结构将噪声源和接收点隔开，常用的有隔声源、隔声间和隔声屏	车间人多，噪声设备少，用隔声罩；反之，用隔声间；两者均不行时，用隔声屏	10~40
消声	利用阻尼、抗性、小孔喷注和多孔扩散等原理，削减气流噪声	气动设备的空气动力性噪声，各类放空排气噪声	15~40

（续）

措施种类	降噪原理	应用范围	减噪效果/（dB/A）
隔振	将产生振动的设备与地板由刚性接触改为弹性接触，隔绝固体声传播，如隔振基础、隔振器	设备振动厉害，固体传播远，干扰居民	5~25
减振（阻尼）	将内摩擦、耗能大的阻尼材料，涂抹在振动构件表面，减小振动	机械设备外壳、管道振动噪声严重	5~15

（3）接收者的防护　让处于噪声环境下的人员使用耳塞、耳罩、防声头盔、防声棉等防护用品，减少相关人员在噪声环境中的暴露时间，以减轻噪声对人体的危害。

5. 施工现场控制噪声的措施

1）施工现场应遵照《建筑施工场界环境噪声排放标准》（GB 12523—2011）制订降噪措施。在城市市区范围内，建筑施工过程中使用的设备，可能产生噪声污染的，施工单位应按有关规定向工程所在地的环保部门申报。

2）施工现场的电锯、电刨、搅拌机、固定式混凝土输送泵、大型空气压缩机等强噪声设备应搭设封闭式机棚，并尽可能设置在远离居民区的一侧，以减少噪声污染。

3）因生产工艺要求必须连续作业或者特殊需要，确需在 22 时至次日 6 时期间进行施工的，建设单位和施工单位应当在施工前到工程所在地的区、县建设行政主管部门提出申请，经批准后方可进行夜间施工。建设单位应当会同施工单位做好周边居民工作，并公布施工期限。

4）进行夜间施工作业的，应采取措施，最大限度减少施工噪声，可采用隔声布、低噪声振捣棒等方法。

5）对人为的施工噪声应有管理制度和降噪措施，并进行严格控制。负责夜间材料运输的车辆，进入施工现场严禁鸣笛，装卸材料应做到轻拿轻放，最大限度地减少噪声扰民。

6）进入施工现场不得高声喊叫、无故摔打模板、乱吹哨，限制高音喇叭的使用，最大限度地减少噪声扰民。

7）当在人口稠密区进行强噪声作业时，须严格控制作业时间，一般 22 时到次日 6 点之间停止强噪声作业。确系特殊情况必须昼夜施工时，尽量采取降低噪声措施，并会同建设单位找当地居委会、村委会或当地居民协调，出安民告示，求得群众谅解。

8）施工现场应进行噪声值监测，监测方法应执行《建筑施工场界环境噪声排放标准》，噪声值不应超过国家或地方噪声排放标准。

9）施工现场噪声的限值。根据《建筑施工场界环境噪声排放标准》的要求，施工场界噪声限值见表 7-5。在工程施工中，要特别注意不得超过国家标准的限值，尤其是夜间禁止打桩作业。

表 7-5　施工场界噪声限值

时间段	昼间	夜间
噪声限值	75/dB	55/dB

6. 对产生环境噪声污染企事业单位的规定

《噪声污染防治法》规定，建设单位应当按照规定将噪声污染防治费用列入工程造价，在施工合同中明确施工单位的噪声污染防治责任。

施工单位应当按照规定制订噪声污染防治实施方案，采取有效措施，减少振动、降低噪声。建设单位应当监督施工单位落实噪声污染防治实施方案。

【案例7-3】 2023年4月19日23时，某市环境保护行政主管部门接到居民投诉，称某项目工地有夜间施工噪声扰民情况。执法人员立刻赶赴施工现场，并在施工场界进行了噪声测量。经现场勘查：施工噪声源主要是商品混凝土运输车、混凝土输送泵和施工电梯等设备的施工作业噪声，施工场界噪声经测定为72.5dB。通过调查，执法人员核实了此次夜间施工作业既不属于抢修、抢险作业，也不属于因生产工艺要求必须进行的连续作业，并无有关主管部门出具的因特殊需要必须连续作业的证明。

1. 问题

1）本案例中，施工单位的夜间施工作业行为是否合法？

2）对本案例中施工单位的夜间施工作业行为应如何处理？

2. 分析

本案例中，施工单位的夜间施工作业行为构成了环境噪声污染违法行为。《噪声污染防治法》第四十三条规定，在噪声敏感建筑物集中区域，禁止夜间进行产生噪声的建筑施工作业，但抢修、抢险施工作业，因生产工艺要求或者其他特殊需要必须连续施工作业的除外。因特殊需要必须连续施工作业的，应当取得地方人民政府住房和城乡建设、生态环境主管部门或者地方人民政府指定部门的证明，并在施工现场显著位置公示或者以其他方式公告附近居民。经执法人员核实，该施工单位夜间作业既不属于抢修、抢险作业，也不属于因生产工艺上要求必须进行的连续作业，并没有有关主管部门出具的因特殊需要必须连续作业的证明。

另外，《噪声污染防治法》第二十二条规定，排放噪声、产生振动，应当符合噪声排放标准以及相关的环境振动控制标准和有关法律、法规、规章的要求。经执法人员检测，施工场界噪声为72.5dB，超过了《建筑施工场界环境噪声排放标准》关于夜间噪声限制55dB的标准。

同时《噪声污染防治法》第三十条规定，排放噪声造成严重污染，被责令改正拒不改正的，生态环境主管部门或者其他负有噪声污染防治监督管理职责的部门，可以查封、扣押排放噪声的场所、设施、设备、工具和物品。

7.2.4 施工现场固体废弃物污染防治

1. 固体废弃物及其类别

固体废弃物是生产、建设、日常生活和其他活动中产生的固态、半固态废弃物质。固体废弃物可按其化学组成及对环境和人类健康的危害程度进行分类。

（1）按化学组成分类

1）有机废物。

2）无机废物。

（2）按对环境和人类健康的危害程度分类

1）一般废物。

2）危险废物。

2. 施工工地上常见的固体废弃物

1）建筑渣土，包括砖瓦、碎石、渣土、混凝土碎块、废钢铁、碎玻璃、废屑、废弃装饰材料等。

2）废弃的散装建筑材料，包括散装水泥、石灰等。

3）生活垃圾，包括炊厨废物、丢弃食品、废纸、生活用具、玻璃、陶瓷碎片、废电池、废旧日用品、废塑料制品、煤灰渣、废交通工具等。

4）设备、材料等的废弃包装材料。

5）粪便。

3. 固体废弃物对环境的危害

固体废弃物对环境的危害主要表现在以下几个方面：

（1）侵占土地　固体废弃物可直接破坏土地和植被，侵占土地资源。

（2）污染土壤　固体废弃物中的有害成分易污染土壤，并在土壤中逐渐积累，给作物生长带来危害。部分有害物质还能杀死土壤中的微生物，使土壤丧失腐解能力。

（3）污染水体　固体废弃物遇水浸泡、溶解后，其有害成分随地表径流或土壤渗流污染地表水和地下水；此外，固体废弃物还会随风飘迁进入水体造成污染。

（4）污染大气　以细颗粒状存在的废渣垃圾和建筑材料在堆放和运输过程中，会随风扩散，使大气中悬浮的灰尘废弃物浓度升高；此外，固体废弃物在焚烧等处理过程中，可能产生有害气体造成大气污染。

（5）影响环境卫生　固体废弃物的大量堆放，会招致蚊蝇滋生，臭味四溢，严重影响工地以及周围环境卫生，对员工和工地附近居民的健康造成危害。

4. 固体废弃物的处理

应该对固体废弃物采取资源化、减量化和无害化的处理方法，同时对固体废弃物产生的全过程进行控制。

固体废弃物的处理方法如下：

（1）回收利用　回收利用是对固体废弃物进行资源化、减量化的重要手段之一。对建筑渣土可视其情况加以利用。废钢可按需要用作金属原材料。对废电池等废弃物应分散回收，集中处理。

（2）减量化处理　减量化是指对已经产生的固体废弃物进行分选、破碎、压实浓缩、脱水等处理，以减少其最终处置量，降低处理成本，减少对环境的污染。有时减量化处理也会与其他处理技术（如焚烧、热解、堆肥等）相结合。

（3）焚烧处理　焚烧处理适用于不适合再利用且不宜直接予以填埋处置的废弃物，尤其是对于受到病菌、病毒污染的废弃物，可以用焚烧进行无害化处理。焚烧处理应使用符合环境要求的处理装置，注意避免对大气产生二次污染。

（4）稳定和固化处理　利用水泥、沥青等胶结材料，将松散的废弃物包裹起来，减小废弃物的毒性和可迁移性，以减少污染。

（5）填埋 填埋是固体废弃物处理的最终技术，将经过无害化、减量化处理的废弃物残渣集中到填埋场进行处置。填埋场应利用天然或人工屏障，尽量使需处置的废弃物与周围的生态环境隔离，并注意废弃物的稳定性和长期安全性。

5. 施工工地固体废弃物的管理

1）各产生废弃物的单位、部门均应设置废弃物临时置放点，在临时置放点配备有标识的废弃物容器并分类放置废弃物。

2）有毒有害废弃物要单独封闭放在一个地方，防止再次污染。

3）废电池要与其他有毒有害废弃物分开单独放在密闭的容器内。

【案例7-4】 某工地的一车建筑垃圾被倾倒在某市大街的道路两侧，污染面积为75m²，被该市环保局执法人员当场查获。经查，该工地已依法办理渣土消纳许可证，施工单位与某运输公司签订了建筑垃圾运输合同，约定由该运输公司按照渣土消纳许可证的要求，负责该工地的建筑垃圾渣土清运处置，在垃圾渣土清运过程中出现的问题由运输公司全权负责。但是该运输公司没有取得从事建筑垃圾运输的核准证件。

1. 问题

1）如何确定该建筑垃圾污染事件的责任主体？

2）运输公司与施工单位应分别受到何种处罚？

2. 分析

（1）《中华人民共和国固体废物污染环境防治法》（以下简称《固体废物污染环境防治法》）第二十条中规定，产生、收集、贮存、运输、利用、处置固体废物的单位和其他生产经营者，应当采取防扬散、防流失、防渗漏或者其他防止污染环境的措施，不得擅自倾倒、堆放、丢弃、遗撒固体废物。《城市建筑垃圾管理规定》第十四条规定，处置建筑垃圾的单位在运输建筑垃圾时，应当随车携带建筑垃圾处置核准文件，按照城市人民政府有关部门规定的运输路线、时间运行，不得丢弃、遗撒建筑垃圾，不得超出核准范围承运建筑垃圾。

本案例中，施工单位作为建筑垃圾的产生单位，已经依法办理了渣土消纳许可证，并要求运输公司按照渣土消纳许可证的要求，负责工地产生的建筑垃圾渣土的清运处置。运输公司违法将建筑垃圾倾倒在道路两侧，应当为建筑垃圾污染事件的责任主体。

（2）《固体废物污染环境防治法》第一百一十一条规定，有下列行为之一，由县级以上地方人民政府环境卫生主管部门责令改正，处以罚款，没收违法所得：

1）随意倾倒、抛撒、堆放或者焚烧生活垃圾的。

2）擅自关闭、闲置或者拆除生活垃圾处理设施、场所的。

3）工程施工单位未编制建筑垃圾处理方案报备案，或者未及时清运施工过程中产生的固体废物的。

4）工程施工单位擅自倾倒、抛撒或者堆放工程施工过程中产生的建筑垃圾，或者未按照规定对施工过程中产生的固体废物进行利用或者处置的。

5）产生、收集厨余垃圾的单位和其他生产经营者未将厨余垃圾交由具备相应资质条件的单位进行无害化处理的。

6）畜禽养殖场、养殖小区利用未经无害化处理的厨余垃圾饲喂畜禽的。

7）在运输过程中沿途丢弃、遗撒生活垃圾的。

单位有上述第1）项、第7）项行为之一，处5万元以上50万元以下的罚款；单位有上述第2）项、第3）项、第4）项、第5）项、第6）项行为之一，处10万元以上100万元以下的罚款；个人有上述第1）项、第5）项、第7）项行为之一，处100元以上500元以下的罚款。

违反该法规定，未在指定的地点分类投放生活垃圾的，由县级以上地方人民政府环境卫生主管部门责令改正；情节严重的，对单位处5万元以上50万元以下的罚款，对个人依法处以罚款。

《城市建筑垃圾管理规定》第二十二条第二款规定，施工单位将建筑垃圾交给个人或者未经核准从事建筑垃圾运输的单位处置的，由城市人民政府市容环境卫生主管部门责令限期改正，给予警告，处1万元以上10万元以下罚款。

据此，市环保局应当责令运输公司停止违法行为，限期改正，并可处5000元以上5万元以下的罚款；市容环境卫生主管部门责令施工单位限期改正，给予警告，处1万元以上10万元以下罚款。

思 考 题

1. 什么是文明施工？
2. 文明施工的基本要求是什么？
3. 施工现场管理应该从哪几方面进行管理？具体措施是什么？
4. 施工现场水污染治理的具体措施有哪些？
5. 施工现场大气污染治理的具体措施有哪些？
6. 施工现场噪声污染治理的具体措施有哪些？
7. 施工现场固体废弃物污染治理的具体措施有哪些？

第8章 职业健康安全及职业病防治

【本章主要内容】 职业健康安全基础知识；建设工程施工职业病防治。

【本章重点、难点】 职业健康安全基础知识；建设工程行业职业病危害因素的分类；建设工程行业职业病危害的特点；职业病危害因素的预防控制。

8.1 职业健康安全基础知识

1. 职业健康危害因素的分类

（1）粉尘 生产性粉尘根据其理化特性和作用特点不同，可引起不同的疾病。

1）呼吸系统疾病。长期吸入不同种类的粉尘可导致不同类型的尘肺病或其他肺部疾患。我国按病因将尘肺病分为12种，并作为法定尘肺列入职业病名单目录，它们是矽肺、煤工尘肺、石墨肺、炭黑尘肺、石棉肺、滑石尘肺、水泥尘肺、云母尘肺、陶工尘肺、铝尘肺、电焊工尘肺、铸工尘肺。

2）中毒。吸入铅、锰、砷等粉尘，可导致全身性中毒。

3）呼吸系统肿瘤。石棉、放射性矿物、镍、铬等粉尘均可导致肺部肿瘤。

4）局部刺激性疾病。如金属磨料可引起角膜损伤、浑浊，沥青粉尘可引起光感性皮炎等。

（2）毒物 在生产中接触到的原料、中间产物、成品，以及生产过程中的废水、废渣等，凡少量即对人有毒性的，都称为毒物。毒物以粉尘、烟尘、雾、蒸气或气体的形态散布于车间空气中，主要经呼吸道和皮肤进入体内，其危害程度与毒物的挥发性、溶解性和固态物的颗粒大小等因素有关。毒物污染皮肤后，按其理化特性和毒性，有的起腐蚀或刺激作用，有的起过敏性反应，有些脂溶性毒物对局部皮肤虽无明显损害，但可经皮肤吸收，引起全身中毒。

（3）放射线 建筑施工中常用X射线和Y射线进行工业探伤、焊缝质量检查等，这些放射线会对操作人员造成放射性伤害。

（4）噪声 噪声对人体的危害是全身性的，既可以导致听觉系统的损伤，也可以对非听觉系统产生影响。这些影响的早期主要是生理性改变，长期接触比较强烈的噪声，可以引起病理性改变。此外，建筑作业场所中的噪声还会干扰语言交流，影响工作效率，甚至可能引起意外事故。

（5）振动　振动对人体的影响分为全身振动和局部振动。全身振动主要由振动源（振动机械、车辆、活动的工作平台）通过身体的支持部分（足部和臀部），将振动沿下肢或躯干传布全身。局部振动是振动工具、振动机械或振动工件将振动传向操作者的手和臂。振动病主要是由于局部肢体（主要是手）长期接触强烈振动而引起的。长期低频、大振幅的振动，由于振动加速度的作用，可使自主神经功能紊乱，引起皮肤分析器与外周血管循环机能改变，可能出现一系列病变。

（6）弧光辐射　弧焊时的电弧温度高达 5000K 以上，会产生强烈的弧光辐射。弧光辐射长时间作用于人体，可能会被体内组织吸收引起人体组织的致热作用、光化作用和电离作用，致使人体组织发生急性或慢性损伤，其中尤以紫外线和红外线危害最为严重，并且这种危害具有重复性。

1）紫外线主要会对皮肤和眼睛造成伤害。皮肤受强烈紫外线照射后可引起弥漫性红斑，出现小水泡、渗出液、浮肿、脱皮等现象有烧灼感等。紫外线对眼睛的伤害是引起电光性眼炎。

2）红外线主要引起人体组织的致热作用。眼睛受到红外线的辐射，会迅速产生灼伤和灼痛，形成闪光幻觉感，并且氩弧焊红外线的作用大于手弧焊。

（7）高温作业　在高气温或同时存在高湿度或热辐射的不良气象条件下进行的劳动，通常称为高温作业。高温作业按其气象条件的特点可分为高温强辐射作业、高温高湿作业和夏季露天作业三种基本类型。高温环境容易影响人体的生理及心理状态。这种环境除了会影响工作效率外，还会引发各种意外和危机。中暑是高温作业中最常发生的职业病，中暑可分为热射病、热痉挛和日射病。在实际工作中遇到的中暑病例，常常是三种类型作业的综合表现。

2. 建设工程施工存在职业健康危害的主要工种

存在职业病危害的工种十分广泛，主要工种在表 8-1 中列出。

表 8-1　建筑行业有职业病危害的主要工种

有害因素分类	主要危害	次要危害	危害的主要工种和工作
粉尘	矽尘	岩石尘、黄泥沙尘、噪声、振动、三硝基甲苯	石工、碎石机工、碎砖工、掘进工、风钻工、炮工、出碴工
		高温	筑炉工
		高温、锰、磷、铅、三氧化硫等	型砂工、喷砂工、清砂工、浇铸工、玻璃打磨工
	石棉尘	矿渣棉、玻璃纤维尘	安装保温工、石棉瓦拆除工
	水泥尘	振动、噪声	混凝土搅拌机司机、砂浆搅拌机司机、水泥上料工、搬运工、料库工

（续）

有害因素分类	主要危害	次要危害	危害的主要工种和工作
粉尘	金属尘	苯、甲苯、二甲苯环氧树脂	建材、建筑科研所试验工，各公司材料试验工
		噪声、金刚砂尘	砂轮磨锯工、金属打磨工、金属除锈工、钢窗校直工、钢模板校平工
	木屑尘	噪声及其他粉尘	制材工、平刨机工、压刨机工、开坯机工、凿眼机工
	其他粉尘	噪声	生石灰过筛、河沙运料和上料工
铅	铅尘、铅烟、铅蒸气	硫酸、环氧树脂、乙二胺甲苯	充电工、铅焊工、熔铅、制铅版、除铅锈、锅炉管端退火工、白铁工、通风工、电缆头制作工、印刷工、铸字工、管道管铅工、油漆工、喷漆工
四乙铅	四乙铅	汽油	驾驶员、汽车修理工、油库工
苯、甲苯、二甲苯		环氧树脂、乙二胺、铅	油漆工、喷漆工、涂刷工、油库工、冷沥青涂刷工、浸漆工、烤漆工、塑料件制作和焊接工
高分子化合物	聚氧乙烯	铝及化合物、环氧树脂、乙二胺	黏接工、塑料工、制管工、焊接工、玻璃瓦工、热补胎工
锰	锰烟、锰尘	红外线、紫外线	电焊工、气焊工、对焊工、点焊工、自动保护焊、惰性气体保护焊、冶炼
铬氧化合物	六价铬、锌、酸、碱、铅	六价铬、锌、酸、碱、铅	电镀工、镀锌工
氨			制冷安装工、冻结法施工、熏图工
汞	汞及其化合物		仪表安装工、仪表监测工
二氧化硫			硫酸酸洗工、电镀工、充电工、钢筋等除锈工、冶炼工
氮氧化合物	二氧化碳	硝酸	密闭管道、球罐、气柜内电焊烟雾，放炮、硝酸试验工
一氧化碳	一氧化碳	二氧化碳	煤气管道修理工、冬期施工暖棚、冶炼、铸造
辐射	非电离辐射	紫外线、红外线、可见光、激光、射频辐射	电焊工、气焊工、不锈钢焊工、电焊配合工、木材烘干工、医院同位素工作人员
	电离辐射	射线、超声波	金属和非金属探伤试验工、氩弧焊工、放射科工作人员
噪声		振动、粉尘	离心制管机、混凝土振捣棒、混凝土平板振动器、电锤、气锤、打桩机、打夯机、风钻、发电机、空压机、碎石机、砂轮机、推土机、剪板机、带锯、圆锯、平刨、压刨、模板校平工、钢窗校平工
振动	全身振动	噪声	电气镀工、桩工、打桩机司机、推土机司机、汽车司机、小翻斗车司机、起重机司机、打夯机司机、挖掘机司机、铲运机司机、离心制管工
	局部振动	噪声	风钻工、风铲工、电钻工、混凝土振捣棒、混凝土平板振动器、手提式砂轮机、钢模校平工、钢窗校平工

8.2　建设工程施工职业病防治

职业病，是指企业、事业单位和个体经济组织等用人单位的劳动者在职业活动中，因接触粉尘、放射性物质和其他有毒、有害因素而引起的疾病。

职业病的分类和目录由国务院卫生行政部门会同国务院劳动保障行政部门制定、调整并公布。2013年12月23日，国家卫生计生委、人力资源社会保障部、安全监管总局、全国总工会四部门联合印发《职业病分类和目录》。

《职业病分类和目录》将职业病分为职业性尘肺病及其他呼吸系统疾病、职业性皮肤病、职业性眼病、职业性耳鼻喉口腔疾病、职业性化学中毒、物理因素所致职业病、职业性放射性疾病、职业性传染病、职业性肿瘤、其他职业病，共10类132种。

8.2.1　建设工程施工行业职业病危害因素的分类

1. 粉尘

建筑行业在施工过程中产生多种粉尘，主要包括矽尘、水泥尘、电焊尘、石棉尘以及其他粉尘等。产生这些粉尘的作业主要如下：

1）矽尘：挖土机、推土机、铺路机、打桩机、凿岩机、碎石设备作业；挖方工程、土方工程、地下工程、竖井和隧道掘进作业；爆破、喷砂除锈；旧建筑物的拆除、翻修。

2）水泥尘：水泥的运输、储存和使用。

3）电焊尘：电焊作业。

4）石棉尘：保温工程、防腐工程、绝缘工程；旧建筑物的拆除和翻修。

5）其他粉尘：木材加工产生木尘、金属切割产生金属尘；炸药使用产生三硝基甲苯粉尘；装饰作业使用腻子粉产生混合粉尘；使用石棉代用品产生人造玻璃纤维、岩棉、渣棉粉尘。

2. 噪声

建筑行业在施工过程中产生的噪声，主要分为机械性噪声和空气动力性噪声。产生噪声的作业主要如下：

1）机械性噪声：凿岩机、钻孔机、打桩机、挖土机、自卸车、挖泥船、升降机、起重机、搅拌机、传输机等作业；混凝土破碎机、压路机、铺路机、移动沥青铺设机和整面机等作业；混凝土搅动棒、电动圆锯、刨板机、金属切割机、电钻、磨光机、射钉枪类工具作业；构架、模板的装卸、安装、拆除、清理、修复以及建筑物拆除作业等。

2）空气动力性噪声：通风机、鼓风机、空压机、铆枪、发电机等作业；爆破作业；管道吹扫作业等。

3. 高温

建筑施工活动多为露天作业，夏季受炎热气候影响较大，少数施工活动还存在热源（如沥青制备、焊接、预热），会产生不同程度的高温危害。

4. 振动

部分建筑施工活动存在局部振动和全身振动危害。产生局部振动的作业主要有混凝土振捣棒、凿岩机、风钻、射钉枪、电钻、电锯、砂轮磨光机等手动工具作业。产生全身振动的作业主要有挖土机、移动沥青铺设机和整面机、铺路机、压路机、打桩机等施工机械和运输车辆作业。

5. 密闭空间

许多建筑施工作业活动存在密闭空间作业，主要包括排水管、排水沟、螺旋桩、桩基井、桩井孔、地下管道、烟道、隧道、涵洞、地坑、箱体、密闭地下室等；其他通风不足的作业；密闭储罐、反应塔（釜）、反应炉等设备的安装作业；建筑材料装卸的船舱、槽车作业。

6. 化学毒物

许多建筑施工活动可产生多种化学毒物，主要有爆破作业产生氮氧化物、一氧化碳；油漆、防腐作业产生苯、甲苯、二甲苯、四氯化碳、酯类、汽油等有机蒸气，以及铅、汞、镉、铬等金属毒物；防腐作业产生沥青烟；涂料作业产生甲醛、苯、甲苯、二甲苯、游离甲苯二异氰酸酯以及铅、汞、镉、铬等金属毒物；建筑物防水工程作业产生沥青烟、煤焦油、甲苯、二甲苯等有机溶剂，以及石棉、阴离子再生乳胶、聚氨酯、丙烯酸树脂、聚氯乙烯、环氧树脂、聚苯乙烯等化学品；电焊作业产生锰、镁、铬、镍、铁等金属化合物，以及氮氧化物、一氧化碳、臭氧等；地下储罐等地下工作场所产生硫化氢、甲烷、一氧化碳等。

7. 其他因素

许多建筑施工活动还存在紫外线作业、电离辐射作业、高气压作业、低气压作业、低温作业、高处作业和生物因素影响等。紫外线作业主要有电焊作业、高原作业等。电离辐射作业主要有挖掘工程、地下建筑以及在放射性元素本底高的区域作业，可能存在氡及其子体等电离辐射；X 射线探伤、Y 射线探伤时存在电离辐射。高气压作业主要有潜水作业、沉箱作业、隧道作业等。低气压作业主要有高原地区作业。低温作业主要有北方冬季作业。高处作业主要有吊臂起重机、塔式起重机、升降机作业等；脚手架和梯子作业等。可能接触生物因素的作业主要有旧建筑物和污染建筑物的拆除、疫区作业等。

8.2.2　职业病危害因素的识别

1. 施工前识别

施工企业应在施工前进行施工现场卫生状况调查，明确施工现场是否存在排污管道、历史化学废弃物填埋、垃圾填埋和放射性物质污染等情况；项目经理部在施工前应根据施工工艺、施工现场的自然条件对不同施工阶段存在的职业病危害因素进行识别，列出职业病危害因素清单。职业病危害因素的识别范围必须覆盖施工过程中所有活动、所有进入施工现场人员的活动，以及所有物料、设备和设施可能产生的职业病危害因素。

2. 施工过程识别

项目经理部应委托有资质的职业卫生技术服务机构对不同施工阶段、不同岗位的职业病危害因素进行识别、检测和评价，确定重点职业病的危害因素和关键控制点。

8.2.3　建设工程施工职业病危害的特点

1. 职业病危害因素种类繁多、复杂

建筑行业职业病危害因素来源多、种类多，几乎涵盖所有类型的职业病危害因素。在《建筑行业职业病危害预防控制规范》（GBZ/T 211—2008）的附录 A 中列举了 38 个工种，

每个工种接触 2~9 种职业病危害因素。例如，钢筋加工人员接触的主要职业病危害因素有噪声、金属粉尘、高温、高处作业。既存在粉尘、噪声、放射性物质和其他有毒有害物质的危害，又存在高处作业、密闭空间作业、高温作业、低温作业、高原（低气压）作业、水下（高压）作业等产生的危害，劳动强度大、劳动时间长。一个施工现场往往同时存在多种职业病危害因素，不同施工过程存在不同的职业病危害因素。

2. 职业病危害防护难度大

建筑施工工程类型有房屋建筑、市政基础设施、交通、通信、水利、铁道、冶金、电力、港湾工程等。建筑施工地点可以是高原、海洋、水下、室外、箱体，城市、农村、荒原、疫区。作业方式有挖方、掘进、爆破、砌筑、电焊、抹灰、油漆、喷砂除锈、拆除和翻修等。有机械施工，也有人工施工。施工工程和施工地点的多样化，导致职业病危害的多样性受施工现场和条件的限制，往往难以采用有效的工程控制技术设施。

8.2.4 建设工程施工职业病预防与控制的基本要求

1）项目经理部应建立职业卫生管理机构，项目经理为职业卫生管理第一责任人，施工经理为直接责任人。施工队长、班组长是兼职职业卫生管理人员，负责本施工队、本班组的职业卫生管理工作。

2）实行总承包和分包的施工项目，由总承包单位统一负责施工现场的职业卫生管理，检查督促分包单位落实职业病危害防治的措施。职业病危害防治的内容应当在分包合同中列明。任何单位不得将产生职业病危害的作业转包给不具备职业病防护条件的单位和个人。不具备职业病防护条件的单位和个人不得接受产生职业病危害的作业。项目经理部应根据项目职业病危害的特点，制定相应的职业卫生管理制度和操作规程，职业卫生管理制度和操作规程适用于分包队或临时工的施工活动。

3）项目经理部应根据施工规模配备专职卫生管理人员。建筑工程、装修工程按照建筑面积配备：1 万 m^2 及以下的工程至少配备 1 人，1 万 ~5 万 m^2 的工程至少配备 2 人，5 万 m^2 以上的工程至少配备 3 人；土木工程、线路管道、设备安装按照总造价配备：5000 万元以下的工程至少配备 1 人，5000 万 ~1 亿元的工程至少配备 2 人，1 亿元以上的工程至少配备 3 人。分包单位应根据作业人数配备专职或兼职职业卫生管理人员：50 人以下的配备 1 人。50~200 人的配备 2 人。200 人以上的根据所承担工程职业病危害因素的实际情况增配，并不少于施工总人数的 5‰。

4）项目经理部应建立、健全职业卫生培训和考核制度。项目经理部负责人、建造师、专职和兼职职业卫生管理人员应经过职业卫生相关法律法规和专业知识培训，具备与施工项目相适应的职业卫生知识和管理能力。项目经理部应组织对劳动者进行上岗前和在岗期间的定期职业卫生相关知识培训、考核，确保劳动者具备必要的职业卫生知识、正确使用职业病防护设施和个人防护用品知识。培训考核不合格者不能上岗作业。

5）项目经理部应建立、健全职业健康监护制度。职业健康监护主要包括职业健康检查和职业健康监护档案管理等内容，职业健康监护工作应符合《职业健康监护技术规范》（GBZ 188—2014）的要求。职业健康检查包括上岗前、在岗期间、离岗时和离岗后医学随访以及应急健康检查。职业健康检查应由省级以上卫生行政部门批准的职业健康检查机构进行。项目结束时，项目经理部应将劳动者的健康监护档案移交给项目总承包单位，总承包单位应长期保管劳动者的健康监护资料。

6）项目经理部应在施工现场入口处醒目位置设置公告栏、在施工岗位设置警示标识和说明，使进入施工现场的相关人员知悉施工现场存在的职业病危害因素及其对人体健康的危害后果和防护措施。警示标识的设置应符合《工作场所职业病危害警示标识》（GBZ 158—2003）的要求。

7）施工现场使用高毒物品的用人单位应配备专职或兼职职业卫生医师和护士。对高毒作业场所每月至少进行一次毒物浓度检测，每半年至少进行一次控制效果评价；不具备条件的，应与依法取得资质的职业卫生技术服务机构签订合同，由其提供职业卫生检测和评价服务。

8）项目经理部应向施工工地有关行政主管部门申报施工项目的职业病危害，做好职业病和职业病危害事故的记录、报告和档案的移交工作。

9）项目监理应对施工企业的职业卫生管理机构、职业卫生管理制度及其落实情况、职业病危害防护设施、个人防护用品的使用情况进行监管，做好记录并存档。

8.2.5　职业病危害因素的预防控制

1. 职业病危害因素的预防控制原则

项目经理部应根据施工现场职业病危害的特点，按以下原则采取预防控制措施：

1）选择不产生或少产生职业病危害的建筑材料、施工设备和施工工艺；配备有效的职业病危害防护设施。

2）配备有效的个人防护用品。

3）制定合理的劳动制度，加强施工过程职业卫生管理和教育培训。

4）在可能产生急性健康损害的施工现场设置检测报警装置、警示标识、紧急撤离通道和泄险区域等。

2. 职业病危害因素的预防控制措施

按不同的职业病危害因素采取与之相适应的预防与控制措施。

（1）粉尘的预防与控制

1）技术革新。采取不产生或少产生粉尘的施工工艺、施工设备和工具，淘汰粉尘危害严重的施工工艺、施工设备和工具。

2）采用无危害或危害较小的建筑材料，如不使用石棉、含有石棉的建筑材料。

3）采用机械化、自动化操作或在密闭隔室操作，如对挖土机、压路机等施工机械的驾驶室或操作室进行密闭隔离，并在进风口设置滤尘装置。

4）采取湿式作业，如凿岩采用湿式凿岩机、爆破采用水封爆破等。

5）设置局部防尘设施和净化排放装置，如焊枪配置带有排风罩的小型烟尘净化器，凿岩机、钻孔机等设置捕尘器。

6）劳动者作业时应在上风向操作。

7）建筑物拆除和翻修作业时，在接触石棉的施工区域设置警示标识，禁止无关人员进入。

8）根据粉尘的种类和浓度为劳动者配备合适的呼吸防护用品，并定期更换。呼吸防护用品的配备应符合《硫化橡胶　工业用抗静电和导电产品电阻极限范围》（GB/T 18864—2002）

的要求。如在建筑物拆除作业中，可能接触含有石棉的物质，为接触石棉的劳动者配备正压呼吸器、防护板。

9）应对粉尘接触人员特别是石棉粉尘接触人员做好戒烟、控烟教育。

10）石棉尘的防护按照《石棉作业职业卫生管理规范》（GBZ/T 193—2007）执行，石棉代用品的防护按照《使用人造矿物纤维绝热棉职业病危害防护规程》（GBZ/T 198—2007）执行。

（2）噪声的预防与控制

1）尽量选用低噪声施工设备和施工工艺代替高噪声施工设备和施工工艺。如使用低噪声的混凝土振捣棒、风机、电动空压机、电锯等；以液压代替锻压，焊接代替铆接；以液压和电气钻代替风钻和手提钻；物料运输中避免大落差和直接冲击。

2）对高噪声施工设备采取隔声、消声、隔振降噪等措施，尽量将噪声源和劳动者隔开。如气动机械、混凝土破碎机安装消音器，施工设备的排风系统安装消音器，机器运行时应关闭机盖，相对固定的高噪声设施设置隔声控制室。

3）尽可能减少高噪声设备作业点的密度。

4）噪声超过85dB（A）的施工场所，应为劳动者配备有足够衰减值、佩戴舒适的护耳器，减少噪声作业，实施听力保护计划。

（3）高温的预防与控制

1）夏季高温季节应合理调整作息时间，避开中午高温时间施工。严格控制劳动者加班，尽可能缩短工作时间，保证劳动者有充足的休息和睡眠时间。

2）降低劳动者的劳动强度，采取轮流作业方式，增加工间休息次数和休息时间。如实行小换班，增加工间休息次数，延长午休时间，尽量避开高温时段进行室外高温作业等。

3）当气温高于37℃时，一般情况应当停止施工作业。

4）各种机械和运输车辆的操作室和驾驶室应设置空调。

5）在罐、釜等容器内作业时，应采取措施，做好通风和降温工作。

6）在施工现场附近设置工间休息室和浴室，休息室内设空调或电扇。

7）夏季高温季节为劳动者提供含盐清凉饮料，饮料水温应低于15℃。

8）高温作业劳动者应当定期进行职业健康检查，发现有职业禁忌证者应及时调离高温作业岗位。

（4）振动的预防与控制

1）应加强施工工艺、设备和工具的更新、改造。尽可能避免使用手持风动工具；采用自动、半自动操作装置，减少手及肢体直接接触振动体；用液压、焊接、黏接等代替风动工具的铆接；采用化学法除锈代替除锈机除锈等。

2）风动工具的金属部件改用塑料或橡胶，或加用各种衬垫物，减少因撞击而产生的振动；提高工具把手温度，改进压缩空气进出口方位，避免手部受冷风吹袭。

3）手持振动工具应安装防振手柄，劳动者应戴防振手套。挖土机等驾驶室应设减振设施。

4）减小手持振动工具的质量，改善手持工具的作业体位，防止强迫体位，以减轻肌肉负荷和静力紧张；避免手臂上举姿势的振动作业。

5）采取轮流作业方式，减少劳动者接触振动的时间，增加工间休息次数和休息时间。

冬季还应注意保暖防寒。

（5）化学毒物的预防与控制

1）优先选用无毒建筑材料，用无毒材料替代有毒材料、低毒材料替代高毒材料。如尽可能选用无毒水性涂料；用锌钡白、钛钡白替代油漆中的铅白，用铁红替代防锈漆中的铅丹等；以低毒的低锰焊条替代毒性较大的高锰焊条；不得使用国家明令禁止使用或者不符合国家标准的有毒化学品，禁止使用含苯的涂料、稀释剂和溶剂。尽可能减少有毒物品的使用量。

2）尽可能采用可降低工作场所化学毒物浓度的施工工艺和施工技术，使工作场所的化学毒物浓度符合《工作场所有害因素职业接触限值　第1部分：化学有害因素》（GBZ 2.1—2019）的要求，如涂料施工时用粉刷或辊刷替代喷漆。在高毒作业场所尽可能使用机械化、自动化或密闭隔室操作，使劳动者不接触或少接触高毒物品。

3）设置有效通风装置。在使用有机溶剂、稀料、涂料或挥发性化学物质时，应当设置全面通风或局部通风设施；电焊作业时，设置局部通风防尘装置；所有挖方工程、竖井工程、土方工程、地下工程、隧道等密闭空间作业应当设置通风设施，保证足够的新风量。

4）使用有毒化学品时，劳动者应正确使用施工工具，在作业点的上风向施工。分装和配制油漆、防腐、防水材料等挥发性有毒材料时，尽可能采用露天作业，并注意现场通风。工作完毕后，有机溶剂、涂料容器应及时加盖封严，防止有机溶剂挥发。使用过的有机溶剂和其他化学品应进行回收处理，防止乱丢乱弃。

5）使用有毒物品的工作场所应设置黄色区域警示线、警示标识和中文警示说明。警示说明应载明产生职业中毒危害的种类、后果、预防以及应急救援措施等内容。使用高毒物品的工作场所应当设置红色区域警示线、警示标识和中文警示说明，并设置通信报警设备，设置应急撤离通道和必要的泄险区。

6）存在有毒化学品的施工现场附近应设置盥洗设备，配备个人专用更衣箱；使用高毒物品的工作场所还应设置淋浴间，其工作服、工作鞋帽必须存放在高毒作业区域内；接触经皮肤吸收及局部作用危险性大的毒物，应在工作岗位附近设置应急洗眼器和沐浴器。

7）接触挥发性有毒化学品的劳动者，应当配备有效的防毒口罩（或防毒面具）；接触经皮肤吸收或刺激性、腐蚀性的化学品，应当配备有效的防护服、防护手套和防护眼镜。

8）拆除使用防虫、防蛀、防腐、防潮等化学物（如有机氯、汞等）的旧建筑物时，应采取有效的个人防护措施。

9）应对接触有毒化学品的劳动者进行职业卫生培训，使劳动者了解所接触化学品的毒性、危害后果，以及防护措施。从事高毒物品作业的劳动者应当经培训考核合格后，方可上岗作业。

10）劳动者应严格遵守职业卫生管理制度和安全生产操作规程，严禁在有毒有害工作场所进食和吸烟，饭前班后应及时洗手和更换衣服。

11）项目经理部应定期对工作场所的重点化学毒物进行检测、评价。检测、评价结果存入施工企业职业卫生档案，并向施工现场所在地县级卫生行政部门备案并向劳动者公布。

12）不得安排未成年工和孕期、哺乳期的女职工从事接触有毒化学品的作业。

（6）紫外线的预防与控制

1）采用自动或半自动焊接设备，加大劳动者与辐射源的距离。

127

2）产生紫外线的施工现场应当使用不透明或半透明的挡板将该区域与其他施工区域分隔，禁止无关人员进入操作区域，避免紫外线对其他人员的影响。

3）电焊工必须佩戴专用的面罩、防护眼镜，以及有效的防护服和手套。

4）高原作业时，使用玻璃或塑料护目镜、风镜，穿长裤长袖衣服。

（7）电离辐射的预防与控制

1）不选用放射性水平超过国家标准值的建筑材料，尽可能避免使用放射源或射线装置的施工工艺。

2）合理设置电离辐射工作场所，并尽可能安排在固定的房间或围墙内；综合采取时间防护、距离防护、位置防护和屏蔽防护等措施，使受照射的人数和受照射的可能性均保持在可合理达到的尽可能低的水平。

3）按照《电离辐射防护与辐射源安全基本标准》（GB 18871—2002）的有关要求进行防护。将电离辐射工作场所划分为控制区和监督区，进行分区管理。在控制区的出入口或边界上设置醒目的电离辐射警告标志，在监督区边界上设置警戒绳、警灯、警铃和警告牌。必要时设专人警戒。进行野外电离辐射作业时，应建立作业票制度，并尽可能安排在夜间进行。

4）进行电离辐射作业时，劳动者必须佩带个人剂量计，并佩带剂量报警仪。

5）电离辐射作业的劳动者经过必要的专业知识和放射防护知识培训，考试合格后持证上岗。

6）施工企业应建立电离辐射防护责任制，建立严格的操作规程、安全防护措施和应急救援预案，采取自主管理、委托管理与监督管理相结合的综合管理措施。严格执行放射源的运输、保管、交接和保养维修制度，做好放射源或射线装置的使用情况登记工作。

7）隧道、地下工程施工场所存在氡及其子体危害或其他放射性物质危害，应加强通风和防止内照射的个人防护措施。

8）工作场所的电离辐射水平应当符合国家有关职业卫生标准。当劳动者受照射水平可能达到或超过国家标准时，应当进行放射作业危害评价，安排合适的工作时间和选择有效的个人防护用品。

（8）高气压的预防与控制

1）应采用避免高气压作业的施工工艺和施工技术，如水下施工时采用管柱钻孔法替代潜涵作业、水上打桩替代沉箱作业等。

2）水下劳动者应严格遵守潜水作业制度、减压规程和其他高气压施工安全操作规定。

（9）高原作业和低气压的预防与控制

1）根据劳动者的身体状况确定劳动定额和劳动强度。初入高原的劳动者在适应期内应当降低劳动强度，并视情况逐步调整劳动量。

2）劳动者应注意保暖，预防呼吸道感染、冻伤、雪盲等。

3）进行上岗前职业健康检查，凡有中枢神经系统器质性疾病、器质性心脏病、高血压等高原作业禁忌证的人员均不宜进入高原作业。

（10）低温作业的预防与控制

1）避免或减少采用低温作业或冷水作业的施工工艺和技术。

2）低温作业应当采取自动化、机械化工艺技术，尽可能减少低温、冷水作业时间。

3）尽可能避免使用振动工具。

4）做好防寒保暖措施，在施工现场附近设置取暖室、休息室等。劳动者应当配备防寒服（手套、鞋）等个人防护用品。

（11）高处作业的预防与控制

1）重视气象预报信息，当遇到大风、大雪、暴雨、大雾等恶劣天气时，禁止进行露天高处作业。

2）劳动者应进行严格的上岗前职业健康检查，有高血压、恐高症、癫痫、晕厥史等职业禁忌证的劳动者禁止从事高处作业。

3）妇女禁忌从事脚手架的组装、拆除作业。怀孕期间禁忌从事高处作业。

（12）生物因素的预防与控制

1）施工企业在施工前应当进行施工场所是否为疫源地、疫区、污染区的识别，尽可能避免在疫源地、疫区、污染区施工。

2）劳动者进入疫源地、疫区作业时，应当接种相应疫苗。

3）在呼吸道传染病疫区、污染区作业时，应当采取有效的消毒措施，劳动者应当配备防护口罩、防护面罩。

4）在虫媒传染病疫区作业时，应当采取有效的杀灭或驱赶病媒措施，劳动者应当配备有效的防护服、防护帽，宿舍配备有效的防虫媒进入的门窗、窗纱和蚊帐等。

5）在介水传染病疫区作业时，劳动者应当避免接触疫水作业，并配备有效的防护服、防护鞋和防护手套。

6）在消化道传染病疫区作业时，采取"五管一灭一消毒"措施（管传染源、管水、管食品、管粪便、管垃圾，消灭病媒，饮用水、工作场所和生活环境消毒）。

7）加强健康教育，使劳动者掌握传染病防治的相关知识，提高卫生防病知识。

8）根据施工现场具体情况，配备必要的传染病防治人员。

8.2.6　职业病防治应急救援

1）项目经理部应建立应急救援机构或组织。

2）项目经理部应根据不同施工阶段可能发生的各种职业病危害事故制订相应的应急救援预案，并定期组织演练，及时修订应急救援预案。

3）按照应急救援预案要求，合理配备快速检测设备、医疗急救设备、急救药品、通信工具、交通工具、照明装置、个人防护用品等应急救援装备。

4）可能突然泄漏大量有毒化学品或者易造成急性中毒的施工现场（如接触酸、碱、有机溶剂、危险性物品的工作场所等），应设置自动检测报警装置、事故通风设施、冲洗设备（沐浴器、洗眼器和洗手池）、应急撤离通道和必要的泄险区。除为劳动者配备常规个人防护用品外，还应在施工现场醒目位置放置必需的防毒面具，以备逃生、抢险时应急使用，并设有专人管理和维护，保证其处于良好待用状态。应急撤离通道应保持通畅。

5）施工现场应配备受过专业训练的急救员，配备急救箱、担架、毯子和其他急救药品。急救箱内应有简单明了的使用说明，并由受过急救训练的人员进行保管、定期检查和更换。超过 200 人的施工工地应配备急救室。

6）应根据施工现场可能发生的各种职业病危害事故对全体劳动者进行有针对性的应急

救援培训，使劳动者掌握事故预防和自救互救等应急处理能力，避免盲目救治。

7）应与就近医疗机构建立合作关系，以便发生急性职业病危害事故时能够及时获得医疗救援援助。

8.2.7 辅助设施

1）办公区、生活区与施工区域应当分开布置，并符合卫生学要求。

2）施工现场或附近应当设置清洁饮用水供应设施。

3）施工企业应当为劳动者提供符合营养和卫生要求的食品，并采取预防食物中毒的措施。

4）施工现场或附近应当设置符合卫生要求的就餐场所、更衣室、浴室、厕所、盥洗设施，并保证这些设施处于完好状态。

5）为劳动者提供符合卫生要求的休息场所，休息场所应当设置男女卫生间、盥洗设施，设置清洁饮用水、防暑降温、防蚊虫、防潮设施，禁止在尚未竣工的建筑物内设置集体宿舍。

6）施工现场、辅助用室和宿舍应采用合适的照明器具，合理配置光源，提高照明质量，防止炫目、照度不均匀及频闪效应，并定期对照明设备进行维护。

7）生活废水、废弃物应当经过无害化处理后排放、填埋。

思　考　题

1. 建设工程行业职业病危害的特点有哪些？

2. 建设工程行业职业病危害的因素主要有哪些？

3. 粉尘、噪声、高温、振动、有害毒物的预防与控制的措施具体有哪些？

4. 职业病防治的应急救援有哪些具体要求？

下篇　安全生产技术篇

第 9 章　深基坑工程施工安全技术

【本章主要内容】 深基坑工程的发展、特点与施工安全现状；深基坑工程支护机构的类型与适用条件；深基坑工程安全等级的分级；深基坑工程施工要求；深基坑工程施工安全专项方案设计；重力式水泥土墙施工安全技术；支挡式结构施工安全技术；土钉墙支护结构施工安全技术；深基坑工程土石方开挖施工安全技术；深基坑工程地下水与地表水控制及施工监测。

【本章重点、难点】 深基坑工程安全等级的分级；深基坑工程施工要求；深基坑工程施工安全专项方案设计；重力式水泥土墙施工安全技术；支挡式支护结构施工安全技术；土钉墙支护结构施工安全技术；深基坑工程土石方开挖施工安全技术；深基坑工程地下水与地表水控制及施工监测。

9.1　深基坑工程的发展、特点与施工安全现状

基坑工程包括排降水、支护和土石方开挖，其中深基坑工程是建设工程安全生产的管控重点。深基坑工程是指基坑开挖的深度大于或等于 5m，或者开挖深度并没有超过 5m，可是周围的环境和地质的条件比较复杂。

深基坑工程施工中存在较多的安全管控漏洞，以至于安全生产事故高发。例如，在施工现场经常存在土方开挖不按要求放坡，未严格遵守分层分段开挖；基坑支护不到位或支护结构破坏；由于在基坑开挖之前没有详细了解地质情况，没有按设计和方案要求做好基坑降排水工作，开挖过程中未做好开挖标高控制导致严重超挖，最后基坑突泥突水；由于基坑开挖方法不当，施工过程中又没有做好基坑位移及变形监测和塔式起重机垂直度、基础沉降观测，最终导致塔式起重机倾覆砸死砸伤基坑周边作业人员；基坑周边没有按要求设置临边防护栏，没有悬挂安全警示标志牌，基坑边作业人员稍有不慎就容易坠落；临边防护栏下方未按要求设置挡脚板进行封闭，基坑内作业人员被坠落物体砸中等，因此有必要充分地学习深基坑的安全技术，以做好深基坑工程施工时的安全管理。

1. 深基坑工程的发展

20 世纪 90 年代以前，随着我国城市建设的快速发展，深基坑工程逐渐出现。基坑主要的支护结构形式是采用水泥搅拌桩的重力式支护结构，对于比较深的基坑则采用排桩结构，对于有地下水的基坑则需再加水泥搅拌桩止水帷幕。

20 世纪 90 年代以后，通过总结基坑工程施工经验，国内开始制定基坑工程规范。工程界也开始出现超深、超大的深基坑工程，基坑面积达到 2 万 ~ 3 万 m²，深度达到 20m 左右，SMW 工法开始推广使用，地下连续墙被大量采用，逆作法施工、支护结构与主体结构相结合的设计方法开始得到重视和运用。

2. 深基坑工程的特点

（1）深基坑工程综合性强　基坑工程不仅需要岩土工程知识，还需要结构工程知识，以及土力学理论、监测技术、计算机技术及施工机械、施工技术的综合。深基坑工程的质量和安全与勘察、设计、施工、监测、现场管理及周边环境等因素密切相关。

（2）深基坑工程具有环境效应　基坑开挖势必引起周围地基地下水位的变化和应力场的改变，导致周围地基土体的变形，对周围建（构）筑物和地下管线产生影响，严重的将危及其正常使用或安全。大量土方外运也将对交通和弃土点环境产生影响。越来越深、越来越大的深基坑工程对设计理论和施工技术提出了更严格的要求，特别是支撑系统的布置、围护墙的位移及坑底隆起的控制均有相当难度。随着旧城改造的推进，基坑工程经常在紧靠重要市政公用设施的已建或在建的密集建筑群中施工，场地狭窄，增加了施工难度，必须通过有效的资源整合才能解决。另外，相邻场地的基坑施工，如沉桩、降水、挖土等施工环节不仅会影响施工安全，还会增加协调工作的难度，在土质软弱、高水位及其他复杂条件下开挖深基坑，很容易产生土体滑移、基坑失稳、桩体变位、坑底隆起、支挡结构严重漏水等危害，对周边建筑物、地下构筑物及管线的安全也会造成很大威胁。

（3）深基坑工程具有很强的独特性　基坑工程的支护体系设计与施工和土方开挖不仅与工程地质、水文地质条件有关，还与基坑相邻建（构）筑物和地下管线的位置、抵御变形的能力、重要性，以及周围场地条件等有关。有时保护相邻建（构）筑物和市政设施的安全是基坑工程设计与施工的关键。这就决定了基坑工程具有很强的独特性。因此，对基坑工程进行分类、对支护结构允许变形规定统一标准都是比较困难的。

（4）深基坑支护结构具有多样性　不同的深基坑支护结构有不同的适用范围和优缺点。在相同的地质条件下往往有多种不同的支护结构可以采用，可通过多方面比较，从中选择最合适的深基坑支护结构。

（5）深基坑工程施工周期长　深基坑工程从开挖到完成地面以下的全部隐蔽工程所需的时间很长，往往会经历多次降雨、周边堆载或振动等，对基坑稳定性不利。

3. 深基坑工程的施工安全现状

近年来，深基坑工程的数量、规模、分布急剧增加，同时暴露出来的安全问题也越来越多。总体来看，目前我国深基坑工程的安全问题可分为以下几类：

（1）基坑周边环境破坏　因降水、土方开挖引起周围地表不均匀沉降，导致的路面开裂、管道断裂、邻近建（构）筑物沉降或倾斜。

（2）深基坑支护体系破坏　深基坑支护体系破坏包括以下四个方面：基坑支护体系折

断、基坑支护体系整体失稳、支护结构墙底向基坑内发生较大的踢脚变形和基坑内撑失稳。

（3）土体渗透破坏　土体渗透破坏包括基坑坑底或土壁发生流砂现象和基坑坑底管涌两个方面。

（4）其他方面的安全事故　其他方面的安全事故包括由于机械设备故障、施工失误或天气等原因造成的基坑安全事故。

9.2　深基坑工程安全等级

开挖深度超过 5m（含 5m）的基坑（槽）的土方开挖、支护、降水工程属于超过一定规模的危大工程范围。因此，建筑深基坑工程施工应根据深基坑工程地质条件、水文地质条件、周边环境保护要求、支护结构类型及使用年限、施工季节等因素，注重地区经验，因地制宜，精心组织，确保安全。

为了便于实际运用，需要将基坑工程划分为不同的安全等级，目前不同规范中基坑工程安全等级的划分有所不同。《建筑地基基础工程施工质量验收标准》（GB 50202—2018）、《建筑基坑支护技术规程》（JGJ 120—2012）、《建筑地基基础设计规范》（GB 50007—2011）、《建筑深基坑工程施工安全技术规范》（JGJ 311—2013）对基坑工程安全等级的划分是不同的，运用最多的是根据《建筑深基坑工程施工安全技术规范》（JGJ 311—2013）规定的地基基础设计等级，结合基坑本体安全、工程桩基与地基施工安全、基坑侧壁土层与荷载条件、环境安全因素将基坑施工安全等级划分为一级和二级，具体划分条件见表 9-1。

表 9-1　建筑深基坑工程施工安全等级

施工安全等级	划分条件
一级	复杂地质条件及软土地区的二层及二层以上地下室的基坑工程 开挖深度大于 15m 的基坑工程 基坑支护结构与主体结构相结合的基坑工程 设计使用年限超过 2 年的基坑工程 侧壁为填土或软土，场地因开挖施工可能引起工程桩基发生倾斜、地基隆起等改变桩基、地铁隧道运营性能的工程 基坑侧壁受水浸透可能性大或基坑工程降水深度大于 6m 或降水对周边环境有较大影响的工程 地基施工对基坑侧壁土体状态及地基产生挤土效应较严重的工程 在基坑影响范围内存在较大交通荷载，或大于 35 kPa 短期作用荷载的基坑工程 基坑周边环境条件复杂，对支护结构变形控制要求严格的工程 采用型钢水泥土墙支护方式，需要拔除型钢对基坑安全可能产生较大影响的基坑工程 采用逆作法上下同步施工的基坑工程 需要进行爆破施工的基坑工程
二级	除一级以外的其他基坑工程

此外，由于各地的地质条件不同，各地区对当地基坑安全等级的划分都做了规定，如成都地区基坑工程按照《成都市建设委员会关于印发〈成都市建筑工程深基坑施工管理办法〉的通知》（成建委发〔2009〕494）号）对基坑工程的安全等级进行划分，见表 9-2。

表 9-2　基坑工程的安全等级

坡顶建筑物距基坑边线的距离	坡顶建（构）筑物重要性	$H \geq 12m$	$5m \leq H < 12m$	$H < 5m$
$S < 0.5H$	重要	一级	一级	一级
	一般		一级	二级
	次要		一级	三级
$0.5H \leq S < H$	重要	一级	一级	二级
	一般		一级	二级
	次要		二级	三级
$H \leq S < 1.5H$	重要	一级	一级	二级
	一般		二级	三级
	次要		二级	三级
基坑边坡无建筑物或 $S \geq 1.5H$		一级	二级	三级

注：1. 基坑边坡影响范围内建（构）筑物的重要性划分。

　　重要：三层及三层以上建筑物，低于三层的重要建筑物、重要管线和地下设施等。

　　一般：一至二层的建（构）筑物。

　　次要：临时建筑物或其他次要设施。

　　2. 表中 H 为基坑深度，S 为建筑物到坑边的距离。

　　3. 基坑支护结构作为永久性结构使用的基坑工程安全等级定为一级。

9.3　深基坑工程施工安全专项方案设计与施工要求

　　深基坑工程施工安全专项方案是根据施工图设计文件、施工与使用及维护全过程的危险源分析结果、周边环境与地质条件、施工工艺与机械设备、施工经验等进行安全分析，选择相应的安全控制、监测预警、应急救援技术，制订应急预案并确定应急响应措施的主要安全技术管理文件。对于施工安全等级为一级的基坑工程，必须编制施工安全专项方案。施工安全专项方案应根据各省市建设行政主管部门的有关规定或要求组织专家论证。

　　施工单位应根据环境条件、地质条件、设计文件等基础性资料和相关工程建设标准，结合自身施工经验，针对各级风险工程编制施工安全专项方案，经施工单位技术负责人签认后，报监理审查。监理单位应组织对施工安全专项方案进行审查，填报施工方案安全性评估表和施工组织合理性评估表。对施工安全专项方案的审查，应邀请专家、相关单位和人员参加。施工单位应根据审查意见修改完善施工安全专项方案，报监理单位审批后方可正式施工，同时报建设单位备案。

　　基坑工程施工前应进行技术交底，并应做好交底记录。施工过程中各工序开工前，施工技术管理人员必须向所有参加作业的人员进行施工组织和安全技术交底，如实告知危险源、防范措施、应急预案，形成文件并签署。安全技术交底应包括如下内容：现场勘察与环境调查报告，施工安全专项方案，主要施工技术、关键部位施工工艺工法和参数，各阶段危险源分析结果与安全技术措施，应急预案与应急响应等。

9.3.1 深基坑工程施工安全专项方案编制

深基坑工程施工前，应根据施工、使用与维护的危险源分析结果编制基坑工程施工安全专项方案。

1. 基坑工程施工安全专项方案应满足的要求

1）应有针对危险源及其特征制订的具体安全技术应对措施。

2）应按照消除、隔离、减弱危险源的顺序选择基坑工程安全技术措施。

3）对重大危险源应论证安全技术方案的可靠性和可行性。

4）应根据工程施工特点提出安全技术方案实施过程中的控制原则，明确重点监控部位和监控指标要求。

5）应包括基坑安全使用与维护全过程。

6）设计与施工发生变更或调整时，施工安全专项方案应进行相应的调整和补充。

2. 安全专项方案的主要内容

1）工程概况：包含基坑所在位置、基坑规模、基坑安全等级，以及现场勘察与环境调查结果、支护结构形式及相应附图。

2）工程地质与水文地质条件：包含对基坑工程施工安全不利的因素分析。

3）风险因素分析：包含基坑工程本体安全、周边环境安全、施工设备及人员生命财产安全的危险源分析。

4）各施工阶段与危险源控制相对应的安全技术措施：包含围护结构施工、支撑体系施工与拆除、土方开挖、降水等施工阶段危险源控制措施；各阶段施工用电、消防、防台风、防汛等安全技术措施。

5）信息施工法实施细则：包含对施工监测成果信息的发布、分析、决策与指挥系统。

6）安全控制技术措施、处理预案。

7）安全管理措施：包含安全管理组织和人员教育培训等措施。

8）对突发事件的应急响应机制：包含信息报告、先期处理、应急启动和应急终止。

9.3.2 深基坑工程施工安全专项方案施工要求

深基坑工程属于超过一定规模的危大工程，必须慎重、认真地对待深基坑工程施工。不管是支护结构施工，土石方开挖、降排水施工，还是施工全过程的检查与检测，以及基坑的使用与维护，都必须从安全角度出发，认真组织、协调，以确保基坑施工安全。

1. 深基坑工程施工全过程安全控制

深基坑工程施工的主要施工过程有支护结构施工（包括支撑的拆除）、地下水与地表水控制和深基坑土石方开挖。在全部施工过程中，应符合以下要求：

（1）确保施工条件与设计条件保持一致　深基坑工程施工过程中，开挖基坑条件、水文地质条件应与勘察报告的情况一致；周边环境保护（包括坑顶堆载条件，周边管线保护和建筑物、构筑物保护）应与设计条件一致；基坑开挖全过程应与设计工况保持一致。

当基坑施工过程中发现地质情况或环境条件与原地质报告、环境调查报告不一致或环境条件发生变化时，应暂停施工，并及时会同相关设计、勘察单位经过补充勘察、设计验算或设计修改后方可恢复施工。对涉及方案选型等重大方案修改的基坑工程，应重新组织评审和论证。

（2）重视施工全过程的安全检查与检测　施工前，应检查周边环境是否符合基坑施工安全要求。基坑开挖期间，应检查降水效果是否符合土方开挖的要求，是否按照分层分段原则进行挖土；除此之外，还应及时检查基坑变形的监测数据并进行分析，以确保深基坑工程施工安全。在整个施工期间，应检查降水、土方开挖、支护结构体系施工及拆除等施工阶段的用电、消防、防台风、防汛等安全技术措施是否落实，机械设备的使用和维护的安全技术措施是否落实。

（3）实施信息施工法　信息施工法是根据施工现场的地质情况和监测数据，对地质结论、设计参数进行验证，对施工安全性进行判断并及时调整施工方案的施工方法。深基坑工程施工过程中应全面落实信息化施工技术，当安全监测结果达到报警值后，启动应急预案，组织专家会同基坑设计、监测、监理等单位进行专门论证，查明原因后恢复施工。基坑工程实施信息施工法应符合下列规定：

1）施工准备阶段应根据设计要求和相关规范要求建立基坑安全监测体系。

2）土方开挖、降水施工前，监测设备和元器件应安装、调试完成。

3）高压旋喷注浆帷幕、三轴搅拌帷幕、土钉、锚杆等注浆类施工时，应通过对孔隙水压力、深层土体位移等的监测和分析，评估水下施工对基坑周边环境的影响，必要时应调整施工速度、工艺和工法。

4）对同时进行土方开挖、降水、支护结构、截水帷幕、工程桩等施工的基坑工程，应根据施工现场施工和运行的具体情况，通过试验和实测，区分不同危险源对基坑周边环境造成的影响，并采取相应的控制措施。

5）应根据实施阶段和工况节点对变形控制指标进行控制目标分解。当阶段性控制目标或工况节点控制目标超标时，应立即采取措施对下一阶段或工况节点实现累加控制目标。

6）应建立基坑安全巡查制度，及时反馈，并应有专业技术人员参与。

2. 施工单位在基坑工程施工前应具备的技术资料

（1）基坑环境调查报告　明确基坑周边市政管线现状及渗漏情况，邻近建（构）筑物基础形式、埋深、结构类型、使用状况；相邻区域内正在施工和使用的基坑工程情况；相邻建筑工程打桩振动及重载车辆通行等情况。

（2）基础支护及降水设计施工图　对施工安全等级为一级的基坑工程，明确基坑变形控制设计指标，明确基坑变形、周围保护建筑、相关管线变形报警值。基坑工程设计施工图必须按有关规定通过专家评审。

（3）基坑工程专项施工方案　深基坑专项施工方案编制时，应将开挖影响范围内的塔式起重机荷载、临建荷载、临时边坡稳定性等纳入设计验算范围。基坑工程施工组织设计必须按有关规定通过专家论证。

（4）基坑安全监测方案　基坑工程施工除应按《建筑基坑工程监测技术标准》（GB 50497—2019）的规定进行第三方专业监测外，施工方应同时编制安全监测方案并实施施工监测。对施工安全等级为一级的基坑工程，应进行基坑安全监测方案的专家评审。

3. 施工单位在深基坑工程实施前应进行的工作

1）组织所有施工技术人员熟悉设计文件、工程地质与水文地质报告、安全监测方案和相关技术标准，并参与基坑工程图纸会审和技术交底。

2）进行施工现场勘察和环境调查，进一步了解施工现场、基坑影响范围内地下管线、建筑物地基基础情况，必要时可制订预先加固方案。

3）掌握支护结构施工与地下水控制、土方开挖、安全监测的重点与难点，明确施工与设计和监测进行配合的义务与责任。

4）按照评审通过的基坑工程设计施工图、基坑工程安全监测方案、施工勘察与环境调查报告等文件，编制基坑工程施工组织设计，并应按照有关规定组织施工开挖方案的专家论证。

9.4 深基坑工程危险源分析及应急预案

1. 深基坑工程危险源分析

危险源分析应根据深基坑工程周边环境条件和控制要求、工程地质条件、支护设计与施工方案、地下水与地表水控制方案、施工能力与管理水平、工程经验等进行，并应根据危险程度和发生频率，识别为重大危险源和一般危险源。危险源分析应采用动态分析方法，并应在施工安全专项方案中及时对危险源进行更新和补充。

（1）重大危险源的特征　符合下列特征之一的，必须列为重大危险源：

1）开挖施工对邻近建（构）筑物、设施必然造成安全影响或有特殊保护要求的（此处的特殊保护要求是指对邻近地铁、历史保护建筑、危房、交通主干道、基坑边塔式起重机、给水管线、煤气管线等重要管线采取的安全保护要求）。

2）达到设计使用年限继续使用的。

3）改变现行设计方案，进行加深、扩大及改变使用条件的。

4）邻近的工程建设（包括打桩、基坑开挖降水施工）影响基坑支护安全的。

5）邻水的基坑。

（2）一般危险源的特征　符合下列情况的，应列为一般危险源：

1）存在影响基坑工程安全性、适用性的材料低劣、质量缺陷、构件损伤和其他不利状态。

2）支护结构、工程桩施工产生的振动、剪切等可能产生流土、土体液化、渗流破坏。

3）截水帷幕可能发生严重渗漏。

4）交通主干道位于基坑开挖影响范围内，或基坑周围建筑物管线、市政管线可能产生渗漏、管沟存水，或存在渗漏变形敏感性强的排水管等可能发生的水作用产生的危险源。

5）雨期施工，土钉墙、浅层设置的预应力锚杆可能失效或承载力严重下降。

6）侧壁为杂填土或特殊性岩土。

7）基坑开挖可能产生过大隆起。

8）基坑壁存在振动荷载。

9）内支撑因各种因素失效或发生连续破坏。

10）对支护结构可能产生横向冲击荷载。

11）台风、暴雨或强降雨致使施工用电中断，基坑排水体系失效。

12）土钉、锚杆蠕变产生过大变形及地面裂缝。

2. 深基坑工程施工应急预案

对深基坑工程，应根据施工现场安全管理、工程特点、周边环境特征和安全等级制订深基坑工程施工应急预案。

（1）应急预案的主要内容　应急预案是对基坑工程施工过程中可能发生的事故或灾害，为迅速、有序、有效地开展应急与救援行动，减小事故损失而预先制订的全面、具体的实施方案。根据《建筑施工安全技术统一规范》（GB 50870—2013）的规定，建筑施工安全专项应急预案应包括下列主要内容：

1）建筑施工中潜在的风险及其类别、危险程度。

2）发生紧急情况时应急救援组织机构与人员职责分工、权限。

3）应急救援设备、器材、物资的配置、选择、使用方法和调用程序；为保持其持续的适用性，对急救援设备、器材、物资进行维护和定期检测的要求。

4）应急救援技术措施的选择和采用。

5）与企业内部相关职能部门以及外部（政府、消防、救险、医疗等）相关单位或部门的信息报告、联系方法。

6）组织抢险急救、现场保护、人员撤离或疏散等活动的具体安排等。

（2）基坑工程出现险情的应急措施　当深基坑工程出现基坑及支护结构变形较大、超过报警值且采取相关措施后，情况没有大的改善，或者周边建（构）筑物变形持续发展或已发生影响正常使用等险情时，应采取下列应急措施：

1）基坑变形超过报警值时，应调整分层、分段开挖等施工方案，并宜采取坑内回填反压后增加临时支撑、锚杆等措施。

2）周围地表或建筑物变形速度急剧增大，基坑有失稳趋势时，宜采用卸载、局部或全部回填反压的方法，待稳定后再加固处理。

3）基坑隆起变形过大时，应采取坑内加载反压、调整分区分步开挖、及时浇筑快硬混凝土垫层等措施。

4）坑外地下水位下降过快引起周边建筑物与地下管线沉降速度超过警戒值，应调整抽水速度减缓地下水位下降速度或采取回灌措施。

5）围护结构渗水、流土，可采用坑内引流、封堵或坑外快速注浆的方式进行堵漏。情况严重时应立即回填，再进行处理。

6）开挖底面出现流砂、管涌时，应立即停止挖土施工，根据情况采用回填、降水法降低水头差、设置反滤层封堵流土点的方式进行处理。

（3）基坑工程施工引起邻近建筑物开裂及倾斜的应急措施

1）立即停止开挖，回填反压。

2）增设锚杆或支撑。

3）采取回灌、降水等措施调整降深。

4）在建筑物周边采用注浆的方法加固土体。

5）制订建筑物的纠偏方案并组织实施。

6）情况紧急时应及时疏散人员。

（4）基坑工程施工引起邻近地下管线破裂的应急措施

1）应立即关闭危险管道阀门，采取措施防止发生火灾、爆炸、冲刷、渗流破坏等安全事故。

2）停止基坑开挖，回填反压，基坑侧壁卸载。

3）及时加固、修复或更换破裂管线。

（5）基坑工程施工的紧急避险　基坑工程坍塌事故会产生重大财产损失，应尽量避免人员伤亡。基坑工程坍塌事故一般具有明显征兆，如支护结构局部破坏产生的异常声响、位移的快速变化、水土的大量涌出等。当基坑工程变形监测数据超过报警值，或出现基坑、周边建（构）筑物、管线失稳破坏征兆时，应立即停止施工作业，撤离人员，待险情排除后方可恢复施工。

3. 深基坑工程施工应急响应

应急响应需根据应急预案采取抢险准备、信息报告、应急启动和应急终止四个程序，统一执行。

（1）抢险准备　应急响应前的应急准备，应包括下列内容：

1）应急响应需要的人员、设备、物资准备。

2）增加基坑变形监测手段与频次措施。

3）储备截水堵漏的必要器材。

4）清理应急通道。

（2）信息报告　当基坑工程发生险情时，应立即启动应急响应，并向上级和有关部门报告以下信息：

1）险情发生的时间、地点。

2）险情的基本情况及抢救措施。

3）险情的伤亡情况及抢救情况。

（3）应急启动　基坑工程施工与使用中，应针对下列情况启动应急响应：

1）基坑支护结构水平位移或周边建（构）筑物、周边道路（地面）出现裂缝、沉降，地下管线不均匀沉降或支护结构内力等指标超过限值时。

2）建筑物裂缝超过限值时，或土体分层竖向位移或地表裂缝宽度突然超过报警值时。

3）施工过程中出现大量涌水、涌砂时。

4）基坑底隆起变形超过报警值时。

5）基坑施工过程遭遇大雨或暴雨天气，出现大量积水时。

6）基坑降水设备出现突然性停电或设备损坏，造成地下水位升高时。

7）基坑施工过程因各种因素导致人身伤亡事故出现时。

8）遭受自然灾害、事故或其他突发事件影响的基坑。

9）其他有特殊情况可能影响基坑安全时。

（4）应急终止　应急终止应满足下列条件：

1）引起事故的危险源已经消除或险情得到有效控制。

2）应急救援行动已完全转化为社会公共救援。

3）局面已无法控制和挽救，场内相关人员已全部撤离。

4）应急总指挥根据事故的发展状态认为终止的。

5）事故已经在上级主管部门结案。

应急终止后，应针对事故发生及抢险救援经过、事故原因分析、事故造成的后果、应急预案效果及评估情况提出书面报告，并按有关程序上报。

9.5　深基坑工程支护结构施工安全技术

9.5.1　深基坑工程支护结构的类型与适用条件

深基坑工程土石方开挖的施工工艺一般有两种：一是放坡开挖（无支护开挖），该工艺既简单又经济，在空旷地区或周围环境能保证边坡稳定的条件下应优先采用；二是有支护开挖，在城市或场地狭窄的地方施工，往往不具备放坡开挖的条件，此时只能选择在支护结构的保护下开挖。

根据基坑工程的特点，安全、合理地选择合适的支护结构，并进行科学的设计与施工是基坑工程要解决的主要内容。各类支护结构的适用条件见表 9-3。

表 9-3　各类支护结构的适用条件

结构类型		适用条件		
		安全等级	基坑深度、环境条件、土类和地下水条件	
支挡式结构	锚拉式结构	一级、二级、三级	适用于较深的基坑	1. 排桩适用于可采用降水或截水帷幕的基坑 2. 地下连续墙宜同时用作主体地下结构外墙，可同时用于截水 3. 锚杆不宜用在软土层和高水位的碎石土、砂土层中 4. 当邻近基坑有建筑物地下室、地下构筑物等，锚杆的有效锚固长度不足时，不应采用锚杆 5. 当锚杆施工会造成基坑周边建（构）筑物的损害或违反城市地下空间规划等规定时，不应采用锚杆
	支撑式结构		适用于较深的基坑	
	悬臂式结构		适用于较浅的基坑	
	双排桩		当锚拉式、支撑式和悬臂式结构不适用时，可考虑采用双排桩	
	支护结构与主体结构结合的逆作法		适用于基坑周边环境条件很复杂的深基坑	
土钉墙	单一土钉墙	二级、三级	适用于地下水位以上或经降水的非软土基坑，且基坑深度不宜大于 12m	当基坑潜在滑动面内有建筑物、重要地下管线时，不宜采用土钉墙
	预应力锚杆复合土钉墙		适用于地下水位以上或经降水的非软土基坑，且基坑深度不宜大于 15m	
	水泥土桩垂直复合土钉墙		用于非软土基坑时，基坑深度不宜大于 12m；用于淤泥质土基坑时，基坑深度不宜大于 6m；不宜用在高水位的碎石土、砂土、粉土层中	
	微型桩垂直复合土钉墙		适用于地下水位以上或经降水的基坑。用于非软土基坑时，基坑深度不宜大于 12m；用于淤泥质土基坑时，基坑深度不宜大于 6m	

（续）

结构类型	适用条件	
	安全等级	基坑深度、环境条件、土类和地下水条件
重力式水泥土墙	二级、三级	适用于淤泥质土、淤泥基坑，且基坑深度不宜大于 7m
放坡	三级	1. 施工场地应满足放坡条件 2. 可与上述支护结构形式结合

注：1. 当基坑不同部位的周边环境条件、土层性状、基坑深度等不同时，可在不同部位分别采用不同的支护形式。
　　2. 支护结构可采用上、下部以不同结构类型组合的形式。
　　3. 本表中的安全等级是指《建筑基坑支护技术规程》（JGJ 120—2012）中规定的支护结构的安全等级，而非基坑的安全等级。

基坑支护结构应给基坑土方开挖和地下结构工程的施工创造安全的条件，并控制土方开挖和地下结构工程施工对周围环境可能造成的不良影响，因此无论采用何种类型的支护结构，都应满足以下几个方面的要求：

1. 适度的施工空间

基坑支护结构应保证土方开挖和地下结构施工有足够的工作面，且围护结构的变形也不会影响土方开挖和地下结构施工。

2. 无水的作业条件

通过采取降水、排水和截水等各种措施，保证地下结构工程的作业面处在地下水位以上，以方便土方开挖和地下结构工程的施工。

3. 安全的作业环境

基坑工程施工期间，应严格控制支护结构体系变形，确保基坑和周边环境的安全。对支护结构的精心设计与施工是深基坑工程安全开挖的先决条件，深基坑工程支护结构施工，应满足以下安全规定：

1）为保证基坑工程、地下结构安全施工和减少对基坑周边环境的影响，基坑工程施工前应根据设计文件，结合现场条件和周边环境保护要求、气候等情况，编制支护结构施工方案。邻水基坑施工方案应根据波浪、潮位等对施工的影响进行编制，并应符合防汛主管部门的相关规定。

2）根据工程实践，基坑支护结构变形与施工工况有很大关系。因此，基坑支护结构施工应与降水、开挖相互协调，各工况和工序应符合设计要求。

3）基坑支护结构施工与拆除不应影响主体结构、邻近地下设施与周围建（构）筑物等的正常使用，必要时应采取措施减少不利影响。

4）支护结构施工与场地的地质条件密切相关，具有一定的不可预见性，因此，支护结构施工前应进行试验性施工。通过试验性施工，可以评估施工工艺和各项参数对基坑及周边环境的影响程度，并根据试验结果调整参数、工法或反馈修改设计方案，对之后的正式施工进行指导，从而避免支护结构正式施工时发生类似事故，确保工程顺利进行。

5）支护结构施工和开挖过程中，应对支护结构自身、已施工的主体结构和邻近道路、市政管线、地下设施、周围建（构）筑物等进行监测，并应采用信息施工法配合设计单位采用动态设计法及时调整施工方法及预防风险措施。可通过采用设置隔离桩、加固既有建筑地基基坑、反压与配合降水纠偏等技术措施，控制邻近建（构）筑物产生过大的不均匀沉降。

6）施工现场道路布置、材料堆放、车辆通行路线等应符合荷载设计控制要求。重型设备通行区域应与设计协商，先行采取加固处理，或按实际荷载大小、位置进行相关区域支护结构设计。坑外的临时施工堆载，如零星的建筑材料、小型施工器材等，设计时通常按不大于 20 kN/m^2 考虑。在基坑开挖期间，挖土机、土方车等作用在坑边或围护墙附近，荷载较大且作用时间较长或频繁出现，应符合荷载设计控制要求。

当基坑开挖深度深且设置多道支撑，或基坑周边无施工场地和施工通道时，可考虑设置施工栈桥或施工平台供车辆通行与材料堆放。施工栈桥既可与基坑支撑、立柱体系结合设置，也可独立设置。当设置施工栈桥时，应按设计文件编制施工栈桥的施工、使用及保护方案。

7）当遇有可能产生相互影响的邻近工程进行桩基施工、基坑开挖、边坡工程、盾构顶进、爆破等施工作业时，应确定相互间合理的施工顺序和方法，必要时应采取措施减少相互影响。

8）遇有雷雨、6级以上大风等恶劣天气时，应暂停施工，并对现场的人员、设备、材料等采取相应的保护措施。

9.5.2 重力式水泥土墙施工安全技术

重力式水泥土墙是以水泥系材料为固化剂，采用深层搅拌机或高压旋喷机等特殊机械，通过喷浆施工将固化剂与地基土强制拌和，形成具有一定强度、整体性和水稳性的水泥土柱状体，将水泥土柱状体相互搭接，形成具有一定强度和整体结构的水泥土柱状加固体挡墙。重力式水泥土墙具有挡土、止水的双重作用，适用于淤泥质土、含水量较高的黏土、粉质黏土、粉质土等软土地基。鉴于目前施工机械、工艺和控制质量的水平，采用重力式水泥土墙围护的基坑，开挖深度不宜超过 7m，在基坑周边环境保护要求较高的情况下，基坑深度应控制在 5m 以内，以降低工程的风险。

1. 重力式水泥土墙的施工方法

将水泥系材料和地基土强行搅拌，目前常用的成桩施工方法有两种：搅拌法成桩和高压喷射法成桩。

1）搅拌法成桩是指利用一种特殊的搅拌头或钻头，在地基中钻至一定深度后，喷出固化剂，使其沿着钻孔深度与地基土强行拌和而形成的加固土桩体。搅拌法成桩分为湿法（水泥浆或石灰浆搅拌）和干法（水泥干粉喷射搅拌）两种，均用机械强力将水泥与土搅拌形成水泥土桩。湿法施工时，固化剂通常采用水泥浆体或石灰浆体，注浆量较易控制，成桩质量较为稳定，桩体均匀性好，大部分水泥土桩采用湿法施工。

2）高压喷射法成桩，也称旋喷法成桩，是通过高压将水泥浆从注浆管喷射出来，喷嘴在喷射浆液时一边缓慢旋转，一边徐徐提升，高压水泥浆不断切削土体并与之混合而形成圆柱状桩体。根据喷射方法的不同，喷射注浆可分为单管法、二重管法和三重管法。该工艺施工简便，喷射注浆施工时只需在土层中钻一个 50~300mm 的小孔，便可在土中喷射成直径为 0.4~2m 的加固水泥土桩，因而能在狭窄施工区域或靠近已建基础施工。但此法水泥用量大、造价高，一般在场地受限制、搅拌法无法施工时才选用此法。

2. 重力式水泥土墙的施工安全

1）重力式水泥土墙应通过试验性施工，并应通过调整搅拌机的提升（下沉）速度、喷浆量以及喷浆、喷气压力等施工参数，减小对周边环境的影响。施工完成后应检测墙体的连续性及强度。

2）水泥土搅拌桩机施工过程中，其下部严禁站立非工作人员。桩机移动过程中，非工作人员不得在其周围活动，移动路线上不应有障碍物。

3）水泥土重力式围护墙施工时若遇有河塘、洼地，应抽水和清淤，并应采取素土回填夯实。在暗浜区域，水泥土搅拌桩应适当提高水泥掺量。

4）钢管、钢筋或竹筋插入应在水泥搅拌桩成桩后及时完成，插入位置和深度应符合设计要求。

5）施工时因故停浆，应在恢复喷浆前，将搅拌桩机头提升或下沉 0.5m 后喷浆搅拌施工。

6）水泥搅拌桩施工的间隔时间不宜大于 24h；当超过 24h 时，搭接施工时应放慢搅拌速度。若无法搭接或搭接不良，应做冷缝记录，在搭接处采取补救措施。

9.5.3 支挡式结构施工安全技术

支挡式结构是以挡土构件和锚杆或支撑为主要构件，或以挡土构件为主要构件的支护结构。其中，挡土构件是设置在基坑侧壁并嵌入基坑底面的支护结构竖向构件，如地下连续墙、由支护桩组成的排桩等；锚杆是一种设置于钻孔内、端部伸入稳定土层中的钢筋（或钢绞线）与孔内注浆体组成的受拉杆体，它一端与支护结构构件连接，另一端锚固在稳定岩土体内。

支挡式结构包括悬臂式支挡结构、支撑式支挡结构、锚拉式支挡结构、双排桩等类型。另外，支护结构与主体结构结合的逆作法形成的基坑支护也属于支挡式结构。

组成支挡式结构的构件包括地下连续墙、排桩、锚杆、支撑等。悬臂式支挡结构是以顶端自由的挡土构件为主要构件的支挡式结构；支撑式支挡结构是以挡土构件和支撑构件为主要构件的支挡式结构；锚拉式支挡结构是以挡土构件和锚杆为主要构件的支挡式结构；双排桩是沿基坑侧壁排列设置的由前、后两排支护桩和梁连接成的刚架及冠梁所组成的支挡式结构。

1. 地下连续墙施工安全技术

地下连续墙是在地面上采用一种专用挖槽机械，沿着深基坑的周边轴线，在泥浆护壁条件下，分段开挖出深槽，清槽后在槽内吊放钢筋笼，然后用导管法浇筑水下混凝土筑成一个单元槽段，如此逐段进行，在地下形成一道连续的钢筋混凝土墙壁，作为截水、防渗、承重、挡土的结构。

地下连续墙的特点：施工振动小，墙体刚度大，整体性好，施工速度快，可省土石方，可用于密集建筑群中建造深基坑支护及进行逆作法施工，适用于建造建筑物的地下室、地下商场、停车场、地下油库、挡土墙、高层建筑的深基础、逆作法施工围护结构等。

（1）地下连续墙施工规定

1）地下连续墙成槽前应设置钢筋混凝土导墙及施工道路。导墙养护期间，重型机械设备不应在导墙附近作业或停留。

2）地下连续墙成槽应进行槽壁稳定验算。

3）对于暗河地区、扰动土区、浅部砂性土中的槽段或当邻近建筑物保护要求较高时，宜在地下连续墙施工前对槽壁进行加固。

4）地下连续墙单元槽段成槽施工宜采用跳幅间隔的施工顺序。

5）在保护设施不齐全、监管人不到位的情况下，严禁人员下槽或在孔内清理障碍物。

6）成槽机、起重机应在平坦坚实的路面上作业、通行和停放。外露传动系统应有防护罩，转盘方向轴应设有安全警告牌。成槽机、起重机工作时，回转半径内不应有障碍物，吊臂下严禁站人。

（2）地下连续墙成槽泥浆制备规定

1）护壁泥浆使用前应根据材料和地质条件进行试配，并进行室内性能试验，泥浆配合比宜按现场试验确定。

2）泥浆的供应及处理系统应满足泥浆使用量的要求。槽内泥浆面不应低于导墙面 0.3m，同时槽内泥浆面应高于地下水位 0.5m 以上。

（3）槽段接头施工规定

1）成槽结束后应对相邻槽段的混凝土端面进行清刷，刷至底部，清除接头处的泥砂，确保单元槽段接头部位的抗渗性能。

2）槽段接头应满足混凝土浇筑压力对其强度和刚度的要求。安放时，应紧贴槽段缓慢沉放至槽底，遇到阻力时，槽段接头应在清除障碍后入槽。

3）周边环境保护要求高时，宜在地下连续墙接头处增加防水措施。

（4）地下连续墙钢筋笼吊装规定

1）起重机械及吊装机具进场前应进行检验，施工前应进行调试，施工中应定期检验和维护。

2）吊装所选用的起重机应满足吊装高度及起重量的要求，主吊和副吊应根据计算确定。钢筋笼吊点布置应根据吊装工艺通过计算确定，并应进行整体起吊安全验算，按计算结果配置吊具，以及吊点加固钢筋、吊筋等。

3）钢筋笼吊装前必须对钢筋笼进行全面检查，防止有剩余的钢筋断头、焊接接头等遗留在钢筋笼上。

4）采用双机抬吊作业时，应统一指挥，动作应配合协调，荷载应分配合理。

5）起重机械吊钢筋笼时，应先稍离地面试吊，确认钢筋笼已挂牢，钢筋笼刚度、焊接强度等满足要求，再继续起吊。

6）起重机械在吊钢筋笼行走时，荷载不得超过允许起重量的 70%，钢筋笼离地不得大于 500mm，并应拴好拉绳，缓慢行驶。

（5）预制墙段的堆放和运输规定

1）预制墙段应达到设计强度的 100% 后方可运输及吊放。

2）堆放场应平整、坚实、排水通畅。垫块放置在吊点处，底层垫块面积应满足墙段自重对地面荷载的有效扩散。预制墙段叠放层数不宜超过 3 层，上下层垫块应放置在同一直线上。

3）运输叠放层数不宜超过 2 层，墙段装车后应采用紧绳器与车板固定，钢丝绳与墙段阳角接触处应有护角措施。异形截面墙段的运输应有可靠的支撑措施。

（6）预制墙段的安放规定

1）预制墙段应验收合格，待槽段完成并验槽合格后方可放入槽段内。

2）安放顺序为先转角槽段后直线槽段，安放闭合位置宜设在直线槽段上。

3）相邻槽段应连续成槽，幅间接头宜采用现浇接头。

4）吊放时应在导墙上安装导向架，起吊吊点应按设计要求或经计算确定，起吊过程中产生的内力应满足设计要求；起吊回直过程中应防止预制墙段根部拖行或着力过大。

2. 钢板桩围护墙施工安全技术

钢板桩是通过热轧或者冷弯工艺轧制成的边缘带有锁扣装置的片状钢桩体。将钢板桩用打桩机打入或压入土中，使钢板桩通过锁扣装置互相连接成连续紧密的钢板桩墙，用来挡土或挡水。钢板桩适用于柔软地基及地下水位较高的基坑支护，施工简便，止水性能好，工程结束后将钢板桩拔出回收，可以重复周转使用。

钢板桩支护的常用形式有悬臂式、锚拉式和支撑式等。简易的钢板桩可以采用槽钢、工字钢等型钢，但抗弯、防渗能力较弱，一般只用于 4m 以内的较浅基坑。正式的热轧锁口钢板桩有 U 形、Z 形、一字形、H 形和组合型等，其中以 U 形应用最多，可用于 5~10m 深的基坑支护。

钢板桩的打设优先采用静力压桩，打设困难时再考虑采用振动沉桩，打设方法有屏风打入法和单独打入法。

1）屏风打入法是先将 10~20 根钢板桩成排插入导架内，呈屏风状，再分批施打。施打时首先将屏风墙两端的钢板桩打至设计标高或一定深度，成为定位桩，然后在中间按顺序分 1/3、1/2 钢板桩高度呈阶梯状打入。屏风打入法的优点是可以减少倾斜误差积累，防止过大的倾斜，而且易于实现封闭合拢，能保证钢板桩墙的施工质量，一般情况下多用这种方法打设钢板桩墙。其缺点是插桩的自立高度较大，需注意插桩的稳定和施工安全。

2）单独打入法是从钢板桩墙的一角开始，逐块（或两块为一组）打设，直至工程结束。这种打入方法简便、迅速，不需要其他辅助支架，但是易使钢板桩向一侧倾斜，且误差积累后不易纠正。因此，单独打入法只适用于钢板桩墙要求不高且钢板桩长度较小的情况。

钢板桩施工应满足以下安全规定：

1）钢板桩堆放场地应平整坚实，组合钢板桩堆高不宜超过 3 层；钢板桩施工作业区内应无高压线路，作业区应有明显标志或围栏。桩锤在施打过程中，监视距离不宜小于 5m。

2）组装桩机设备时，应对各紧固件进行检查，在紧固件未拧紧前不得进行配重安装。组装完毕后，应对整机进行试运转，确认各传动机构、齿轮箱、防护罩等良好，各部件连接牢靠。

3）桩机作业应符合下列规定：

① 严禁吊桩、吊锤、回转或行走等动作同时进行。

② 当打桩机带锤行走时，应将桩锤放至最低位。打桩机在吊有桩和锤的情况下，操作人员不得离开岗位。

③ 当采用振动桩锤作业时，悬挂振动桩锤的起重机，其吊钩上必须有防松脱的保护装置，振动桩锤悬挂钢架的耳环上应加装保险钢丝绳。

④ 插桩后，应及时校正桩的垂直度。后续桩与先打桩间的钢板桩锁扣使用前应通过套

锁检查。当桩入土 3m 以上时，严禁用打桩机行走或回转动作来纠正桩的垂直度。

⑤ 当停机时间较长时，应将桩外锤落下垫好。

⑥ 检修时不得悬吊桩锤。

⑦ 作业后应将打桩机停放在坚实平整的地面上，将桩锤落下垫实，并切断动力电源。

4）板桩围护墙基坑邻近建（构）筑物及地下管线时，应采用静力压桩法施工，并应根据环境状况控制压桩施工速率。当静力压桩作业时，应有统一指挥，压桩人员和吊装人员要密切联系，相互配合。

5）板桩围护施工过程中，应加强周边地下水位以及孔隙水压力的监测。

3. 灌注桩排桩围护墙施工安全技术

排桩是沿基坑侧壁排列设置的支护桩及冠梁所组成的支挡式结构部件或悬臂式支挡结构。支护桩可采用干作业钻孔灌注桩、湿作业钻孔灌注桩和挖孔灌注桩等桩型。灌注桩排桩围护墙施工应符合下列安全规定：

1）当干作业挖孔桩采用人工挖孔方法时，应符合工程所在地关于人工挖孔桩的安全规定，并应采取下列措施：

① 孔内必须设置应急软梯供人员上下，不得使用麻绳和尼龙绳吊挂或脚踏井壁凸缘上下；使用的电动葫芦、吊笼等应安全可靠，并应配有自动卡紧装置；电动葫芦宜采用按钮开关，使用前必须检验其安全起吊能力。

② 每日开工前必须检查井下的有毒有害气体，并应有相应的安全防范措施；当桩孔开挖深度超过 10m 时，应有专门向井下送风的装备，风量不宜少于 25L/s。

③ 孔口周边必须设置护栏，护栏高度不应低于 0.8m。

④ 施工过程中孔内无作业和作业完毕后，应及时在孔口加盖盖板。

⑤ 挖出的土石方应及时运离孔口，不得堆放在孔口周边 1m 范围内，机动车辆的通行不得对井壁的安全造成影响。

⑥ 现场的一切电源、电路的安装和拆除，必须符合现行行业标准《施工现场临时用电安全技术规范》（JGJ 46—2005）的规定。

2）钻机施工应符合下列要求：

① 作业前应对钻机进行检查，各部件验收合格后方能使用。

② 钻头和钻杆连接螺纹应良好，钻头应焊接牢固，不得有裂纹。

③ 钻机钻架基础应夯实、整平，地基承载能力应能满足要求，作业范围内地下应无管线及其他地下障碍物，作业现场与架空输电线路的安全距离应符合规定。

④ 钻进中，应随时观察钻机的运转情况，当发生异响、吊索具破损、漏气、漏碴及其他不正常情况时，应立即停机检查，排除故障后方可继续开工。

⑤ 当桩孔净间距过小或采用多台钻机同时施工时，相邻桩应间隔施工。当无特别措施时，完成浇筑混凝土的桩与邻桩间距不应小于 4 倍桩径，或间隔施工时间宜大于 36h。

⑥ 泥浆护壁成孔时若发生斜孔、塌孔或沿护筒周围冒浆及地面沉陷等情况，应停止钻进，经采取措施后方可继续施工。

⑦ 当采用空气吸泥时，其喷浆口应遮盖，并应固定管端。

3）灌注桩排桩施工的其他安全规定如下：

① 冲击成孔前以及过程中，应经常检查钢丝绳、卡扣及转向装置，冲击时应控制钢丝

绳放松量。

② 对非均匀配筋的钢筋笼，在吊放安装时，应有方向辨别措施确保钢筋笼的安放方向与设计方向一致。

③ 混凝土浇筑完毕后，应及时在桩孔位置回填土方或加盖盖板。

④ 当遇有湿陷性土层，在地下水位较低、既有建筑物距离基坑较近时，不宜采用泥浆护壁的工艺施工灌注桩。当需采用泥浆护壁工艺时，应通过采用优质低失水量泥浆、控制孔内水位等措施减少和避免对相邻建（构）筑物产生的影响。

⑤ 基坑土方开挖过程中，宜采用喷射混凝土等方法对灌注排桩间土体进行加固，防止土体掉落对人员、机具造成损害。

4. 型钢水泥土搅拌墙施工安全技术

型钢水泥土搅拌墙施工方法有 SMW 工法和 TRD 工法两种。

SMW 工法，即水泥土搅拌桩墙工法，其原理是利用专门的多轴搅拌就地钻进切削土体，同时在钻头端部将水泥浆液注入土体，经充分搅拌混合后，在各施工单位之间采取重叠搭接施工，在水泥土混合体未结硬前再将 H 型钢或其他型材插入搅拌桩体内，形成具有一定强度和刚度的、连续完整的、无接缝的地下连续墙体，该墙体可作为地下开挖基坑的挡土和止水结构。

TRD 工法，也称渠式切割型钢水泥土搅拌墙工法，其基本原理是首先利用链锯式刀具箱竖直插入地层中，然后做水平横向运动，同时由链条带动刀具做上下的回转运动，搅拌混合原土并灌入水泥浆，形成一定厚度的墙体，并在水泥土浆液未硬化时跟进插入型钢，从而形成渠式切割型钢水泥土搅拌墙。

渠式切割型钢水泥土搅拌墙中的型钢经过减摩剂处理，当基坑施工回填后型钢可拔出回收，与钢筋混凝土灌注桩相比，有用钢量少、工艺操作简单、质量控制方便、造价低、工期快等优点。

（1）渠式切割型钢水泥土搅拌墙施工安全规定

1）施工现场应先进行场地平整，清除搅拌桩施工区域的表层硬物和地下障碍物。现场道路的承载能力应满足桩机和起重机平稳通行的要求。

2）当在硬质土层成桩困难时，应调整施工速度或采取先行钻孔跳打方式。

3）对周边环境保护要求高的基坑工程，宜选择挤土量小的搅拌机头，并应通过试成桩及其监测结果调整施工参数。

4）型钢堆放场地应平整坚实，场地无积水，地基承载力应满足堆放要求。

5）型钢吊装过程中，型钢不得拖地；起重机械回转半径内不应有障碍物，吊臂下严禁站人。

（2）型钢的插入、拔除与回收要求

1）型钢宜依靠自重插入，当型钢插入有困难时可采取辅助措施。严禁采用多次重复起吊型钢并松钩下落的插入方法。

2）前后插入的型钢应可靠连接。

3）当采用振动锤插入时，应通过监测以检验其适用性。型钢拔除应采取跳拔方式，并宜采用液压千斤顶配以起重机进行；型钢拔除前水泥土搅拌墙与主体结构地下室外墙之间的空隙必须回填密实，拔出时应对周边环境进行监测，拔出后应对型钢留下的孔隙进行注浆填充。

4）当基坑内外水头差不平衡时，不宜拔除型钢，如需拔除型钢，应采取相应的截水措施。

5）当周边环境条件复杂、环境保护要求高、拔除对其影响较大时，型钢不应回收。

6）回收型钢施工应编制包括浆液配比、注浆工艺、拔除顺序等内容的施工安全方案。

（3）采用 TRD 工法施工型钢水泥土搅拌墙的规定

1）成墙施工时，应保持不小于 2m/h 的搅拌推进速度。

2）成墙施工结束后，切割箱应及时进入挖掘养生作业区或拔出。

3）施工过程中，必须配置备用发电机组，保障连续作业。

4）应控制切割箱的拔出速度，使拔出切割箱过程中浆液注入量与拔出的切割箱体积相等，混合泥浆液面不得下降。

5）水泥土未达到设计强度前，沟槽两侧应设置防护栏杆及警示标志。

5. 内支撑施工安全技术

对于软土地区的深基坑开挖，采用内支撑系统的围护方式已经得到广泛的应用。内支撑系统由水平支撑和竖向支撑两部分组成，可选用钢支撑、混凝土支撑、钢与混凝土的混合支撑等。内支撑形式主要有水平对撑或斜撑（可采用单杆、桁架、八字形支撑）、正交或斜交的平面杆系支撑、环形杆系或板系支撑和竖向斜撑，应综合考虑基坑平面的形状、尺寸、开挖深度、周边环境条件、主体结构的形式等因素。

（1）内支撑施工安全规定

1）支撑系统的施工与拆除，应按先撑后挖、先托后拆的顺序。拆除顺序应与支护结构的设计工况相一致，并应结合现场支护结构内力与变形的监测结果进行。

2）支撑结构上不应堆放材料和运行施工机械，当需要利用支撑结构兼作施工平台或栈桥时，应进行专门设计。

3）基坑开挖过程中应对基坑形成的立柱进行监测，并应根据监测数据调整施工方案。

4）支撑底模应具有一定的强度、刚度和稳定性，混凝土垫层不得用作底模。

5）钢支撑吊装就位时，起重机及钢支撑下方严禁站人，现场应做好防下坠措施；钢支撑吊装过程中应缓慢移动，操作人员应监视周边环境，避免钢支撑刮碰坑壁、冠梁、上下钢支撑等；起吊钢支撑应先进行试吊，检查起重机的稳定性、制动的可靠性、钢支撑的平衡性、绑扎的牢固性，确认无误后方可起吊。当起重机出现倾覆现象时，应快速使钢支撑落回基座。

（2）钢支撑的预应力施加规定

1）支撑安装完毕后，应及时检查各节点的连接状况，经确认符合要求后方可均匀、对称、分级施加预压力。

2）预应力施加过程中应检查支撑连接节点，必要时应对支撑节点进行加固；预应力施加完毕、额定压力稳定后应锁定。

3）钢支撑使用过程中应定期进行预应力监测，必要时应对预应力损失进行补偿；当周边环境保护要求较高时，宜采用钢支撑预应力自动补偿系统。

（3）立柱及立柱施工规定

1）立柱桩施工前，应对其单桩承载力进行验算，竖向荷载按最不利工况取值；立柱在基坑开挖阶段应计入支撑与立柱的自重、支撑构件上的施工荷载等。

2）立柱与支撑可采用对接连接，在节点处应根据荷载大小，通过计算设置抗剪钢筋或钢牛腿等。立柱穿过主体结构底板以及支撑结构穿越主体结构地下室外墙的部位应采取止水构造措施。

3）钢立柱周边的桩孔应采用砂石均匀回填密实。

（4）支撑拆除施工规定

1）拆除施工前，必须对施工作业人员进行书面安全技术交底，施工中应加强安全检查。

2）拆除作业施工范围内严禁非操作人员入内，切割焊和吊运过程中工作区严禁非操作人员入内，拆除的零部件严禁随意抛落。钢筋混凝土支撑采用爆破拆除时，现场应划定危险区域，设置警戒和相关的安全标志，警戒范围内不得有人员逗留，并应派专人监管。

3）支撑拆除时应设置安全可靠的防护措施和作业空间。当利用永久性结构底板或楼板作为拆除平台时，应采取有效的加固和保护措施，并征得主体结构设计单位同意。

4）换撑工况应满足设计工况要求，支撑应在梁板柱结构及换撑结构达到设计要求的强度后对称拆除。

5）支撑拆除施工过程中应加强对支撑轴力和支护结构位移的监测，变化较大时，应加密监测，并及时统计，分析上报，必要时停止施工，加强支撑。

6）栈桥拆除施工过程中，栈桥上严禁堆载，并应限制施工机械超载；应合理规划拆除的顺序，根据支撑结构变形情况调整拆除长度，确保栈桥剩余部分结构的稳定性。

7）钢支撑采用人工拆除和机械拆除。钢支撑拆除时应避免瞬间预加应力释放过大而导致支护结构局部变形、开裂，并应采用分步卸载钢支撑预应力的方法对其进行拆除。

（5）爆破拆除规定

1）钢筋混凝土支撑爆破应根据周边环境作业条件、爆破规模，按《爆破安全规程》（GB 6722—2014）分级，采取相应的安全技术措施。

2）爆破拆除钢筋混凝土支撑应进行安全评估，并经当地有关部门审核批准后实施。

3）应根据支撑结构特点规划爆破拆除顺序，爆破孔宜在钢筋混凝土支撑结构施工时预留。

4）支撑与围护结构或主体结构相连的区域应先行切断，在爆破支撑的顶面和底面应加设防护层。

（6）采用人工拆除或机械拆除时的规定

1）当采用人工拆除作业时，作业人员应站在稳定的结构或脚手架上操作，支撑构件应采取有效的防下坠控制措施，对切断两端的支撑拆除构件应有安全的放置场所。

2）应按施工组织设计选定的机械设备及吊装方案进行施工，严禁超载作业或任意扩大使用范围。

3）作业中，机械不得同时回转、行走。

4）对较大尺寸或自重较大的构件或材料，必须采用起重机具及时吊下。

5）拆卸下来的各种材料应及时清理，分类堆放在指定场所。

6）供机械设备使用和堆放拆卸下来的各种材料的场地地基承载力应满足要求。

9.5.4　土钉墙支护结构施工安全技术

土钉墙是用于保持基坑侧壁或边坡稳定的一种挡土结构，它是一种原位土体加固技术。典型的土钉墙包括三个部分：置于原位土体中的土钉及其周围的注浆体、被加固的土体、坡面上的喷射混凝土面层。土钉墙充分利用土体的自承能力，通过锚喷网进一步增强土体的强度和稳定性，形成了一种自稳性结构的主动支护体系。土钉墙的应用范围很广，主要用于土体开挖时的临时支护、加固边坡，也可作为永久挡土结构。目前，通常在基坑开挖深度不大、地质条件及周边环境较为简单的情况下使用土钉墙，更多采用的是复合土钉墙。

复合土钉墙是在土钉墙的基础上发展起来的新型支护结构，其原理是将土钉墙与止水帷幕、微型桩及预应力锚杆等构件结合起来，根据工程具体条件选择与其中一种或多种组合，从而形成复合土钉墙。复合土钉墙具有基本型土钉墙的全部优点，且弥补了其大多数缺陷，复合土钉墙整体稳定性、抗隆起及抗渗流等性能大大提高，能够有效地控制基坑的水平位移，增加支护深度，几乎适用于各种土层，大大拓宽了土钉墙的应用范围。

1. 土钉墙支护的特点

土钉墙作为一种基坑支护方法，与传统支护技术相比，具有以下特点：

1）结构轻巧、有柔性，可靠度高。通过喷锚，与加固岩土形成复合体，允许边坡有少量变形，受力效果大大改善。土钉数量众多，个别土钉失效对整个边坡影响不大。

2）施工机具轻便简单、灵活，所需场地小，工人劳动强度低，在现场狭小、放坡困难、有相邻建筑物时尤显其优越性。

3）基坑自上而下逐层分段开挖，边开挖边喷锚，可及时对边坡进行封闭，从而防止水土流失及雨水、地下水对边坡的冲刷侵蚀。

4）施工设备及施工工艺简单，土钉墙本身变形很小，施工噪声、振动小，对周围环境干扰小，施工速度快，施工效率高，占用周期短。

5）材料用量及工程量少，工程造价较其他支护结构显著降低。

2. 土钉墙支护的施工方法

土钉墙应按每层土钉及混凝土面层分层设置、分层开挖基坑的步序施工，其施工流程一般为：开挖工作面→整修坡面→初喷第一层混凝土→钻孔→插入土钉→注浆→绑扎钢筋网→安装泄水管→复喷第二层混凝土→养护→开挖下一层工作面，重复以上工作直至完成。

基坑要按设计要求严格分层分段开挖，在上一层作业面的土钉与喷射混凝土面层达到设计强度的 70% 以前，不得进行下一层土层的开挖。每层开挖最大深度取决于土壁可以自稳而不发生滑动破坏的能力，实际工程中基坑每层开挖深度通常为土钉的竖向间距。坡面开挖后需切削清坡，以使坡度及坡面平整度达到设计要求。坡面整修后应尽快做好面层，即对修整后的边壁立即喷上一层薄混凝土或砂浆，若土层地质条件好可省去该道面层。

对于钢筋钉，通常是先在土体中成孔，再置入土钉钢筋并沿全长注浆；对于钢管钉，可先打入土体后再向钢管内注浆。钻孔前，应根据设计要求定出孔位并作出标记及编号。根据土层的性状选择洛阳铲、螺旋钻、冲击钻、地质钻等成孔工具，采用的成孔方法应能保证孔壁的稳定性，减小对孔壁的扰动。成孔后要进行清孔检查，若孔中出现局部渗水、塌孔或掉落松土则应立即处理。土钉置入孔中前，要先在钢筋上安装对中定位支架，以保证钢筋处于孔位中心且注浆后其保护层厚度不小于 25mm。钢筋置入孔中后即可进行注浆处理，注浆时应采取必要的排气措施。对于向下倾斜的土钉，通过重力或低压注浆时宜采用底部注浆方式；对于水平钻孔的土钉，应采用口部压力注浆或分段压力注浆方式。

在喷第二层混凝土之前，应先按设计要求在坡面上绑扎、固定钢筋网。土钉钢筋与面层钢筋网的连接可通过垫板、螺母及土钉端部螺纹杆固定，也可通过井字加强钢筋直接焊接在钢筋网上。为保证喷射混凝土厚度达到均匀的设计值，可在边壁上隔一定距离打入垂直短钢筋段作为厚度标志。面层混凝土喷射后2~4h应进行养护，养护时间宜为3~7天，视当地环境条件采用喷水、覆盖浇水或喷涂养护剂等养护方法。

3. 土钉墙支护的施工安全

（1）土钉墙支护施工要求　土钉墙支护施工应与降水、土方开挖相互交叉配合进行，并应符合下列规定：

1）分层开挖厚度应与土钉竖向间距协调同步，逐层施工，禁止超挖。

2）开挖后应及时封闭临空面，完成土钉墙支护；在易产生局部失稳的土层中，土钉上下排距较大时，宜将开挖分为两层并严格控制开挖分层厚度，及时喷射混凝土底面层。

3）上一层土钉完成注浆后，应满足设计要求或至少间隔48h方可允许开挖下一层土方。

4）施工期间，坡顶应按超载值设计要求控制施工荷载。

5）严禁土方开挖设备碰撞上部已施工土钉，严禁振动源振动土钉侧壁。

6）对环境调查结果显示基坑侧壁地下管线存在渗漏或存在地表水补给的工程，应反馈修改设计，提高土钉设计安全度，必要时调整支护结构方案。

7）施工过程中，应对产生的地面裂缝进行观测和分析，并及时反馈给设计单位，采取相应的措施控制裂缝的发展。

（2）土钉施工要求

1）干作业法施工时，应先降低地下水位，严禁在地下水位以下成孔施工。

2）当成孔过程中遇有障碍物或成孔困难需调整孔位及土钉长度时，应对土钉承载力及支护结构安全度进行复核计算，并应根据复核计算的结果调整设计。

3）对于灵敏度较高的粉土、粉质黏土及可能产生液化的土体，禁止采用振动法施工土钉。

4）设有水泥土截水帷幕的土钉支护结构，土钉成孔过程中应采取措施防止水土流失。

5）土钉应采用孔底注浆施工，严禁采用孔口重力式注浆；对空隙较大的土层，应采用较小的水灰比，并应采取二次注浆方法。

（3）喷射混凝土作业要求

1）作业人员应佩戴防尘口罩、防护眼镜等防护用具，并避免直接接触液体速凝剂，接触后应立即用清水冲洗；非施工人员不得进入喷射混凝土的作业区，施工中喷嘴前严禁站人。

2）喷射混凝土施工中应检查输料管、接头的情况，当有磨损、击穿或松脱时应及时处理。

3）喷射混凝土作业中如发生输料管路堵塞或爆裂，必须依次停止投料、送水和供风。

4）冬期没有可靠保温措施条件时不得施工土钉墙。

9.6　深基坑工程地下水与地表水控制、土石方开挖及施工监测

9.6.1　深基坑工程地下水与地表水控制

在基坑施工时，当基坑底面开挖到地下水位之下后，由于土的含水层被切断，地下水会不断渗入坑内；在雨期施工时，地表水也易流入基坑内。如果不及时排走基坑内积水，不仅会使施工条件恶化，还会使坑底土被水泡软，造成坑底地基土承载力下降，甚至造成边坡塌方，严重者会危及邻近建筑物的安全。因此，基坑施工应采用明排水法或井点降水法，排除基坑内积水或使地下水位低于基坑坑底。当因降水而危及基坑及周边环境安全时，宜采用截水帷幕或回灌方法处理，以确保基坑施工安全。

1. 地下水与地表水控制的一般规定

1）应根据设计文件、基坑开挖场地工程地质条件、水文地质条件及基坑边环境条件编制施工组织设计或施工方案。

2）降排水施工方案应包含各种泵的扬程、功率，排水管路尺寸、材料、路线，水箱位置、尺寸，电力配置等。降排水系统应保证水流排入市政管网或排水渠道，应采取措施防止抽出的水倒灌流入基坑内。

3）当采用的降水方法不能满足设计要求时，或基坑内坡道或通道等无法按防水设计方案实施时，应反馈设计单位调整设计，制订补充措施。

4）当基坑内出现临时局部深挖时，可采用集水明排、盲沟等技术措施，并应与整体降水系统有效配合。

5）抽水应采取措施控制出水含砂量，含砂量控制应满足设计要求，并应满足有关规范要求。

6）当支护结构或地基处理施工时，应采取措施防止打桩、注浆等行为造成管井、井点失效。

7）当坑底下部的承压水影响到基坑安全时，应采取坑底土体加固或降低承压水头等治理措施。

8）应进行中长期天气预报资料收集，编制晴雨表，根据天气预报实时调整施工进度。降雨前应对已挖开未进行支护的侧壁采取覆盖措施，并应配备设备及时排走基坑内积水。

9）当因地下水或地表水控制原因引起基坑周边建（构）筑物或地下管线产生超限沉降时，应查找原因并采取有效控制措施。

10）基坑降水期间应根据施工组织设计配备发电机组，并应进行相应的供电切换演练。所有电力系统的电缆的拆除必须由专业人员负责，井管、水泵的安装应采用起重设备。

11）降水运行阶段应有专人值班，对降排水系统进行定期或不定期巡察，防止因停电或其他因素影响降排水系统正常运行。

2. 明排水法施工安全技术

明排水法也称集水井降水法，其原理是在基坑底部四周挖排水沟，在排水沟上每隔一定距离设集水井，当基坑开挖深度超过地下水位后，地下水流入排水沟和集水井，在集水井内设水泵将水抽排出基坑。随着基坑开挖深度的增加，排水沟与集水井的深度也持续加深，并

需及时将集水井中的水排出基坑。

排水沟和集水井宜布置于地下结构外侧，距坡脚不宜小于 0.5m。单级放坡的基坑降水井宜设计在坡顶，多级放坡的基坑降水井宜设置于坡顶、放坡平台。排水沟深度和宽度应根据基坑排水量确定，排水沟底宽不宜小于 300mm。集水井壁应有防护结构，并应设置碎石滤水层、泵端纱网。集水井的大小和数量应根据基坑涌水量和渗漏水量、积水水量确定，且直径（或宽度）不宜小于 0.6m，底面比排水沟沟底深不宜小于 0.5m，间距不宜大于 30m。排水沟或集水井的排水量计算应满足下式要求：

$$V \geqslant 1.5Q$$

式中　　V——排水量（m^3/天）；

　　　　Q——基坑涌水量（m^3/天），按降水设计计算或根据工程经验确定。

3. 井点降水施工安全技术

井点降水是在基坑开挖前，在基坑四周埋设一定数量的下设滤管的井点管或管井，利用抽水设备把水抽走，使地下水位始终低于基坑坑底。井点降水所采用的井点类型有轻型井点、喷射井点、电渗井点、管井井点、深井井点等。

井点降水的施工包括井点的埋设、井点的连接与试抽、井点的运转与监测、井点的拆除。在井点降水施工中，应满足以下规定：

（1）当降水管井采用钻、冲孔法施工时应符合的规定

1）应采取措施防止机具突然倾倒或钻具下落造成人员伤亡或设备损坏。

2）施工前先查明井位附近地下构筑物及地下电源、水、煤气管道的情况，并应采取有效防护措施。

3）钻机转动部位应有安全防护罩。

4）在架空输电线附近施工，应按安全操作规程的有关规定进行，钻架与高压线之间应有可靠的安全距离。

5）夜间施工要有足够的照明设备。钻机操作台、传动及转盘等危险部位和主要通道不能留有黑影。

（2）降水系统运行应符合的规定

1）降水系统应进行试运行，试运行之前应测定各井口和地面标高、静止水位，检查抽水设备、抽水和排水系统；试运行抽水控制时间为 1 天，并应检查出水质量和出水量。

2）轻型井点降水系统运行应符合下列规定：

① 总管与真空泵接好后应启动真空泵开始试抽水，检查泵的工作状态。

② 真空泵的真空度应达到 0.08MPa 及以上。

③ 正式抽水宜在预抽水时间 15 天后进行。

④ 应及时做好降水记录。

3）管井降水抽水运行应符合下列规定：

① 正式抽水宜在预抽水 3 天后进行。

② 坑内降水井宜在基坑开挖 20 天前开始运行。

4）应加盖保护深井井口；车辆运行道路上的降水井，应加盖市政承重井盖，排水通道宜采用暗沟或暗管。

5）真空降水管井抽水运行应符合下列规定：

① 井点使用时抽水应连续，不得停泵，并应配备能自动切换的电源。

② 当降水过程中出现长时间抽浑水或出现清水后又变浑的情况时，应立即检查纠正。

③ 应采取措施防止漏气，真空度应控制在 –0.03~0.06 MPa；当真空度达不到要求时，应检查管道漏气情况并及时修复。

④ 当井点管淤塞太多、严重影响降水效果时，应逐个用高压水反复冲洗井点管或拔出重新埋设。

⑤ 应根据工程经验和运行条件、泵的质量情况等，配备一定数量的备用射流泵。对使用的射流泵应进行日常保养和检查，发现不正常应及时更换。

（3）降水管井随基坑开挖深度需切割应符合的规定　降水管井随基坑开挖深度需切割时，对继续运行的降水管井应去除井管四周地面以下 1m 的滤料层，并应采用黏土封井后再运行。

（4）井点的拔除或封井方案应符合的规定　井点的拔除或封井方案应满足设计要求，并应在施工组织设计中体现。

4. 截水帷幕施工安全技术

截水帷幕是由水泥土桩或钢板桩相互咬合搭接形成的，用以阻隔或减少地下水通过基坑侧壁与坑底流入基坑，控制基坑外地下水位下降的幕墙状结构。目前，基坑截水可采用水泥土搅拌桩、高压旋喷桩、地下连续墙和小锁口钢板桩等，当有可靠工程经验时，也可采用地层冻结技术（冻结法）阻隔地下水。

截水帷幕的渗透系数宜小于 1.0×10^{-6} cm/s。在粉性或砂性土中施工水泥土截水帷幕宜采用适合的添加剂，降低截水帷幕渗透系数，并应对帷幕的渗透系数进行检验。当检验结果不能满足设计要求时，应进行设计复核。若支护结构的支护桩采用灌注桩的形式，则截水帷幕与灌注桩之间不应存在间隙。当环境保护设计要求高时，应在灌注桩与截水帷幕之间采取注浆加固等措施。

（1）注浆法帷幕施工应符合的规定

1）注浆帷幕施工前应进行现场注浆试验，试验孔的布置应选取具有代表性的地段，并应在土层中采用钻孔取芯结合注水试验检验截水防渗效果。

2）注浆管上拔时宜用拔管机。

3）当土层存在动水或土层较软弱时，可采用双液注浆法来控制浆液的渗流范围，两种浆液混合后在管内的时间应小于浆液的凝固时间。

4）应保证施工桩径，并确保相邻桩搭接要求；当采用高压喷射注浆法做局部截水帷幕时，应采用复喷工艺，喷浆下沉或提升速度不应大于 300mm/min。

5）应采取措施减少二重管、三重管高压喷射注浆施工对周边建筑物、地下管线沉降变形的影响，必要时应调整帷幕桩墙设计。

（2）三轴水泥土搅拌桩截水帷幕施工应符合的规定

1）应采用套接孔法施工，相邻桩的搭接时间间隔不宜大于 24h。

2）当帷幕墙前设置混凝土排桩时，宜先施工截水帷幕，后施工灌注排桩。

3）当采用多排三轴水泥土搅拌桩内套挡土桩墙方案时，应控制三轴水泥土搅拌桩施工对基坑周边的影响。

（3）钢板截水桩应符合的规定

1）应评估钢板桩施工对周边环境的影响。

2）在拔除钢板桩前应先用振动锤振动钢板桩，拔除的桩孔位应进行注浆回填。

3）钢板桩打入与拔出时应对周边环境进行监测。

（4）兼作截水帷幕的钻孔咬合桩施工应符合的规定

1）宜采用软切割全套管钻机施工。

2）砂土中的全套管钻孔咬合桩施工，应根据产生管涌的不同情况，采取相应的克服砂土管涌的技术措施，并应随时观测孔内地下水和穿越砂层的动态，按少取土多压进的原则操作，确保套管超前。

3）套管底口应始终保持超前于开挖面 2.5m 以上，当遇套管底无法超前时，可向管内注水来平衡第一序列桩混凝土的压力，阻止管涌发生。

（5）冻结法截水帷幕施工应符合的规定

1）冻结孔施工应具备可靠稳定的电源和预备电源。

2）冻结管接头强度应满足拔管和冻结壁的变形作用要求，冻结管下入地层后应进行试压。

3）冻结站安装应进行管路密封性试验，并应采取措施保证冻结站的冷却效率，正式运转后不得无故停止或减少供冷。

4）施工过程应采取措施减小成孔引起的土层沉降，并及时监测倾斜指标。

5）开挖前应对冻结壁的形成进行检测分析，并对冻结运转参数进行评估；检验合格以及施工准备工作就绪后方可进行试开挖判定，具备开挖条件后才可进行正式开挖。

6）开挖过程应维持地层的温度稳定，并对冻结壁进行位移和温度监测。

7）冻结壁解冻过程中应对土层和周边环境进行连续监测，必要时应对地层采取补偿注浆等措施；冻结壁全部融化后应继续监测直至沉降达到控制要求。

8）冻结工作结束后，应对遗留在地层中的冻结管进行填充和封孔，并应保留记录。

9）冻结站拆除时应回收盐水，不得随意排放。

（6）截水帷幕质量控制和保护应符合的规定

1）截水帷幕深度应满足设计要求。

2）截水帷幕的平面位置和垂直度偏差应符合设计要求。

3）截水帷幕水泥掺入量与桩体质量应满足设计要求。

4）截水帷幕的养护龄期应满足设计要求。

5）支护结构变形量应满足设计要求。

6）严禁土方开挖和运输破坏截水帷幕。

（7）截水帷幕失效时可采取的处理措施

1）设置导流水管。

2）采用遇水膨胀材料或采用压密注浆、聚氨酯注浆等方法堵漏。

3）采用快硬早强混凝土浇筑挡墙。

4）在基坑内壁采用高压旋喷或水泥土搅拌桩增设止水帷幕。

5）增设坑内降水和排水设施。

5. 回灌施工安全技术

当基坑降水引起的土层变形对基坑周边环境产生不利影响时，宜在降水井外侧采用回灌方法减少土层变形量。回灌系统应根据防水布置、出水量、现场条件建立，并应通过现场试验确定回灌水量和回灌工艺。

回灌水量应保持稳定，应根据水位观测孔中水位变化进行控制和调节，严禁超灌，以免引起湿陷事故。回灌方法宜采用管井回灌，回灌井与降水井的距离不宜小于 6m，深度宜进入稳定水面以下 1m，回灌井的间距应根据回灌水量的要求和降水井的间距确定。回灌砂井中的砂宜为不均匀系数在 3~5 之间的纯净中粗砂，含泥量不大于 3%，灌砂量应不少于孔体积的 95%。回灌用水应采用清水，宜用降水井抽水进行回灌。回灌水水质不得低于原地下水水质标准，回灌水质应符合环境保护要求，回灌不应造成区域性地下水质污染。当回灌管路产生堵塞时，应根据产生堵塞的原因，采取连续反冲洗方法、间歇停泵反冲洗与压力灌水相结合的方法进行处理。

9.6.2　深基坑工程土石方开挖

深基坑工程土石方开挖的施工方案应结合基坑支护结构确定。按照基坑支护结构形式不同，基坑土石方开挖可分为无内支撑的基坑开挖和有内支撑的基坑开挖。另外，根据基坑开挖方法不同，基坑土石方开挖可分为明挖法和暗挖法。

深基坑工程土石方开挖施工前，应根据基坑支护设计、降排水方案和施工现场条件等，编制深基坑开挖专项施工方案，并按规定履行审批手续。深基坑开挖专项施工方案的主要内容应包括工程概况、地质勘察资料、施工平面及场内道路、挖土机械选型、挖土工况、挖土方法、排水措施、季节性施工措施、支护结构变形控制和环境保护措施、监测方案、应急预案等。

为保证基坑及周边环境的安全，基坑开挖前必须先进行支护结构施工，在支护结构未达到设计强度前进行基坑开挖时，严禁在设计预计的滑（破）裂面范围内堆载；临时土石方的堆放应进行包括自身稳定性、邻近建筑物地基承载力、变形、稳定性和基坑稳定性验算。

1. 深基坑工程土石方开挖施工的一般规定

1）土石方开挖前应对围护结构和防水效果进行检查，满足设计要求后方可开挖，开挖过程中应对临时开挖侧壁的稳定性进行验算。

2）基坑开挖除应满足设计工况要求，按分层开挖，分段开挖，限时、限高开挖和均衡、对称开挖的原则进行外，还应符合下列规定：

① 当挖土机械、运输车辆直接进入坑底进行施工作业时，应采取措施保证坡道稳定，坡道坡度不应大于 1 : 7，坡道宽度应满足行车要求。

② 基坑周边、放坡平台的施工荷载应按设计要求进行控制。

③ 基坑开挖的土石方不应在邻近建筑及基坑周边影响范围内堆放，当需要堆放时应进行承载力和相关稳定性验算。

④ 邻近基坑边的局部深坑宜在大面积垫层完成后开挖。

⑤ 挖土机械严禁碰撞工程桩、围护墙、支撑、立柱和立柱桩、降水井管、监测点等。

⑥ 当基坑开挖深度范围内有地下水时，应采取有效的降水与排水措施，地下水在每层土方开挖面以下 800~1000mm。

3）基坑开挖过程中，当基坑周边相邻工程进行桩基、基坑支护、土方开挖、爆破等施工作业时，应根据相互之间的施工影响，采取可靠的安全技术措施。

4）基坑开挖应采用信息施工法，根据基坑周边环境的监测数据，及时调整基坑开挖的施工顺序和施工方法。

5）在土石方开挖施工过程中，当发现有毒有害液体、气体、固体时，应立即停止作业，进行现场保护，并报有关部门处理后方可继续施工。

6）土石方爆破应符合《建筑施工土石方工程安全技术规范》（JGJ 180—2009）的规定。

2. 无内支撑基坑土石方开挖施工安全技术

无内支撑基坑是指在基坑开挖深度范围内不设置内部支撑的基坑，包括采用放坡开挖的基坑，以及采用重力式水泥土墙支护、土钉墙支护、土层锚杆支护、钢板桩拉锚支护、板式悬臂支护的基坑。无内支撑的基坑开挖一般采用明挖法。

1）放坡开挖的基坑，边坡应符合下列规定：

① 坡面可采用钢丝网水泥砂浆或现浇混凝土护坡面层覆盖，现浇混凝土可采用钢板网喷射混凝土。护坡面的厚度不应小于50mm，混凝土强度等级不宜低于C20，配筋情况根据设计确定。混凝土面层应采用短土钉固定。

② 护坡面层宜扩展至坡顶和坡脚一定的距离，坡顶可与施工道路相连，坡脚可与垫层相连。

③ 护坡应设置泄水孔，间距应根据设计确定。当无设计要求时，可采用1.5~3.0m。

④ 当进行分级放坡开挖时，在上一级基坑坡面处理完成之前，严禁下一级基坑坡面土方开挖。

⑤ 放坡开挖的基坑，坡顶和坡脚应设置截水明沟、集水井。

2）采用土钉或复合土钉墙支护的基坑开挖施工，应符合下列规定：

① 截水帷幕、微型桩的强度和龄期应达到设计要求后方可进行土方开挖。

② 基坑开挖应与土钉施工分层交替进行，并应缩短无支护暴露时间。

③ 面积较大的基坑可采用岛式开挖方式，先挖除距基坑边8~10m的土方，再挖除基坑中部的土方。

岛式开挖应符合下列规定：

边部土方的开挖范围应根据支撑布置形式、围护墙变形控制等因素确定；边部土方应采用分段开挖的方法，缩短围护墙无支撑或无垫层暴露时间。

中部岛状土体的各级放坡和总放坡应验算稳定性。

中部岛状土体的开挖应均衡对称进行。

应采用分层分段方法进行土方开挖，每层土方开挖的底标高应低于相应土钉位置，且距离不宜大于200~500mm，每层分段长度不应大于30m。

应在土钉承载力或龄期达到设计要求后开挖下一层土方。

3）采用锚杆支护的基坑开挖施工应符合下列规定：

① 面层及排桩、微型桩、截水帷幕的强度和龄期应达到设计要求后方可进行土方开挖。

② 基坑开挖应与锚杆施工分层交替进行，并应缩短无支护暴露时间。

③ 锚杆承载力、龄期达到设计强度后方可进行下一层土开挖。

④ 预应力锚杆应经试验检测合格后方可进行下一层土开挖，并应对预应力进行监测。

4）采用水泥土重力式围护墙的基坑开挖施工应符合下列规定：

① 水泥土重力式围护墙的强度、龄期应达到设计要求后方可进行土方开挖。

② 面积较大的基坑宜采用盆式开挖方式，盆边留土平台宽度不应小于 8m。

③ 土方开挖至坑底后应及时浇筑垫层，围护墙无垫层暴露长度不宜大于 25m。

3. 有内支撑基坑土石方开挖施工安全技术

有内支撑的基坑是指在基坑开挖深度范围内设置一道或多道内部临时支撑的基坑，或者用水平梁板结构代替内部临时支撑的基坑。通常，前者的土石方开挖一般采用明挖法；后者的土石方开挖一般采用暗挖法；也有在基坑内部部分区域采用明挖和部分区域采用暗挖的明暗结合的挖土方式。

当基坑工程采用明挖施工需穿越公路时，往往要占用道路，影响交通，则可采用盖挖法，即由地面向下开挖至一定深度后，将顶部封闭，其余的下部工程在封闭的顶盖下进行施工，主体施工可以顺作，也可以逆作。盖挖法施工工艺的土石方开挖属于暗挖法的一种形式。

有内支撑基坑土石方开挖应符合下列规定：

1）基坑开挖应按先撑后挖、限时开挖、对称开挖、分层开挖、分区开挖等原则确定开挖顺序，严禁超挖，应减少无支撑暴露时间，减小无支撑暴露空间。混凝土支撑应在达到设计强度后，进行下层土石方开挖；钢支撑应在质量验收并按设计要求施加预应力后，进行下层开挖。

2）挖土机械不应停留在水平支撑上方进行挖土作业，当在支撑上部行走时，应在支撑上方回填不少于 300mm 厚的土层，并采取铺设路基箱等措施。

3）立柱桩周边 300mm 土层及塔式起重机基础下钢格构柱周边 300mm 土层应采用人工挖除，钢格构柱内土方宜采用人工挖除。

4）采用逆作法、盖挖法进行暗挖施工应符合下列规定：

① 基坑土石方开挖与结构工程施工的方法和顺序应满足设计工况要求。

② 基坑土石方分层、分段、分块开挖后，应按施工方案的要求，限时完成水平支护结构施工。

③ 狭长形基坑暗挖宜采用分层、分段开挖方法，分段长度不宜大于 25m。

④ 面积较大的基坑应采用盆式开挖方式，盆式开挖的取土口位置与基坑边距离不宜小于 8m。

⑤ 基坑暗挖作业应根据结构预留洞口位置、间距、大小，增设强制通风设施。

⑥ 基坑暗挖作业应设置足够的照明设施，照明设施应根据挖土过程配置。

⑦ 逆作法施工，梁板底模应采用模板支撑系统，模板支撑下的地基承载力应满足要求。

5）有内支撑土石方开挖采用盆式开挖方式时，应符合下列规定：

① 中部土方的开挖范围应根据支撑形式、围护墙变形控制、坑边土体加固等因素确定；中部有支撑时应先完成中部支撑，再开挖盆边土方。

② 盆边开挖形成的临时边坡应进行稳定性验算。

③ 盆边土体应分块对称开挖，分块大小应根据支撑平面布置确定，应限时完成支撑。

④ 软土地基盆式开挖的坡面可采取降水、护坡、土体加固等措施。

9.6.3　深基坑工程施工监测

在基坑开挖过程中，基坑内外的土体将由原来的静止土压力状态向被动和主动土压力状态转变，应力状态的改变会引起土体的变形，即使有挡土支护措施，支护结构的变形也是不可避免的。如果变形值超出允许的范围，将会对支护结构本身造成危害，进而危及基坑周围的建（构）筑物及地下管线。因此，在深基坑施工过程中，必须对支护结构、土体与周边环境的变化、支护结构的应力和地下水的动态加强监测，实施信息化施工。

1. 基坑工程施工监测的一般规定

1）基坑施工过程除应按《建筑基坑工程监测技术标准》（GB 50497—2019）的规定进行专业监测外，施工方应同时编制施工监测方案并实施，施工监测方案应包括以下八个方面的内容：工程概况，监测依据和项目，监测人员配备，监测方法、精度和主要仪器设备，测点布置与保护，监测频率、监测报警值，异常情况下的处理措施，数据处理和信息反馈。

2）应根据环境调查结果，分析评估基坑周边环境的变形敏感度，宜根据基坑支护设计单位提出的各个施工阶段变形设计值和报警值，在施工前对周边敏感的建筑物及管线设施预先采取加固措施。

3）施工过程中，应根据第三方专业监测和施工监测结果，及时分析评估基坑的安全状况。对可能危及基坑安全的质量问题，应采取补救措施。

4）监测标志应稳固、明显，位置应避开障碍物，便于观测；监测点应有专人负责保护，监测过程中也应有工作人员的安全保护措施。

5）遇到连续降雨等不利天气状况时，监测工作不得中断，并应同时采取措施确保监测工作的安全。

2. 基坑工程监测的基本要求

1）监测工作应严格按照施工监测方案执行。

2）监测数据必须可靠。

3）监测必须及时。

4）监测应有完整的观测记录、图表、曲线和监测报告。

3. 基坑工程监测与巡视检查的内容

施工监测应采用仪器监测与巡视检查相结合的方法，用于监测的仪器应按测量仪器有关要求定期标定。对有特殊要求或安全等级为一级的基坑工程，应根据基坑现场施工作业计划制订基坑施工安全监测应急预案。

（1）施工监测的主要内容

1）基坑周边地面沉降。

2）基坑周边重要建筑物沉降。

3）基坑周边建筑物、地面裂缝。

4）支护结构裂缝。

5）坑内外地下水位。

6）地下管线渗漏情况。

7）对安全等级为一级的基坑工程，施工监测的内容还应包括围护墙或临时开挖边坡顶部水平位移和竖向位移、坑底隆起、支护结构与主体结构相结合时主体结构的相关监测。

（2）巡视检查应包含的内容　基坑工程施工过程中，每天应有专人进行巡视检查。巡视检查宜以目视为主，可辅以锤、钎、量尺、放大镜等工器具及摄像、摄影等手段进行，并应做好巡视记录。如发现异常情况和危险情况，应对照仪器监测数据进行综合分析。

　　1）支护结构。对支护结构，巡视检查应包含下列内容：冠梁、围檩、支撑裂缝及开展情况；围护墙、支撑、立柱变形情况；截水帷幕开裂、渗漏情况；墙后土体裂缝、沉陷和滑移情况；基坑涌土、流砂、管涌情况。

　　2）施工工况。对施工工况，巡视检查应包含下列内容：土质情况是否与勘察报告一致；基坑开挖分段长度、分层厚度、临时边坡、支锚设置是否与设计要求一致；场地地表水、地下水排放状况是否正常，基坑降水、回灌设施运转情况是否正常；基坑周边超载与设计要求是否符合。

　　3）周边环境。对周边环境，巡视检查应包含下列内容：周边管道破损、泄漏情况；周边建筑开裂、裂缝发展情况；周边道路开裂、沉陷情况；邻近基坑及建筑的施工状况；周边公众反映情况。

　　4）监测设施。对监测设施，巡视检查应包含下列内容：基准点、监测点完好状况；监测元件的完好和保护情况；影响观测工作的障碍物情况。

思　考　题

1. 深基坑工程的特点有哪些？
2. 试述建筑深基坑工程的安全等级的划分。
3. 试述深基坑工程支护结构的类型。
4. 简述深基坑工程信息施工法的概念。
5. 试述深基坑工程施工安全专项方案的主要内容。
6. 论述重力式水泥土墙的施工安全要求。
7. 试述深基坑工程施工中支挡式结构的类型。
8. 试述深基坑工程施工中施工监测应包含的主要内容。
9. 试述深基坑工程施工中施工单位巡视检查应包含的主要内容。

第10章 主体工程施工安全技术

> **【本章主要内容】** 模板工程施工安全技术；钢筋工程施工安全技术；混凝土工程施工安全技术；砌体工程施工安全技术；拆除工程。
>
> **【本章重点、难点】** 模板工程施工安全要求；模板拆除安全要求；钢筋工程施工安全要求；混凝土工程施工安全要求；砌体工程施工安全要求；拆除工程安全施工管理；拆除工程安全技术管理。

10.1 模板工程施工安全技术

10.1.1 模板工程概述

1. 模板工程概况

模板工程是混凝土结构工程施工中的重要组成部分，在建筑施工中也占有相当重要的地位。特别是近年来高层建筑的增多，使模板工程的重要性更为突出。

一般模板通常由三部分组成，即模板面、支撑结构（包括水平支撑结构，如龙骨、桁架、小梁等；垂直支撑结构，如立柱、格构柱等）和连接配件（包括穿墙螺栓、模板面连接卡扣、模板面与支撑构件以及支撑构件之间的连接零配件等）。

按照《建设工程安全生产管理条例》的要求，模板工程施工前应编制专项施工方案，其内容主要包括以下几个方面：

1）该项目现浇混凝土工程的概况。

2）拟选定的模板类型。

3）模板支撑体系的设计计算及布料点的设置。

4）绘制模板施工图。

5）模板搭设的程序、步骤及要求。

6）浇筑混凝土时的注意事项。

7）模板拆除的程序及要求。

2. 模板分类

按照施工方法不同，模板主要可分为以下两大类：

（1）定型组合模板　定型组合模板按模板的材质不同又进一步分为钢模板、木模板、钢木组合模板、竹胶板模板、木胶板模板、铝模板、玻璃钢模板等。从 1987 年起我国开始推广钢与木（竹）胶合板组合的定型模板，并配以固定立柱早拆水平支撑和模板面的早拆支撑体系，这是目前我国较先进的一种定型组合模板，也是国际上较先进的一种组合模板。组合铝模板是从美国引进的一种铸铝合金模板，具有刚度大、精度高的优点，但造价高，目前在我国难以全面推广应用。

（2）工具式模板　工具式模板包括墙体大模板、飞模（台模）、滑模（滑动模板）、隧道模等。20 世纪 70 年代，随着我国高层剪力墙结构的兴起，整体快速周转的工具式模板迅速得到推广。

墙体大模板有钢制大模板、钢木组合大模板以及由大模板组合而成的筒子模等。

飞模是用于楼盖结构混凝土浇筑的整体工具式模板，具有支拆方便、周转快等特点。飞模有铝合金桁架与木（竹）胶合板面组成的铝合金飞模，还有轻钢桁架与木（竹）胶合板面组成的轻钢飞模，也有用门式钢管脚手架或扣件式钢管脚手架与胶合板或定型模板组成的脚手架飞模。

滑模是整体现浇混凝土结构施工的一项新工艺。我国从 20 世纪 70 年代开始采用，已广泛应用于工业建筑的烟囱、水塔、筒仓、竖井和民用高层建筑剪力墙、框剪、框架结构的施工。滑模主要由模板面、围圈、提升架、液压千斤顶、操作平台、支撑杆等组成，一般采用钢模板面，也可采用木板面或木（竹）胶合板面。围圈、提升架、操作平台一般为钢结构，支撑杆一般采用直径为 25mm 的圆钢制成。

隧道模是将现浇墙体和楼板结合为一体，一次支模，一次绑钢筋，一次浇筑成型的工具式模板。隧道模按构造不同分为整体隧道模和半隧道模两类，我国目前较多采用的是半隧道模。

10.1.2　模板工程施工安全要求

模板工程施工须满足《建筑施工模板安全技术规范》（JGJ 162—2008）的要求。

1）模板安装必须按模板的施工设计要求进行，严禁任意变动。

2）楼层高度超过 4m 或两层及两层以上的建筑物在安装和拆除钢模板时，周围应设安全网或搭设脚手架并加设防护栏杆。在临街及交通要道地区，还应设警示牌，并设专人保护安全，防止伤及行人。

3）现浇整体式的多层房屋和构筑物安装上层楼板及其支架时，应符合下列几点要求：

① 下层楼板混凝土强度达到 1.2MPa 以后才能上料具。料具要分散堆放，不得过分集中。

② 下层楼板结构的强度要达到能承受上层模板、支撑系统和新浇筑混凝土的重力以后，方可进行拆除。否则，下层楼板结构的支撑系统不能拆除，并且上下层支柱应在同一垂直线上。

③ 如采用悬吊模板、桁架支模的方法，则其支撑结构必须要有足够的强度和刚度。

4）当层间高度大于 5m 时，若采用多层支架支模，则应在两层支架立柱间铺设垫板，且应使其平整，上下层支柱也要垂直，并应在同一垂直线上。

163

5）模板及其支撑系统在安装过程中，必须设置临时固定设施，严防倾覆。

6）模板支柱的纵横向水平撑、垂直剪刀撑等均应按设计的规定布置。当设计无规定时，一般支柱的间距不宜大于2m，纵横向水平撑的上下步距不宜大于1.5m，纵横向垂直剪刀撑的间距应不大于6m。当支柱高度小于4m时，应设上下两道水平撑和垂直剪刀撑，之后支柱每增高2m再增加一道纵横向水平撑，水平撑之间还需增加一道垂直剪刀撑。当楼层高度超过10m时，模板的支柱应选用长料，且同一支柱的连接头不宜超过2个。

7）采用分节脱模的方法时，底模的支点应按设计要求设置。

8）承重焊接钢筋骨架和模板一起安装时，应符合下列两点要求：

① 模板必须固定在承重焊接钢筋骨架的节点上。

② 安装钢筋模板组合体时，吊索应按模板的设计吊点位置绑扎。

9）预拼装组合钢模板采用整体吊装方法时，应注意以下几点：

① 拼装完毕的大块模板或整体模板吊装前，应按设计规定的吊点位置先进行试吊，确认无误后方可正式吊运安装。

② 使用吊装机械安装大块整体模板时，必须在模板就位且连接牢靠后方可脱钩，并要严格按照吊装机械使用安全交底的技术要求进行操作。

③ 安装整块柱模板时，不得用柱子钢筋代替临时支撑。

在架空输电线路下面安装和拆除组合钢模板时，起重机起重臂、起吊物、钢丝绳、外脚手架和操作人员等与架空线路的最小安全距离应符合表10-1的要求，当不符合表10-1的要求时要停电作业，不能停电时应有隔离防护措施。

表10-1　施工设施和操作人员与架空线路的最小安全距离

架空线路电压	1kV 以下	1~10kV	35~110kV	154~220kV	330~500kV
最小安全操作距离 /m	4	6	8	10	15

注：上、下脚手架的斜道严禁搭设在有架空线路的一侧。

10）单片柱模板吊装时，应采用卸扣（卡环）和柱模连接，严禁用钢筋钩代替，以避免柱模翻转时因脱钩而造成事故，待模板立稳且拉好支撑后，方可摘除吊钩。

11）设置支撑应按工序进行，模板没有固定前不得进行下道工序。

12）支设高度3m以上的立柱模板和梁模板时，应搭设工作台；不足3m时，可使用马凳操作，不准站在柱模板上和在梁底板上行走，更不允许利用拉杆、支撑攀登上下。

13）墙模板在未装对拉螺栓前，板面要向内倾斜一定角度并撑牢，以防倒塌。安装过程中要随时拆换支撑或增加支撑，以保持墙板处于稳定状态。模板未支撑稳固前不得松动吊钩。

14）安装墙模板时，应从内、外角开始向互相垂直的两个方向拼装，连接模板的U形卡。当模板采用分层支模时，第一层模板拼装后应立即将内外钢楞、穿墙螺栓、斜撑等全部安设紧固稳定。当下层模板不能独立安设支撑件时，必须采取可靠的临时固定措施，否则禁止进行上一层模板的安装。

15）用钢管和扣件搭设双排立柱支架的支撑梁模时，扣件应拧紧，且应检查扣件螺栓的扭矩是否符合规定，当扭矩不能达到规定值时，可装设两个扣件与原扣件挨紧。横杆步距应按设计规定确定，严禁随意增大。

16）平板模板安装就位要在支架搭设稳固且板下楞与支架连接牢固后进行。U 形卡要按设计规定安装，以增强整体性从而确保模板结构安全。

17）模板工程作业高度在 2m 及以上时，应根据《建筑施工高处作业安全技术规范》（JGJ 80—2016）的要求进行操作和防护，必须有安全可靠的操作架子；在 4m 以上或两层及两层以上时，周围应设安全网和防护栏杆。

18）支设悬挑形式的模板时，应有稳定的立足点。

19）按规定的作业程序进行支模，模板未固定前不得进行下一道工序。不得在上下同一垂直面安装、拆卸模板。

20）操作人员必须通过马道、乘人施工电梯或上人扶梯等上下通行，不许攀登模板或脚手架上下，不许在墙顶、独立梁以及其他狭窄而无防护栏杆的模板面上行走。

21）模板支撑不能固定在脚手架或门窗上，避免发生倒塌或模板位移。

22）在模板上施工时，堆物不宜过多，且不宜集中在一处。

23）高处作业架子上、平台上一般不宜堆放模板料。必须短时间堆放时，一定要码平稳，不能堆得过高，必须控制在架子或平台的允许荷载范围内。

24）在临街及交通要道地区施工时，应设警示牌，避免伤及行人。

25）冬期施工，操作地点和人行通道的冰雪应事先清除掉，避免人员滑倒摔伤。

26）5 级以上大风天气，不宜进行大块模板拼装和吊装作业。

27）雨期施工，高耸结构的模板要安装避雷设施，其接地电阻不得大于 4Ω。沿海地区要考虑抗风加固措施。

28）注意防火，木料及易燃保温材料要远离火源堆放，采用电热养护的模板要有可靠的绝缘、漏电和接地保护装置，按电气安全操作规范要求做。

10.1.3　模板拆除安全要求

1. 模板拆除时的一般要求

1）拆模之前必须填写拆模申请，并应在同条件养护试块的强度达到规定标准时，技术负责人方可批准拆模。

2）拆模时混凝土的强度应符合设计要求；当设计无要求时，应符合下列几条规定：

① 不承重的侧模板包括梁、柱、墙的侧模板，只要其混凝土强度能保证表面及棱角不因拆除模板而受损坏，即可拆除。

② 承重模板包括梁、板等水平结构构件的底模，与结构同条件养护的试块强度达到表 10-2 的规定，方可拆除。

表 10-2　现浇结构拆模时所需的混凝土强度

构造类型	结构跨度 /m	达到设计混凝土强度标准值的百分率（%）
板	≤2	50
	>2~≤8	75

（续）

构造类型	结构跨度 /m	达到设计混凝土强度标准值的百分率（%）
梁、拱、壳	≤8	75
	>8	100
悬臂构件	≤2	75
	>2	100

③ 后张预应力混凝土结构或构件侧模应在预应力张拉前拆除，其混凝土强度达到侧模拆除条件即可，但进行预应力张拉必须待混凝土强度达到设计规定值方可进行；底模则必须在预应力张拉完毕后方能拆除。

④ 在拆模过程中，如发现实际混凝土强度并未达到要求且有影响结构安全的质量问题时，应暂停拆模，经妥当处理使实际强度达到要求后，方可继续拆除。

⑤ 已拆除模板及其支架的混凝土结构，应在混凝土强度达到设计混凝土强度标准值后，才允许承受全部设计的使用荷载。当承受施工荷载的效应比使用荷载更为不利时，必须先经过核算，再加设临时支撑。

⑥ 芯模或预留孔的内模，在混凝土强度能保证不发生塌陷和裂缝时，方可拆除。

3）冬期施工时模板的拆除应遵守冬期施工的有关规定，其中主要考虑混凝土模板拆除后的保温养护，如果不能进行保温养护且必须暴露在空气中，则要考虑混凝土受冻的临界强度。

4）对于大体积混凝土，除应满足混凝土强度要求外，还应考虑保温措施，拆模之后要保证混凝土内外温差不超过 20℃，以免产生温差裂缝。

5）各类模板拆除的顺序和方法应根据模板设计的规定进行。当模板设计无规定时，可按先支的后拆、后支的先拆、先拆非承重模板后拆承重模板及支架的顺序进行拆除。

6）模板必须随拆随清理，以免因钉子扎脚和阻碍通行而发生事故。

7）拆模时，拆模区应设警戒线，以防有人误入被砸伤。

8）向下运送拆除的模板时，要上下呼应。用起重机吊运拆除的模板时，模板应堆码整齐并捆牢。

2. 各类模板的拆除

（1）基础拆模　在基坑内拆模要注意基坑边坡的稳定，特别是拆除模板支撑时可能使边坡土因发生振动而坍方，故拆除的模板应及时运到离基坑较远的地方进行清理。

（2）现浇楼盖及框架结构拆模　一般现浇楼盖及框架结构的拆模顺序：拆柱模斜撑与柱箍→拆柱侧模→拆楼板底模→拆梁侧模→拆梁底模，如图 10-1 所示。

拆除楼板小钢模时，应设置供拆模人员站立的平台或架子，必须在将洞口和临边封闭后开始工作。拆除时应先拆除钩头螺栓和内外钢楞，然后拆下 U 形卡、L 形插销，再用钢钎轻轻撬动钢模板，用木锤或带胶皮垫的铁锤轻击钢模板，把第一块钢模板拆下，然后将剩余钢模板逐块拆除。不得采取猛撬以致大片坍落的方法拆除。拆下的钢模板不准随意向下抛掷。

已经活动的模板，必须一次连续拆完方可停工，以免模板掉落伤人。

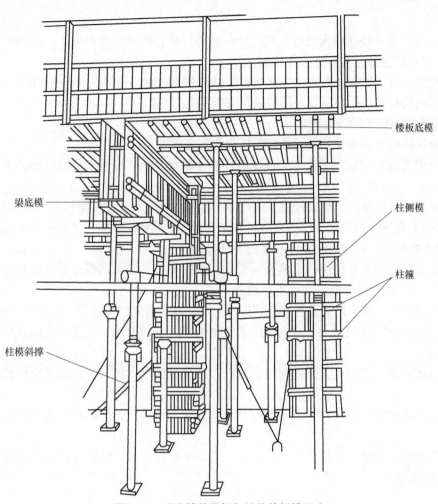

图 10-1　现浇楼盖及框架结构的拆模顺序

由于模板立柱有多道水平拉杆，故应先拆除上面的拉杆，即按由上而下的顺序拆除，但拆除最后一道拉杆应与拆除立柱同时进行，以免立柱倾倒伤人。

拆除多层楼板模板支柱，应根据混凝土强度增长的情况、结构设计荷载与支模施工荷载的情况，通过计算确定后方可进行。

（3）现浇柱模板的拆除　柱模板的拆除顺序：拆斜撑或拉杆（或钢拉条）→自上而下拆柱箍或横楞→拆竖楞，并由上向下拆模板连接件、模板面。

（4）滑模的拆除

1）拆除滑模装置必须编制详细的施工方案，明确拆除的内容、方法、程序、使用的机械设备、安全措施及指挥人员的职责等，并报上级主管部门审批，通过后方可实施。

2）滑模装置拆除时必须组织专业的拆除队伍，并指定熟悉该项专业技术的人员负责统一指挥。参加拆模的作业人员，必须经过技术培训，考核合格后方能上岗。不能随意更换作业人员。

3）拆除中使用的垂直运输设备和机具，必须经检查合格后方准使用。

4）滑模装置拆除前，应检查各支撑点埋设件的牢固情况以及作业人员上下走道是否安全可靠。

5）拆除作业必须在白天进行，宜先分段整体拆除，再运至地面解体。拆除的部件及操作平台上的一切物品，均不得从高空抛下。

6）当遇到雷雨、雾、雪或风力达到 5 级以上的天气时，不得进行滑模拆除作业。

7）高大类构筑物拆模时宜在顶端设置安全行走平台。

3. 模板拆除施工的安全要求

1）拆除时应严格遵守各类模板拆除作业的安全要求。

2）拆模板前，应经施工技术人员按试块强度检查后确认混凝土已达到拆模强度，方可拆除。

3）高处、复杂结构模板的拆除，应有专人指挥和切实可靠的安全措施，并划出作业区，严禁非操作人员进入作业区。操作人员应系好安全带，禁止站在模板的横拉杆上操作。拆下的模板应集中吊运，并多点捆牢，不准向下乱扔。

4）作业前应检查所使用的工具是否牢固，扳手等工具必须用绳链系挂在身上；工作时注意力要集中，防止钉子扎脚和从空中滑落。

5）拆除模板一般采用长撬杠，严禁操作人员站在正拆除的模板下。在拆除楼板模板时，要注意防止整块模板掉下，尤其是采用定型模板作为平台模板时，更要注意防止模板突然全部掉下伤人。

6）拆模间歇，应将已活动的模板、拉杆、支撑等固定牢固，严防模板突然掉落、倒塌伤人。

7）已拆除的模板、拉杆、支撑等应及时运走或妥善堆放，严防操作人员因扶空、踏空而坠落。

8）当混凝土墙体、平板上有预留洞时，应在模板拆除后，随即在墙洞上做好安全护栏或将板上的洞盖严。

10.2 钢筋工程施工安全技术

10.2.1 钢筋工程概述

1. 钢筋的分类

1）钢筋按生产工艺可分为热轧钢筋、冷拉钢筋、冷拔钢丝、热处理钢筋、碳素钢丝、刻痕钢丝和钢绞线等。后四种钢筋用于预应力混凝土结构。

2）钢筋按化学成分可分为碳素钢钢筋和普通低合金钢钢筋。

3）热轧钢筋根据力学指标的高低可分为 HPB300 级、HRB400 级、HRBF400 级、RRB400 级、HRB500 级、HRBF500 级等。

4）钢筋按轧制外形可分为光圆钢筋和变形钢筋（月牙形、螺旋形、人字形钢筋）。

5）钢筋按供应形式可分为盘圆钢筋（直径不大于 10mm）和直条钢筋（长度为 6~12m）。

6）钢筋按直径大小可分为钢丝（直径 3~5mm）、细钢筋（直径 6~10mm）、中粗钢筋（直径 12~20mm）和粗钢筋（直径大于 20mm）。

2. 钢筋的选用

1）钢筋的直径最小为 3mm，最大为 40mm。国内常规供货直径为 6mm、8mm、10mm、12mm、14mm、16mm、18mm、20mm、22mm、25mm、28mm、32mm 十二种。

2）普通钢筋宜选用 HRB400 级钢筋，也可选用 HPB300 级和 RRB400 级钢筋。

3）预应力钢筋宜选用预应力钢绞线、钢丝，也可选用热轧（带肋）钢筋。

10.2.2　钢筋工程施工安全要求

钢筋工程施工主要包括钢筋选用、钢筋运输与堆放、钢筋制作、钢筋的绑扎与安装。本小节将从这四个方面逐一明确钢筋工程施工的安全要求。

1. 钢筋选用的安全要求

1）钢筋的强度标准值应具有不小于 95% 的保证率，各强度标准值的意义如下：

① 热轧钢筋和冷拉钢筋的强度标准值指钢筋的屈服强度。

② 碳素钢丝、刻痕钢丝、钢绞线、冷拔低碳钢丝和热处理钢筋的强度标准值指抗拉强度。

2）钢筋的级别、钢号和直径应按设计要求采用。需要代换时，应征得设计单位的同意。

2. 钢筋运输与堆放的安全要求

1）人工搬运钢筋时，步伐要一致。当上下坡（桥）或转弯时，要前后呼应，步伐稳慢。注意钢筋头尾摆动，防止碰撞到物体或人，特别应防止碰挂电线。上肩或卸料时要互相打招呼，注意安全。

2）人工上下传递钢筋时，两人不可在同一垂直线上，送料人应站立在牢固平整的地面或临时构筑物上，接料人应有护身栏杆或防止前倾的牢固物体保护，必要时应挂安全带。

3）机械垂直吊运钢筋时，应捆扎牢固，吊点应设置在钢筋束的两端；当吊运有困难时，可在该束钢筋的重心处设吊点，钢筋要平稳上升，不得超重起吊。起吊钢筋时，规格应统一，不准长短不一。

4）起吊钢筋或钢筋骨架时，下方禁止站人。待钢筋或钢筋骨架降落至离楼地面或安装标高 1m 以内，人员方准靠近操作，待就位放稳或支撑好后，方可摘钩。

5）临时堆放钢筋，不得过分集中，应考虑堆放位置的承载能力。在新浇筑楼板混凝土尚未达到 1.2MPa 强度前，严禁堆放钢筋。

6）钢筋在运输和储存时，必须保留标牌，并按批分别堆放整齐，避免锈蚀和污染。

7）注意钢筋切勿碰触电源，严禁钢筋靠近高压线路，钢筋与电源线路的安全距离应符合安全用电的要求。

3. 钢筋制作的安全要求

（1）钢筋加工的安全要求

1）钢筋除锈时，操作人员要戴好防护眼镜、口罩、手套等防护用品，并将袖口扎紧。

2）电动除锈时，应先检查钢丝刷有无松动，再检查封闭式防护罩装置、吸尘设备，并检查电气设备的绝缘及接地是否良好，防止发生机械事故和触电事故。

3）送料时，操作人员要侧身操作，严禁在除锈机的正前方站人；长料除锈要两人操作，互相呼应，紧密配合。

4）展开盘圆钢筋时，要两端卡牢，切断时要先用脚踩紧，防止钢筋回弹伤人。

5）人工调直钢筋前，应检查所有的工具，确保工作台牢固，铁砧平稳，铁锤的木柄坚实牢固，铁锤没有破头、缺口，因打击而起花的锤头要及时换掉。

6）拉直钢筋时，卡头要卡牢，地锚要结实牢固，拉筋沿线2m区域内禁止人员通行。人工绞磨拉直时，不准用胸、腹接触推杠，并要步调一致，稳步进行，缓慢松懈，不得一次松开以免钢筋回弹伤人。

7）人工断料时，工具必须牢固。打锤和握持断料切具的操作人员要站成斜角，并注意抡锤区域内的人和其他物体。

8）切断短于30cm的钢筋时，应用钳子夹牢钢筋，铁钳手柄不得短于50cm，禁止用手把扶钢筋。并应在外侧设置防护箱笼罩。

9）弯曲钢筋时，要紧握扳手，并站稳脚步，身体保持平衡，以防止钢筋折断或松脱。

10）钢材、半成品等应按规格、品种分别堆放整齐；制作场地要平整；工作平台要稳固；照明灯具必须加网罩。

11）钢筋断料、配料、弯料等工作应在地面进行，不准在高空操作。

（2）钢筋冷处理的安全要求

1）冷拉卷扬机前应设置防护挡板。没有挡板时，应将卷扬机与冷拉方向成90°，并且应用封闭式导向滑轮。操作时要站在防护挡板后，冷拉场地不准站人和通行。

2）冷拉钢筋要上好夹具并等人员离开后再发开机信号。发现滑动或其他问题时，要先停机，放松钢筋后，才能重新进行操作。

3）冷拉和张拉钢筋要严格按照规定应力和伸长量进行，不得随意变更。不论拉伸还是放松钢筋都应缓慢均匀，发现液压泵、千斤顶、锚卡具有异常，应立即停止张拉，待放松钢筋后，才能重新进行操作。

4）张拉钢筋时，两端应设置防护挡板。钢筋张拉后要加以防护，禁止压重物或在上面行走。浇筑混凝土时，要防止振动器冲击预应力钢筋。

5）千斤顶支脚必须与构件对准，放置平正。测量拉伸长度、加楔和拧紧螺栓时，应先停止拉伸，并站在两侧操作，以防止钢筋断裂回弹伤人。

6）同一构件有预应力和非预应力钢筋时，预应力钢筋应分两次张拉，第一次拉至控制应力的70%~80%，待非预应力钢筋绑好后再将预应力钢筋拉到规定应力值。

7）采用电热张拉时，电气线路必须由持证电工安装，导线连接点应包裹，不得外露。张拉时，电压不得超过规定值。

8）电热张拉达到张拉应力值时，应先断电，再锚固。如带电操作，应穿绝缘鞋，戴绝缘手套。钢筋在冷却过程中，两端禁止站人。

（3）钢筋焊接的安全要求

1）在焊机工作前必须对电气设备、操作机构和冷却系统等进行检查，并用试电笔检查机体外壳有无漏电情况。

2）焊机应放在室内和干燥的地方，机身要平稳牢固，周围不准放置易燃物品。

3）操作人员操作时，应戴防护眼镜和手套等防护用品，并应站在橡胶板或木板上，严禁坐在金属椅子上。

4）焊接前，应根据钢筋截面调整电压，使电压与所焊钢筋截面相适应，禁止焊接超过机械规定直径的钢筋。发现焊头漏电，应立即更换。

5）对焊机断路器的接触点、电极（钢头），要定期检查修理。断路器的接触点应每隔2~3d用砂纸擦净，电极（钢头）应定期用锉锉光。二次电路的全部螺栓应定期拧紧，以避免发生过热现象。随时注意冷却水的温度，使其不超过40℃。

6）焊接较长钢筋时，应设支架。

7）刚焊成的钢材应平直放置，以免在冷却过程中产生变形。堆放地点不得在易燃物品附近，并要选择无人的地方或加设护栏。

8）工作棚应用防火材料搭设。棚内严禁堆放易燃、易爆物品，并应备有灭火器材。

4. 钢筋的绑扎与安装的安全要求

1）制作成型钢筋时，各机械设备的动力线应用钢管从地坪下引入，机壳应有保护零线。

2）钢筋的交叉点应采用钢丝绑扎，并应按规定垫好保护层。

3）绑扎基础钢筋时，应按施工设计的规定摆放钢筋支架或马凳架起上部钢筋，不得任意减少支架或马凳数量。操作前应检查基坑土壁和支撑是否牢固。

4）绑扎立柱、墙体钢筋时，不得站在钢筋骨架上操作和攀登骨架上下。柱筋在4m以内、质量不大时，可在地面或楼面上绑扎后，整体竖起；柱筋在4m以上时，应搭设工作台。柱、墙、梁钢筋骨架应用临时支撑拉牢，以防倾倒。

5）高处绑扎和安装钢筋，应注意避免将钢筋集中堆放在模板或脚手架上，特别是悬臂构件应检查支撑是否牢固。

6）应尽量避免在高处修整、扳弯粗钢筋，必须操作时，要系好安全带，选好位置，人要站稳。

7）在高处、深坑绑扎钢筋和安装骨架，必须搭设脚手架和操作平台，若无操作平台，则应系好安全带。

8）绑扎高层建筑的圈梁、挑檐、外墙、边柱钢筋时，应搭设外脚手架或安全网，绑扎时要系好安全带。

9）安装绑扎钢筋时，钢筋不得碰撞电线。

10）在深基础或夜间施工需使用移动式行灯照明时，行灯电压不应超过36V。

11）雷雨天时必须停止露天操作，预防雷击钢筋伤人。

10.3 混凝土工程施工安全技术

10.3.1 混凝土工程概述

混凝土是胶凝材料（如水泥）、水、细骨料、粗骨料经均匀拌和和捣实后凝结而成的一种人造石材。

混凝土按密度可分为特重混凝土（密度大于2700kg/m³，含有重骨料，如钢屑、重晶石）、普通混凝土（密度为1900~2500kg/m³，以普通砂石为骨料）、轻混凝土（密度为1000~1900kg/m³）、特轻混凝土（密度小于1000kg/m³，如泡沫混凝土、加气混凝土等）。

混凝土按胶凝材料可分为无机胶凝材料混凝土（如水泥混凝土、石膏混凝土、水玻璃混凝土等）、有机胶凝材料混凝土（如沥青混凝土、聚合物混凝土等）。

混凝土按使用功能可分为结构混凝土、保温混凝土、耐酸混凝土、耐碱混凝土、耐硫酸盐混凝土、耐热混凝土、防水混凝土、水工混凝土、海洋混凝土、防辐射混凝土等。

混凝土按施工工艺可分为普通浇筑混凝土、离心成型混凝土、喷射混凝土、泵送混凝土等。

混凝土按配筋情况可分为素混凝土（无筋混凝土）、钢筋混凝土、劲性混凝土、钢丝网混凝土、钢丝纤维混凝土、预应力混凝土等。

混凝土按拌合物的流动度可分为干硬性混凝土、半干硬性混凝土、塑性混凝土、流动性混凝土、大流动性混凝土等。

混凝土按强度可分为 C20、C25、C30、C35、C40、C45、C50、C55、C60、C65、C70、C75、C80 等。

10.3.2　混凝土工程施工安全要求

混凝土工程施工按施工顺序分为混凝土搅拌、混凝土输送、混凝土浇筑与振捣、混凝土养护。各施工阶段的安全要求如下。

1. 混凝土搅拌的安全要求

1）搅拌机应设置在平坦的位置，用方木垫起前后轮轴，将轮胎架空，以免在开机时发生移动。对外露的齿轮、链轮、带轮等转动部位应设防护装置。

2）停机后，鼓筒应清洗洁净，且筒内不得有积水。

3）开机前，应检查电气设备的绝缘性和接地是否良好。电动机应设有开关箱，并应装漏电保护器。停机不用或下班后，应拉闸断电，并锁好开关箱。

4）搅拌机的操作人员，应经过专门技术和安全规定的培训，并经考试合格后，方能正式上岗。

5）向搅拌机料斗落料时，脚不得踩在料斗上；料斗升起时，料斗的下方不得有人。

6）清理搅拌机料斗坑底的砂、石子时，必须与司机联系，将料斗升起并用链条扣牢后，方能进行工作。

7）进料时，严禁将头、手伸入料斗与机架之间查看或探摸进料情况；搅拌机运转时不得用手、工具伸进搅拌机滚筒（拌和鼓）内抓料出料。

8）未经允许，禁止拉闸、合闸和进行不符合规定的电气维修。现场检修时，应固定好料斗，切断电源。进入搅拌筒内工作时，外面应有人监护。

9）拌和站的机房、平台、梯道栏杆必须牢固可靠。站内应配备有效的吸尘装置。

10）操纵带式输送机时，必须正确使用防护用品，禁止一切人员在带式输送机上行走和跨越。机械发生故障时应立即停机检修，不得带故障运行。

2. 混凝土输送的安全要求

1）临时架设的混凝土运输用的桥道的宽度，应以两部手推车能来往通过并有余地为准，一般不小于 1.5m，且架设要牢固，桥板接头要平顺。运输道路应平坦，斜道坡度不得超过 3%。

2）两部手推车碰头时，空车应预先放慢停靠一侧让重车通过。

3）用输送泵输送混凝土时，输送管的接头应紧密可靠不漏浆，安全阀必须完好，管道的架子必须牢固且能承受输送过程中所产生的水平推力；输送前必须试送，检修时必须卸压。

4）禁止手推车推到挑檐、阳台上直接卸料。推车时应注意平衡，掌握重心，不准猛跑和溜放。

5）用铁桶向上运送混凝土时，工作人员应站在安全牢固且运送方便的位置上；铁桶交接时，注意力要集中，双方配合好，传要准，接要稳。

6）使用吊罐（斗）浇筑混凝土时，应设专人指挥。要经常检查吊罐（斗）、钢丝绳和卡具，发现隐患应及时处理。吊罐的起吊、提升、转向、下降和就位，必须听从指挥。指挥信号必须明确。

7）自卸汽车运输混凝土时，装卸混凝土应有统一的联系和指挥信号。自卸汽车向坑洼地点卸混凝土时，必须使后轮与坑边保持适当的安全距离，防止塌方翻车。卸完混凝土后，自卸装置应立即复原，不得边走边落。

8）禁止在混凝土初凝后、终凝前在其上行走（此时也不宜铺设桥道行走），以防振动影响混凝土质量。当混凝土强度达到 1.2MPa 以后，才允许上料具。运输通道上应铺设桥道，料具要分散放置，不得过于集中。

混凝土强度达到 1.2MPa 的时间可通过试验确定。

3. 混凝土浇筑与振捣的安全要求

1）浇筑混凝土前必须先检查模板支撑的稳定情况，特别要注意用斜撑支
撑的悬臂构件的模板的稳定情况。浇筑混凝土过程中，要注意观察模板和支撑情况，发现异常，及时报告。

2）浇筑深基础混凝土前和在施工过程中，应检查基坑边坡土质有无崩裂倾塌的危险。如发现危险现象，应及时排除。同时，工具、材料不应堆置在基坑边沿。

3）浇筑混凝土使用的溜槽及串筒节间应连接牢固。操作部位应有护身栏杆，不准直接站在溜槽帮上操作。

4）浇筑无楼板的框架梁、柱混凝土时，应架设临时脚手架，禁止站在梁或柱的模板或临时支撑上操作。

5）浇筑房屋边沿的梁、柱混凝土时，外部应设有脚手架或安全网。当脚手架平桥离开建筑物超过 20cm 时，须将空隙部位牢固遮盖或装设安全网。

6）浇筑拱形结构时，应自两边拱脚对称地同时进行浇筑；浇筑圈梁、雨篷、阳台时，必须搭设脚手架，严禁站在墙体或支撑上操作；浇筑料仓时，下出料口应先行封闭，并搭设临时脚手架，以防人员下坠。

7）夜间浇筑混凝土时，应有足够的照明设备。

8）振捣设备应设有开关箱，并装有漏电保护器。使用振捣器时，湿手不得接触开关，电源线不得有破损和漏电。漏电保护器的额定漏电动作电流应不大于 30mA，额定漏电动作时间应小于 0.1s。使用平板振捣器或振动棒的作业人员，应穿胶鞋并戴绝缘手套。严禁用电源线拖拉振捣器。

4. 混凝土养护的安全要求

1）已浇筑完的混凝土，应加以覆盖和浇水，使混凝土在规定的养护期内始终处于足够的湿润状态。

2）覆盖养护混凝土时，楼板如有孔洞，应钉板封盖，或设置防护栏杆，或设置安全网。

3）用胶管浇水养护混凝土时，不得倒退走路，并注意梯口、洞口和建筑物的边沿处，

以防误踏失足坠落。

4）禁止在混凝土养护窑（池）边沿上站立或行走，同时应将窑盖板和地沟孔洞盖牢、盖严，防止失足坠落。

10.4 砌体工程施工安全技术

10.4.1 砌体工程施工的基本规定

1）砌筑顺序应符合下列规定：基底标高不同时，应从低处砌起，并应由高处向低处搭砌，当设计无要求时，搭接长度不应小于基础扩大部分的高度；砌体的转角处和交接处应同时砌筑，当不能同时砌筑时，应按规定留槎、接槎。

2）在墙上留置临时施工洞口时，洞口侧边距离交接处墙面不应小于 500mm，洞口净宽度不应超过 1m。抗震设防烈度为 9 度的地区，建筑物的临时施工洞口位置应会同设计单位确定。临时施工洞口应做好补砌工作。

3）不得在下列墙体或部位设置脚手眼：120mm 厚墙、料石清水墙和独立柱；过梁上与过梁成 60° 的三角形范围及过梁 1/2 净跨度的高度范围内；宽度小于 1m 的窗间墙；砌体门窗洞口两侧 200mm（石砌体为 300mm）和转角处 450mm（石砌体为 600mm）范围内；梁或梁垫下及其左右 500mm 范围内；设计不允许设置脚手眼的部位。

4）补砌施工脚手眼时，灰缝应填满砂浆，不得用砖填塞。

5）设计要求的洞口、管道、沟槽应在砌筑时正确留出或预埋，未经设计单位同意不得打凿墙体和在墙体上开凿水平沟槽。宽度超过 300mm 的洞口上部，应设置过梁。

6）尚未施工的楼板或屋面的墙或柱，当可能遇到大风时，其允许自由高度不得超过表 10-3 的规定。当超过表 10-3 中的限值时，必须采用临时支撑等有效措施。

表 10-3 墙和柱的允许自由高度 （单位：m）

墙（柱）厚 /mm	砌体密度 >160kg/m³ 时			砌体密度 =130~160kg/m³ 时		
	风载 /（kN/m²）			风载 /（kN/m²）		
	0.3（约 7 级风）	0.4（约 8 级风）	0.5（约 9 级风）	0.3（约 7 级风）	0.4（约 8 级风）	0.5（约 9 级风）
190	—	—	—	1.4	1.1	0.7
240	2.8	2.1	1.4	2.2	1.7	1.1
370	5.2	3.9	2.6	4.2	3.2	2.1
490	8.6	6.5	4.3	7.0	5.2	3.5
620	14.0	10.5	7.0	11.4	8.6	5.7

注：1. 本表适用于施工处相对标高（H）在 10m 范围内的情况。当 10m<H ≤15m 和 15m<H ≤20m 时，表中的允许自由高度应分别乘以 0.9、0.8 的系数；当 H>20m 时，应通过抗倾覆验算确定其允许自由高度。

2. 当所砌筑的墙有横墙或其他结构与其连接且间距小于表列限值的 2 倍时，砌筑高度可不受本表的限制。

7）搁置预制梁、板的砌体顶面应找平，安装时应坐浆。当设计无具体要求时，应采用 1:2.5 的水泥砂浆。

8）设置在潮湿环境或有化学侵蚀性介质的环境中的砌体的灰缝内的钢筋应采取防腐措施。

9）砌体施工时，楼面和屋面堆载不得超过楼板的允许荷载值。施工层进料口楼板下，宜采取临时支撑措施。

10）分项工程的验收应在检验批验收合格的基础上进行，检验批的确定可根据施工段划分。

11）砌体工程检验批验收时，其主控项目应全部符合相关规范的规定；一般项目应有 80% 及以上的抽检处符合相关规范的规定，或偏差值在允许偏差范围以内。

10.4.2　砌体工程施工安全要求

1. 留槎

1）砖墙的转角处和交接处应同时砌起，对不能同时砌起而必须留槎时，应砌成斜槎，斜槎长度不应小于高度的 2/3。如留置斜槎确有困难时，除转角外，也可留直槎，但必须砌阳槎，并加设拉结筋，每半砖需放置一根直径 6mm 钢筋，竖向间距沿墙高不得超过 500mm。如纵横墙均不承重，有丁字交接处留槎，可在接槎处下部（约 1/3 接槎高）砌成斜槎，上部留成直槎，并加设拉结筋。当设计烈度为 8 度、9 度时，墙与构造柱间应砌成马牙槎，其每牙高度不宜超过 30cm；砖垛施工时，应使墙与垛同时砌；砖柱与墙也应同时砌，若不能，可于柱中引出阳槎。有抗震要求时不应留直槎。留槎示意图如图 10-2 所示。

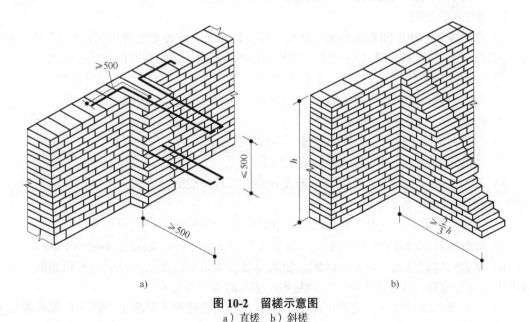

a)　　　　　　　　　　　　　　　　b)

图 10-2　留槎示意图

a）直槎　b）斜槎

2）纵横墙均为承重墙时，在丁字交接处可在下部（约 1/3 接槎高）砌成斜槎，上部则留直阳槎并加设拉结筋。

175

3）设有构造柱时，砖墙应砌成马牙槎，如图 10-3 所示，每一个马牙槎的高度不得大于 300mm，并沿墙高每 500mm 设置 2φ6 水平拉结筋，钢筋每边伸入墙内不少于 1m。

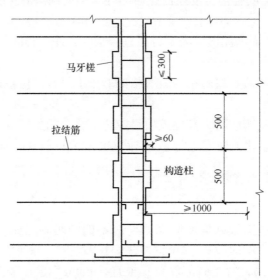

马牙槎

拉结筋

构造柱

≤300

500

500

≥60

≥1000

图 10-3　有构造柱时砌体留槎（马牙槎）示意图

4）墙体每天的砌筑高度不宜超过 1.8m，相邻两个工作段的高度差不允许超过一个楼层的高度，且不应大于 4m。

5）宽度小于 1m 的窗间墙，应选用整砖砌筑。

2. 砖柱和扶壁柱

1）砌筑矩形、圆形和多边形截面柱时，应使柱面上下皮砖的竖缝相互错开 1/2 或 1/4 砖长，同时柱心不得有通天缝，且严禁采用包心的砌筑方法，即先砌四周后填心的砌法。

2）扶壁柱与墙身应逐皮搭接，搭接长度至少为 1/2 砖长，严禁垛与墙分开砌筑。

3）每天砌筑高度应不大于 1.8m，且在砖柱和扶壁柱的上下不得留置脚手架。

3. 其他

1）严禁在墙顶上站立、划线、刮缝、清扫墙柱面和检查大角垂直等。

2）砍砖时应面向内打，以免碎砖落下伤人。

3）超过胸部以上的墙面必须及时搭设好架设工具才能继续砌筑。不准用不稳定的工具或物体在脚手板面垫高工作。

4）从砖垛上取砖时，应先取高处的后取低处的，防止垛倒砸人。

5）砖石运输车辆前后之间的距离，在平道上不应小于 2m，坡道上不应小于 10m。

6）垂直运输的吊笼、滑车、绳索、制动等必须满足负荷要求，吊运时不得超载，使用过程中应经常检查，若发现有不符合规定者，应及时修理或更换。

7）用起重机吊运砖时，应采用砖笼，不得将砖笼直接放在桥板上。吊运砂浆的料斗不能装得过满。吊运砖时吊臂回转范围的下面，人员不得行走或停留。

8）在地面用锤打石时，应先检查铁锤有无破裂和锤柄是否牢固，同时应看清附近情况，无危险后方可落锤敲击，严禁在墙顶或架上修整石材。不得在墙上徒手移动料石，以免压破或擦伤手指。

9）雨期要做好防雨措施，严防雨水冲走砂浆而使砌体倒塌。

4. 砌体工程安全技术交底的内容

1）施工人员必须进行入场安全教育，经考试合格后方可进场。进入施工现场必须戴合格安全帽，系好下颌带，锁好带扣。

2）在深度超过 1.5m 的沟槽基础内作业时，必须检查槽帮有无裂缝，确定无危险后方可作业。距槽边 1m 内不得堆放沙子、砌体等材料。

3）砌筑高度超过 1.2m 时，应搭设脚手架作业。高度超过 4m、采用内脚手架时，必须支搭安全网；采用外脚手架时，应设防护栏杆和挡脚板，然后方可砌筑。高处作业无防护时必须系好安全带。

4）脚手架上堆料量均布荷载不得超过 $200kg/m^2$，集中荷载不得超过 $150kg/m^2$，码砖高度不得超过 3 皮侧砖。同一块脚手板上不得超过 2 人，严禁用不稳固的工具或物体在架子上垫高操作。

5）活动钢管脚手架提升后，应用直径 9mm 的铁销贯穿内外管孔，严禁随便用铁钉代替。当活动脚手架提升到 2m 时，架与架之间应装交叉拉杆，以加强连接稳定。

6）砌筑作业面下方不得有人，交叉作业必须设置可靠、安全的防护隔离层。在架子上斩砖必须面向里，把砖头斩在架子上。挂线的坠物必须牢固。不得在墙顶上行走、作业。

7）向基坑内运送材料、砂浆时，严禁向下猛倒和抛掷物料、工具。

8）采用砖笼往楼板上放砖时，砖要在砖笼中均匀分布；砖笼严禁直接吊放在脚手架上。吊运砂浆的料斗不能装得过满，应低于料斗上沿 10cm。

9）抹灰用高凳上铺脚手板，宽度不得小于两块脚手板宽度（50cm），间距不得大于 2m。移动高凳时，高凳上面不得站人，作业人员不得超过 2 人。高度超过 2m 时，由架子工搭设脚手架。严禁将脚手架搭在门窗、暖气片等非承重的物器上。严禁踩在外脚手架的防护栏杆和阳台板上进行操作。

10）作业前必须检查工具、设备、现场环境等，确认安全后方可作业。要认真查看在施工洞口临边作业安全防护和脚手架防护栏杆、挡脚板、立网是否齐全、牢固，脚手板是否按要求间距放正、绑牢，有无探头板和空隙。

11）作业中出现危险征兆时，作业人员应暂停作业，撤至安全区域，并立即向上级报告。未经施工技术管理人员批准，严禁恢复作业。紧急处理时，必须在施工技术管理人员的指挥下进行作业。

12）作业中发生事故，必须及时抢救受伤人员，迅速报告上级，保护事故现场，并采取措施控制事故。当抢救工作可能造成事故扩大或人员伤害时，必须在施工技术管理人员的指导下进行抢救。

13）砌筑 2m 以上的深基础时，应设爬梯和坡道，不得攀跳槽、沟、坑上下。

14）在地坑、地沟砌筑时，严防塌方并注意地下管线、电缆等。

15）脚手架未经交接验收不得使用，验收合格后不得随意拆改和移动。当作业要求必须拆改和移动时，须经工程技术人员同意，采取加固措施后方可拆改和移动。脚手架严禁搭探头板。

16）不准用不稳固的工具或物体在脚手板面垫高操作。

17）作业环境中的碎料、落地灰、杂物、工具集中下运，做到日产日清、活完料尽场地清。

18）吊物在脚手架上方下落时，作业人员应躲开。

19）运输中通过沟槽时应走便桥，便桥宽度不得小于1.5m。

20）不准在超过胸部以上的墙体上进行砌筑，以免将墙体碰撞倒塌或上料时失手掉下砌块造成安全事故。

21）当屋面坡度大于25°时，挂瓦必须使用移动板梯，板梯必须有牢固挂钩，檐口应搭设防护栏杆，并挂密目安全网。

22）冬期施工遇有霜、雪时，必须待脚手架上、沟槽内等作业环境中的霜、雪清除后再作业。

23）作业面暂停作业时，要对刚砌好的砌体采取防雨措施，以防雨水冲走砂浆，致使砌体倒塌。

24）在台风季节，应及时进行圈梁施工，加盖楼板或采取其他稳定措施。

10.5 拆除工程

《建筑法》第五十条规定，房屋拆除应当由具备保证安全条件的建筑施工单位承担，由建筑施工单位负责人对安全负责。《建设工程安全生产管理条例》第十一条规定，建设单位应当将拆除工程发包给具有相应资质等级的施工单位。建设单位应当在拆除工程施工15日前，将下列资料报送建设工程所在地的县级以上地方人民政府建设行政主管部门或者其他有关部门备案：

1）施工单位资质等级证明。

2）拟拆除建筑物、构筑物及可能危及毗邻建筑的说明。

3）拆除施工组织方案。

4）堆放、清除废弃物的措施。

实施爆破作业的，应当遵守国家有关民用爆炸物品管理的规定。

本节将从拆除工程施工准备、拆除工程安全施工管理、拆除工程安全技术管理、拆除工程文明施工管理四个方面说明拆除工程的安全生产管理规定。

10.5.1 拆除工程施工准备

1）建筑拆除工程必须由具备爆破与拆除专业承包资质的单位施工，严禁将工程整体转包。

2）拆除工程的建设单位与施工单位在签订施工合同时，应签订安全生产管理协议，明确双方的安全管理责任。建设单位、监理单位应对拆除工程施工安全负检查督促责任；施工单位应对拆除工程的安全技术管理负直接责任。

3）建设单位应向施工单位提供以下资料：

① 拆除工程的有关施工图和资料。

② 拆除工程涉及区域的地上、地下建筑及设施分布情况资料。

4）建设单位应负责做好影响拆除工程安全施工的各种管线的切断、迁移工作。当建筑外侧有架空线路或电缆线路时，应与有关部门取得联系，采取防护措施，确认安全后方可施工。

5）施工单位应全面了解拆除工程的施工图和资料，进行实地勘察，并应编制施工组织设计或方案，以及安全技术措施。

6）施工单位应对从事拆除作业的人员依法办理意外伤害保险。

7）拆除工程必须制订生产安全事故应急救援预案，成立组织机构，并应配备抢险救援器材。

8）当拆除工程对周围相邻建筑安全可能产生危险时，必须采取相应保护措施，并应对建筑内的人员进行撤离安置。

9）拆除工程施工区应设置硬质围挡，围挡高度不应低于 1.8m，非施工人员不得进入施工区。当临街的被拆除建筑与交通道路的安全距离不能满足要求时，必须采取相应的安全隔离措施。

10）在拆除作业前，施工单位应检查建筑内各类管线情况，确认全部切断后方可施工。

11）在拆除作业中，发现不明物体，应停止施工，采取相应的应急措施，保护现场并应及时向有关部门报告。

10.5.2　拆除工程安全施工管理

拆除工程按施工方式不同分为人工拆除、机械拆除、爆破拆除，对于建筑基础或局部块体采取静力破碎法，对应的安全施工管理规定如下。

1. 人工拆除

1）当采用手动工具进行人工拆除建筑时，施工程序应从上至下，分层拆除。作业人员应在脚手架或稳固的结构上操作。被拆除的构件应有安全的放置场所。

2）拆除施工应分段进行，不得垂直交叉作业。作业面的孔洞应封闭。

3）人工拆除建筑墙体时，不得采用掏掘或推倒的方法。楼板上严禁多人聚集或堆放材料。

4）拆除建筑的栏杆、楼梯、楼板等构件，应与建筑结构整体拆除进度相配合，不得先行拆除。建筑的承重梁、柱，应在其所承载的全部构件拆除后，再进行拆除。

5）拆除横梁时，应确保其下落得到有效控制，方可切断两端的钢筋，逐端缓慢放下。

6）拆除柱子时，应沿柱子底部剔凿出钢筋，使用手动倒链定向牵引，采用气焊切割柱子三面钢筋，保留牵引方向正面的钢筋。

7）拆除管道及容器时，必须查清其中残留物的种类、化学性质，采取相应措施后，方可进行拆除施工。

8）楼层内的施工垃圾，应通过封闭的垃圾道或采用垃圾袋运下，不得向下抛掷。

2. 机械拆除

1）当采用机械拆除建筑时，应从上至下、逐层、逐段进行；应先拆除非承重结构，再拆除承重结构。对于只进行部分拆除的建筑，必须先保留部分加固，再进行分离拆除。

2）施工中必须由专人负责监测被拆除建筑的结构状态，并应做好记录。当发现有不稳定状态的趋势时，必须停止作业，采取有效措施，消除隐患。

3）机械拆除时，严禁超载作业或任意扩大机械使用范围，供机械设备使用的场地必须保证有足够的承载力。作业中不得同时回转、行走。机械不得带故障运转。

4）当进行高处拆除作业时，对较大尺寸的构件或沉重的材料，必须采用起重机及时吊下。拆卸下来的各种材料应及时清理，分类堆放在指定场所，严禁向下抛掷。

5）拆除框架结构建筑，必须按楼板、次梁、主梁、柱子的顺序进行施工。

6）桥梁、钢屋架拆除应符合下列规定：

① 先拆除桥面的附属设施及挂件、护栏。

② 按照施工组织设计选定的机械设备及吊装方案进行施工。不得超负荷作业。

③ 采用双机抬吊作业时，每台起重机荷载不得超过允许荷载的 80%，且应对第一吊进行试吊作业，作业过程中必须保持两台起重机同步作业。

④ 进行拆除吊装作业的起重机司机，必须严格执行操作规程。信号指挥人员必须按照现行国家标准《起重机　手势信号》(GB/T 5082—2019) 的规定进行指挥。

⑤ 拆除钢屋架时，必须采用绳索将其拴牢，待起重机吊稳后，方可进行气焊切割作业。吊运过程中，应采用辅助绳索控制被吊物，使其处于稳定状态。

7）作业人员使用机具时，严禁超负荷使用或带故障运转。

3. 爆破拆除

1）爆破拆除工程施工时应考虑周围环境条件、拆除对象类别、爆破规模。《爆破安全规程》（GB 6722—2014）将爆破工程分为 A、B、C、D 四级。爆破拆除工程设计必须经当地有关部门审核，作出安全评估批准后方可实施。

2）从事爆破拆除工程的施工单位，必须持有所在地有关部门核发的爆炸物品使用许可证，承担相应等级或低于企业级别的爆破拆除工程。爆破拆除设计人员应具有承担爆破拆除作业范围和相应级别的爆破工程技术人员作业证。从事爆破拆除施工的作业人员应持证上岗。

3）爆破拆除所采用的爆破器材，必须向当地有关部门申请爆破物品购买证，到指定的供应点购买。严禁赠送、转让、转卖、转借爆破器材。

4）运输爆破器材时，必须向所在地有关部门申请领取爆破物品运输证。应按照规定路线运输，并应派专人押送。

5）爆破器材临时保管地点，必须经当地有关部门批准。严禁同室保管与爆破器材无关的物品。

6）爆破拆除的预拆除施工应确保建筑安全和稳定。预拆除施工可采用机械和人工方法拆除非承重的墙体或不影响结构稳定的构件。

7）对烟囱、水塔类构筑物采用定向爆破拆除时，爆破拆除设计应控制建筑倒塌时产生的触地振动。必要时应在倒塌范围铺设缓冲材料或开挖防振沟。

8）为保护邻近建筑和设施的安全，爆破振动强度应符合《爆破安全规程》（GB 6722—2014）的有关规定。建筑基础爆破拆除时，应限制一次同时爆破的用药量。

9）建筑爆破拆除施工时，应对爆破部位进行覆盖和遮挡防护，覆盖材料和遮挡设施应牢固可靠。

10）爆破拆除应采用电力起爆网路和非电导爆管起爆网路。必须采用爆破专用仪表检查起爆网路电阻和起爆电源功率，并应满足设计要求；非电导爆管起爆应采用复式交叉封闭网路。爆破拆除工程不得采用导爆索网路或导火索起爆方法。装药前，应对爆破器材进行性能检测。试验爆破和起爆网路模拟试验应选择安全部位和场所进行。

11）爆破拆除工程实施时应在当地政府主管部门领导下成立爆破指挥部，并应按设计确定的安全距离设置警戒。

4. 静力破碎及基础处理

1）静力破碎方法适用于建筑基础或局部块体的拆除。

2）进行静力破碎作业时，灌浆人员必须戴防护手套和防护眼镜。孔内注入破碎剂后，严禁人员在注孔区行走，并应保持一定的安全距离。

3）静力破碎剂严禁与其他材料混放。

4）在相邻的两孔之间，严禁钻孔与注入破碎剂施工同步进行。

5）建筑基础破碎拆除时，挖出的土方应及时运出现场或清理出工作面，在基坑边沿 1m 内严禁堆放物料。

6）建筑基础暴露和破碎时，发生异常情况，必须停止作业，查清原因并采取相应措施后，方可继续施工。

10.5.3　拆除工程安全技术管理

1）拆除工程开工前，应根据工程特点、构造情况、工程量编制安全施工组织设计或方案。爆破拆除和被拆除建筑面积大于 1000m² 的拆除工程，应编制安全施工组织设计；被拆除建筑面积小于或等于 1000m² 的拆除工程，应编制安全技术方案。

2）拆除工程的安全施工组织设计或方案，应由技术负责人审核，经上级主管部门批准后实施。施工过程中，如需变更安全施工组织设计或方案，应经原审批人批准，方可实施。

3）项目经理必须对拆除工程的安全生产负全面领导责任。项目经理部应设专职或兼职安全员，检查落实各项安全技术措施。

4）进入施工现场的人员，必须佩戴安全帽。凡在 2m 及以上高处作业无可靠防护设施时，必须使用安全带。在恶劣的气候条件下，严禁进行拆除作业。

5）当日拆除施工结束后，所有机械设备应停放在远离被拆除建筑的地方。施工期间的临时设施，应与被拆除建筑保持一定的安全距离。

6）拆除工程施工现场的安全管理应由施工单位负责。从业人员应办理相关手续，签订劳动合同，进行安全培训，考试合格后，方可上岗作业。特种作业人员必须持有效证件上岗作业。

7）拆除工程施工前，必须对施工作业人员进行书面安全技术交底。

8）拆除工程施工必须建立安全技术档案，并应包括下列内容：

① 拆除工程安全施工组织设计或方案。

② 安全技术交底。

③ 脚手架及安全防护检查验收记录。

④ 劳务用工合同及安全管理协议书。

⑤ 机械租赁合同及安全管理协议书。

9）施工现场临时用电必须按照《施工现场临时用电安全技术规范》（JGJ 46—2005）的有关规定执行。夜间施工必须有足够照明。

10）电动机械和电动工具必须装设漏电保护器，其保护零线的电气连接应符合要求。对产生振动的设备，其保护零线的连接点不应少于 2 处。

11）拆除工程施工过程中，当发生重大险情或生产安全事故时，应及时排除险情、组织抢救、保护事故现场，并向有关部门报告。

12）施工单位必须依据拆除工程安全施工组织设计或方案，划定危险区域。施工前应发出告示，通报施工注意事项，并应采取可靠的安全防护措施。

13）拆除施工采用的脚手架、安全网必须由专业人员搭设。由有关人员验收合格后，方可使用，拆除施工严禁立体交叉作业。水平作业时，各工位间应有一定的安全距离。

14）安全防护设施验收时，应按类别逐项查验，并应有验收记录。

15）作业人员必须配备相应的劳动保护用品，并应正确使用。

16）在生产经营场所，应按照《安全标志及其使用导则》（GB 2894—2008）的规定，设置相关的安全标志。

10.5.4　拆除工程文明施工管理

1）清运渣土的车辆应在指定地点停放。清运渣土的车辆应封闭或采用苫布覆盖，出入现场时应有专人指挥。清运渣土的作业时间应遵守有关规定。

2）对地下的各类管线，施工单位应在地面上设置明显标志。对检查井、污水井应采取相应的保护措施。

3）拆除工程施工时，设专人向被拆除的部位洒水降尘。

4）拆除工程完工后，应及时将施工渣土清运出场。

5）施工单位必须落实防火安全责任制，建立义务消防组织，明确责任人，负责施工现场的日常防火安全管理工作。

6）根据拆除工程施工现场作业环境，应制订相应的消防安全措施；并应保证充足的消防水源，配备足够的灭火器材。

7）施工现场应建立健全用火管理制度。施工作业用火时，必须履行用火审批手续，经现场防火负责人审查批准，领取用火证后，方可在指定时间、地点作业。作业时应配备专人监护，作业后必须确认无火源危险后方可离开作业地点。

8）拆除建筑，当遇有易燃、可燃物及保温材料时，严禁明火作业。

9）施工现场应设置消防车道，并应保持畅通。

思 考 题

1. 模板工程施工编制的专项施工方案的内容主要包括哪几个方面？
2. 模板拆除施工的安全要求是什么？
3. 钢筋有哪几种分类？
4. 钢筋运输与堆放的安全要求有哪些？
5. 钢筋焊接的安全要求是什么？
6. 混凝土有哪几种分类？
7. 拆除作业时，采取人工拆除应注意什么？

第11章 脚手架工程施工安全技术

【本章主要内容】 脚手架工程安全生产要求；扣件式钢管脚手架、附着式升降脚手架、吊脚手架搭设安全技术；脚手架拆除安全技术及施工注意事项。

【本章重点、难点】 脚手架工程安全生产要求；扣件式钢管脚手架安全技术；附着式升降脚手架安全技术；吊脚手架安全技术。

11.1 脚手架工程概述

脚手架是为建筑施工而搭设的用于上料、堆料、作业、安全防护、垂直和水平运输的结构架，它是施工现场应用最为广泛、使用最为频繁的一种临时结构设施。脚手架随建筑物的升高而逐层搭设，完工后又逐层拆除。建筑工程、安装工程、装饰装修工程都需要借助脚手架来完成。脚手架是建筑施工中必不可少的辅助设施。

由于脚手架的使用频率高，施工现场环境复杂，脚手架成为建筑施工中安全事故的多发部位，也是施工安全控制的重点。

1. 脚手架的分类

脚手架是建筑施工中必不可少的临时设施，可供工人操作、堆放材料、安装构件等，随着建筑施工技术的不断发展，脚手架的种类也越来越多，可分为以下几类：

1）按搭设部位的不同，脚手架可分为外脚手架、内脚手架。

2）按搭设材质的不同，脚手架可分为钢管脚手架、木脚手架、竹脚手架。

3）按用途的不同，脚手架可分为主体结构脚手架、砌筑脚手架、装饰脚手架。

4）按搭设形式的不同，脚手架可分为普通脚手架、特殊脚手架。

5）按立杆排数的不同，脚手架可分为单排脚手架、双排脚手架、满堂脚手架。

6）按结构形式的不同，脚手架可分为立杆式（碗扣式、扣件式）脚手架、门式脚手架、附着式升降脚手架及悬挑式脚手架。

2. 脚手架的使用要求

1）材料质量符合规定要求。

2）有足够的强度、刚度、稳定性。

3）搭拆简单，搬运方便，能多次周转使用。

4）脚手架地基有足够大的承载力。

5）严格控制使用荷载，保证有较大的安全储备。

6）有可靠的安全防护措施。

7）有适当的宽度、步架高度、离墙距离，能满足工人操作、材料堆放和运输需要。

11.2 脚手架工程安全生产要求

11.2.1 脚手架工程施工方案

脚手架搭设之前，应根据工程特点和施工工艺确定脚手架搭设施工方案。达到危险性较大的分部分项工程管控规定的，需编制施工专项方案；需要专家论证的，需组织开展专项论证会。脚手架搭设方案应附设计计算书，经施工企业技术负责人审批并报监理工程师批准。脚手架施工方案应包括基础处理、搭设要求、杆件间距、连墙杆设置位置及连接方法、施工详图和大样图，以及脚手架搭设和拆除的时间与顺序等内容。

脚手架工程安全专项施工方案编制程序如图 11-1 所示。

施工现场的脚手架必须按照施工方案进行搭设。因故改变脚手架类型时，必须重新修改脚手架施工方案并经审批后方可施工。

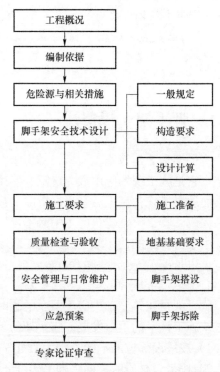

图 11-1 脚手架工程安全专项施工方案编制程序

11.2.2 脚手架安全生产的一般要求

1）脚手架搭设和拆除属特种作业，操作人员必须根据特种作业人员安全技术培训考核管理规定，经考核合格，取得住房和城乡建设部颁发的建筑施工特种作业人员操作证后成为专业架子工，才能进行脚手架的搭设和拆除。作业时必须头戴安全帽，身系安全带，脚穿防滑鞋。

2）搭设和拆除作业中的安全防护措施：

① 作业现场应设安全围护和警示标志，禁止无关人员进入危险区域。

② 对尚未形成或已失去稳定结构的脚手架部位应加设临时支撑或拉结。

③ 在无可靠的安全带扣挂物时，应拉设安全网。

④ 应设置材料提上或吊下的设施，禁止投掷。

3）作业面的安全防护措施：

① 脚手架作业面的脚手板必须满铺，不得留有空隙和探头板。脚手板与墙面之间的距离一般不应大于 20cm。脚手板应与脚手架可靠拴结。

② 作业面的外侧立面的防护设施视具体情况可采取下列措施：挡脚板加两道防护栏杆；两道防护栏杆上绑挂高度不小于 1m 的竹笆；两道防护横杆满挂安全立网；其他可靠的围护办法。

4）临街防护视具体情况可采取下列措施：

① 采用安全立网、竹笆板或篷布将脚手架的临街面完全封闭。

② 视临街情况设安全通道，通道的顶盖应满铺脚手板或其他能可靠承接落物的板篷材料，篷顶临街一侧应设高度高于篷顶不小于 1m 的墙，以免落物又反弹到街上。

5）人行通道和运输通道的防护措施：

① 贴近或穿过脚手架的人行通道和运输通道必须设置板篷。

② 上下脚手架有高度差的入口应设坡度或踏步，并设栏杆防护。

6）施工层脚手架与建筑物之间应封闭，当脚手架与建筑之间的距离大于 20cm 时，还应自上而下做到四步一隔离。

7）操作层必须设置 1.2m 高的防护栏杆和 180mm 高的挡脚板，挡脚板应与立杆固定，并有一定的强度。

8）架体外侧必须采取密目式安全网封闭，网体与操作层不应有大于 10mm 的缝隙，网间不应有大于 25mm 的缝隙。

9）操作人员上下脚手架必须有安全可靠的斜道或挂梯。斜道坡度走人时不得大于 1:3，运料时不得大于 1:4，坡面上应每隔 30cm 设一道防滑条，防滑条不能使用无防滑作用的竹条等材料。在构造上，当架高小于 6m 时可采用一字形斜道；当架高大于 6m 时应采用之字形斜道；斜道的杆件应单独设置。挂梯可采用钢筋预制，其位置不应在脚手架通道的中间，也不应垂直贯通。

10）钢管脚手架必须有良好的接地装置，接地电阻不应大于 4Ω，雷雨季节则应按规范设置避雷装置。

11.2.3　脚手架搭设的安全要求

1）脚手架搭设前，工地施工员或安全员应根据施工方案和"脚手架检查评分表"检查项目及扣分标准，并结合相关要求，写成书面交底资料，向持证上岗的架子工进行交底。搭设脚手架所用的各种材料（包括杆件、扣件、脚手板、悬挑梁等）的材质、规格必须符合有关规范和施工方案的规定，并应有试验报告。

2）进行脚手架搭设作业时，应按形成基本构架单元的要求逐排、逐跨、逐步进行搭设，矩形周边脚手架宜从其中的一个角部开始向两个方向延伸搭设，以确保已搭部分稳定。脚手架分段搭设完毕后，必须由施工负责人组织有关人员按照施工方案及规范的要求进行检查验收。

3）搭设作业时，应按以下要求做好自我保护并保护好作业现场人员的安全。

① 架上作业人员应穿防滑鞋并系好安全带，以保证作业时的安全。脚下还应铺设必要数量的脚手板，并应铺设平稳，不得有探头板。当暂时无法铺设脚手板时，用于落脚或抓握把（夹）持的杆件均应为稳定的构架部分，其着力点与构架节点的水平距离应不大于 0.8m，

垂直距离应不大于 1.5m。位于立杆接头之上的自由立杆（尚未与水平杆连接者）不得用作把持杆。

② 架上作业人员应做好分工和配合，传递杆件时应控制好重心，做到平稳传递，不要用力过猛，以免导致身体或杆件的失衡。每完成一道工序，都要相互询问并确认后才能进行下一道工序。

③ 作业人员应随身携带工具袋，工具用后要装于袋中，不要将其放在架子上，以免掉落伤人。

④ 架设材料要随上随用，以免放置不当而掉落。

⑤ 每次收工前，所有上架材料应全部搭设完，不要存留在架子上，并且一定要形成稳定的构架，不能形成稳定构架的部分应采取临时撑拉措施予以加固。

⑥ 在搭设作业进行过程中，地面上的配合人员应避开可能落物的区域。

4）脚手架搭设安装前应先对基础等架体承重部位进行验收，搭设安装后应进行分段验收。特殊脚手架必须由企业技术部门会同安全、施工管理部门验收合格后才能使用。验收时要定量与定性相结合，验收合格后应在脚手架上悬挂合格牌，且在脚手架上明示使用单位、监护管理单位和责任人。施工阶段转换时，对脚手架应重新实施验收手续。脚手架经验收合格，办理验收手续，填写"脚手架底层搭设验收表""脚手架中段验收表""脚手架顶层验收表"，有关人员签字后方准使用。验收不合格的应立即进行整改。对检查结果及整改情况，应按实测数据进行记录，并由检测人员签字。

11.2.4 脚手架架上作业安全生产的一般要求

1）作业前应注意检查作业环境是否安全，安全防护设施是否齐全有效，确认无误后方可作业。

2）作业时应注意随时清理落在架面上的材料，保持架面上的规整清洁，不要乱放材料、工具，以免影响作业时的安全和发生掉物伤人事件。

3）大雾、雨、雪和 6 级以上大风天气时，不得进行脚手架上的高处作业。雨、雪天后作业，必须采取安全防滑措施。钢管脚手架的高度超过周围建筑物或在雷暴较多的地区施工时，应安设防雷装置，其接地电阻应不大于 4Ω。

4）架上作业荷载应满足规范或设计规定的荷载要求，严禁超载。一般结构脚手架不超过 $3kN/m^2$，装修脚手架不超过 $2kN/m^2$。架面荷载尽量均匀分布，避免荷载集中于一侧。过梁等墙体构件、较重的施工设备均不得存放在脚手架上；严禁将模板支撑、缆风绳、泵送混凝土及砂浆的输送管等固定在脚手架上；严禁任意悬挂起重设备。

5）当架面高度不够而需要垫高时，一定要采用稳定可靠的垫高办法，且垫高高度不可超过 50cm。当垫高高度超过 50cm 时，应按搭设规定升高铺板层。升高作业面的同时，应相应地加高防护设施。

6）在架面上运送材料经过正在作业中的人员时，要及时发出"请注意""请让一让"的信号。材料要轻搁稳放，不许采用倾倒、猛磕或其他匆忙卸料的方式。

7）严禁在架面上打闹戏耍、退着行走和跨坐在外防护横杆上休息。不要在架面上抢行、跑跳，相互避让时应注意身体不要失稳。

8）在脚手架上进行电气焊作业时，要铺薄钢板接着火星或移去易燃物，以防火星点燃易燃物；并应有防火措施，一旦着火，可及时扑灭。

9）架上作业时，不要随意拆除基本结构杆件和连墙件，因作业的需要必须拆除某些杆件和连墙件时，必须取得施工主管和技术人员的同意，并采取可靠的加固措施后方可施工。

10）架上作业时，不要随意拆除安全防护设施。没有设置安全防护措施或安全防护措施设置不符合要求时，必须在补设或改善后才能上架进行作业。

11）其他安全注意事项：

① 运送杆件、配件时应尽量利用垂直运输设施或悬挂滑轮，并将其绑扎牢固，尽量避免或减少人工层层传递。

② 除搭设过程中必要的 1~2 步架的上下外，作业人员不得攀缘脚手架上下，应走房屋楼梯或另设安全人梯。

③ 在搭设脚手架时，不得使用不合格的架设材料。

④ 作业人员要服从统一指挥。

11.2.5　脚手架拆除的安全要求

脚手架拆除前，应制订详细的拆除施工方案和安全技术措施，并对参加作业的全体人员进行安全技术交底，在统一指挥下按照确定的方案进行拆除作业。脚手架拆除的安全要求如下：

1）架子拆除时应划分作业区，其周围应设绳绑围栏或竖立警戒标志；地面应设专人指挥，禁止非作业人员入内。

2）拆架子的高处作业人员应戴安全帽、系安全带、扎裹腿、穿软底鞋，穿戴合规后方允许上架作业。

3）拆除脚手架时应遵守由上向下、先搭后拆、后搭先拆的原则，即先拆栏杆、脚手板、剪刀撑、斜撑，后拆小横杆、大横杆、立杆等，并按一步一清的原则依次进行，要严禁上下同时进行拆除作业。

4）拆立杆时要先抱住立杆，再拆开最后两个扣；拆除大横杆、斜撑、剪刀撑时，应首先拆中间扣，然后托住中间，最后解端头扣。

5）连墙杆应随拆除进度逐层拆除，当脚手架拆至下部最后一根长立杆的高度（约6.5m）时，应先在适当位置搭设临时抛撑加固后，再拆除连墙件，拆抛撑前应先用临时撑支住，然后才能拆抛撑。

6）拆除时要统一指挥、上下呼应、动作协调，当解开与另一人有关的结扣时，应先通知对方，以防坠落，严禁不按程序进行任意拆卸行为。

7）大片架子拆除后所预留的斜道、上料平台、通道等，应在大片架子拆除前先进行加固，以便拆除后能确保其完整、安全和稳定。

8）拆除时严禁撞碰脚手架附近的电源线，以防止发生事故。

9）拆除时不应碰坏门窗、玻璃、雨水管、房檐瓦片、地下明沟等。

10）拆下的材料应先用绳索拴住杆件，再利用滑轮徐徐下运，严禁抛掷；运至地面的材料应到指定地点随拆随运，且应分类堆放，当天拆当天清，拆下的扣件或钢丝要集中回收处理。

11）在拆架过程中不得中途换人，当必须换人时，应将拆除情况交代清楚后方可离开。

12）拆除烟囱、水塔外架时，禁止架料碰断缆风绳。当拆至缆风绳处方可解除该处缆风绳，不能提前解除。

13）卸料时严禁将各构配件抛掷至地面。

11.3　扣件式钢管脚手架

扣件式钢管脚手架是一种应用最普遍的脚手架，它适用于作为工业与民用建筑施工用落地单、双排脚手架，底撑式分段悬挑脚手架，水平混凝土构件施工中的模板支撑架，上料平台的满堂脚手架，高耸构筑物（如井架、烟囱、水塔等）施工用脚手架等。双排扣件式钢管脚手架的搭设高度不宜超过 50m，高度不大于 24m 的称为一般脚手架，高度大于 24m 的则称为高层脚手架。

1. 扣件式钢管脚手架的优点

1）装拆方便、搭设灵活。

2）承载力大，搭设高度高。

3）坚固耐用，周转次数多。

4）加工简单，一次投资费用低。

2. 扣件式钢管脚手架的缺点

1）扣件易丢失。

2）螺栓上紧程度差异大。

3）节点在力作用线间有偏心或交汇距离。

3. 扣件式钢管脚手架的类型

1）单排扣件式钢管脚手架：只有一排立杆，横向水平杆的一端搁置固定在墙体上。

2）双排扣件式钢管脚手架：由内外两排立杆和水平杆等构成。

3）满堂扣件式钢管脚手架：纵、横方向，由不少于三排立杆与水平杆、水平及竖向剪刀撑、扣件等构成。

4）满堂扣件式钢管支撑架：纵、横方向，由不少于三排立杆并与水平杆、水平及竖向剪刀撑、扣件等构成的承力支架。架体顶部进行钢结构安装等（同类工程），其施工荷载通过可调托撑轴心传力给立杆。

5）开口型脚手架：沿建筑周边非交圈设置的脚手架；呈直线的为一字形脚手架。

6）封圈型脚手架：沿建筑周边交圈设置的脚手架。

11.3.1　扣件式钢管脚手架的构件

扣件式钢管脚手架中主要的构件为钢管、扣件，辅助构件为垫板、底座、脚手板、安全网等，用于支撑架时，其顶部应设可调托撑。

1. 钢管

钢管应采用《直缝电焊钢管》（GB/T 13793—2016）或《低压流体输送用焊接钢管》（GB/T 3091—2015）中规定的 Q235 普通钢管，型号宜采用 ϕ48.3mm × 3.6mm（或 ϕ51mm × 3.0mm）。用于立杆、大横杆和斜撑的钢管长度以 4~6.5m 为宜，这样的质量一般在 25kg 以内，适合人工操作；用于小横杆的钢管长度以 2.1~2.3m 为宜，以适应脚手架的宽度。

钢管按在脚手架体系中所处的位置、在受力体系中所承担荷载的作用不同，分为立杆、水平杆（纵向水平杆、横向水平杆、扫地杆）、栏杆、斜撑、抛撑、剪刀撑、连墙杆，具体构造如图 11-2 所示。

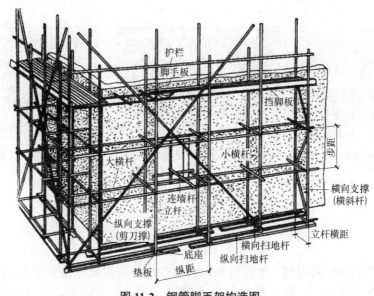

图 11-2　钢管脚手架构造图

它们的主要作用如下：

（1）立杆（也称立柱、站柱、冲天柱、竖杆等）　它与地面垂直，是脚手架的主要受力杆件，作用是将脚手架上所堆放的物料和操作人员的全部荷载，通过底座（或垫板）传到地基上。

（2）大横杆（也称纵向水平杆、顺水杆等）　它与墙面平行，作用是与立杆连成整体，将脚手板上堆放的物料和操作人员的全部荷载传到立杆上。

（3）小横杆（也称横向水平杆、横楞、横担、六尺杠等）　它与墙面垂直，作用是直接承受脚手板上的荷载，并将其传到大横杆上。

（4）斜撑　它紧贴脚手架外排立杆，与立杆斜交并与地面成 45°~60°，上下连续设置，形成之字形，主要是在脚手架拐角处设置，作用是防止架子沿纵长方向倾斜。

（5）剪刀撑（也称十字撑、十字盖）　它是在脚手架外侧交叉成十字形的双支斜杆，双杆互相交叉，并都与地面成 45°~60°，作用是把脚手架连成整体，增强脚手架的整体稳定性。

（6）抛撑（支撑、压栏子等）　它是设置在脚手架周围支撑架子的斜杆，一般与地面成 60°，并与墙面斜交，作用是增强脚手架横向稳定性，防止脚手架向外倾斜或倾倒。

（7）连墙杆　它是沿立杆的竖直方向不大于 4m、水平方向不大于 3 跨设置的能承受拉和压而与主体结构相连的水平杆件，主要作用是承受脚手架的全部风荷载和脚手架里、外排立杆不均匀下沉所产生的荷载。

2. 扣件

扣件用可锻铸铁或铸钢制作，质量和性能符合《钢管脚手架扣件》（GB/T 15831—2023）

的规定，按不同的功能要求分为直角扣件、对接扣件、回转扣件（图 11-3）。其中直角扣件用于连接垂直相交成 90° 的脚手管；对接扣件用于对接两根脚手管；回转扣件用于连接平行（搭接）或相交但非垂直相交的脚手管。所有扣件规格必须与钢管外径相同；螺栓拧紧力矩不应小于 40N·m，且不应大于 65N·m。

a)   b)   c)

图 11-3　扣件
a）直角扣件　b）对接扣件　c）回转扣件

3. 脚手板

脚手板（图 11-4）可用钢、木、竹等材料制作，每块质量不宜大于 30kg。冲压钢脚手板是一种常用的脚手板，一般用厚 2mm 的钢板压制而成，长度 2~4m，宽度 250mm，表面应有防滑措施。木脚手板可采用厚度不小于 50mm 的杉木板或松木制作，长度 3~4m，宽度 200~250mm，两端均设镀锌钢丝箍两道，以防止木脚手板端部破坏。竹脚手板分为用毛竹或楠竹制成的竹串片脚手板及竹笆脚手板。

a)   b)   c)

图 11-4　脚手板
a）木脚手板　b）竹脚手板　c）冲压钢脚手板

4. 底座和垫板

底座和垫板设于每根立杆底部作为垫座，以承受脚手架立柱传来的荷载，如图 11-5 所示。

5. 可调托撑

可调托撑是满堂支撑架直接传递荷载的主要构件，如图 11-6 所示。可调托撑螺杆与螺母旋合长度 ≥5 扣；抗压承载力设计值 ≥40kN。可调底座、可调托撑螺杆伸出长度 ≤300mm，插入立杆内长度 ≥150mm，超过横杆上端部分的长度 ≤500mm。

图 11-5　底座和垫板

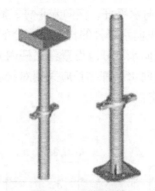

图 11-6　可调托撑

6. 安全网

安全网的作用是防止人、物坠落，保证施工安全，减少灰尘、噪声、光污染。安全网由网体、边绳、系绳组成。

11.3.2　扣件式钢管脚手架的构造要求

1. 常用双排落地脚手架的构造尺寸（表 11-1）

表 11-1　常用双排落地脚手架的构造尺寸　　　　　　（单位：m）

连墙件设置	立杆横距 l_b	步距 h	下列荷载时的立杆纵距 l_a				脚手架允许搭设高度 $[H]$
			$(2+0.35)$ kN/m²	$(2+2+2×0.35)$ kN/m²	$(3+0.35)$ kN/m²	$(3+2+2×0.35)$ kN/m²	
两步三跨	1.05	1.50	2.0	1.5	1.5	1.5	50
		1.80	1.8	1.5	1.5	1.5	32
	1.30	1.50	1.8	1.5	1.5	1.5	50
		1.80	1.8	1.2	1.5	1.2	30
	1.55	1.50	1.8	1.5	1.5	1.5	38
		1.80	1.8	1.2	1.5	1.2	22
三步三跨	1.05	1.50	2.0	1.5	1.5	1.5	43
		1.80	1.8	1.2	1.5	1.2	24
	1.30	1.50	1.8	1.5	1.5	1.2	30
		1.80	1.8	1.2	1.5	1.2	17

注：1. 表中所示（2+2+2×0.35）kN/m²，包括下列荷载：（2+2）kN/m² 为二层装修作业层施工荷载标准值，（2×0.35）kN/m² 为二层作业层脚手板自重荷载标准值。

　　2. 作业层横向水平杆间距，应按不大于 $l_a/2$ 设置。

　　3. 地面粗糙度为 B 类，基本风压 ω=0.4kN/m²。

双排落地脚手架的搭设高度不宜超过 50m，高度超过 50m 的双排落地脚手架应分段搭设。

2. 纵向水平杆、横向水平杆、脚手板的构造要求

（1）纵向水平杆的构造应符合的规定

1）纵向水平杆应设置在立杆内侧，单根杆长度不应小于 3 跨。

2）纵向水平杆接长应采用对接扣件连接或搭接，对接接头布置如图 11-7 所示，并应符合下列规定：

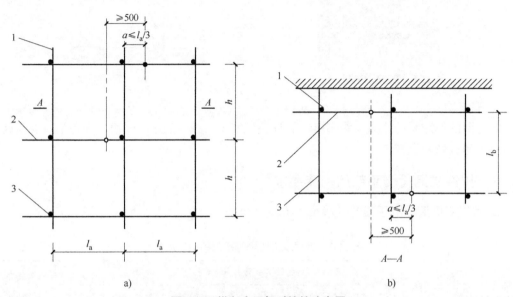

图 11-7　纵向水平杆对接接头布置

a）接头不在同步内（立面）　b）接头不在同跨内（平面）

1—立杆　2—纵向水平杆　3—横向水平杆

① 两根相邻纵向水平杆的接头不应设置在同步或同跨内；不同步或不同跨两个相邻接头在水平方向错开的距离不应小于 500mm；各接头中心至最近主节点的距离不应大于纵距的 1/3。

② 搭接长度不应小于 1m，应等间距设置 3 个旋转扣件固定，端部扣件盖板边缘至搭接纵向水平杆杆端的距离不应小于 100mm。

③ 当使用冲压钢脚手板、木脚手板、竹串片脚手板时，纵向水平杆应作为横向水平杆的支座，用直角扣件固定在立杆上；当使用竹笆脚手板时，纵向水平杆应采用直角扣件固定在横向水平杆上，并应等间距设置，间距不应大于 400mm，如图 11-8 所示。

（2）横向水平杆的构造应符合的规定

1）作业层上非主节点处的横向水平杆宜根据支撑脚手板的需要等间距设置，最大间距不应大于纵距的 1/2。

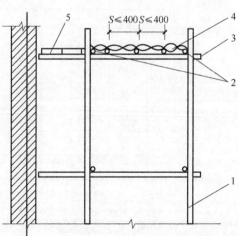

图 11-8　铺竹笆脚手板时纵向水平杆的构造

1—立杆　2—纵向水平杆　3—横向水平杆
4—竹笆脚手板　5—其他脚手板

2）当使用冲压钢脚手板、木脚手板、竹串片脚手板时，双排脚手架的横向水平杆两端均应采用直角扣件固定在纵向水平杆上；单排脚手架的横向水平杆的一端应用直角扣件固定在纵向水平杆上，另一端应插入墙内，插入长度不应小于 180mm。

3）当使用竹笆脚手板时，双排脚手架的横向水平杆两端应用直角扣件固定在立杆上；单排脚手架的横向水平杆的一端应用直角扣件固定在立杆上，另一端应插入墙内，插入长度也不应小于 180mm。

4）主节点处必须设置一根横向水平杆，用直角扣件扣接且严禁拆除。

（3）脚手板的设置应符合的规定

1）作业层脚手板应铺满、铺稳、铺实。

2）冲压钢脚手板、木脚手板、竹串片脚手板等，应设置在三根横向水平杆上。当脚手板长度小于 2m 时，可采用两根横向水平杆支撑，但应将脚手板两端与其可靠固定，严防倾翻。脚手板应采用对接平铺或搭接铺设。脚手板对接平铺时，接头处必须设两根横向水平杆，脚手板外伸长度应取 130~150mm，两块脚手板外伸长度的和不应大于 300mm（图 11-9a）；脚手板搭接铺设时，接头必须支在横向水平杆上，搭接长度不应小于 200mm，其伸出横向水平杆的长度不应小于 100mm（图 11-9b）。

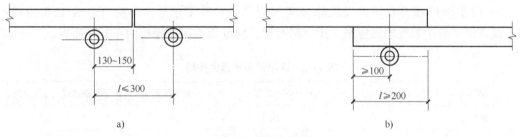

图 11-9　脚手板构造

a）对接平铺　b）搭接铺设

3）竹笆脚手板应按其主竹筋垂直于纵向水平杆方向铺设，且采用对接平铺，四个角应用直径不小于 1.2mm 的镀锌钢丝固定在纵向水平杆上。

4）作业层端部脚手板探头长度应取 150mm，其板的两端均应固定于支撑杆件上。

3. 立杆的构造要求

1）每根立杆底部应设置底座或垫板。

2）脚手架必须设置纵、横向扫地杆。纵向扫地杆应采用直角扣件固定在距底座上皮不大于 200mm 处的立杆上。横向扫地杆应采用直角扣件固定在紧靠纵向扫地杆下方的立杆上。

3）脚手架立杆基础不在同一高度上时，必须将高处的纵向扫地杆向低处延长两跨与立杆固定，高低差不应大于 1m。靠边坡上方的立杆轴线到边坡的距离不应小于 500mm（图 11-10）。

4）单、双排脚手架底层步距均不应大于 2m。

5）单排脚手架、双排脚手架与满堂脚手架立杆接长除顶层顶步外，其余各层各步接头必须采用对接扣件连接。

6）脚手架立杆对接、搭接应符合下列规定：

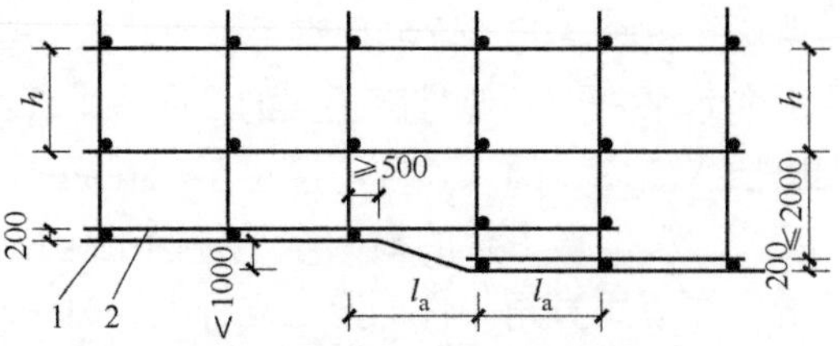

图 11-10 纵、横向扫地杆构造

1—横向扫地杆 2—纵向扫地杆

① 当立杆采用对接接长时，立杆的对接扣件应交错布置，两根相邻立杆的接头不应设置在同步内，同步内隔一根立杆的两个相隔接头在高度方向错开的距离不宜小于500mm；各接头中心至主节点的距离不宜大于步距的1/3。

② 当立杆采用搭接接长时，搭接长度不应小于1m，并应采用不少于2个旋转扣件固定。端部扣件盖板的边缘至杆端距离不应小于100mm。

7）脚手架立杆顶端栏杆宜高出女儿墙上端1m，宜高出檐口上端1.5m。

4. 连墙件的构造要求

1）连墙件设置的位置、数量应按专项施工方案确定。

2）脚手架连墙件数量的设置除应满足规范的计算要求外，还应符合表11-2的规定，50m及其以下脚手架连墙件应按三步三跨布置，50m以上脚手架按两步三跨布置。

表 11-2 连墙件布置最大间距

搭设方法	高度	竖向间距	水平间距	每根连墙件覆盖面积
双排落地	≤50m	$3h$	$3l_a$	≤40m²
双排悬挑	>50m	$2h$	$3l_a$	≤27m²
单排	≤24m	$3h$	$3l_a$	≤40m²

注：h—步距；l_a—纵距。

3）连墙件的布置应符合下列规定：

① 应靠近主节点布置，偏离主节点的距离不应大于300mm；应从底层第一步纵向水平杆处开始布置，当该处布置有困难时，应采用其他可靠措施固定。

② 应优先采用菱形布置，或采用方形、矩形布置。

4）开口型脚手架的两端必须设置连墙件，连墙件的垂直间距不应大于建筑物的层高，并不应大于4m。

5）连墙件中的连墙杆应呈水平设置，当不能水平设置时，应向脚手架一端下斜连接。

6）连墙件必须采用可承受拉力和压力的构造。对高度24m以上的双排脚手架，应采用刚性连墙件与建筑物连接。

7）当脚手架下部暂不能设连墙件时应采取防倾覆措施。当搭设抛撑时，抛撑应采用通长杆件，并用旋转扣件固定在脚手架上，与地面的倾角应为45°~60°；连接点中心至主节点的距离不应大于300mm。抛撑应在连墙件搭设后再拆除。

8）架高超过40m且有风涡流作用时，应采取抗上升翻流作用的连墙措施。

5. 剪刀撑与横向斜撑的构造要求

1）双排脚手架应设剪刀撑与横向斜撑，单排脚手架应设剪刀撑。

2）单、双排脚手架剪刀撑的设置应符合下列规定：

① 每道剪刀撑跨越立杆的根数宜按表11-3的规定确定。每道剪刀撑宽度不应小于4跨，且不应小于6m，斜杆与地面的倾角宜为45°~60°。

表 11-3 剪刀撑跨越立杆的最多根数

剪刀撑斜杆与地面的倾角	45°	50°	60°
剪刀撑跨越立杆的最多根数	7	6	5

② 剪刀撑斜杆的接长应采用搭接或对接。

③ 剪刀撑斜杆应用旋转扣件固定在与之相交的横向水平杆的伸出端或立杆上，旋转扣件中心线至主节点的距离不宜大于150mm。

3）高度在24m及以上的双排脚手架应在外侧全立面连续设置剪刀撑；高度在24m以下的单、双排脚手架，均必须在外侧两端、转角及中间间隔不超过15m的立面上，各设置一道剪刀撑，并应由底至顶连续设置，如图11-11所示。

4）双排脚手架横向斜撑的设置应符合下列规定：

① 横向斜撑应在同一节间，由底至顶层呈之字形连续布置，斜撑的固定应符合相关规定。

② 高度在24m以下的封闭型双排脚手架可不设横向斜撑，高度在24m以上的封闭型脚手架，除拐角应设置横向斜撑外，中间应每隔6跨设置一道。

5）开口型双排脚手架的两端均必须设置横向斜撑。

6. 斜道的构造要求

1）人行并兼作材料运输的斜道的形式宜按下列要求确定：

① 高度不大于6m的脚手架，宜采用一字形斜道。

② 高度大于6m的脚手架，宜采用之字形斜道。

2）斜道的构造应符合下列规定：

① 斜道应附着外脚手架或建筑物设置。

② 运料斜道宽度不应小于1.5m，坡度不应大于1:6，人行斜道宽度不应小于1m，坡度不应大于1:3。

③ 拐弯处应设置平台，其宽度不应小于斜道宽度。

④ 斜道两侧及平台外围均应设置栏杆及挡脚板。栏杆高度应为1.2m，挡脚板高度不应小于180mm。

⑤ 运料斜道两端、平台外围和端部均应按相关规定设置连墙件；每两步应加设水平斜杆；应按相关规定设置剪刀撑和横向斜撑。

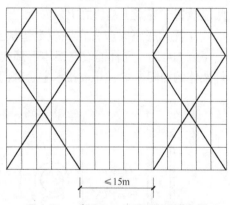

≤15m

图 11-11 高度 24m 以下剪刀撑布置

195

3）斜道脚手板构造应符合下列规定：

① 脚手板横铺时，应在横向水平杆下增设纵向支托杆，纵向支托杆间距不应大于500mm。

② 脚手板顺铺时，接头宜采用搭接，下面的板头应压住上面的板头，板头的凸棱处应采用三角木填顺。

③ 人行斜道和运料斜道的脚手板上应每隔250~300mm设置一根防滑木条，木条厚度应为20~30mm。

7. 立杆基础的构造要求

立杆的底部必须支撑在牢固的地方，并采取措施防止立杆底部发生位移。

1）一般脚手架的地基土应夯实找平，并做好排水构造。

地基土质良好时，应采用厚8mm的钢板做成底板。由外径57mm、壁厚3.5mm、长150mm焊接管做的套筒焊接而成的立杆底座（图11-12），可直接放置于夯实的土上。

地基土质较差或为夯实的回填土时，底座下应加上宽不小于200mm、厚为50~60mm且面积不小于底座面积3倍的木垫板。如果立杆无底座，则应在平整夯实的地面上铺设厚度不小于120mm且面积不小于底座面积3倍的混凝土垫块。

2）高层脚手架的立杆有底座时应在地面平整夯实后，先上铺100~200mm厚的道碴，以做好排水，再放置厚度不小于120mm、面积不小于400mm×400mm的混凝土垫块，并将底座放置于混凝土垫块之上。

立杆无底座时应先在混凝土垫块上纵向仰铺通长12~16号槽钢，再将立杆放置于槽钢上（图11-13）。立杆铺设在架体下部或附近时不得随意进行挖掘作业，如确需挖掘，则应制订架体的加固方案，并报技术主管部门批准实施。

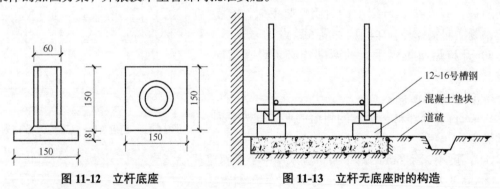

图11-12 立杆底座　　　　　图11-13 立杆无底座时的构造

11.3.3 扣件式钢管脚手架的检查与验收

1）脚手架及其地基基础进行检查与验收的时机：

① 基础完工后及脚手架搭设前。

② 作业层上施加荷载前。

③ 每搭设完6~8m高度后。

④ 达到设计高度后。

⑤ 遇有6级及以上强风或大雨后；冻结地区解冻后。

⑥ 停用超过1个月。

2）脚手架使用中，应定期检查的内容：

① 杆件的设置和连接，连墙件、支撑、门洞桁架等的构造应符合规范和专项施工方案要求。

② 地基应无积水，底座应无松动，立杆应无悬空。

③ 扣件螺栓应无松动。

④ 高度在 24m 以上的双排、满堂脚手架，其立杆的沉降与垂直度的偏差应符合相关规定。

⑤ 安全防护措施应符合规范要求。

⑥ 应无超载使用。

11.4　附着式升降脚手架

附着式升降脚手架又称爬架，是指采用各种形式的架体结构及附着支撑结构，并依靠设置于架体上或建筑结构上的专用升降设备实现升降的施工用脚手架。当按爬升构造方式分类时，有套管式（图 11-14）、挑梁式、悬挂式、互爬式和导轨式等；当按组架方式分类时，有单片式、多片式和整体式；当按提升设备分类时，有手拉式、电动式、液压式等。

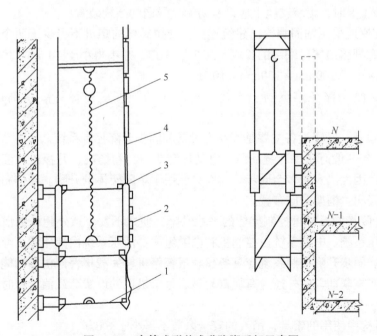

图 11-14　套管式附着式升降脚手架示意图
1—固定框　2—滑动框　3—纵向水平杆　4—安全网　5—提升机具

1. 基本组成

附着式升降脚手架主要由架体结构、附着支撑、升降设备、安全装置等组成。

（1）架体结构

1）架体板。架体板由扣件式钢管脚手架或碗扣式钢管脚手架组成，也可采用型钢组合而成。架体板的主要构件有立杆、大小横杆、斜杆、脚手板和安全网。应按一般落地式脚手架的要求进行搭设和设置剪刀撑及连墙杆。

2）水平支撑桁架和竖向主框架。水平支撑桁架是承受架体板及其传来的竖向荷载，并将竖向荷载传至竖向主框架和附着支撑的传力结构。竖向主框架是用来构造附着式升降脚手架的架体部分，并且它与附着支撑连接，承受和传递竖向及水平荷载。

水平支撑桁架和竖向主框架必须采用焊接或螺栓连接的定型框架，不允许采用钢管扣件搭设。在与架体板连接时，架体板的里外立杆应与水平支撑桁架上弦相连接，不允许悬空，且与桁架中的竖杆成一直线，并确保架体板里外立杆分别与水平支撑桁架的里外两榀桁架成为平面受力体系。竖向主框架作为水平支撑桁架的支撑支座，直接附着于建筑结构上，因此刚度较大。

（2）附着支撑　附着支撑是附着式升降脚手架的主要承力和传力构件，它附着在建筑结构上，并与架体结构连接，使主框架上的荷载能可靠地传到建筑结构上，确保了架体在升降和使用过程中的稳定性。

附着支撑结构应包括附墙支座、悬臂梁及斜拉杆，由于附着支撑要满足架体的提升、防倾、防坠和抗下坠冲击的要求，因此其构造应符合以下几点要求：

1）竖向主框架所覆盖的每一楼层处应设置一道附墙支座。

2）在使用工况时，应将竖向主框架固定于附墙支座上。

3）在升降工况时，附墙支座上应设有防倾、导向的结构装置。

4）附墙支座应采用锚固螺栓与建筑连接，受拉螺栓的螺母不得少于两个或采用弹簧垫片加单螺母，螺杆露出螺母端部的长度不应少于3扣，并不得小于10mm，垫板尺寸应由设计确定，且不得小于100mm×100mm×10mm。

5）附墙支座支撑在建筑物上连接处混凝土的强度应按设计要求确认，且不得小于C10。

（3）升降设备　升降设备主要是指动力设备和同步升降控制系统。

1）动力设备一般有手动环链葫芦、电动环链葫芦、卷扬机、升板机和液压千斤顶，其中手动环链葫芦因无法实现多个同步工作而只能用于单跨架体的升降。架体布置时，动力设备应与架体的竖向主框架对应布置。

2）同步升降控制系统可控制架体的平稳升降，使之不发生意外超载的情况，主要分为电控系统和液压系统。电控系统由控制柜和电缆组成；液压系统由液压源、液压管路和液压控制台等组成。同步升降控制系统应具备超载报警停机、失载报警停机等功能，并且能与相应的保险机构实施联动，此外还应有能自动显示每个机位的设置荷载值、即时荷载值及机位状态等的功能。

3）升降机构中使用的索具、吊具的安全系数不得小于6.0。

4）升降时，架体的附着支撑装置应成对设置，保证架体处于垂直稳定状态。

（4）安全装置　为保证架体在升降过程中不发生倾斜、晃动和坠落现象，附着式升降脚手架必须设置防倾和防坠的安全装置。

1）防倾装置。架体无论处于使用状态还是处于升降状态，都有发生前后及左右倾斜、晃动的可能，尤其是在升降状态下，架体与升降机构处于相对运动状态，与建筑结构的约束较少，故需用防倾装置来保证架体的正常运行。防倾装置应有足够的刚度，在升降状态中除对架体有垂直导向作用外，还能对架体始终具有前后及左右的水平约束，以确保架体在两个方向的晃动位移不大于 3cm。在升降和使用两种工况下，位于同一竖向平面的防倾斜装置均不得少于两处，并且其最上和最下防倾斜支撑点之间的最小距离不得小于架体全高的 1/3。

2）防坠装置。防坠装置的作用是当架体发生意外下坠时能及时将架体固定住，从而阻止架体的坠落。架体坠落的主要原因：使用状态及升降状态时附着结构破坏；升降状态时动力失效；架体整体刚度或整体强度不足而发生架体解体；附着处混凝土强度不足。在以上架体坠落的原因中，附着结构、架体和附着处的破坏一般都通过设计计算来保证架体的安全度，或在现场使用中加强管理来保证安全；而由于动力失效产生架体坠落则通过设置防坠装置来解决。

目前用得较多的是限载联动防坠装置，它由限载联动装置和锁紧装置组成。限载联动装置利用弹簧钢板的弹性变形与荷载对应呈线性关系的原理来调定限位开关的控制距离，从而将提升力的变化直接转换成限位开关的信号变化，并反馈到架体升降控制系统，进行显示、报警及关机。当动力失效使架体发生坠落时，利用弹簧钢板突然失载而发生的反弹，并通过杠杆作用启动锁紧装置将架体吊杆锁住，同时自动关机，达到双重防坠的目的。防坠落装置应经现场动作试验，确认其动作可靠灵敏，符合设计要求。

（5）架体防护

1）架体外侧用密目网、架体底部用双层网（即小眼网加密目网）实施全封闭。

2）每一作业层外侧设置 1.2m 和 0.6m 高的 2 道防护栏杆以及 180mm 高的挡脚板。

3）使用工况下，架体底部与建筑结构外表面之间、单片架体之间的间隙必须封闭；升降工况下，架体的开口及敞开处必须有防止人员及物料坠落的防护措施。

4）物料平台等可能增大架体外倾力矩的设施，必须单独设置、单独升降，严禁附着在架体上。

5）架体应设置必要的消防设施和防雷击设施。

6）密目式安全网必须有国家指定的监督检验部门批准验证和工厂检验合格证，各项技术要求应符合《安全网》（GB 5725—2009）的规定。

2. 使用条件和安全技术

（1）使用条件　附着式升降脚手架除必须经住房和城乡建设部鉴定外，其生产经营企业还必须经当地住房城乡建设主管部门依据相应的技术规程和有关规定进行审定后，持脚手架的施工专业资质证书才能从事该项业务，施工使用中也不得违背技术性能规定和扩大使用范围。

每个单位工程必须根据工程实际情况编制专项施工组织设计，经审批后报工程安全监督机构备案。架体安装完毕后必须经住房城乡建设主管部门委托的检测机构检测，合格后方可投入使用。

参与架体安装的操作人员必须经县级以上地方人民政府住房城乡建设主管部门的安全技术专业培训，合格后持证上岗。

（2）安全技术

1）根据施工组织设计的要求，落实现场施工人员和组织机构，并在装拆和每次升降作业前对操作人员进行安全技术交底。

2）架体安装后必须经企业技术、安全职能部门验收合格后方可办理投入使用的手续。

每次升降应配备必要的监护人员，规范指令、统一指挥；升降到位后应实施书面检查验收，合格后方可交付使用。

架体由提升转为下降时，应制订专项的升降转换安全技术措施。

3）架体装拆和提升、操作区域和可能坠落范围应设置安全警戒标志。

4）遇6级及6级以上大风或遇大雨、大雪、浓雾等恶劣天气时，应停止一切作业，并采取相应的加固和应急措施；事后应按规定内容进行专项检查，并做好记录，检查合格后才能使用；夜间禁止升降作业。

5）同一架体所使用的升降动力设备、同步及限载控制系统、防坠装置等应分别采用同一厂家、同一规格型号的产品。采用多台设备时，应编号管理和使用。

6）动力控制设备和防坠装置等应有防雨、防尘及防污染的措施。对较敏感的电子设备还应有防晒、防潮和防电磁干扰等措施。

7）整体式附着升降脚手架的施工现场应配备必要的通信工具，其控制中心应有专人负责管理。

8）每月应按规定内容对架体进行专项检查，并应定期对脚手架及各部件进行清理保养。若在空中悬挂时间超过30个月或连续停用时间超过10个月，架体必须予以拆除。

9）防坠、防倾装置应符合下列要求：

① 脚手架在升降时，为防止发生断绳、折轴等故障而导致坠落，必须设置防坠装置。防坠装置应设置在竖向主框架部位，且每一竖向主框架提升设备处必须设置一个。防坠装置与提升设备分别设置在两套附着支撑结构上，若有一套失效，另一套能独立承担全部坠落荷载。

② 整体升降脚手架必须设置防倾装置，防止架体内外倾斜，保证脚手架升降运行平稳、垂直。防倾装置应具有足够的刚度。

③ 防坠、防倾装置应经现场动作试验，确认其动作可靠、灵敏，符合设计要求。

11.5 吊脚手架

1）吊脚手架也称吊篮，如图11-15所示，一般用于高层建筑的外装修施工，也可用于滑模外墙装饰的配套作业。吊脚手架利用固定在建筑物顶部的悬挑梁作为吊篮的悬挂点，通过吊篮上的提升机械使吊篮升降，以满足施工的需要。吊脚手架主要由吊篮、支撑设施（挑梁和挑架）、吊索和升降装置等组成。挑梁挑出长度应能使吊篮钢丝绳垂直于地面。

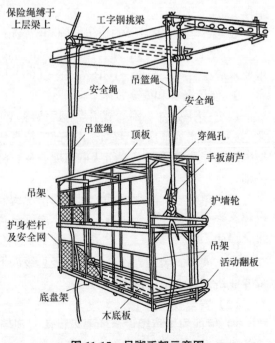

图 11-15　吊脚手架示意图

2）吊篮的使用和管理。吊篮使用前应进行荷载试验和试运行验收，以确保操纵系统、上下限位、提升机、手动滑降、安全锁的手动锁绳灵活可靠。

吊篮升降就位，并与建筑物拉牢固定后才允许人员出入吊篮或传递物品。吊篮使用时必须遵循设备保险系统与人身保险系统分开的原则，即操作人员安全带必须扣在单独设置的保险绳上。严禁吊篮连体升降，且两篮间距不大于 200mm；严禁将吊篮作为运送材料和人员的垂直运输设备使用。吊篮的设计施工荷载为 $1kN/m^2$，严格控制施工荷载，不得超载。

吊篮必须在醒目处挂设安全操作规程牌和限载牌，升降交付使用前必须履行验收手续。

吊篮操作人员应相对固定，并经特种作业人员培训合格后持证上岗，每次升降前还应进行安全技术交底。升降时，不得超过 2 人同时作业，作业时应戴好安全帽和系好安全带。吊篮的安装、施工区域应设置警戒标志。

3）吊脚手架的制作与组装：

① 挑梁一般用工字钢或槽钢制成，用 U 形锚环或预埋螺栓与主体结构固定牢靠。挑梁的挑出端应高于固定端，挑梁之间纵向用钢管或其他材料连接成一个整体。

② 挑梁挑出长度应使吊篮钢丝绳垂直于地面。必须保证挑梁抵抗力矩大于倾覆力矩的 3 倍。当挑梁采用压重时，配重的位置和重力应符合设计要求，并采取固定措施。

③ 吊篮平台可采用焊接或螺栓连接进行组装。组装后应经加载试验，确认合格后方可使用，参加试验的有关人员须在试验报告上签字。脚手架上须标明允许载重量。

④ 电动（手扳）葫芦必须有产品合格证和说明书，非合格产品不得使用。

4）吊脚手架的安全装置：

① 使用手扳葫芦时应设置保险卡，保险卡要能有效地限制手扳葫芦的升降，防止吊篮平台发生下滑。

② 吊篮平台组装完毕经检查合格后接上钢丝绳，同时将提升钢丝绳和保险绳分别插入提升机构及安全锁中。使用中，必须有两根直径为 12.5mm 以上的钢丝绳作为保险绳，接头卡扣不少于 3 个，不准使用有接头的钢丝绳。

③ 使用吊钩时，应有防止钢丝绳滑脱的保险装置（卡子）将吊钩和吊索卡死。

④ 为了保证吊篮安全使用，当吊篮脚手架升降到位后，必须将吊篮与建筑物固定牢固；吊篮内侧两端应装有可伸缩的附墙装置，使用吊篮工作时与结构面靠紧，以减少架体的晃动。确认脚手架已固定、不晃动后方可上人作业。

5）吊脚手架的安全使用要求：

① 升降作业属于特种作业，作业人员应培训合格后持证上岗，且应固定岗位。

② 升降时不超过 2 人同时作业，其他非升降操作人员不得在吊篮内停留。

③ 单片吊篮升降时，可使用手扳葫芦；2 片或多片吊篮连在一起同步升降时，必须采用电动葫芦，并有控制同步升降的装置。

④ 吊篮内作业人员必须系安全带，安全带挂钩应挂在作业人员上方固定的物体上，不准挂在吊篮工作钢丝绳上，以防工作钢丝绳断开。

⑤ 吊篮钢丝绳应随时与地面保持垂直，不得斜拉。吊篮内侧与建筑物的间距（缝隙）不得过大，一般为 100~200mm。

思 考 题

1. 脚手架有哪几种分类?
2. 脚手架安全生产的一般要求有哪些?
3. 脚手架架上作业安全生产的一般要求是什么?
4. 扣件式钢管脚手架有哪些优缺点?
5. 简述附着式升降脚手架的组成。
6. 吊脚手架的使用要求有哪些?

第12章 高处作业安全技术

> **【本章主要内容】** 高处作业的基本概念、高处作业分级、高处作业安全管理基本规定；临边作业、洞口作业、攀登作业、悬空作业、操作平台作业及交叉作业等高处作业的安全技术措施及有关规定；高处作业安全防护设施的搭设要求及验收要求；安全帽、安全带、安全网和操作平台的相关规定。
>
> **【本章重点、难点】** 高处作业安全管理基本规定；临边作业、洞口作业、攀登作业、悬空作业、操作平台作业及交叉作业等安全技术措施；高处作业安全防护设施的搭设及验收要求；安全帽、安全带、安全网和操作平台的相关规定。

在建筑施工中，有大量施工作业属于具有一定坠落危险性的高处作业。高处坠落事故是建筑行业发生率最高的事故类型，常年排在建筑行业五大伤害（高处坠落、物体打击、坍塌、机械伤害、触电事故）之首，给国家和人民的生命财产安全带来重大损失。因此，在施工中采取有效的安全技术措施，预防和减少高处作业安全事故的发生，对安全生产具有十分重要的意义。施工现场对高处作业进行安全管控的安全技术措施主要是针对不同类型的高处作业做好安全防护。

12.1 高处作业安全技术概述

12.1.1 高处作业基本概念

1. 高处作业

在距坠落高度基准面 2m 或 2m 以上有可能坠落的高处进行的作业，称为高处作业。

坠落高度最低规定为 2m，是因为在一般情况下，当作业人员在 2m 高度处坠落时，就很可能会造成伤残事故。

建筑施工中的高处作业按作业位置及作业方式主要分为临边作业、洞口作业、攀登作业、悬空作业、操作平台及交叉作业等基本类型。

2. 坠落高度基准面

坠落高度基准面是指可能坠落范围内最低处的水平面。

3. 高处作业高度

高处作业高度是指作业区各作业位置至相应坠落高度基准面垂直距离的最大值。高处作业高度用 h 表示，单位为 m。

高处作业高度是划分高处作业等级的主要依据。

4. 高处作业分级

按高处作业高度 h 将高处作业划分为四个区段：$2m \leqslant h \leqslant 5m$、$5m < h \leqslant 15m$、$15m < h \leqslant 30m$、$h > 30m$，分别对应于一级、二级、三级、特级高处作业。

5. 坠落半径

可能坠落范围是指以作业位置为中心，以可能坠落范围半径 R 为半径，画出的与水平面垂直的柱形空间。

可能坠落范围半径 R 根据坠落高度按表 12-1 规定取值，其规定是在统计分析了大量高处坠落事故案例的基础上作出的。

表 12-1　可能坠落范围半径 R　　　　　　（单位：m）

高处作业高度	$2m \leqslant h \leqslant 5m$	$5m < h \leqslant 15m$	$15m < h \leqslant 30m$	$h > 30m$
高处作业分级	一级	二级	三级	特级
坠落半径 R	3	4	5	6

了解可能坠落范围，可以更有效、更经济地搭建防护棚等安全防护设施。

12.1.2　高处作业安全管理基本规定

高处作业常见事故类型主要有两种：一是高处坠落事故，即作业者（或有关人员）从高处坠落造成伤害；二是物体打击事故，即施工物料从高处坠落对他人造成物体打击伤害。

预防高处坠落和物体打击事故的技术措施有很多，综合起来可归为两类：一是防止人员或物料从高处坠落的措施，如设置可靠的安全防护设施（如搭设防护栏杆、张拉安全网、封堵洞口等），以及确保高处作业施工设施（如登高设施、操作平台等）处于安全状态的技术措施等；二是一旦发生人员或物料坠落，由个人防护用品（安全带、安全帽等）和坠落防护设施（安全网、防护棚等）来避免或减轻对人员的伤害。其中，防止高处坠落是高处作业安全技术措施的首要目标。

1）在施工组织设计或施工技术方案中，应按国家、行业相关规定并结合工程特点编制高处作业安全技术措施。高处作业安全技术措施应包括临边与洞口作业、攀登与悬空作业、交叉作业、操作平台及安全网搭设的安全防护技术措施等内容。

2）高处作业施工前，应对安全防护设施进行检查、验收，验收合格后方可进行作业。验收可分层或分阶段进行。

3）高处作业施工前，应检查高处作业的安全标志、安全设施、工具、仪表、防火设施、电气设施和设备，确认其完好，方可进行施工。

4）高处作业施工前，应对作业人员进行安全技术教育及交底，并应配备相应防护用品。

5）高处作业人员应按规定正确佩戴和使用高处作业安全防护用品、用具，并应经专人检查。

6）对施工作业现场所有可能坠落的物料，应及时拆除或采取固定措施。高处作业所用的物料应堆放平稳，不得妨碍通行和装卸；工具应随手放入工具袋；作业中，走道、通道板和登高用具应随时清理干净；拆卸下的物料及余料和废料应及时清理运走，不得任意放置或向下丢弃；传递物料时不得抛掷。

7）施工现场应按规定设置消防器材，当进行焊接等动火作业时，应采取防火措施。

8）在雨、霜、雾、雪等天气下进行高处作业时，应采取防滑、防冻措施，并应及时清除作业面上的水、冰、雪、霜。

9）当遇有 6 级以上强风、浓雾、沙尘暴等恶劣气候时，不得进行露天攀登与悬空高处作业。暴风雪及台风暴雨后，应对高处作业安全设施进行检查，若发现有松动、变形、损坏或脱落等现象，应立即修理完善，维修合格后再使用。

10）需要临时拆除或变动安全防护设施时，应采取能代替原防护设施的可靠措施，作业后应立即恢复。

12.1.3　临边与洞口作业

在建筑施工中，作业人员许多时间处在未完成的建筑物各层各部位的边缘或在洞口边作业及通行，具有较大的高处坠落隐患。临边与洞口作业安全防护的重点是按规定设置可靠的防止人员及物料坠落的防护措施，消除人员及物料高处坠落的隐患。

1. 临边作业

临边作业是指在工作面边沿无围护或围护设施高度低于 800mm 处进行的高处作业。建筑施工中常见的临边作业包括楼板边、楼梯段边、屋面边、阳台边、通道平台边，以及各类坑、沟、槽等边沿的高处作业。

在临边作业时应采取防止人员及物料坠落的措施，并符合下列规定：

1）在距坠落高度基准面 2m 及以上进行临边作业时，应在临空一侧设置防护栏杆，并应采用密目式安全立网或工具式栏板封闭（图 12-1）。

2）分层施工的楼梯口、楼梯平台和梯段边，应安装防护栏杆；外设楼梯口、楼梯平台和梯段边还应采用密目式安全立网封闭（图 12-2）。

图 12-1　临边防护

图 12-2　室外楼梯防护

3）建筑物外围边沿处应采用密目式安全立网进行全封闭。有外脚手架的工程，密目式安全立网应设置在脚手架外侧立杆上，并与脚手杆紧密连接；没有外脚手架的工程，应采用密目式安全立网将临边全封闭。

4）施工升降机、龙门架和井架物料提升机等各类垂直运输设备设施与建筑物间设置的通道平台两侧边，应设置防护栏杆、挡脚板，并应采用密目式安全立网或工具式栏板封闭（图 12-3）。

5）各类垂直运输接料平台口，应设置高度不低于 1.8m 的楼层防护门，并应设置防外开装置（图 12-3）；多笼井架物料提升机通道中间，应分别设置隔离设施。

图 12-3　垂直运输设备通道平台防护及楼层防护门

2. 洞口作业

洞口作业是指在地面、楼面、屋面和墙面等有可能使人员和物料坠落，其坠落高度大于或等于 2m 的开口处的高处作业。施工现场常见的洞口包括垂直洞口及非垂直洞口，比如各种基础孔口，楼面、屋面上各种预留洞口，墙面上的电梯井口、预留洞口等。在施工现场安全文明施工管理中，常说的"四口"是指楼梯口、电梯口、通道口、预留洞口。

施工现场的洞口按洞口所在平面与地面是否平行，分为垂直洞口（也称为竖向洞口）以及非垂直洞口（也称为非竖向洞口）。

1）在洞口作业时，应采取防坠落措施，并应符合下列规定：

① 对于垂直洞口，比如墙面等处落地的垂直洞口、设有窗的垂直洞口、框架结构浇筑完混凝土没有砌筑墙体时的洞口等，按洞口大小采取的防护措施如下：

a. 当垂直洞口短边边长小于 500mm 时，应采取封堵措施（图 12-4a）。

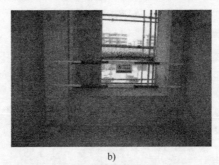

a)　　　　　　　　　　　　　　　　b)　　　　　　　　　　　　c)

图 12-4　垂直洞口防护

a）短边边长小于 500mm 的垂直洞口　b）短边边长大于或等于 500mm 的垂直洞口
c）短边边长大于或等于 500mm 且为落地的垂直洞口

b. 当垂直洞口短边边长大于或等于 500mm 时，应在临空一侧设置高度不小于 1.2m 的防护栏杆（图 12-4b），若该洞口是落地的垂直洞口，还应采用密目式安全立网或工具式栏板封闭，设置挡脚板（图 12-4c）。

② 对于非垂直洞口，比如在地面、屋面、楼面等形成的洞口等，按洞口大小采取的防

护措施如下：

a. 当非垂直洞口短边边长为 25~500mm 时，应采用承载力满足使用要求的盖板覆盖，盖板四周搁置应均衡，且应防止盖板移位（图 12-5a）。

b. 当非垂直洞口短边边长为 500~1500mm 时，应采用专项设计盖板覆盖，并应采取固定措施。短边边长大于 500mm 的洞口，用非专项设计盖板不能有效承受坠物的冲击，一般可采用钢管及扣件组合而成的钢管防护网，网格间距不应大于 400mm；或在混凝土板施工时预埋洞口钢筋构成防护网（图 12-5b），网格间距不得大于 200mm。防护网上应满铺木板或竹笆。

c. 当非垂直洞口短边边长大于或等于 1500mm 时，应在洞口作业侧设置高度不小于 1.2m 的防护栏杆，并应采用密目式安全立网或工具式栏板封闭，洞口应采用安全平网封闭，如图 12-5c 所示。

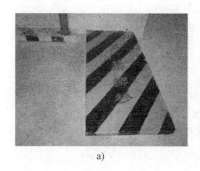 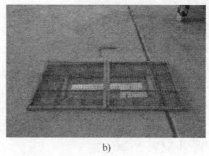 

a) b) c)

图 12-5 非垂直洞口防护

a）盖板 b）防护网 c）防护栏杆

d. 边长不大于 500mm 的洞口所加的盖板，应能承受不小于 1.1kN/m² 的荷载。

2）电梯井口应设置防护门（图 12-6），其高度不应小于 1.5m，防护门底端距地面高度不应大于 50mm，并应设置高度不小于 180mm 挡脚板。

3）在进入电梯安装施工工序之前，电梯井道内应沿高度每隔 10m 且不大于 2 层加设一道水平安全网（图 12-7）。在电梯井内的施工作业层上部，应设置隔离防护设施。

4）施工现场通道附近的洞口、坑、沟、槽、高处临边等危险作业处，除应悬挂安全警示标志外，夜间还应设灯光警示。

5）墙面等处落地的竖向洞口、窗台高度低于 800mm 的竖向洞口，以及框架结构在浇筑完混凝土还没有砌筑墙体时的洞口，应按临边防护要求设置防护栏杆。

图 12-6 电梯井口防护门

3. 防护栏杆的构造

1）临边作业的防护栏杆应由横杆、立杆及不低于 180mm 高的挡脚板组成，并应符合下列规定：

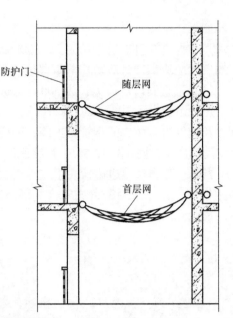

防护门

随层网

首层网

图 12-7　电梯井道水平安全网

① 防护栏杆应为两道横杆，上杆距地面高度应为 1.2m，下杆应在上杆和挡脚板中间设置。当防护栏杆高度大于 1.2m 时，应增设横杆，横杆间距不应大于 600mm。

② 防护栏杆立杆间距不应大于 2m。

2）防护栏杆立杆底端应固定牢固，并应符合下列规定：

① 当在基坑四周土体上固定时，立杆应采用预埋或打入方式固定。当在基坑周边采用板桩支护时，如用钢管作为立杆，则钢管立杆应设置在板桩外侧。

② 当采用木立杆时，预埋件应与木杆件连接牢固。

3）防护栏杆杆件的规格及连接，应符合下列规定：

① 当采用钢管作为防护栏杆杆件时，横杆及栏杆立杆应采用脚手架钢管，并应采用扣件、焊接、定型套管等方式进行连接固定。

② 当采用原木作为防护栏杆杆件时，杉木杆梢径不应小于 80mm，红松、落叶松梢径不应小于 70mm；栏杆立杆木杆梢径不应小于 70mm，并应采用 8 号镀锌钢丝或回火钢丝进行绑扎，绑扎应牢固紧密，不得出现松动、脱落等现象。用过的钢丝不得重复使用。

③ 当采用其他型材作为防护栏杆杆件时，应选用与脚手架钢管材质强度相当规格的材料，并应采用螺栓、销轴或焊接等方式进行连接固定。

4）栏杆立杆和横杆的设置、固定及连接，应确保防护栏杆在上下横杆和立杆任何位置，均能承受任何方向的最小 1kN 外力作用。当栏杆所处位置有发生人群拥挤、车辆冲击和物件碰撞等可能时，应加大横杆截面或加密立杆间距。

12.1.4　攀登与悬空作业

攀登与悬空作业在很多情况下无法设置可靠的防坠落设施，影响安全的不利因素也较多，具有比临边与洞口作业更大的坠落危险性。因此，攀登与悬空作业尤其要重视按规定配备与使用个人安全防护用具（如安全带、防滑鞋等）。

1. 攀登作业

攀登作业是指借助登高用具或登高设施进行的高处作业。攀登作业应符合下列规定：

1）施工组织设计或施工技术方案中应明确施工中使用的登高和攀登设施；人员登高应借助建筑结构或脚手架的上下通道、梯子及其他攀登设施和用具。

2）攀登作业所用设施和用具的结构构造应牢固可靠；作用在踏步上的荷载不应大于1.1kN。当梯面上有特殊作业、重力超过上述荷载时，应按实际情况验算。

3）各种梯子（如便携式梯子、固定式梯子等）的构造及有关使用要求，目前都有相应的国家标准，使用时应严格遵循。在使用梯子进行攀登作业时还应符合下列规定：

① 不得两人同时在梯子上作业；在通道处使用梯子作业时，应有专人监护或在作业区设置围栏；在脚手架操作层上不得使用梯子进行作业。

② 单梯不得垫高使用，使用时应与水平面成75°；踏步不得缺失，其间距宜为300mm；当梯子需接长使用时，应有可靠的连接措施，接头不得超过1处，且连接后梯梁的强度不应低于单梯梯梁的强度。

③ 固定式直梯应采用金属材料按规定制作安装；梯子内侧净宽应为400~600mm，固定式直梯的支撑应采用不小于∟70×6的角钢，埋设与焊接应牢固。直梯顶端的踏棍应与攀登的顶面齐平，并应加设1.05~1.5m高的扶手。

④ 使用固定式直梯进行攀登作业时，攀登高度宜为5m，且不超过10m。当攀登高度超过3m时，宜在梯子上加设护笼；超过8m时，应设置梯间休息平台。

4）在安装钢柱或钢结构时，应使用梯子或其他登高设施。当给钢柱或钢结构接高时，应设置操作平台。当无电焊防风要求时，操作平台的防护栏杆高度不应小于1.2m；当有电焊防风要求时，操作平台的防护栏杆高度不应小于1.8m。

5）当安装三角形屋架时，应在屋脊处设置上下的扶梯；当安装梯形屋架时，应在两端设置上下的扶梯。扶梯的踏步间距不应大于400mm。屋架弦杆安装时搭设的操作平台，应设置防护栏杆或用于作业人员拴挂安全带的安全绳。

6）深基坑施工，应设置扶梯、入坑踏步及专用载人设备或斜道等。采用斜道时，应采取加设间距不大于400mm的防滑条等防滑措施。严禁沿坑壁、支撑或乘运土工具上下。

2. 悬空作业

悬空作业是指在周边无任何防护设施或防护设施不能满足防护要求的临空状态下进行的高处作业。悬空作业应根据具体作业条件设置牢固的立足点，并配置登高和防坠落的设施。

1）构件吊装和管道安装时的悬空作业应符合下列规定：

① 钢结构吊装，构件宜在地面组装，安全设施应一并设置好。吊装时，应在作业层下方设置一道水平安全网。

② 吊装钢筋混凝土屋架、梁、柱等大型构件前，应在构件上预先设置登高通道、操作立足点等。

③ 在高空安装大模板、吊装第一块预制构件或单独的大中型预制构件时，操作人员应站在作业平台上操作。

④ 钢结构安装施工宜在施工层搭设水平通道，水平通道两侧应设置防护栏杆。当利用钢梁作为水平通道时，应在钢梁一侧设置连续的安全绳，安全绳宜采用钢丝绳。

⑤ 当吊装作业利用吊车梁等构件作为水平通道时，临空面的一侧应设置连续的栏杆等

防护设施。当采用钢索作为安全绳时，钢索的一端应采用花篮螺栓收紧；当采用钢丝绳作为安全绳时，绳的自然下垂度不应大于绳长的 1/20，并应控制在 100mm 以内。

⑥ 严禁在未固定、无防护的构件及安装中的管道上作业或通行。

2）模板支撑体系搭设和拆卸时的悬空作业应符合下列规定：

① 模板支撑应按规定的程序进行，操作人员不得在连接件和支撑件上攀登上下，不得在上下同一垂直面上装拆模板。

② 在 2m 以上高处搭设与拆除柱模板及悬挑式模板时，应设置操作平台。

③ 在进行高处拆模作业时，应配置登高用具或搭设支架。

3）绑扎钢筋和预应力张拉时的悬空作业应符合下列规定：

① 绑扎柱子和墙体钢筋时，操作人员不得站在钢筋骨架上或攀登骨架。

② 在 2m 以上的高处绑扎柱钢筋时，应搭设操作平台。

③ 在高处进行预应力张拉时，应搭设有防护挡板的操作平台。

4）混凝土浇筑与结构施工时的悬空作业应符合下列规定：

① 浇筑高度 2m 以上的混凝土结构竖向构件时，应设置脚手架或操作平台。

② 悬挑的混凝土梁、檐、外墙和边柱等结构施工时，应搭设脚手架或操作平台，并应设置防护栏杆，采用密目式安全立网封闭。

5）屋面作业时应符合下列规定：

① 在坡度大于 1:2.2（25°）的坡屋面上作业，当无外脚手架时，应在屋檐边设置不低于 1.5m 高的防护栏杆，并应采用密目式安全立网全封闭。

② 在轻质型材等屋面上作业，应搭设临时走道板，不得在轻质型材上行走。安装压型板前，应采取在梁下支设安全平网或搭设脚手架等安全防护措施。

6）外墙作业时应符合下列规定：

① 门窗作业时，应有防坠落措施。操作人员在无安全防护措施情况下，不得站立在樘子、阳台栏板上作业。

② 座板式单人吊具适用于对建筑物进行清洗、粉饰、养护等作业，不适用于高处安装作业。

12.1.5 操作平台

操作平台是指由钢管、型钢或脚手架等组装搭设制作的供施工现场高处作业和载物的平台。施工现场的操作平台根据构造可分为移动式操作平台、落地式操作平台、悬挑式操作平台；根据用途可分为只用于施工操作的作业平台和可进行施工作业并主要用于施工材料转接用的接料平台（也称卸料平台、转料平台等）。操作平台是高处作业的重要施工设施，必须牢固可靠，并应按规定设置防止人员或物料坠落的防护措施。

1. 一般规定

1）操作平台应按有关规定进行设计计算，并编入施工组织设计或专项施工方案中。架体构造与材质应满足相关现行国家、行业标准规定。

2）操作平台的架体应采用钢管、型钢等组装，并应符合《钢结构设计标准》（GB 50017—2017）及相关脚手架规范、行业标准规定。平台面铺设的钢、木或竹胶合板等材质的脚手板，应符合强度要求，并应平整满铺及固定牢靠。

3）操作平台的临边应按规定设置防护栏杆，单独设置的操作平台应设置供人上下的、踏步间距不大于 400mm 的扶梯。

4）操作平台投入使用时，应在平台的内侧设置标明允许负载值的限载牌；物料应及时转运，不得超重与超高堆放。

2. 移动式操作平台

移动式操作平台是指可在楼地面移动的带脚轮的脚手架操作平台（图 12-8），常用于构件安装、装修工程、水电安装等作业。

连墙件
限载牌
防护栏杆

图 12-8 移动式操作平台

1）移动式操作平台的面积不应超过 10m²，高度不应超过 5m，高宽比不应大于 3:1，施工荷载不应超过 1.5kN/m²。面积、高度或荷载超过规定的，应编制专项施工方案。

2）移动式操作平台的轮子与平台架体连接应牢固，立柱底端离地面不得超过 80mm，行走轮和导向轮应配有制动器或制动闸等固定设施。

3）移动式行走轮的承载力不应小于 5kN，行走轮制动器的制动力矩不应小于 2.5N·m；移动式操作平台的架体应保持垂直，不得弯曲变形；行走轮的制动器除在移动情况外，均应保持制动状态。

4）移动式操作平台在移动时，操作平台上不得站人。

3. 落地式操作平台

落地式操作平台（图 12-9）是指从地面或楼面搭起、不能移动的操作平台，主要形式有单纯进行施工作业的施工平台和可进行施工作业与承载物料的接料平台。

1）落地式操作平台的架体构造应符合下列规定：

① 落地式操作平台的面积不应超过 10m²，高度不应超过 15m，高宽比不应大于 2.5:1；施工平台的施工荷载不应超过 2.0kN/m²，接料平台的施工荷载不应超过 3.0kN/m²；面积、高度或荷载超过规定的，应编制专项施工方案。

② 落地式操作平台应独立设置，并应与建筑物进行刚性连接，不得与脚手架连接。

③ 用脚手架搭设落地式操作平台时，其结构构造应符合相关脚

图 12-9 落地式操作平台

手架规范的规定，在立杆下部设置底座或垫板、纵向与横向扫地杆，在外立面设置剪刀撑或斜撑。

④ 落地式操作平台应从底层第一步水平杆起逐层设置连墙件，且间隔不应大于 4m；同时应设置水平剪刀撑。连墙件应采用可承受拉力和压力的构造，并应与建筑结构可靠连接。

2）落地式操作平台的搭设材料及搭设技术要求、允许偏差，应符合相关脚手架规范的规定。

3）落地式操作平台应按相关脚手架规范的规定计算受弯构件强度、连接扣件抗滑承载力、立杆稳定性、连墙杆件强度与稳定性，以及连接强度、立杆地基承载力等。

4）落地式操作平台一次搭设高度不应超过相邻连墙件以上两步。

5）落地式操作平台的拆除应由上而下逐层进行，严禁上下同时作业，连墙件应随工程施工进度逐层拆除。

6）落地式操作平台应符合有关脚手架规范的规定，检查与验收应符合下列规定：

① 搭设操作平台的钢管和扣件应有产品合格证。

② 搭设前应对基础进行检查验收，搭设中应随施工进度按结构层对操作平台进行检查验收。

③ 遇 6 级以上大风、雷雨、大雪等恶劣天气及停用超过 1 个月，恢复使用操作平台前应对其进行检查。

④ 操作平台使用过程中应定期进行检查。

4. 悬挑式操作平台

悬挑式操作平台是指以悬挑形式搁置或固定在建筑物结构边沿的操作平台，其主要形式有斜拉式悬挑操作平台（图 12-10）、支承式悬挑操作平台和悬臂梁式悬挑操作平台。悬挑式操作平台常作为接料平台（图 12-11）使用，应根据使用要求按有关规范进行专项设计。

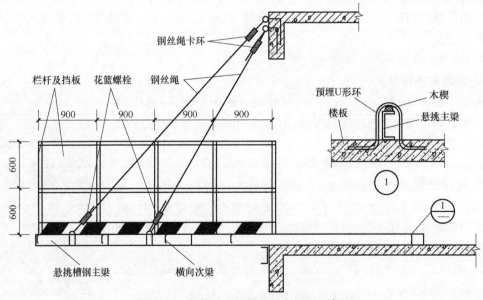

图 12-10　斜拉式悬挑操作平台侧面示意图

1）悬挑式操作平台的设置应符合下列规定：

① 悬挑式操作平台的搁置点、拉结点、支撑点应设置在主体结构上，且应可靠连接。

② 未经专项设计的临时设施上，不得设置悬挑式操作平台。

③ 悬挑式操作平台的结构应稳定可靠，其承载力应符合使用要求。

2）悬挑式操作平台的悬挑长度不宜大于5m，承载力需经设计验收。

3）采用斜拉方式的悬挑式操作平台，应在平台两边各设置前后两道斜拉钢丝绳。钢丝绳另一端应固定在平台上方的主体结构上，每一道钢丝绳均应进行单独受力计算和设置。

4）采用支撑方式的悬挑式操作平台，应在钢平台的下方设置不少于两道的斜撑。斜撑的一端应支撑在钢平台主结构钢梁下，另一端支撑在建筑物的主体结构上。

图 12-11 接料平台

5）采用悬臂梁式的操作平台，应采用型钢制作悬挑梁或悬挑桁架，不得使用钢管。其节点应是螺栓连接或焊接的刚性节点，不得采用扣件连接。

6）悬挑式操作平台安装吊运时应使用起重吊环，与建筑物连接固定时应使用承载吊环。

7）当悬挑式操作平台安装时，钢丝绳应采用专用的卡环连接。钢丝绳卡环数量应与钢丝绳直径相匹配，且不得少于4个。钢丝绳卡环的连接方法应满足规范要求。建筑物锐角利口周围系钢丝绳处应加衬软垫物。

8）悬挑式操作平台的外侧应略高于内侧，外侧应安装固定的防护栏杆并设置防护挡板完全封闭。

12.1.6 交叉作业

交叉作业是指在施工现场的垂直空间呈贯通状态下，凡有可能造成人员或物体坠落的，并处于坠落半径范围内的、上下左右不同层面的立体作业。在交叉作业时，下层作业人员应避开上层坠落半径的范围；无法避开的，应设置防护棚或隔离防护措施。

交叉作业时应遵守下列安全规定：

1）施工现场立体交叉作业时，下层作业的位置应处于上层坠落半径之外。模板、脚手架等拆除作业应适当增大坠落半径。当不符合规定时，应设置安全防护棚，下方应设置警戒隔离区。

2）施工现场人员进出的通道口（包括井架、施工电梯等的进出通道口）应搭设防护棚，如图 12-12 所示。

3）处于起重设备的起重臂回转范围之内的通道，顶部应搭设防护棚。

4）操作平台内侧通道的上下方应设置阻挡物体坠落的隔离防护设施。

5）防护棚的顶棚使用竹笆或胶合板搭设时，应采用双层搭设，上下层间距不应小于

700mm；当使用木板时，可采用单层搭设，木板厚度不应小于 50mm，也可采用与木板等强度的其他材料搭设。防护棚的长度应根据建筑物高度与可能坠落半径确定。

6）当建筑物高度大于 24m 并采用木板搭设时，应搭设双层防护棚，两层防护棚的间距不应小于 700mm。

7）防护棚的架体构造、搭设与材质应符合施工组织或专项方案设计要求。

8）悬挑式防护棚（图 12-13）悬挑杆的一端应与建筑物结构可靠连接，并应符合悬挑式操作平台相关规定。

9）不得在防护棚棚顶堆放物料。

图 12-12　通道口防护棚

图 12-13　悬挑式防护棚

12.1.7　高处作业安全防护设施的检查与验收

各类安全防护设施应建立定期与不定期的检查和维修保养制度，发现隐患应及时采取整改措施。安全防护设施的验收应按类别逐项检查，验收合格后方可使用，并应进行验收记录。

1）安全防护设施验收应包括下列主要内容：

① 防护栏杆立杆、横杆及挡脚板的设置、固定及其连接方式。

② 攀登与悬空作业时的上下通道、防护栏杆等各类设施的搭设。

③ 操作平台及平台防护设施的搭设。

④ 防护棚的搭设。

⑤ 安全网的设置情况。

⑥ 安全防护设施构件、设备的性能与质量。

⑦ 防火设施的配备。

⑧ 各类设施所用的材料、配件的规格及材质。

⑨ 设施的节点构造及其与建筑物的固定情况，扣件和连接件的紧固程度。

2）安全防护设施验收资料应包括下列主要内容：

① 施工组织设计中的安全技术措施或专项方案。

② 安全防护用品、用具的产品合格证明。

③ 安全防护设施验收记录。

④ 预埋件隐蔽验收记录。

⑤ 安全防护设施变更记录及签证。

12.2 建筑施工安全防护用品

在建筑安全事故分析统计中，由于安全防护用品缺失或使用不当造成的安全事故占了较大比例。施工安全防护用品是指在建筑施工生产过程中用于预防和防备可能产生的危险，或发生事故时用于保护劳动者而使用的工具和物品，主要是指"三宝"和其他形式的安全防护用品。

施工防护使用的安全网、个人防护佩戴的安全帽和安全带一般被称为建筑"三宝"。安全网是用来防止人、物坠落，或用来避免、减轻人员坠落及物体打击伤害的网具。正确使用安全网可以有效地避免高空坠落、物体打击事故的发生。安全帽主要用来保护使用者的头部，减轻撞击伤害，以保证每个进入建筑施工现场的人员的安全。安全带是高处作业人员预防坠落伤亡的防护用品。坚持正确使用建筑施工防护用品，是降低建筑施工伤亡事故的有效措施。

12.2.1 安全网

1. 安全网的构造与分类

（1）安全网的构造 安全网一般由网体、边绳、系绳、筋绳等组成。网体是由单丝、线、绳等编织或采用其他成网工艺制成的构成安全网主体的网状物；边绳是沿网体边缘与网体连接的绳；系绳是把安全网固定在支撑物上的绳；筋绳是为增加安全网强度而有规则地穿在网体上的绳。

（2）安全网的分类 安全网按功能分为安全平网、安全立网和密目式安全立网三类。安装平面不垂直于水平面，用来防止人、物坠落，或用来避免、减轻坠落及物体打击伤害的安全网，称为安全平网。安装平面垂直于水平面，用来防止人、物坠落，或用来避免、减轻坠落及物体打击伤害的安全网，称为安全立网。网眼孔径不大于 12mm，垂直于水平面安装，用于阻挡人员、视线、自然风、飞溅及失控小物体的网，称为密目式安全立网。

1）安全平（立）网的分类标记由产品材料、产品分类及产品规格尺寸三部分组成：产品分类以字母 P 代表安全平网，字母 L 代表安全立网；产品规格尺寸以宽度 × 长度表示，单位为 m；阻燃型网应在分类标记后加注"阻燃"字样。

示例 1：宽度为 3m、长度为 6m、材料为锦纶的平网表示为：锦纶 P-3×6。

示例 2：宽度为 1.8m、长度为 6m、材料为维纶的阻燃型立网表示为：维纶 L-1.8×6 阻燃。

2）密目式安全立网的分类标记由产品分类、产品规格尺寸和产品级别三部分组成：产品分类以字母 ML 代表密目式安全立网；产品规格尺寸以宽度 × 长度表示，单位为 m；产品级别分为 A 级和 B 级。

示例：宽度为 1.8m、长度为 10m 的 A 级密目式安全立网表示为：ML-1.8×10A 级。

2. 安全平（立）网的技术要求

（1）安全平（立）网

1）安全平（立）网可采用锦纶、维纶、涤纶或其他材料制成，其物理性能、耐候性应符合《安全网》（GB 5725—2009）的有关规定。

2）每张安全平（立）网质量不宜超过 15kg。

3）安全平网宽度不应小于 3m，安全立网宽（高）度不应小于 1.2m。安全平（立）网的规格尺寸与其标称规格尺寸的允许偏差为 ±4%。

4）安全平（立）网的网目形状应为菱形或方形，其网目边长不应大于 8cm。

5）安全平（立）网的绳断裂强力应符合表 12-2 的规定。

表 12-2　安全平（立）网的绳断裂强力要求

网类别	绳类别	绳断裂强力要求 /kN
安全平网	边绳	≥7000
	网绳	≥3000
	筋绳	≤3000
安全立网	边绳	≥3000
	网绳	≥2000
	筋绳	≤3000

6）按《安全网》（GB 5725—2009）规定的测试方法，安全平（立）网的耐冲击性能应符合表 12-3 的规定。

表 12-3　安全平（立）网的耐冲击性能要求

网类别	安全平网	安全立网
冲击高度	7m	2m
测试结果	网绳、边绳、筋绳不断裂，测试重物不应该接触地面	

7）续燃、阴燃时间均不应大于 4s。

（2）密目式安全立网

1）宽度应为 1.2~2m，长度由合同双方协议条款指定，但最低不应小于 2m。

2）网目、网宽度的允许偏差为 ±5%。

3）在室内环境中，使用截面直径为 12mm 的圆柱试穿密目式安全立网任意一个孔洞，应不得穿过，即网眼孔径不应大于 12mm。

4）纵横方向的续燃、阴燃时间均不应大于 4s。

3. 安全网的支搭方法

建设工程施工根据作业环境和作业高度，水平安全网分为首层网、层间网和随层网三种。下面主要介绍首层网的支搭方法。

首层网是施工时在房屋外固定地面以上的第一道安全网，其主要作用是防止人、物坠落，支搭必须坚固可靠。凡高度在 4m 以上的建筑物，首层四周必须支搭固定 3m 宽的水平安全网，支搭方法如图 12-14a 所示。此网可以与外脚手架连接在一起。固定首层网的挑架应与外脚手架连接牢固，斜杆应埋入土中 50cm。首层网应外高里低，一般以 15° 为宜。网不宜绷挂，应用钢丝绳与挑架绷挂牢固。高度超过 20m 的建筑，应支搭宽度为 6m 的首层网。高层建筑外无脚手架时，可以直接在结构外墙搭网架，网架的立杆和斜杆必须埋入土中50cm 或下垫 5cm 厚的木垫板，如图 12-14b 所示。立杆斜杆的纵向间距不大于 2m，挑架端用钢丝绳直径不小于 12.5mm，将绷挂。首层网无论采用何种形式都必须做到：

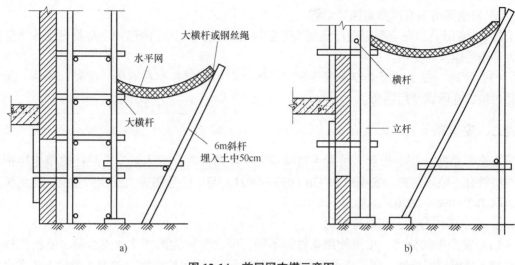

图 12-14　首层网支搭示意图

a）3m 宽首层网　b）6m 宽首层网

1）坚固可靠，受力后不变形。

2）网底和网周围空间不准有脚手架，以免人坠落时碰到钢管。

3）网下面不准堆放建筑材料，保持足够的空间。

4）网的接口处必须连接严密，与建筑物之间的缝隙不大于 10cm。

安装安全网时，除按上述要求外，还要遵守支搭安全网的要求，即负载高度、网的宽度、缓冲距离等有关规定。网的负载高度一般不超过 6m；若施工需要，则允许超过 6m，但最大不超过 10m，并必须附加钢丝绳缓冲安全措施。

4. 安全网的注意事项

（1）安装时的注意事项

1）新网必须有产品质量检验合格证，旧网必须有允许使用的证明书或合格的检验记录。安装时，安全网上的每根系绳都应与支架系结，四周边缘（边缘）应与支架贴紧。系结应遵循打结方便、连接牢固又容易解开、工作中受力后不会散脱的原则。有筋绳的安全网安装时，还应把筋绳连接在支架上。

2）平网网面不宜绷得过紧，当网面与作业面高度差大于 5m 时，其伸出长度应大于4m；当网面与作业面高度差小于 5m 时，其伸出长度应大于 3m。平网与下方物体表面的最小距离应不小于 3m，两层平网间距不得超过 10cm。

3）立网网面应与水平面垂直，且与作业面边缘的最大间隙不超过 10cm。

4）安装后的安全网应经专人检验后方可使用。

（2）使用时的注意事项

1）使用安全网时，应避免发生下列现象：

① 随便拆除安全网的构件。

② 人跳进或将物品投入安全网内。

③ 大量焊接火星或其他火星落入安全网内。

④ 在安全网内或下方堆积物品。

⑤ 安全网周围有严重腐蚀性烟雾。

2）对使用中的安全网应进行定期或不定期的检查，并及时清理网上落物污染，当受到较大冲击后应及时更换。

（3）管理　安全网应由专人保管发放，暂时不用时应存放在通风、避光、隔热、无化学品污染的仓库或专用场所。

12.2.2　安全带

安全带是防止高处作业人员发生坠落或发生坠落后将作业人员安全悬挂的个体防护装备，应符合《坠落防护　安全带》（GB 6095—2021）与《坠落防护　安全带系统性能测试方法》（GB/T 6096—2020）的规定。

1. 安全带的分类、组成与标记

（1）安全带的分类　按照使用条件的不同，安全带分为围杆作业安全带、坠落悬挂安全带和区域限制安全带。围杆作业安全带是通过围绕在固定构造物上的绳或带将人体绑定在固定构造物附近，使作业人员的双手可以进行其他操作的安全带，如图 12-15 所示。坠落悬挂安全带是高处作业或登高人员发生坠落时，将作业人员安全悬挂的安全带，如图 12-16 所示。区域限制安全带是用以限制作业人员活动范围，避免其到达可能发生坠落区域的安全带，如图 12-17 所示。

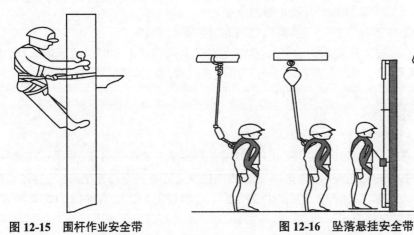

图 12-15　围杆作业安全带　　　　　图 12-16　坠落悬挂安全带

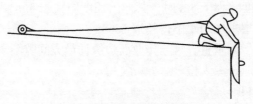

图 12-17　区域限制安全带

（2）安全带的组成　安全带的组成见表 12-4。

表 12-4　安全带的组成

分类	部件组成	挂点装置
围杆作业安全带	系带、连接器、调节器（调节扣）、围杆带（围杆绳）	杆（柱）
坠落悬挂安全带	系带、连接器（可选）、缓冲器（可选）、安全绳、连接器	挂点
	系带、连接器（可选）、缓冲器（可选）、安全绳、连接器、自锁器	导轨
	系带、连接器（可选）、缓冲器（可选）、速差自控器、连接器	挂点
区域限制安全带	系带、连接器（可选）、安全绳、调节器、连接器	挂点
	系带、连接器（可选）、安全绳调节器、连接器、滑车	导轨

（3）安全带的标记　安全带的标记由作业类别和产品性能两部分组成。

作业类别：以字母 W 代表围杆作业安全带，以字母 Q 代表区域限制安全带，以字母 Z 代表坠落悬挂安全带。

产品性能：以字母 Y 代表一般性能，以字母 J 代表抗静电性能，以字母 R 代表抗阻燃性能，以字母 F 代表抗腐蚀性能，以字母 T 代表适合特殊环境（各性能可组合）。

示例：围杆作业的一般安全带表示为 W-Y；区域限制、抗静电、抗腐蚀的安全带表示为 Q-JF。

2. 安全带的标志

安全带的标志由永久标志和产品说明组成。

（1）永久标志　永久性标志应缝制在主带上，内容应包括产品名称、标准号、产品类别（围杆作业、区域限制或坠落悬挂）、制造厂名、生产日期（年、月）、伸展长度、产品的特殊技术性能（如果有）、可更换的零部件（应符合相应标准的规定）。

可以更换的系带应有下列永久标记：产品名称及型号、相应标准号、产品类别（围杆作业、区域限制或坠落悬挂）、制造厂名、生产日期（年、月）。

（2）产品说明　每条安全带应配有一份说明书，随安全带送到佩戴者手中。其内容包括以下方面：

1）安全带的适用和不适用对象。

2）生产厂商的名称、地址、电话。

3）整体报废或更换零部件的条件或要求。

4）清洁、维护、储存的方法。

5）穿戴方法。

6）日常检查的方法和部位。

7）安全带同挂点装置的连接方法（包括图示）。

8）扎紧扣的使用方法或带在扎紧扣上的缠绕方式（包括图示）。

9）系带扎紧程度。

10）首次破坏负荷测试时间及以后的检查频次。

11）声明"旧产品，当主带或安全绳的破坏负荷低于 15kN 时，该批应报废或更换部件"。

12）根据安全带的伸展长度、工作现场的安全空间、挂点位置判断是否可用的方法。

13）本产品为合格品的声明。

3. 安全带的使用方法

1）在 2m 以上的高处作业，都应系好安全带。必须有产品检验合格证明，否则不能使用。

2）安全带应高挂低用（图 12-18），注意防止摆动碰撞。若安全带低拉高用，一旦发生坠落，将增加冲击力，增加坠落危险。使用 3m 以上长绳应加缓冲器，内锁绳例外。

3）安全带使用两年后，按批量购入情况抽检一次。若测试合格，则该批安全带可继续使用。对于抽试过的样带，必须更换安全绳后才能继续使用。使用频繁的绳，要经常做外观检查，发现异常情况，应立即更换新绳。安全带的使用期限为 3~5 年，发现异常情况，应提前报废。

图 12-18　安全带高挂低用

4）不准将绳打结使用，也不准将钩直接挂在安全绳上使用，挂钩应该挂在连环上使用。

5）安全绳的长度控制在 1.2~2m，使用 3m 以上的长绳应增加缓冲器。安全绳上的各种部件不得任意拆掉。更换新绳时要注意加绳套。

6）缓冲器、速差式装置和自锁钩可以串联使用。

12.2.3　安全帽

1. 安全帽的防护原理

安全帽是对人体头部受坠落物及其他特定因素引起的伤害起保护作用的作业用防护帽，由帽壳、帽衬、下颏带、附件组成。安全帽可以承受和分散坠落物瞬间的冲击力，以便能使有害荷载分布在头盖骨的整个面积上，即头与帽和帽顶的空间位置共同构成吸收分流，以保护使用者头部，避免或减轻外来冲击力的伤害。另外，戴安全帽后由一定的高度坠落，若头部先着地而帽不脱落，还能避免或减轻头部撞击伤害。

2. 安全帽的构造与分类

（1）安全帽的构造　安全帽涉及的国家标准有《头部防护　安全帽》（GB 2811—2019）及《安全帽测试方法》（GB/T 2812—2006）。其构造（图 12-19）如下：

1）帽壳。安全帽外表面的组成部分，由帽舌、帽檐、顶筋组成。帽舌是帽壳前部伸出的部分；帽檐是帽壳上除帽舌以外帽壳周围其他伸出的部分；顶筋是用来增强帽壳顶部强度的结构。

2）帽衬。帽壳内部部件的总称，由帽箍、吸汗带、缓冲垫、衬带等组成。帽箍是绕头围起固定作用的带圈，包括调节带圈大小的结构；吸汗带是附加在帽箍上的吸汗材料；缓冲垫是设置在帽箍和帽壳之间吸收冲击能的部件；衬带是与头顶直接接触的带子。

3）下颏带。系在下巴上起辅助固定作用的带子，由系带、锁紧卡组成。锁紧卡是调节与固定系带有效长短的零部件。

4）附件。附加于安全帽的装置，包括眼面部防护装置、耳部防护装置、主动降温装置、电感应装置、颈部防护装置、照明装置、警示标志等。

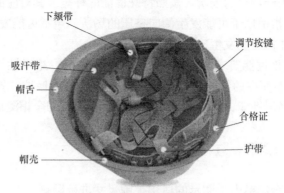

图 12-19　安全帽构造

（2）安全帽上的通气孔

1）工作人员佩戴安全帽后，应充分考虑由于散热不良给佩戴者带来的不适。通气孔作为主要的散热部位，应该受到制造商及采购方的重视。通气孔的设置应根据佩戴者的工作环境、劳动强度、气象条件及被保护的严密程度等确定。

2）通气孔的设置应使空气尽可能对流，推荐的方法是使空气从安全帽底部边缘进入，从安全帽上部 1/2 位置处开孔排出。

3）帽衬同帽壳或缓冲垫之间应保留一定的空间，使空气可以流通。如果存在缓冲垫，缓冲垫不应遮盖通气孔。如果安全帽上设置通气孔，通气孔总面积应为 150~450mm^2。

4）可以提供关闭通气孔的功能，如果提供这类功能，则通气孔应可以开到最大。

（3）安全帽的分类　安全帽可按不同材料、外形、作业场所进行分类。

1）按材料分类。

① 工程塑料：工程塑料主要分热塑性材料和热固性材料两大类，主要用来制作安全帽帽壳、帽衬等。制作帽箍所用的材料，当加入其他增塑、着色剂等材料时，要注意这些成分有无毒性，不要引起皮肤过敏或发炎。应用在煤矿瓦斯矿井使用的塑料帽，应加防静电剂。热固性材料可以和玻璃丝、维纶丝混合压制而成。

② 橡胶料：分天然橡胶和合成橡胶。不能用废胶和再生胶。

③ 纸胶料：用木浆等原料调制。

④ 防寒帽用料：防寒帽帽壳可用工程塑料制成，面料可用棉织品、化纤制品、羊剪绒、长毛绒、皮革、人造革、毛料等。帽衬里可用色织布、绒布、毛料等。

⑤ 帽衬带用料：为棉、化纤。

⑥ 帽衬和顶带拴绳用料：为棉绳、化纤绳或棉、化纤混合绳。

⑦ 下放带用料：为棉织带或化纤带。

2）按外形分类。安全帽按外形分类，可分为无檐、小檐、卷边、中檐、大檐等。

3）按作业场所分类。安全帽按作业场所分类，可分为普通安全帽和含特殊性能的安全帽。Y 表示一般作业类别的安全帽；T 表示特殊作业类别的安全帽。

普通安全帽适用于大部分工作场所，包括建设工地、工厂、电厂等。这些场所可能存在

221

坠落物伤害、轻微磕碰、飞溅的小物品引起的打击等。

含特殊性能的安全帽可作为普通安全帽使用，具有普通安全帽的所有性能。特殊性能可以按照不同组合，适用于特定的场所。按照特殊性能的种类，其对应的工作场所如下。

① 抗侧压性能：指适用于可能发生侧向挤压的场所，包括可能发生塌方、滑坡的场所；存在可预见的翻倒物体；可能发生速度较低的冲撞场所。

② 其他性能：其他性能要求如阻燃性能、防静电性能、绝缘性能、耐低温性能，以及根据工作实际情况可能存在的特殊性能，包括摔倒及跌落的保护，导电性能，防高压电性能，耐超低温、耐极高温性能，抗熔融金属性能等，参见《安全帽测试方法》（GB/T 2812—2006）。

3. 安全帽主要规格要求

（1）一般要求

1）帽箍可根据安全帽标志中明示的适用头围尺寸进行调整。

2）帽箍对应前额的区域应有吸汗性织物或增加吸汗带，吸汗带宽度应大于或等于帽箍的宽度。

3）系带应采用软质纺织物，使用宽度不小于 10mm 的带或直径不小于 5mm 的绳。

4）不得使用有毒、有害或引起皮肤过敏等对人体伤害的材料。

5）材料耐老化性能不应低于产品标志明示的日期，正常使用的安全帽在使用期内不能因材料原因导致其性能低于标准要求。所有使用的材料应具有相应的预期寿命。

6）当安全帽配有附件时，应保证正常佩戴时的稳定性，应不影响正常防护功能。

7）普通安全帽质量不超过 430g，含特殊性能的安全帽质量不超过 600g。

8）帽壳内部尺寸：长为 195~250mm，宽为 170~220mm，高为 120~150mm。

9）帽舌≤70mm；帽檐≤70mm。

10）佩戴高度：指安全帽在佩戴时，帽箍底部至头顶最高点的轴向距离，佩戴高度≥80mm。

11）垂直间距：指安全帽在佩戴时，头顶最高点与帽壳内表面之间的轴向距离（不包括顶筋的空间），垂直间距≤50mm。

12）水平间距：指安全帽在佩戴时，帽箍与帽壳内侧之间在水平面上的径向距离，以避免外来冲击时头部两侧与帽壳直接接触，水平间距≥6mm。

13）帽壳内凸出物：帽壳内侧与帽衬之间存在的尖锐锋利凸出物高度不得超过 6mm，应有软垫覆盖。

14）通气孔：当帽壳留有通气孔时，孔总面积不应大于 450mm^2。

（2）基本技术性能

1）冲击吸收性能。经高温、低温、浸水、紫外线照射预处理后做冲击测试，要求传递到头模上的力不超过 4900N，帽壳不得有碎片脱落。

2）耐穿刺性能。经高温、低温、浸水、紫外线照射预处理后做穿刺测试，要求钢锥不得接触头模表面，帽壳不得有碎片脱落。

3）下颏带的强度。需做下颏带的强度测试，下颏带发生破坏时的力值应为 150~250N。

（3）特殊技术性能　产品标志中所声明的安全帽具有的特殊性能，仅适用于相应的特殊场所。

222

1）侧向刚性。按照相关规定的侧向刚性测试方法进行测试，要求最大变形不超过40mm，残余变形不超过15mm，帽壳不得有碎片脱落。

2）其他性能。包括防静电性能、电绝缘性能、阻燃性能以及耐低温性能等，建筑施工中通常较少用到，其测试与合格标准参照《安全帽测试方法》(GB/T 2812—2006)。

4. 安全帽的标志

每顶安全帽的标志都由永久标志和产品说明组成。

（1）永久标志　永久标志是指位于产品主体内侧，并在产品整个生命周期内一直保持清晰可辨的标志，包括编号、制造厂名、产品名称（由生产厂命名）、生产日期（年、月）、产品的分类标记、产品的强制报废期限。

（2）产品说明　每个安全帽均要附加一个含有下列内容的说明材料，可以使用印刷品、图册或耐磨不干胶贴等形式，提供给最终使用者，至少应包括以下内容：

1）警示："使用安全帽时应根据头围大小调整帽箍或下颚带，以保证佩戴牢固，不会意外偏移或滑落"。

2）警示："安全帽在经受严重冲击后，即使没有明显损坏，也必须更换"。

3）警示："除非按制造商的建议进行，否则对安全帽配件进行的任何改造和更换都会给使用者带来危险"。

4）是否可以在外表面涂敷油漆、溶剂、不干胶贴的声明。

5）制造商的名称、地址和联系方式。

6）为合格品的声明及资料。

7）适用和不适用场所。

8）适用头围的大小。

9）安全帽的报废判别条件和使用期限。

10）调整、装配、使用、清洁、消毒、维护、保养和储存方面的说明和建议。

11）使用的附件和备件（如果有）的详细说明。

5. 安全帽的使用方法

安全帽是建筑施工现场有效保护头部、减轻各种事故伤害、保证生命安全的主要防护用品。大量的事实证明，正确佩戴安全帽可以有效降低施工现场的事故发生频率，有很多事故都是因为进入施工现场的人不戴安全帽或不正确佩戴安全帽而引起的。正确佩戴安全帽的方法如下：

1）帽衬顶端与帽壳内顶必须保持25~50mm的空间。有了这个空间，才能有效地吸收冲击能量，使冲击力分布在头盖骨的整个面积上，减轻对头部的伤害。

2）必须系好下颚带，戴紧安全帽，如果不系紧下颚带，一旦发生物体坠落打击事故，安全帽将离开头部，导致严重后果。

3）安全帽必须戴正。如果戴歪了，一旦头部受到打击，就不能减轻对头部的伤害。

4）安全帽要定期检查。由于帽子在使用过程中会逐渐损坏，所以要定期进行检查。发现帽体开裂、下凹、裂痕和磨损等情况应及时更换，不得使用有缺陷的帽子。由于帽体材料具有硬化、变脆的性质，故在气候炎热、阳光长期直接曝晒的地区，塑料帽定期检查的时间要适当缩短。另外，由于汗水浸湿而使帽衬损坏的帽子要立即更换。不要为了透气而随便在帽壳上开孔，因为这样会使帽体强度显著降低。

5）要选购经有关技术监督管理部门检验合格的产品，要有合格证及生产许可证，严禁选购无证产品、不合格产品。

6）进入施工现场的所有作业人员必须正确佩戴安全帽，包括技术管理人员、检查人员和参观人员。

12.2.4 其他个人防护用品

根据对人体的伤害情况，以保护为目的而制作的劳动保护用品可以分为两类：一类是保护人体由于受到急性伤害而使用的保护用品；另一类是保护人体由于受到慢性伤害而使用的保护用品。为了防护这两种伤害，建筑工地除经常使用的安全带、安全帽外，主要还有以下个人防护用品：

1. 眼面部防护用品

眼面部的防护在劳动保护中占有很重要的地位，其功能是防止生产过程中产生的物质飞逸颗粒、火花、液体飞沫、热流、耀眼的光束、烟雾、熔融金属和有害射线等给人的眼睛和面部造成伤害。眼面部护具根据防护对象的不同，可分为防冲击眼面部护具，防辐射眼面部护具，防有害液体飞溅眼面部护具和防烟、尘眼面部护具等。每类眼面部护具根据其结构形式一般又可分为防护眼镜、防护眼罩和防护面罩几种。

（1）防冲击眼面部护具 防冲击眼面部护具主要用来预防工厂、矿山及其他作业场所中，铁、灰砂和碎石等物可能引起的眼面部击伤。防冲击眼面部护具分为防护目镜、防护眼罩和防护面罩三类。

防冲击眼面部护具应具有良好的抗高强度冲击性能和抗高速粒子冲击性能，此外，还应满足一定的耐热性能和耐腐蚀要求。透光部分应满足规定的视野要求，镜片应具有良好的光学性能。镜片的材料通常为塑胶片、黏合片或经强化处理的玻璃片。在结构上，眼部护具应做到：一方面既能防护正面，又能防护侧面的飞击物；另一方面还要具有良好的透气性。在外观的质量上，要求表面光滑，无毛刺、锐角和可能引起眼部或面部不舒适感的其他缺陷。

对于这类护具，我国制定并颁发了《个体防护装备 眼面部防护 职业眼面部防护具 第1部分：要求》（GB 32166.1—2016），对护具的规格、技术性能要求等作出规定。

（2）防辐射眼面部护具 防辐射眼面部护具主要用来抵御、防护生产中有害的红外线、紫外线、耀眼可见光线及焊接过程中的金属飞溅物等对眼面部的伤害。

防辐射眼面部护具分为护目镜和防护面罩两大类。护目镜仅能对眼部进行防护，而防护面罩既可保护眼部，又能对面部进行防护。防护面罩上设有观察窗，观察窗上装有护目镜片，以便于操作过程中的观察。对于这两类防辐射眼面护具，应按不同的防护目的和使用场所适当选择。

对于防辐射眼面部护具，我国制定并颁发了《个体防护装备 眼面部防护 职业眼面部防护具 第1部分：要求》（GB 32166.1—2016）。用于焊接作业的眼面部护具分为两大类七种形式：一类是护目镜类，分为普通眼镜式、前挂镜式和防侧光镜式三种；另一类是面罩类，分为手持式、头戴式、安全帽式和安全帽前挂镜片式四种。

眼面部护具的镜片在防护中起着关键作用，对于防辐射眼面部护具的镜片，既要求它保证规定的视力，以便于使用者进行作业，又要求它对辐射线有充分的阻挡作用，以避免或减少对使用者眼面部的伤害。为此，国家标准对护具滤光镜的遮光能力规定了技术要求，要求

224

滤光片既能透过适当的可见光，又能将紫外线和红外线减弱到标准允许值以下。标准中根据可见光的透光率，将滤光片编为不同的遮光号，同时，对每种遮光号的滤光片的紫外线透光率和红外线透光率规定了允许值。

根据防护作用原理的不同，滤光片可分为吸收式、反射式、吸收 - 反射式、光化学反应式和光电式等几类，可分别通过吸收、反射或吸收 - 反射等方式将有害的辐射线除掉，使之不能进入眼部，以达到保护的目的。

对滤光片，除上述的遮光能力要求外，在光学性质（平行度、屈光度）和颜色、耐紫外线照射的稳定性和强度等方面均应达到一定的标准。护具的镜架或面罩应具有良好的耐热、耐燃烧和耐腐蚀性能，以满足焊接作业高温环境的要求。

（3）防有害液体飞溅眼面部护具　防有害液体飞溅眼面部护具主要用来防止酸、碱等液体及其他危险液体或化学药品对眼面部的伤害。护具应采用耐腐蚀的材料制成，透光部分的镜片可采用普通玻璃制作。

（4）防烟、尘眼面部护具　防烟、尘眼面部护具主要用来防止灰尘、烟雾和有毒气体对眼面部的伤害。要求这种护具对眼部的防护必须严密封闭，以防灰尘、烟雾或有毒气体侵入眼部。当需要同时对呼吸道进行防护时，可与防尘口罩或有防毒口罩一起使用，也可以采用防毒面具。

2. 防触电的绝缘手套和绝缘鞋

为了防止触电，在电气作业和操作手持电动工具时，必须戴橡胶手套或穿上带橡胶底的绝缘鞋。橡胶手套和橡胶底鞋的厚度应根据电压的高低来选择。

3. 防尘的自吸过滤式口罩

防尘的自吸过滤式口罩在某些建筑工地经常使用，主要是通过各种过滤材料制作的口罩，过滤被灰尘、有毒物质污染了的空气，净化后供人呼吸。

思 考 题

1. 简述高处作业的基本概念。
2. 简述高处作业的分级方法。
3. 高处作业有哪些基本规定？
4. 何谓临边作业？临边作业的防坠措施有哪些规定？
5. 何谓洞口作业？洞口作业的防坠措施有哪些规定？
6. 如何按规范要求在施工现场自行搭设防护栏杆？
7. 使用梯子进行攀登作业时有哪些规定？
8. 何谓悬空作业？模板支撑体系搭设和拆卸时对悬空作业有哪些规定？
9. 操作平台有哪些类型？各类型的构造要求有哪些？
10. 简述交叉作业的安全防护措施。
11. 简述高处作业安全防护设施验收的主要内容。
12. 建筑"三宝"是指什么？各有什么作用？
13. 安全网的主要构造和分类有哪几种？
14. 安全带的使用规定主要有哪些？
15. 安全帽的使用规定主要有哪些？

第13章 施工现场临时用电安全技术

【本章主要内容】 施工现场临时用电组织设计编制；外电线路及用电设备的防护；施工现场临时用电的配电系统及接地；配电线路、配电箱、配电室等设置与敷设要求；施工现场照明及安全用电等。

【本章重点、难点】 施工现场临时用电组织设计的内容；施工临时用电配电系统的具体技术要求；外电线路及用电设备的防护；施工现场临时用电的配电系统及接地；配电室、配电线路、配电箱等设置、敷设要求；施工现场照明及安全用电。

13.1 施工用电管理

《建设工程安全生产管理条例》第二十六条规定，施工单位应当在施工组织设计中编制安全技术措施和施工现场临时用电方案。临时用电是指施工现场在施工过程中，由于建筑机械、各类电动设备、临时照明等用电需要而进行的供电线路敷设、电气安装，以及对电气设备和线路的使用、维护等工作，也是建筑施工过程的用电工程或用电系统的简称。因为临时用电系统在建筑施工过程中使用后便拆除，期限短暂，往往其安全管理容易被忽视，但触电是施工现场"五大伤害"的一种，属于频发的伤害类型，由于用电管理漏洞而引发施工现场火灾的情况也不少，因此，应充分重视施工现场临时用电的安全管理，以消除事故隐患，保障用电安全。

13.1.1 电工及用电人员

电工属于建筑施工特种作业人员，必须经过国家现行标准考核并合格后，才能持证上岗工作；其他用电人员必须通过相关安全教育培训和技术交底，考核合格后方可上岗工作。

安装、巡检、维修或拆除临时用电设备和线路，必须由电工完成，并应有人监护。电工等级应同工程的难易程度和技术复杂性相适应。

各类用电人员应掌握安全用电基本知识和所用设备的性能，并应符合下列规定：

1）使用电气设备前必须按规定穿戴和配备好相应的劳动防护用品，并应检查电气装置和保护设施,严禁设备带缺陷运转。

2)保管和维护所用设备,发现问题及时报告解决。

3)暂时停用设备的开关箱必须分断电源隔离开关,并应关门上锁。

4)移动电气设备时,必须经电工切断电源并做妥善处理后进行。

13.1.2　施工现场临时用电组织设计

根据《施工现场临时用电安全技术规范》(JGJ 46—2005)规定,施工现场临时用电设备在 5 台及以上或设备总容量在 50kW 以上者,应编制用电组织设计。施工现场临时用电设备在 5 台以下和设备总容量在 50kW 以下者,应制订安全用电和电气防火措施。

1. 施工现场临时用电组织设计的主要内容

1)现场勘测。

2)确定电源进线、变电所或配电室、配电装置、用电设备位置及线路走向。

3)进行负荷计算。

4)选择变压器。

5)设计配电系统,包含以下内容:

① 设计配电线路,选择导线或电缆。

② 设计配电装置,选择电器。

③ 设计接地装置。

④ 绘制临时用电工程图,主要包括用电工程总平面图、配电装置布置图、配电系统接线图、接地装置设计图。

6)设计防雷装置。施工现场的防雷主要是防直击雷,对于施工现场专设的临时变压器还要考虑防感应雷的问题。施工现场防雷装置设计的主要内容是选择和确定防雷装置设置的位置、防雷装置的形式、防雷接地的方式和防雷接地的电阻值。

7)确定防护措施。施工现场在电气领域的防护主要是指施工现场外电线路和电气设备对易燃易爆物、腐蚀物质、机械损伤、电磁感应、静电等危险环境因素的防护。

8)制订安全用电措施和电气防火措施。

2. 施工现场临时用电组织设计的编制要求

1)临时用电组织设计及变更时,必须履行"编制、审核、批准"程序,由电气工程技术人员编制,经相关部门审核及具有法人资格企业的技术负责人批准后实施。变更用电组织设计时应补充有关工程图等资料。

2)临时用电工程必须经编制、审核、批准部门和使用单位共同验收,合格后方可投入使用。

3)临时用电施工必须单独绘制临时用电工程图,并作为临时用电工程施工和应用的依据。

4)如实施过程中需变更临时用电组织设计,则必须履行审批手续,并补充有关计算过程及有关工程图等资料。

13.1.3　施工现场临时用电安全技术档案

施工现场临时用电必须建立安全技术档案,并应包括下列内容:

227

1）用电组织设计的全部资料。

2）修改用电组织设计的资料。

3）用电技术交底资料。

4）用电工程检查验收表。

5）电气设备的试验、检验凭单和调试记录。

6）接地电阻、绝缘电阻和漏电保护器漏电动作参数测定记录表。

7）定期检（复）查表。

8）电工安装、巡检、维修、拆除工作记录。

安全技术档案应由主管该现场的电气技术人员负责建立与管理。其中"电工安装、巡检、维修、拆除工作记录"可指定电工代管，每周由项目经理审核认可，并应在临时用电工程拆除后统一归档。

临时用电工程应定期检查。定期检查时，应复查接地电阻值和绝缘电阻值。

临时用电工程定期检查应按分部、分项工程进行，对安全隐患必须及时处理，并应履行复查验收手续。

13.2 外电线路及电气设备防护

13.2.1 外电线路防护

外电线路是施工现场临时用电工程配电线路以外的电力线路。外电线路防护简称外电防护，是指为了防止外电线路对施工现场作业人员可能造成的触电伤害事故，施工现场必须对其采取的防护措施。对于施工现场，通常采取的防护措施有留设安全距离和绝缘隔离。

1. 一般规定

在建工程不得在外电架空线路正下方施工、搭设作业棚，建造生活设施或堆放构件、架具、材料及其他杂物等。

2. 外电线路的安全距离要求

外电线路的安全距离是指带电物体与附近接地物体以及人体之间必须保持的最小空间距离或者最小空气间隔。

1）在建工程（含脚手架）的周边与外电架空线路的边线之间的最小安全操作距离应符合表 13-1 的规定。

表 13-1 在建工程（含脚手架）的周边与外电架空线路的边线之间的最小安全操作距离

外电线路电压等级 /kV	<1	1~10	35~110	220	330~550
最小安全操作距离 /m	4.0	6.0	8.0	10	15

注：上、下脚手架的斜道不宜设在有外电线路的一侧。

2）施工现场的机动车道与外电架空线路交叉时，架空线路的最低点与路面的最小垂直距离应符合表 13-2 的规定。

表13-2 施工现场的机动车道与外电架空线路交叉时的最小垂直距离

外电线路电压等级 /kV	<1	1~10	35
最小垂直距离 /m	6.0	7.0	7.0

3）起重机严禁越过无防护设施的外电架空线路作业。在外电架空线路附近吊装时，起重机的任何部位或被吊物边缘在最大偏斜时与架空线路边线的最小安全距离应符合表13-3的规定。

表13-3 起重机与外电架空线路边线的最小安全距离 （单位：m）

方向	电压 /kV						
	<1	10	35	110	220	330	500
沿垂直方向	1.5	3.0	4.0	5.0	6.0	7.0	8.5
沿水平方向	1.5	2.0	3.5	4.0	6.0	7.0	8.5

4）施工现场开挖沟槽边缘与外电埋地电缆沟槽边缘之间的距离不得小于0.5m。在外电架空线路附近开挖沟槽时，必须会同有关部门采取加固措施，防止外电架空线路电杆倾斜、悬倒。

3. 架设安全防护设施

当安全距离无法满足要求时，必须采取绝缘隔离防护措施，并应悬挂醒目的警告标志。架设防护设施时，必须经有关部门批准，采用线路暂时停电或其他可靠的安全技术措施，并应有电气工程技术人员和专职安全人员监护。防护设施与外电线路之间的安全距离不应小于表13-4所列数值。防护设施宜采用竹木等绝缘材料，并坚固、稳定。

表13-4 防护设施与外电线路之间的最小安全距离

外电线路电压等级 /kV	≤10	35	110	220	330	500
最小安全距离 /m	1.7	2.0	2.5	4.0	5.0	6.0

当防护设施无法实现时，必须与有关部门协商，采取停电、迁移外电线路或改变工程位置等措施，未采取上述措施的严禁施工。

13.2.2 电气设备防护

电气设备现场周围不得存放易燃易爆物、污染源和腐蚀介质，否则应予清除或做防护处置，其防护等级必须与环境条件相适应；电气设备设置场所应能避免物体打击和机械损伤，否则应做防护处置。

13.3 TN-S 供电系统与接地

13.3.1 基本供电系统

国际电工委员会（IEC）对建筑工程供电使用的基本供电系统作了统一规定，称为TT

系统、IT 系统、TN 系统。其中 TN 系统又分为 TN-C 供电系统、TN-S 供电系统、TN-C-S 供电系统，规范要求施工现场临时用电系统必须采用 TN-S 供电系统。TN-S 供电系统安全可靠，适用于工业与民用建筑等低压供电系统。

TN-S 供电系统是把工作零线 N 和专用保护线 PE 严格分开的供电系统，如图 13-1 所示。其特点如下：

1）系统正常运行时，专用保护线上无电流，只是工作零线上有不平衡电流。PE 线对地没有电压，所以电气设备金属外壳接零保护是接在专用的保护线 PE 上，安全可靠。

2）工作零线只用作单相照明过载回路。

3）专用保护线 PE 不许断线，也不许进入剩余电流断路器。

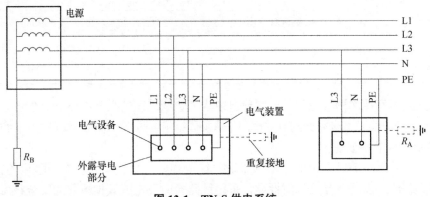

图 13-1　TN-S 供电系统

13.3.2　接地

1. 接地

接地是指电力系统和电气装置的中性点、电气设备的外露导电部分和装置外导电部分经由导体与大地相连。在施工现场的电气工程中，接地主要有五种基本类型：工作接地、保护接地、重复接地、过电压保护接地、防雷接地。

（1）工作接地　工作接地是将作为电源的配电变压器、发电机的一点接地，该点通常为电源星形绕组的中性点。工作接地可以保证供电系统的正常工作，如当电气线路因雷电而感应瞬态过电压时，工作接地能够泄放雷电流，抑制过电压，保证线路正常工作。另外，当线路一相发生接地事故时，可以将另外两相的对地电压限制在 250V 以下，以保证系统工作正常。工作接地还为线路提供故障电流通路，当电气装置绝缘损坏外露导电部分带故障电压时，在电源一点的工作接地可以为此故障电流提供通路。

（2）保护接地　保护接地包括保护接地和保护接零。保护接地是用于防止供配电系统中由于绝缘损坏使电气设备金属外壳带电、防止电压危及人身安全所设置的接地。保护接地可应用于变压器中性点不接地的供配电系统，即小型接地电流系统中。若电气设备绝缘良好，外壳不带电，人触及外壳无危险；若绝缘损坏，外壳带电，此时人若触及外壳，则将通过另外两相对地的漏阻抗形成回路，造成触电事故，如图 13-2a 所示。若进行了保护接地则可使用电安全，这是因为人若触及带电的外壳，人体电阻 $R_人$ 和接地地阻 $R_地$ 相互并联，再通过另外两相对地的漏阻抗形成回路，$R_地 \approx 4\Omega$，比 $R_人$ 小得多，将分流绝大部分电流，故通过人体的电流非常小，通常小于安全电流 0.01A，从而保证了安全用电，如图 13-2b 所示。

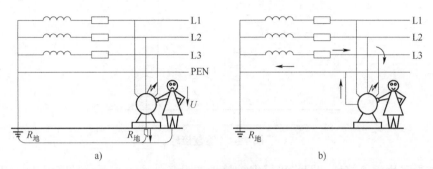

图 13-2　保护接地

电力设备金属外壳等与零线连接，称为保护接零。保护接零适用于变压器中性点接地（大接地电流）的供配电系统。这是因为在变压器中性点接地的三相四线制配电系统中，相电压一般为 220V，若电气设备绝缘损坏而使外壳带电，则绝缘损坏的一相经过设备外壳和两个接地装置，与零线构成导电回路。两接地装置的接地电阻均为 4Ω，回路中导线的电阻忽略不计，则回路中电流约为 $I_{地}=[220/(4+4)]A=27.5A$。这么大的电流通常不能将熔断器的熔丝熔断，从而使设备外壳形成一个对地的电压，其值为 $U=I_{地}R_{地}=(27.5\times4)V=110V$。此时，人若触及设备外壳，必将造成触电伤害，如图 13-3a 所示。若进行保护接零，则用电安全，这是由于绝缘破坏使设备外壳带电，绝缘破坏的一相将通过设备外壳、接零导线与零线间发生短路，如图 13-3b 所示。短路电流数值很大，使短路一相的熔断器迅速熔断，将带电的外壳从电源上切除，从而可靠地保证了人身安全。

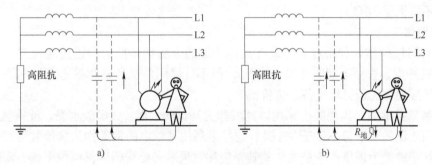

图 13-3　保护接零

（3）重复接地　与变压器接地的中性点相连的中性线称为零线，将零线上的一点或多点与大地再次进行电气连接称为重复接地。重复接地即同时采用保护接地和保护接零，除作为工作接地的一种措施，可维持三相四线制供配电系统中三相电压平衡外，还可起到如下作用：

1）如图 13-4 所示，若不采用重复接地，则用电危险。这是因为仅采用保护接地的设备因绝缘损坏而使外壳带电时，故障相通过两组接地装置而长期流过 27.5A 的电流（不能使熔断器的熔丝熔断），一方面使零线的电压也升高约 110V 的危险电压，另一方面使零线的电压也升高约 110V，使系统内所有接零设备的外壳上都带上了危险的电压，会对人身造成更大范围的危险，故绝不允许采用这种接法。

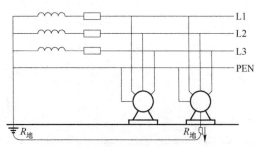

图 13-4　重复接地

2）如果采用重复接地，即将采用保护接地的设备外壳再与系统的零线连接起来，则用电安全。这时，接地设备的接地装置上系统的零线接通，形成系统的重复接地，一方面可维持系统的三相电压平衡，另一方面当任一相绝缘损坏使外壳带电时，都将造成绝缘相与零线间的短路，如前所述，故障相的熔断器迅速熔断，将带电的设备立即从电源上切除，同时也保证了系统中其他设备的用电安全。

（4）过电压保护接地　过电压保护接地是用于防雷或其他原因造成过电压危害而设置的接地。

（5）防雷接地　防雷接地是指防雷装置（避雷针、避雷器等）的接地。做防雷接地的电气设备，必须同时做重复接地。

2. 接地电阻

电力变压器或发电机的工作接地电阻值不应大于 4Ω。在 TN 接零保护中，重复接地应与保护零线连接，每处重复接地电阻值不应大于 10Ω；施工现场内所有防雷装置的冲击接地电阻值不应大于 30Ω。

3. 接地体

（1）自然接地体　利用地下的具有其他功能的金属物体作为防雷接地装置，如直埋铠装电缆金属外皮、直埋金属管（如水管等），但不可采用易燃易爆物输送管、钢筋混凝土电杆等。自然接地体无须另增设备，造价低。

（2）基础接地体　当混凝土采用以硅酸盐为基料的水泥（如矿渣水泥、波特兰水泥等），且基础周围土壤的含水量不低于 4% 时，应尽量利用基础中的钢筋作为接地装置，以降低造价。满堂红基础最为理想；若是独立基础，应注意采取必要措施确保电位平衡，消除接触电压和跨步电压的危害。引下线应与基础内为满足设计要求而采用的专用于防雷的接地装置相连接。

（3）人工接地体　人工接地体是指当以上两种均不能满足设计要求而采用的专用于防雷的接地装置。垂直接地体可采用直径为 20~50mm 的钢管［壁厚 3.5mm、直径 19mm 的圆钢或（20mm × 3mm）~（50mm × 5mm）的扁钢］做成。长度为 2~3m 一段，间隔 5m 埋一根，顶端埋深为 0.5~0.8m。

接地体一般应采用镀锌钢材。土壤有腐蚀性时，应适当加大接地体和连接条的截面，并加厚镀锌层。各焊点必须刷涂料或沥青，以防腐。埋接地体时，应将周围填土夯实，不得回填砖石、灰渣之类的杂土。为确保接地电阻的数值满足规范要求，有时需采取降低土壤电阻

232

率的相应技术措施，但造价要提高。

13.4　施工临时用电配电系统

13.4.1　施工临时用电配电系统的原则

（1）三级配电原则　配电系统应设置总配电箱、分配电箱（二级配电箱）和开关箱（三级配电箱）。按照总配电箱—分配电箱—开关箱的送电顺序，形成完整的三级用（配）电系统。这样配电层次清楚，便于管理和查找故障。总配电箱应设在靠近市政给电点的区域。分配电箱应装设在用电设备或负荷相对集中的地区，动力配电箱和照明配电箱通常应分别设置。一台用电设备对应一个开关箱。分配电箱与开关箱的距离不得大于 30m。开关箱与其控制的固定式用电设备的水平距离应不超过 3m。配电箱和开关箱周围要有方便两人同时工作的空间和通道，不能因为堆放物品和杂物，或者有杂草、环境不平整而妨碍操作和维修。配电箱要设置有锁的门，采取防雨、防尘措施，有的配电箱四周还要加防护栏杆保护。

（2）两级保护原则　施工现场所有用电设备，除做保护接零外，必须在设备负荷线的首端处设置漏电保护装置，同时，开关箱中必须装设漏电保护器。就是说，临时用电应在总配电箱和开关箱中分别设置漏电保护器，形成用电线路的两级保护。漏电保护器要装设在配电箱电源隔离开关的负荷侧和开关箱电源隔离开关的负荷侧。总配电箱的保护区域较大，停电后的影响范围也大，主要是提供间接保护和防止漏电火灾，其漏电动作电流和动作要大于后面的保护。因此，总配电箱和开关箱中，两级漏电保护器的额定电流动作和额定漏电动作时间应做合理配合，使之具有分级分段保护的功能。开关箱内的漏电保护器动作电流应不大于 30mA，额定漏电动作时间应不小于 0.1s。对搁置已久后重新使用和连续使用一个月的漏电保护器，应认真检查其特性，发现问题应及时修理或更换。

（3）电器装置的装设原则　每台用电设备必须设置各自专用的开关箱，开关箱内要设置专用的隔离开关和漏电保护器；不得同一个开关箱、同一个开关电器直接控制两台以上用电设备；开关箱内必须装设漏电保护器。这就是"一机、一闸、一漏、一箱、一锁"的装设原则。开关电器必须能在任何情况下都可以使用电设备实行电源隔离，其额定值要与控制用电的额定值相适应。开关箱内不得放置任何杂物，不得挂接其他临时用电设备，进线口和出线口必须设在箱体的下底部，严禁设在箱体的上顶面、侧面、后面或箱门处。移动式电箱的进、出线必须采用橡皮绝缘电缆。施工现场停止作业 1h 以上时，要将开关箱断电上锁。

（4）使用五芯电缆原则　施工现场专用的中性点直接接地的电力系统中，必须实行 TN-S 三相五线制供电系统。电缆的型号和规格要采用五芯电缆。为了正确区分电缆导线中的相线、相序、零线、保护零线，防止发生误操作事故，导线要使用不同的安全色。L1（A）、L2（B）、L3（C）相序的颜色分别为黄色、绿色、红色；工作零线 N 为淡蓝色；保护零线 PE 为绿/黄双色线，在任何情况下都不准使用绿/黄双色线作为负荷线。

13.4.2　配电线路

一般情况下，施工现场的配电线路包括室外线路和室内线路。室外线路的敷设方式主要有绝缘导线架空敷设（架空线路）和绝缘电缆埋地敷设（埋设电缆线路）两种。室内线路通

233

常有绝缘导线和电缆的明敷设和暗敷设（明设线路或暗设线路）两种。

1. 配电线的选择

配电线的选择，实际上就是架空线、电缆、室内配线、配电母线的选择。

（1）架空线的选择 架空线的选择主要是指选择架空线路导线的种类和导线的截面，其选择依据主要是线路敷设的要求和线路负荷计算的电流。

1）导线种类的选择。按照施工现场对架空线路敷设的要求，架空线必须采用绝缘导线，可选用绝缘铜线或者绝缘铝线，但一般应优先选择绝缘铜线。

2）导线截面的选择。导线截面的选择主要依据负荷计算结果，首先按其允许温升初选导线截面，然后按线路电压偏移和机械强度校验，最后确定导线截面。同时，架空线导线截面的选择应符合下列要求：

① 导线中的计算负荷电流不大于其长期连续负荷允许载流量。

② 线路末端电压偏移不大于其额定电压的 5%。

③ 三相四线制线路的 N 线和 PE 线截面不小于相线截面的 50%，单相线路的零线截面与相线截面相同。

④ 按机械强度要求，绝缘铜线截面不小于 $10mm^2$，绝缘铝线截面不小于 $16mm^2$。

⑤ 在跨越铁路、公路、河流、电力线路的档距内，绝缘铜线截面不小于 $16mm^2$，绝缘铝线截面不小于 $25mm^2$。

（2）电缆的选择 电缆的选择主要是指选择电缆的类型、截面和芯线配置，其选择依据主要是线路敷设的要求和线路负荷计算的计算电流。

根据基本供配电系统的要求，电缆中必须包含线路工作制所需要的全部工作芯线和 PE 线。特别需要指出，需要三相五线制配电的电缆线路必须采用五芯电缆，而采用四芯电缆外加一条绝缘线等配置方法都是不规范的。

五芯电缆中，除包括 3 条相线外，还必须包含用作 N 线的淡蓝色芯线和用作 PE 线的绿 / 黄双色芯线。其中，N 线和 PE 线的绝缘色规定同样适用于四芯、五芯等电缆；而五芯电缆中相线的绝缘一般有黑、棕、白三色中的两种搭配。

（3）室内配线的选择 室内配线必须采用绝缘导线或电缆。

（4）配电母线的选择 由于施工现场配电母线常常采用裸扁铜板或裸扁铝板制作成所谓的裸母线，因此，在其安装时，必须用绝缘子支撑固定在配电柜上，以保持对地绝缘和电磁（力）稳定。

2. 配电线的敷设

（1）架空线路的敷设 架空线路一般由导线、绝缘子、横担及电杆四部分组成。

1）架空线的档距与弧垂。架空线路的档距不得大于 35m，线间距不得小于 0.3m。架空线的最大弧垂处与地面的最小垂直距离：施工现场一般场所 4m、机动车道 6m、铁路轨道 7.5m。

2）架空线相序排列。动力、照明线在同一横担上架设时，导线相序排列为面向负荷从左侧起依次为 L1、N、L2、L3、PE；动力、照明线在二层横担上分别架设时，导线相序排列为上层横担面向负荷从左侧起依次为 L1、L2、L3，下层横担面向负荷从左侧起依次为 L1（L2、L3）、N、PE。

（2）电缆线路的敷设 室外电缆的敷设分为埋地和架空两种方式，以埋地敷设为宜。

严禁沿地面明设，避免机械损伤和介质腐蚀，并在埋地电缆路径设方位标志。

室内外电缆的敷设应以经济、方便、安全、可靠为目的，电缆直接埋地的深度应不小于0.7m，并在电缆上、下、左、右侧各均匀铺设不小于50mm厚的细砂，然后覆盖砖等硬质保护层；电缆穿越易受机械损伤的场所时应加防护套管；架空电缆应沿电杆、支架或墙壁敷设。

（3）室内配线的敷设　安装在现场办公室、生活用房、加工厂房等暂设建筑内的配电线路，通常称为室内配电线路，简称室内配线。室内配线分为明敷设和暗敷设两种。

1）明敷设。采用瓷瓶和瓷（塑料）夹配线、嵌绝缘槽配线、钢索配线三种方式，保证明敷主干线距地面高度不得小于2.5m。

2）暗敷设。采用绝缘导线穿管埋墙或埋地方式配线和电缆直埋或直埋地配线两种方式，其中潮湿场所或埋地非电缆配线必须穿管敷设，管口和管接头应密封；采用金属管敷设时，金属管必须做等电位联结，且必须与PE线相连接。

13.4.3　配电箱和开关箱

三级配电：总配电箱、分配电箱、开关箱。动力配电与照明配电应分别设置。

两级保护：两级漏电保护系统是指用电系统至少应设置总配电箱漏电保护和开关箱漏电保护两级保护，总配电箱和开关箱首末两极漏电保护器的额定漏电动作电流和额定漏电动作时间应合理配合，形成分级分段保护；漏电保护器应安装在总配电箱和开关箱靠近负荷的一侧，即用电线路先经过刀开关，再到漏电保护器，不能反装。图13-5所示为典型的三级配电结构图。

235

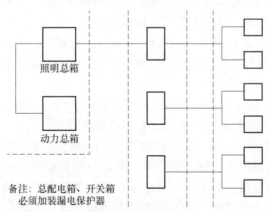

图 13-5　三级配电结构图

1. 配电箱及开关箱的设置

动力配电箱与照明配电箱宜分别设置。如合置在同一配电箱内，动力和照明线路应分路设置，开关箱应由末级分配电箱配电。

总配电箱应设在靠近电源的地区，分配电箱应设在用电设备负荷相对集中的地区，分配电箱与开关箱的距离不得超过30m，开关箱与其控制的固定式用电设备的水平距离不宜超过3m。

配电箱、开关箱应设在干燥、通风及常温场所，不得装设在有严重损伤作用的瓦斯、烟气、蒸汽、液体及其他有害介质中，不得装设在易受外来固体物撞击、强烈振动、液体侵溅及热源烘烤的场所，否则必须做特殊防护处理。配电箱、开关箱周围应有足够两人同时工作的空间和通道，不得堆放任何妨碍操作、维修的物品，不得有灌木、杂草。配电箱、开关箱应装设端正、牢固，移动式配电箱、开关箱应装设在坚固的支架上。固定式配电箱、开关箱的中心点与地面的垂直距离应大于 1.4m 小于 1.6m，移动式分配电箱、开关箱中心点与地面的垂直距离宜大于 0.8m 小于 1.6m。配电箱、开关箱必须有防雨、防尘措施。

配电箱内的电气应首先安装在金属或非金属木质的绝缘电器安装板上，然后整体紧固在配电箱箱体内，金属板与铁质配电箱箱体应做电气连接。开关电气应按其规定的位置紧固在电气安装板上，不得歪斜和松动。

配电箱、开关箱内的工作零线应通过线端子板连接，并应与保护零线接线端子分设；连接线应采用绝缘导线，接头不得松动，不得有外露带电部分。配电箱和开关箱的金属箱体、金属电器安装板，以及箱内电器的不应带电金属底座、外壳等，必须做保护接零，保护接零应通过接线端子板连接。

2. 配电箱与开关箱的电器装置

在施工现场用电工程配电系统中，为了与基本供配电系统和基本保护系统相适应，配电箱与开关箱的电器装置与接线必须具备以下三种基本功能：电源隔离功能，正常接通与分断电路功能，过负荷、短路、漏电保护功能。

配电箱、开关箱内的电器必须可靠完好，不准使用破损、不合格的电器，必须符合"三级配电、两级保护"的要求。

1）总配电箱应装设总隔离开关和分路隔离开关、总熔断器和分路熔断器，以及漏电保护器。若漏电保护器同时具备过负荷和短路保护功能，则可不设分路熔断或分路自动开关。总开关电器的额定值、动作整定值应与分路开关电器的额定值、动作整定值相适应。总配电箱应装设电压表、总电流表、总电度表及其他仪表。

2）分配电箱应装设总隔离开关和分路隔离开关、总熔断器和分路隔离开关，以及总熔断器和分路熔断器，总开关电器的额定值、动作整定值应与分路开关的额定值、动作整定值相适应。

3）每台设备应有各自专用的开关箱，必须遵循"一机、一闸、一漏、一箱、一锁"的装设原则，严禁用同一开关电器直接控制 2 台以上用电设备。

4）开关箱内的开关电器，必须能在任何情况下都可以对用电设备实行电流隔离。开关箱中，必须装设漏电保护器，漏电保护器的装设应符合要求，36V 及 36V 以下的用电设备如工作环境干燥可免装漏电保护器。漏电保护器应装设在配电箱电源隔离开关的负荷侧和开关箱电源隔离开关的负荷侧。开关箱内的漏电保护器，其额定漏电动作电流应不大于30mA，额定漏电动作时间应小于 0.1s。使用于潮湿和有腐蚀介质场所的漏电保护器应采用防溅型成品，其额定漏电动作电流应不大于 15mA，额定漏电动作时间应小于 0.1s。总配电箱和开关箱中，两级漏电保护器的额定漏电动作电流和额定漏电动作时间应做合理配合，使之具有分段保护功能。

5）容量大于 5.5kW 的动力电路应采用自动开关电器或降压启动装置控制，闸具应符合要求，并不得有损坏。

6）各种开关电器的额定值应与其控制用电设备的额定值相适应。

7）配电箱、开关箱中导线的进线口和出线口应设在箱体的下底面，严禁设在箱体的顶面、侧面、后面或箱门处。进出线应加护套分路成束并做防水弯，导线束不得与箱体进、出口直接接触，引出线要排列整齐。移动式配电箱和开关箱的进出线必须采用橡皮绝缘电缆。进入开关箱的电源线严禁用插销连接。

8）配电箱、开关箱内多路配电应有明显的标志。配电箱、开关箱在使用过程中，必须按照下述顺序操作。送电操作顺序为总配电箱—分配电箱—开关箱；停电操作顺序为开关箱—分配电箱—总配电箱。

施工现场停止作业 1h 以上，应将动力开关箱断电上锁；开关箱的操作人员必须熟悉开关电器的正确操作方法和相应的技术要求；配电箱、开关箱内不得放任何杂物，并应经常保持整洁；配电箱、开关箱内不得挂接其他临时用电设备；熔断器的熔丝更换时，严禁用不符合原规格的熔丝代替；配电箱、开关箱的进线和出线不得承受外力，严禁与金属尖锐断口和强腐蚀介质接触。

9）维修配电箱、开关箱时，所有配电箱、开关箱均应标明其名称、用途，并作出分路标志；所有配电箱应上锁并由专人负责。所有配电箱、开关箱应每月进行检查、维修一次，检查维修人员必须是专业电工。检查维修时，必须按规定穿戴绝缘鞋、手套，必须使用电工绝缘工具。对配电箱、开关箱进行检查、维修时，必须将其前一级相应的电源开关分闸断电，并悬挂停电标志牌，严禁带电作业。

13.4.4　配电室及自备电源

1. 配电室的位置及布置

（1）配电室的位置选择　配电室的位置选择应根据现场负荷的类型、大小、分布特点、环境特征等进行全面考虑，遵循以下原则：尽量靠近用电源和电负荷中心；进出线方便；周围环境无灰尘、无蒸汽、无腐蚀介质及振动；周边道路畅通；设在污染源的上风侧及不易积水的地方。

（2）配电室的布置　配电室内的配电柜是经常带电的配电装置，为了保障其运行安全和检查、维修安全，配电室的布置应主要考虑配电装置之间，以及配电装置与配电室顶棚、墙壁、地面之间必须保持的电气安全距离。

配电室建筑物的耐火等级应不低于三级，室内不得存放易燃易爆物品，并应配备沙箱、1211 灭火器等绝缘灭火器材。

2. 自备电源

施工现场临时用电工程一般是由外电线路供电的，常因外电线路电力供应不足或其他原因而停止供电，使施工受到影响。所以为了保证施工不因停电而中断，有的施工现场备有发电机组，作为外电线路停止供电时的接续供电电源，这就是所谓的自备电源，即自行设置的230/400V 发电机组。

施工现场设置自备电源的安全要求：自备发配电系统应采用具有专用保护零线的、中性点直接接地的三相四线制供配电系统；自备电源与外电线路电源（如电力变压）部分在电气上安全隔离，独立设置。

13.5　施工现场临时照明

在坑洞作业、夜间施工或自然采光差的场所，作业厂房、料具堆放场、道路、仓库、办公室、食堂、宿舍等，应设一般照明、局部照明或混合照明，3个工作场所内不得只装局部照明。停电后，操作人员需要及时撤离现场的特殊工程，必须装设自备电源的应急照明。现场照明应采用高光效、长寿命的照明光源，对需要大面积照明的场所，应采用高压汞灯、高压钠灯或混合用的卤钙灯。

1. 照明器的选择

照明器的选择应按下列环境条件确定：正常湿度时，选用开启式照明器；在潮湿或特别潮湿的场所，选用密闭型防水照明器或配有防水灯头的开启式照明器；在含有大量尘埃但无爆炸和火灾危险的场所，采用防尘型照明器；在有爆炸和火灾危险的场所，必须按危险场所等级选择相应的照明器；在振动较大的场所，选择防振动型照明器；在有酸碱等强腐蚀的场所，采用耐酸碱型照明器。

2. 照明供电

1）一般场所宜选用额定电压为220V的照明器。对下列特殊场所，应使用安全电压照明器：隧道，人防工程，高温、有导电灰尘或灯具且离地面高度低于2.5m的场所，照明电源电压应不大于36V；在潮湿和易触及带电部位的场所，照明电源电压不得大于24V；在特别潮湿的场所、导电良好的地面、锅炉或金属容器内工作时，照明电源电压不得大于12V。

2）照明系统中的每一单相回路上，灯具和插座数量不宜超过25个，并装设熔断电流为15A及15A以下的熔断器保护。

3）使用移动照明应符合下列要求：电源电压不超过36V；灯体与手柄应坚固、绝缘良好并耐热干燥；灯头与灯体结合牢固，灯头无开关；灯泡外部有金属保护网、金属网、反光罩、悬吊挂钩固定在灯具的绝缘部位上。

4）照明变压器必须使用双绕组型，严禁使用自耦变压器。

5）携带式变压器的一次侧电源引线应采用橡皮护套电缆或塑料护套软线，其中绿/黄双线作保护零线用，中间不得有接头，长度不宜超过3m，电源插座应选用有接地触头的插座。

6）工作零线截面应按下列规定选择：单相及二相线路中，零线截面与相线截面相同。三相四相制线路中，当照明器为白炽灯时，零线截面按相线载流量的50%选择，当照明器为气体放电灯时，零线截面按最大负荷的电流选择。在逐相切断的三相照明电路中，零线截面与相线截面相等，若数条线路中共用一条零线，零线截面按最大负荷相的电流选择。

思 考 题

1. 施工现场临时用电组织设计的主要内容有哪些？
2. 施工现场临时用电安全技术档案的内容包括哪些？
3. 外电线路及电气设备的防护措施有哪些？
4. TN-S供电系统的特点是什么？
5. 施工现场临时配电的原则是什么？

第14章 施工现场消防安全技术

> 【本章主要内容】 火灾的一般常识；施工现场消防安全管理；建筑施工现场的防火措施；重点工种消防要求；施工现场灭火。
>
> 【本章重点、难点】 施工现场消防安全管理；建筑施工现场的防火措施；重点工种消防要求；施工现场灭火。

14.1 施工现场消防安全概述

14.1.1 火灾的特点与危害性

1. 严重性

一场大火可以在很短的时间内烧毁大量的物质财富，可以迫使工厂停工、减产，或使某些工程返工重建，使人民辛勤劳动的成果化为灰烬，严重影响国家建设和人民生活，甚至威胁人民的生命安全，从而破坏社会的安定。火灾事故的后果，往往要比其他工伤事故的后果要严重得多，更容易造成特大伤亡事故，甚至给周围环境和生态造成巨大危害。

2. 突发性

有很多火灾事故往往是在人们意想不到的情况下突然发生的，虽然各单位都有防火措施，各种火灾也都有事故征兆或隐患，但至今相当多的人员对火灾的规律及其征兆、隐患重视不够，措施执行不力，从而造成火灾的连续发生。

3. 复杂性

发生火灾事故的原因往往是很复杂的，单就发生火灾事故的着火源而言，就有明火、化学反应、电气火花、热辐射、高温表面、雷电等，可燃物的种类更是各种各样。建筑工地的着火源到处都有，各种建筑材料和装饰材料多为可燃物，所以火灾的隐患广泛存在。加上事故发生后，由于房屋倒塌、现场可燃物的烧毁、人员的伤亡，给事故的原因调查带来很大困难。

因此，防止火灾是目前建筑施工现场一项十分重要的工作。"预防为主，防消结合"是我国消防工作的方针。尽管火灾危害很大，但只要认真研究火灾发生的规律，采取相应的有效防范措施，建筑施工中的火灾还是可以预防和克服的。

14.1.2　施工现场的火灾因素及火灾隐患

1. 火灾因素

建筑工地与一般的厂矿企业的火灾危险性有所不同，它主要有以下特点：

1）易燃建筑物多。工棚、仓库、宿舍、办公室、厨房等多是临时的易燃建筑，而且场地狭小，往往是工棚毗邻施工现场，缺乏应有的安全防火间距，一旦起火容易蔓延成灾。

2）易燃易爆材料多、用火多。施工现场到处可以看到易燃物，如油毡、木材、刨花、草帘子等。尤其在施工期间，电焊、气焊、喷灯、煤炉、锅炉等临时用火作业多，若管理不善，极易引起火灾。

3）临时电气线路多，容易由于短路、漏电而起火。

4）施工周期长、变化大。一般工程也需几个月或一年左右的时间，在这期间要经过备料、搭设临时设施、主体工程施工等不同阶段。随着工程的进展，工种增多，从而出现不同的火灾隐患。

5）人员流动大、交叉作业多。根据建筑施工生产工艺要求，工人经常处于分散流动的作业状态，人员缺乏消防知识培训，对施工现场消防管控认识不足，个人的用电行为不规范，管理不便，火灾隐患不易及时发现。

6）因为施工的特殊性，现场必要的消防设施往往缺失或不足。比如缺乏消防水源与消防通道，建筑工地一般不设临时性消防水源，而且有的施工现场因挖基坑、沟槽或临时地下管道，使消防通道遭到破坏，一旦发生火灾，消防车难以接近火场。

以上特点说明建筑工地火灾危险性大，稍有疏忽，就有可能发生火灾事故。

2. 火灾隐患

1）石灰受潮发热起火。储存的石灰，一旦遇到水或潮湿空气，就会发生化学反应变成熟石灰，同时放出大量热能，温度可达800℃左右，遇到可燃材料时极易起火。

2）木屑自燃起火。在建筑工地，往往将大量木屑堆积在一处，在一定的积热量和吸收空气中的氧气的适当条件下，就会自燃起火。

3）仓库内的易燃物，如汽油、煤油、柴油、酒精等，触及明火就会燃烧起火。

4）焊接、切割作业可能由于制度不严、操作不当、安全设施落实不力而引起火灾。

① 在焊接、切割作业中，炽热的金属火星到处飞溅，当接触到易燃、易爆气体或化学危险物品时，就会引起燃烧和爆炸。金属火星飞溅到棉、麻、纱头、草席等物品上，就可能阴燃、蔓延，造成火灾。

② 建筑工地管线复杂，特别是地下管道、电缆沟众多，施工中进行立体交叉作业、电焊作业的现场或附近有易燃易爆物时，由于没有专人监护，金属火星落入下水道或电缆沟，或由于金属高温热传导，均易引起火灾。

③ 作业结束后遗留的火种没有熄灭，阴燃可燃物起火。

a.电气线路短路或漏电，以及冬期施工用电热法保温不慎起火。

b.有的建筑物或者起重设备较高，无防雷设施时，电击可燃材料起火。

c.随处吸烟，乱扔烟头。烟头的烟灰在弹落时，有一部分呈不规则的颗粒，带有火星，落在比较干燥、疏松的可燃物上，也会引起燃烧。

14.2　施工现场消防安全管理

14.2.1　一般规定

我国的消防工作方针是"预防为主、防消结合"，防火管理制度重点是落实施工现场的防火管理从而达到施工现场的"火灾预防"作用，依据《建筑法》《消防法》《建设工程安全生产管理条例》及《机关、团体、企业、事业单位消防安全管理规定》，施工现场消防安全管理应明确建设工程、施工单位、监理单位的消防责任。

必须大力推动消防救援力量多元协同发展，建强国家综合性消防救援队伍，加快队伍整合改革，优化力量布局，打造尖刀和拳头力量；支持专兼职消防队伍建设，加快出台支持多种形式消防队伍发展的政策措施，不断壮大政府专职队、企业队、志愿队以及社会应急力量；注重提升群众自防自救能力，调动广大人民群众的自觉性、主动性和创造性，提高群众预防和应对各类突发灾害事故的能力。

1）施工现场一般有多个参与施工的单位，总承包单位对施工现场防火实施统一管理，对施工现场总平面布局、现场防火、临时消防设施、防火管理等进行总体规划、统筹安排，避免各自为政、管理缺失、责任不明等情形发生，确保施工现场防火管理落到实处。监理单位应对施工现场的消防安全实施监理。

2）施工单位在施工现场建立消防安全管理组织机构及义务消防组织，确定消防安全负责人和消防安全管理人员，落实相关人员的消防安全管理责任，是施工单位做好施工现场消防安全工作的基础。

义务消防组织是施工单位在施工现场临时建立的业余性、群众性，以自防、自救为目的的消防组织，其人员应由现场施工管理人员和作业人员组成。

3）施工单位应针对施工现场可能导致火灾发生的施工作业及其他活动，制定消防安全管理制度。规范明确以下五项主要防火管理制度：

① 消防安全教育与培训制度。

② 可燃及易燃易爆危险品管理制度。

③ 用火、用电、用气管理制度。

④ 消防安全检查制度。

⑤ 应急预案演练制度。

此外，施工单位尚应根据现场实际情况和需要制定其他防火管理制度，如临时消防设施管理制度、防火工作考评及奖惩制度等。

4）施工单位应编制施工现场防火技术方案，防火技术方案重点从技术方面实现施工现场的火灾预防，即通过技术措施实现防火目的。施工现场防火技术方案是施工单位依据相关规定，结合施工现场和各分部分项工程施工的实际情况编制的，用以具体安排并指导施工人员消除或控制火灾危险源、扑灭初起火灾，避免或减少火灾发生和危害的技术文件。施工现场防火技术方案可作为施工组织设计的一部分，也可单独编制。

施工现场防火技术方案应包括以下内容：

① 施工现场重大火灾危险源辨识。

② 施工现场防火技术措施。

③ 临时消防设施、临时疏散设施配备。

④ 临时消防设施和消防警示标识布置图。

防火管理制度、防火技术方案应针对施工现场的重大火灾危险源、可能导致火灾发生的施工作业及其他活动进行编制，以便做到"有的放矢"。

施工现场防火技术措施是指施工人员在具有火灾危险的场所进行施工作业或实施具有火灾危险的工序时，在"人、机、料、环、法"等方面应采取的防火技术措施。

施工现场临时消防设施及疏散设施是施工现场火灾预防的弥补，是现场火灾扑救和人员安全疏散的主要依靠。因此，防火技术方案中"临时消防设施、疏散设施配备"应具体明确以下相关内容：

① 明确配置灭火器的场所、选配灭火器的类型和数量及最小灭火级别。

② 确定消防水源，临时消防给水管网的管径、敷设线路、给水工作压力及消防水池、水泵、消火栓等设施的位置、规格、数量等。

③ 明确设置应急照明的场所、应急照明灯具的类型、数量、安装位置等。

④ 在建工程永久性消防设施临时投入使用的安排及说明。

⑤ 明确安全疏散的线路（位置）、疏散设施搭设的方法及要求等。

5）施工单位应向施工人员进行消防安全教育与培训，应侧重于普遍提高施工人员的防火安全意识和扑灭初起火灾、自我防护的能力。防火安全教育、培训的对象为全体施工人员。消防安全教育和培训应包括下列内容：

① 施工现场消防安全管理制度、防火技术方案、灭火及应急疏散预案。

② 施工现场临时消防设施的性能及使用、维护方案。

③ 扑灭初起火灾及自救逃生的知识和技能。

④ 报警、接警的程序和方法。

6）消防安全技术交底。消防安全技术交底的对象为在具有火灾危险场所作业的人员或实施具有火灾危险工序的人员。交底应针对具有火灾危险的具体作业场所或工序，向作业人员传授如何预防火灾、扑灭初起火灾、自救逃生等方面的知识、技能。

消防安全技术交底是安全技术交底的一部分，可与安全技术交底一并进行，也可单独进行。消防安全技术交底应包括以下主要内容：

① 施工过程中可能发生火灾的部位或环节。

② 施工过程中应采取的防火措施及应配备的临时消防设施。

③ 初起火灾的扑灭方法及注意事项。

④ 逃生方法及路线。

7）施工过程中，施工现场消防安全负责人应定期组织消防安全管理人员对施工现场的消防安全进行检查。消防安全检查应包括下列主要内容：

① 可燃物、易燃易爆危险品的管理是否落实。

② 动火作业的防火措施是否落实。

③ 用火、用电、用气是否存在违章操作，电气焊及保温防水施工是否执行操作规程。

④ 临时消防设施是否完好有效。

⑤ 临时消防车道及临时疏散通道是否畅通。

8）施工单位应根据消防安全应急预案，定期开展施工现场灭火及应急疏散预案演练。每半年应进行一次，每年不得少于一次。

9）施工单位应做好并保存施工现场防火安全管理的相关文件及记录，建立现场防火安全管理档案。施工现场防火安全管理档案包括以下文件和记录：

① 施工单位组建施工现场消防安全管理机构及聘任现场消防管理人员的文件。

② 施工现场消防安全管理制度及其审批记录。

③ 施工现场消防安全管理方案及其审批记录。

④ 施工现场消防应急预案及其审批记录。

⑤ 施工现场消防安全教育和培训记录。

⑥ 施工现场消防安全技术交底记录。

⑦ 施工现场消防设备、设施、器材验收记录。

⑧ 施工现场消防设备、设施、器材台账及更换、增减记录。

⑨ 施工现场灭火和应急疏散演练记录。

⑩ 施工现场消防安全检查记录（含防火巡查记录、定期检查记录、专项检查记录、季节性检查记录、防火安全问题或隐患整改通知单、问题或隐患整改回复单、问题或隐患整改复查记录）。

⑪ 施工现场火灾事故记录及火灾事故调查报告。

⑫ 施工现场防火工作考评和奖惩记录。

14.2.2 可燃物及易燃易爆物管理

1）在建工程所用保温、防水、装饰、防火、防腐材料的燃烧性能等级、耐火极限符合设计要求，既是建设工程施工质量验收标准的要求，也是减少施工现场火灾风险的基本条件。

2）控制并减少施工现场易燃易爆物的存量，规范可燃及易燃易爆物的存放管理，是预防火灾发生的主要措施。

3）油漆由油脂、树脂、颜料、催干剂、增塑剂和各种溶剂组成，除无机颜料外，绝大部分是可燃物。油漆的有机溶剂（又称稀料、稀释剂）由易燃液体如溶剂油、苯类、酮类、酯类、醇类等组成。油漆调配和喷刷过程中，会挥发出大量易燃气体，当易燃气体与空气混合达到5%的浓度时，会因动火作业火星、静电火花引起爆炸和火灾事故。乙二胺是一种挥发性很强的化学物质，常用作树脂类防腐蚀材料的固化剂。乙二胺挥发产生的易燃气体在空气中达到一定浓度时，遇明火有爆炸危险。冷底子油是由沥青和汽油或柴油配制而成的，挥发性强，闪点低，在配制、运输或施工时，遇明火有起火或爆炸的危险。因此，室内使用油漆及其有机溶剂、乙二胺、冷底子油或其他可能产生可燃气体的物资时，应保持室内通风良好，严禁动火作业、吸烟及其他可能产生静电的施工操作。

14.2.3 施工现场动火管理

动火作业是指在施工现场进行明火、爆破、焊接、气割或采用酒精炉、煤油炉、喷灯、砂轮、电钻等工具进行可能产生火焰、火花和赤热表面的临时性作业。施工现场动火作业多，用（动）火管理缺失和动火作业不慎引燃可燃、易燃建筑材料，是导致火灾事故发生的主要原因。

施工现场动火作业前，应由动火作业人员提出动火作业申请。动火作业申请至少应包含动火作业的人员、内容、部位或场所、时间、作业环境及灭火救援措施等内容。

施工现场的动火作业按照危险性分为以下三级，必须根据不同等级的动火作业执行审批制度：

1）一级动火作业由工程项目负责人填写动火申请表，编制安全技术措施方案，报公司安全保卫部门及当地消防部门审查批准后，方可动火。动火期限为1天。凡属下列情况之一的为一级动火作业：

① 禁火区域内。

② 油罐、油箱、油槽车和储存过可燃气体、易燃液体的容器，以及连接在一起的辅助设备。

③ 各种受压设备。

④ 危险性较大的登高焊、割作业。

⑤ 比较密封的室内、容器内、地下室等场所。

⑥ 现场堆有大量可燃和易燃物质的场所。

古建筑和重要文物单位等场所的动火作业，按一级动火手续上报审批。

2）二级动火作业由工程项目负责人填写动火申请表，编制安全技术措施方案，报公司安全保卫主管部门审查批准后，方可动火。动火期限为3天。凡属下列情况之一的为二级动火作业：

① 在具有一定危险因素的非禁火区域进行临时焊、割等用火作业。

② 小型油箱等容器。

③ 登高焊、割等用火作业。

3）三级动火作业由所在班组填写动火申请表，报项目负责人审查批准后，方可动火。动火期限为7天。在非固定的、无明显危险因素的场所进行用火作业，均属于三级动火作业。

14.2.4 施工现场用气管理

施工现场常用气体有瓶装氧气、乙炔、液化气等，储装气体的气瓶及其附件不合格和违规储装、运输、储存、使用气体是导致火灾、爆炸的主要原因。施工现场用气应符合下列规定：储装气体的气瓶及其附件应合格、完好和有效；严禁使用减压器及其他附件缺损的氧气瓶，严禁使用乙炔专用减压器、回火防止器及其他附件缺损的乙炔瓶。

气瓶运输、存放、使用时，应符合下列规定：

1）气瓶应保持直立状态，并采取防倾倒措施，乙炔瓶严禁横躺卧放，以防止丙酮流出引起燃烧爆炸。

2）氧气瓶与乙炔瓶的工作间距不应小于5m，气瓶与明火作业点的距离不应小于10m。

3）冬季使用气瓶，气瓶和瓶阀、减压阀等发生冻结时，严禁用火烘烤或用铁器敲击瓶阀，严禁猛拧减压器的调节螺钉。

4）氧气瓶内剩余气体的压力不应小于0.1MPa。

5）气瓶用后应及时归库。

14.2.5　施工现场供用电管理

施工现场的供用电设施是指现场发电、变电、输电、配电、用电的设备、电器、线路及相应的保护装置。"施工现场供用电设施的设计、施工、运行、维护符合《建设工程施工现场供用电安全规范》（GB 50194—2014）的要求"是防止和减少施工现场供用电火灾的根本手段。

施工现场发生供用电火灾的主要原因有以下两类：

1）因电气线路短路、过负荷、接触电阻过大、漏电等原因，致使电气线路在极短时间内产生很大热量或电火花、电弧，引燃导线绝缘层和周围的可燃物，造成火灾。

2）现场长时间使用高热灯具，且高热灯具距可燃、易燃物距离过小或室内散热条件太差，烤燃附近可燃、易燃物，造成火灾。"电气线路的绝缘强度和机械强度不符合要求、使用绝缘老化或失去绝缘性能的电气线路、电气线路长期处于腐蚀或高温环境、电气设备超负荷运行或带故障使用、私自改装现场供用电设施等"是导致线路短路、过负荷、接触电阻过大、漏电的主要根源，应予以禁止。

选用节能型灯具，减少电能转化成热能的损耗，既可节约用电，又可减少火灾发生。施工现场常用照明灯具主要有白炽灯、荧光灯、碘钨灯、镝灯（聚光灯）。100W 白炽灯，其灯泡表面温度可达 170~216℃，1000W 碘钨灯的石英玻璃管外表面温度可达 500~800℃。碘钨灯不仅能在短时间内烤燃接触灯管外壁的可燃物，而且其高温热辐射能将距灯管一定距离的可燃物烤燃。因此，应对可燃、易燃易爆物品存放库房所使用照明灯具及照明灯具与可燃、易燃易爆物品的距离作出相应规定。

现场供用电设施的改装应经具有相应资质的电气工程师批准，并由具有相应资质的电工实施。

对现场电气设备运行及维护情况的检查，每月应进行一次。

14.2.6　消防设施和消防器材管理

1. 常用灭火器材的适用范围

1）泡沫灭火器：适用于油脂、石油产品及一般固体物质的初起火灾。

2）酸碱灭火器：适用于竹、木、棉、毛、草、纸等一般可燃物质的初起火灾。

3）干粉灭火器：适用于石油及其产品、可燃气体和电气设备的初起火灾。

4）二氧化碳灭火器：适用于贵重设备、档案资料、仪器仪表、600V 以下电器及油脂火灾。

5）卤代烷（1211）灭火器：适用于油脂、精密机械设备、仪表、电子仪器设备、文物、图书、档案等贵重物品的初起火灾。

水的适用范围较广，但不得用于：

1）非水溶性可燃、易燃物体火灾。

2）与水反应产生可燃气体、可引起爆炸的物质起火。

3）直流水不得用于带电设备和可燃粉尘集聚处的火灾，以及储存大量浓硫酸、硝酸场所的火灾。

2. 施工现场消防器材管理

1）各种消防梯应经常保持完整、完好。

2）水枪应经常检查，保持开关灵活、喷嘴畅通，附件齐全、无锈蚀。

3）水带充水后应防止骤然折弯，不被油类污染，用后清洗晾干，收藏时应单层卷起，竖放在架上。

4）各种管接口和扣盖应接装灵便、松紧适度、无泄漏，不得与酸、碱等化学品混放，使用时不得摔压。

5）消火栓应按室内、室外（地上、地下）的不同要求定期进行检查和及时加注润滑油。消火栓井应经常清理，冬季应采用防冻措施。

6）工地设有火灾探测和自动报警灭火系统时，应由专人管理，保持其处于完好状态。

14.3 施工现场的防火措施

建筑施工现场防火技术主要涉及工地的总平面布局、防火间距、消防车道、临时建筑和在建工程的建筑防火技术措施。基于建筑施工过程中的火灾危险性和现场条件的制约，施工现场防火工作的重点是总平面布局和建筑防火。

14.3.1 总平面布局防火

总平面布局防火是在在建工程布局条件的基础上，充分考虑临时用房和临时设施在整个建筑施工现场的防火布局要求。防火、灭火及人员安全疏散是施工现场防火工作的主要内容，施工现场临时用房、临时设施的布置满足现场防火、灭火及人员安全疏散的要求是施工现场防火工作的基本条件。

施工现场临时用房、临时设施的布置常受现场客观条件的制约，而不同施工现场的客观条件又千差万别。因此，现场的总平面布局应综合考虑在建工程及现场情况，因地制宜，按照"临时用房及临时设施占地面积少、场内材料及构件二次运输少、施工生产及生活相互干扰少、临时用房及设施建造费用少，并满足施工、防火、节能、环保、安全、保卫、文明施工等需求"的基本原则进行。明确施工现场平面布局的主要内容，确定施工现场出入口的设置及现场办公、生活、生产、物料储存区域的布置原则，规范可燃物、易燃易爆危险品存放场所及动火作业场所的布置要求，针对施工现场的火源和可燃、易燃物实施重点管控，是落实现场防火工作基本措施的具体表现。

1. 总平面布局的内容

在建工程及现场办公用房、宿舍、发电机房、配电房、可燃材料存放库房、易燃易爆危险品库房、可燃材料堆场及其加工场、固定动火作业场，是施工现场防火的重点；给水及供配电线路和消防车道、临时消防救援场地、消防水源，是现场灭火的基本条件；现场出入口和场内临时道路是人员安全疏散的基本设施。因此，施工现场总平面布局应明确与现场防火、灭火及人员疏散密切相关的临建设施的具体位置，以满足现场防火、灭火及人员疏散的要求。

需要纳入施工现场总平面布局的临时用房和临时设施主要包括：

1）施工现场的出入口、围墙、围挡。

2）场内临时道路。

3）给水管网或管路和配电线路敷设或架设的走向、高度。

4）施工现场办公用房、宿舍、发电机房、变配电房、可燃材料库房、易燃易爆危险品库房、可燃材料堆场及其加工场、固定动火作业场等。

5）临时消防车道、消防救援场地和消防水源。

2. 总平面布局的一般规定

1）施工现场出入口的设置应满足消防车通行的要求，并宜布置在不同方向，其数量不宜少于2个。当确有困难只能设置1个出入口时，应在施工现场内设置满足消防车通行的环形道路。

2）施工现场应当划分出用火作业区、易燃可燃材料场、仓库区、易燃废品临时集中站和生活福利区等区域，临时办公、生活、生产、物料储存等功能区宜相对独立布置，并满足防火间距的要求。宿舍、厨房操作间、锅炉房、变配电房、可燃材料堆场及其加工场、可燃材料及易燃易爆危险品库房等临时用房及临时设施，不应设置于在建工程内。

3）固定动火作业场属于散发火花的场所，布置时需要考虑风向及火花对于可燃及易燃易爆物品集中区域的影响。固定动火作业场应布置在可燃材料堆场及其加工场、易燃易爆危险品库房等全年最小频率风向的上风侧，并宜布置在临时办公用房、宿舍、可燃材料库房、在建工程等全年最小频率风向的上风侧。

4）易燃易爆危险品库房应远离明火作业区、人员密集区和建筑物相对集中区。

5）要充分考虑可燃材料堆场及其加工场、易燃易爆危险品库房与架空电力线之间的相互影响，可燃材料堆场及其加工场、易燃易爆危险品库房不应布置在架空电力线下。

3. 防火间距

防火间距是指为了防止火灾在建筑物之间蔓延而在相邻建筑物之间留出的一定的防火安全距离。设置防火间距的目的主要是防止火灾在建筑物之间蔓延，为火灾扑救提供场地，同时也为人员、物资疏散提供必要的场地。

1）易燃易爆危险品库房与在建工程的防火间距不应小于15m，可燃材料堆场及其加工场、固定动火作业场与在建工程的防火间距不应小于10m，其他临时用房、临时设施与在建工程的防火间距不应小于6m。

2）施工现场主要临时用房、临时设施的防火间距不应小于表14-1的规定。

表14-1　施工现场主要临时用房、临时设施的防火间距　　　　　　（单位：m）

名称	办公用房、宿舍	发电机房、变配电房	可燃材料库房	厨房操作间、锅炉房	可燃材料堆场及其加工场	固定动火作业场	易燃易爆危险品库房
办公用房、宿舍	4	4	5	5	7	7	10
发电机房、变配电房	4	4	5	5	7	7	10
可燃材料库房	5	5	5	5	7	7	10
厨房操作间、锅炉房	5	5	5	5	7	7	10
可燃材料堆场及其加工场	7	7	7	7	7	10	10
固定动火作业场	7	7	7	10	10	10	12
易燃易爆危险品库房	10	10	10	10	10	12	12

临时用房、临时设施的防火间距应按临时用房外墙外边线或堆场、作业场、作业棚边线间的最小距离计算，如临时用房外墙有凸出可燃构件，应从其凸出可燃构件的外缘算起。防火间距中，不应堆放易燃和可燃物质。

两栋临时用房相邻较高一面的外墙为防火墙时，防火间距不限。防火墙是指具有不少于3.0h耐火极限的非燃烧墙体。防火墙、防火门窗、防火卷帘、防火分隔水幕是常用的防火分隔构件。

当办公用房或宿舍的栋数较多时，可成组布置，相邻两组临时用房彼此间应保持不小于8m的防火间距，组内临时用房相互间的防火间距可适当减小；每组临时用房的栋数不应超过10栋，组内临时用房之间的防火间距不应小于3.5m；当建筑构件燃烧性能等级为A级时，其防火间距可减小到3m。

当发电机房与变配电房合建在同一临时用房内时，两者之间应采用不燃材料进行防火分隔。如施工现场需设置两个或多个配电房时，相邻两个配电房之间应保持不小于4m的防火间距。

4. 消防车道

消防车道是供消防车灭火时通行的道路，是保障灭火和抢险救援的重要设施。消防车道可利用交通道路，当施工现场周边道路不满足消防车通行及灭火救援要求时，施工现场内应设置临时消防车道。

1）临时消防车道与在建工程、临时用房、可燃材料堆场及其加工场的距离不宜小于5m，且不宜大于40m，以保证灭火救援安全和消防供水的可靠。

2）临时消防车道的净宽度和净空高度均不应小于4m，车道的右侧应设置消防车行进路线指示标志，车道路基、路面及其下部设施应能承受消防车通行压力及工作荷载。临时消防车道宜为环形，如设置环形车道确有困难，应在消防车道尽端设置尺寸不小于12m×12m的回车场。

当在建工程建筑高度大于24m或单体占地面积大于3000m²，成组布置的临时用房超过10栋时，建筑周围应设置环形临时消防车道；设置环形临时消防车道确有困难时，应设置回车场和临时消防救援场地。

3）临时消防救援场地是消防车道的重要补充。在建工程装饰装修阶段，现场存放的可燃建筑材料多、立体交叉作业多、动火作业多，火灾事故主要发生在此阶段，且危害较大，因此临时消防救援场地应在在建工程装饰装修段设置。临时消防救援场地应设置在成组布置的临时用房场地的长边一侧及在建工程的长边一侧。临时消防救援场地宽度不应小于6m，与在建工程外脚手架的净距不宜小于2m，且不宜超过6m，以满足消防车正常操作要求。

14.3.2 临时用房防火

建筑火灾是指发生在建筑物内的火灾，建筑施工现场临时用房的防火问题也是建筑施工消防安全的重要内容。由于施工现场建筑火灾频发，为保护人员生命安全，减少财产损失，临时用房应根据其使用形式及火灾危险性进行防火安全设计，应采取可靠的防火技术措施。

1. 宿舍、办公用房防火

施工现场的宿舍和办公室等临时建筑一般设施简陋，耐火等级低，而工作和生活的人员较多，因此，降低建筑材料燃烧性能、控制楼层高度和房间面积、保证安全疏散是防火设计的重点内容。

1）宿舍、办公用房宜单独建造，不应与厨房操作间、锅炉房、变配电房等辅助用房组合建造。施工单位不得在尚未竣工的建筑物内设置员工集体宿舍。

2）建筑构件的燃烧性能等级应为 A 级。当采用金属夹芯板材时，其芯材的燃烧性能等级应为 A 级。

3）建筑层数不应超过 3 层，每层建筑面积不应大于 300m²。宿舍房间的建筑面积不应大于 30m²，其他房间的建筑面积不宜大于 100m²。隔墙应从楼地面基层隔断至顶板基层底面。

2. 辅助用房、库房防火

施工现场的发电机房、变配电房、厨房操作间、锅炉房等辅助用房，以及易燃易爆危险品库房，由于火源多，可燃物多，火灾危险性较大，应降低建筑材料燃烧性能，控制规模，合理分隔，以利于火灾风险的控制。

1）可燃材料、易燃易爆物品存放库房层数应为 1 层，并应分别布置在不同的临时用房内，建筑构件的燃烧性能等级应为 A 级。

2）每栋临时用房的面积均不应超过 200m²，且应采用不燃材料将其分隔成若干间库房。可燃材料库房单个房间的建筑面积不应超过 30m²，易燃易爆危险品库房单个房间的建筑面积不应超过 20m²。

14.3.3 在建工程防火

建设工程在设计阶段都需要进行防火安全设计，但是工程竣工前其防火措施一般都难以发挥作用，在建工程火灾常发生在作业场所。因此，施工期间应根据施工性质、建筑高度、建筑规模及结构特点等情况进行防火保护。

1. 既有建筑改造防火

施工现场引发火灾的危险因素较多，在居住、营业、使用期间进行改建、扩建及改造时则具有更大的火灾风险，一旦发生火灾，容易造成群死群伤。因此，应尽量避免在居住、营业、使用期间施工。当确实需要对既有建筑进行扩建、改建施工时，必须明确划分施工区和非施工区。施工区不得营业、使用和居住；非施工区继续营业、使用和居住时，必须采取多种防火技术和管理措施，严防火灾发生。

1）施工区和非施工区之间应采用不开设门、窗、洞口的，耐火极限不低于 3.0h 的不燃烧体隔墙进行防火分隔。

2）非施工区内的消防设施应完好和有效，疏散通道应保持畅通，并应落实日常值班及消防安全管理制度。

3）施工区的消防安全应配有专人值守，发生火情应能立即处置。

4）施工单位应向居住和使用者进行消防宣传教育，告知建筑消防设施、疏散通道的位置及使用方法，同时应组织进行疏散演练。

5）外脚手架搭设不应影响安全疏散、消防车正常通行及灭火救援操作；外脚手架搭设长度不应超过该建筑物外立面周长的 1/2。

2. 脚手架、支模架与安全网防火

1）外脚手架是在建工程的外防护架和操作架，而支模架是既支撑混凝土模板又支撑施工人员的操作平台，对保护施工人员免受火灾伤害非常重要。外脚手架、支模架的架体宜采用不燃或难燃材料搭设，其中高层建筑和既有建筑改造工程的外脚手架、支模架的架体应采用不燃材料搭设。

2）施工作业产生的火焰、火花、火星引燃可燃安全网，并导致火灾事故的情形时有发生。建筑施工现场的安全网往往将在建建筑整体包裹或封闭其中，安全网一旦燃烧，火势蔓延迅速，难以控制，且封闭疏散通道，并可能蔓延至室内，危害特别大，阻燃安全网是解决这一问题的有效途径。阻燃安全网是指续燃、阴燃时间均不大于 4s 的安全网。高层建筑与既有建筑外墙改造工程外脚手架的安全网和临时疏散通道的安全防护网等重要场所，应采用阻燃型安全防护网。

14.4 重点工种消防要求

14.4.1 电焊、气割作业的消防要求

1. 电焊、气割作业防火的一般要求

1）从事电焊、气割的操作人员，必须进行专门的培训，掌握焊割的安全技术、操作规程，经过考试合格，取得操作合格证后方准操作。操作时应持证上岗。学徒工在学习期间不能单独操作，必须在师傅的监护下进行操作。

2）严格执行用火审批程序和制度。操作前必须办理用火申请手续，经单位领导同意和消防保卫或安全技术部门检查批准，领取用火许可证后方可进行操作。用火审批人员要认真负责、严格把关，审批前要深入用火地点查看，确认无火险隐患后再行审批。批准用火应采取"四定"，即定时（时间）、定位（层、段、挡）、定人（操作人、看火人）、定措施（应采取的具体防火措施）。用火证仅限本人当日使用，并要随身携带，以备消防保卫人员检查，如用火部位变动且仍需继续操作，应事先更换用火证。

3）进行电焊、气割前，应由施工员或班组长向操作、看火人员进行消防安全技术措施交底，任何领导不能以任何借口纵容电、气焊工人进行冒险操作。

4）装过或有易燃、可燃液体、气体及化学危险物品的容器、管道和设备，在未彻底清洁干净前，不得进行焊割。严禁在可燃蒸气、气体、粉尘或禁止明火的危险性场所焊割，且在这些场所附近进行焊割时，应遵守有关规定保持一定的防火距离。

5）领导及生产技术人员要合理安排工艺和编排施工进度程序，在有可燃材料保温的部位，不准进行焊割作业。必要时，应在工艺安排和施工方法上采取严格的防火措施。焊割作业不准与油漆、喷漆、脱漆、木工等易燃操作同时间、同部位上下交叉作业。

6）焊割结束或离开操作现场时，必须切断电源、气源。赤热的焊嘴、焊钳以及焊条头等，禁止放在易燃易爆物品和可燃物上。

7）遇有 5 级以上大风气候时，施工现场的高处和露天焊割作业应停止。

8）禁止使用不合格的焊割工具和设备。电焊的导线不能与装有气体的气瓶接触，也不能与气焊的软管或气体的导管放在一起。焊把线和气焊的软管不得从生产、使用、储存易燃易爆物品的场所或部位穿过。

9）焊割现场必须配备灭火器材，危险性较大的应有专人现场监护。

2. 电焊工的操作要求

1）电焊工在操作前，要严格检查所有工具（包括电焊机设备、线路敷设、电缆线的接点等），使用的工具均应符合标准，保持完好状态。

2）电焊机应有单独的开关，开关装在防火、防雨的闸箱内，电焊机应设防雨棚（罩）。开关的熔丝容量应为该机的 1.5 倍，熔丝不准用铜丝或钢丝代替。

3）焊割部位必须与氧气瓶、乙炔瓶、乙炔发生器及各种易燃、可燃材料隔离，两瓶之间的距离不得小于 5m，与明火之间的距离不得小于 10m。

4）电焊机必须设有专用接地线，直接放在焊件上。接地线不准接在建筑物、机械设备、各种管道、避雷引下线和金属架上借路使用，防止接触起火花，造成起火事故。

5）电焊机一、二次线应用线鼻子压接牢固，同时应加装防护罩，防止松动、短路放弧，引燃可燃物。

6）严格执行防火规定和操作规程，操作时采取相应的防火措施，与看火人员密切配合，防止引起火灾。

3. 气焊工的操作要求

1）乙炔发生器、乙炔瓶、氧气瓶和焊（割）具的安全设备必须齐全有效。

2）乙炔发生器、乙炔瓶、液化石油气罐和氧气瓶在新建、维修工程内存放时，应设置专用房间单独分开存放并有专人管理，要有灭火器材和防火标志。电石应存放在电石库内，不准在潮湿场所和露天存放。

3）乙炔发生器和乙炔瓶等与氧气瓶应保持距离。在乙炔发生器旁严禁一切火源。夜间添加电石时，应使用防爆手电筒照明，禁止用明火照明。

4）乙炔发生器、乙炔瓶和氧气瓶不准放在高低压架空线路下方或变压器旁。在高空焊割时，也不要放在焊割部位的下方，应保持一定的水平距离。

5）乙炔瓶、氧气瓶应直立使用，禁止平放卧倒使用，以防止油类落在氧气瓶上；有油脂或沾油的物品，不得接触氧气瓶、导管及其零部件。乙炔瓶、氧气瓶严禁暴晒、撞击，防止受热膨胀，开启阀门时要缓慢开启，防止升压过速产生高温、火花，引起爆炸和火灾。

6）乙炔发生器、回火阻止器及导管发生冻结时，只能用蒸汽、热水等解冻，严禁使用火烤或金属敲打。测定气体导管及其分配装置有无漏气现象时，应用气体探测仪或用肥皂水等简单方法测试，严禁用明火测试。

7）操作乙炔发生器和电石桶时，应使用不产生火花的工具，在乙炔发生器上不能装有纯铜的配件。加入乙炔发生器的水，不能含油脂，以免油脂与氧气接触发生反应，引起燃烧或爆炸。

8）防爆膜失去作用后，要按照规定的规格和型号进行更换，严禁任意更换防爆膜规格、型号，禁止使用胶皮等代替防爆膜。浮桶式乙炔发生器上面不堆压其他物品。

9）焊割时要严格执行操作规程和程序。焊割操作时，先开乙炔气点燃，再开氧气进行调火，操作完毕时按相反程序关闭。瓶内气体不能用尽，必须留有余气。工作完毕，应将乙炔发生器内电石、污水及其残渣清除干净，倒在指定的安全地点，并要排除内腔和其他部分的气体。禁止电石、污水到处乱放乱排。

14.4.2　油漆、喷漆作业及油漆工的消防要求

喷漆、涂漆的场所应有良好的通风，防止形成爆炸极限浓度，从而引起火灾或爆炸。喷漆、涂漆的场所内禁止一切火源，应采用防爆的电气设备。

涂漆、喷漆和油漆工禁止与焊工同时间、同部位上下交叉作业。

油漆工不能穿易产生静电的工作服，接触涂料、稀释剂的工具应采用防火花型的。浸有涂料、稀释剂的破布、纱团、手套和工作服等，应及时清理，不能随意堆放，防止因化学反应而生热，发生自燃。对使用中能分解、发热自燃的物料，要妥善管理。

油漆料库和调料间的防火要求如下：

1）油漆料库与调料间应分别设置，并且应与散发火花的场所保持一定的防火间距。

2）性质相抵触、灭火方法不同的品种，应分库存放。

3）涂料和稀释剂的存放和管理，应符合《仓库防火安全管理规则》的要求。

4）调料间应有良好的通风，并应采用防爆电气设备。室内禁止一切火源，调料间不能兼作更衣室和休息室。

5）调料人员应穿不易产生静电的工作服，不穿带钉子的鞋。使用开启涂料和稀释剂包装的工具时，应采用不易产生火花型的工具。调料人员应严格遵守操作规程，调料间内不应存放超过当日加工所用的原料。

14.4.3　木工操作间及木工的消防要求

1）操作间应采用阻燃材料搭建，操作间内严禁吸烟和用明火作业。操作间冬季宜采用暖气（水暖）供暖，如需用火炉取暖时，必须在四周采取挡火措施，不得用燃烧劈柴、刨花代煤取暖。每个火炉都要有专人负责，下班时要将余火彻底熄灭。

2）操作间只能存放当班的用料，剩余成品及半成品要及时运走，木工应做到"活完场地清"，刨花、锯末每班都要打扫干净并倒在指定的地点。

3）电气设备的安装要符合要求，抛光、电锯等部位的电气设备应采用密封式或防爆式，刨花、锯末较多部位的电动机应安装防尘罩。

4）严格遵守操作规程，对旧木料一定要经过检查，起出钢钉等金属后，方可上锯锯料。

5）配电盘、刀开关下方不能堆放成品、半成品及废料。工作完毕应拉闸断电，并经检查确无火险后方可离开。

14.4.4　电工作业的消防要求

1）电工应经过专门培训，掌握安装与维修的安全技术，经考试合格后，方准独立操作。

2）施工现场暂设线路、电气设备的安装与维修，应执行《施工现场临时用电安全技术规范》（JGJ 46—2005）。新设、增设的电气设备，必须由主管部门或人员检查合格后，方可通电使用。电气设备和线路应经常检查，发现可能引起火花、短路、发热和绝缘损坏等情况时，必须立即修理。

3）电气设备应安装在干燥处，各种电气设备应有妥善的防雨、防潮设施。每年雨季前要检查避雷装置，避雷针接点要牢固，电阻不应大于 10Ω。

4）各种电气设备或线路，不应超过安全负荷，并要牢靠、绝缘良好和安装合格的保险设备，严禁用铜丝、钢丝等代替熔丝。应定期检查电气设备的绝缘电阻是否符合"不低于 $1k\Omega/V$（如对地 220V 绝缘电阻应不低于 $0.22M\Omega$）"的规定，发现隐患应及时排除。

5）放置及使用易燃液体、气体的场所，应采用防爆型电气设备及照明灯具。不可用纸、布或其他可燃材料制作无骨架的灯罩，灯泡距可燃物应保持一定距离。当电线穿过墙壁或与其他物体接触时，应当在电线上套有磁管等非燃材料加以隔绝。

6）变（配）电室应保持清洁、干燥，变电室要有良好的通风，配电室内禁止吸烟、生火及保存与配电无关的物品（如食物等）。

7）施工现场严禁私自使用电炉、电热器具。

8）各种机械设备的电闸箱内必须保持清洁，不得存放其他物品，电闸箱应配锁。

14.4.5　沥青熬炼工作业的消防要求

1）熬沥青应由熟悉此项操作的技工进行，操作人员不得擅离岗位。施工人员应穿不易产生静电的工作服及不带钉子的鞋。

2）熬沥青灶应设在工程的下风向，不得设在电线垂直下方，距离新建工程、料场、库房和临时工棚等应在25m以外。现场窄小的工地有困难时，应采取相应的防火措施或尽量采用冷防水施工工艺。

3）对沥青锅要随时进行检查，防止漏油。沥青锅灶必须坚固、无裂缝，靠近火门上部的锅台应砌筑18~24cm的砖沿，防止沥青溢出引燃。火口与锅边应有70cm的隔离设施，锅与烟囱的距离应大于80cm，锅与锅的距离应大于2m，锅与灶高度不宜超过地面60cm。不准使用薄铁锅或劣质铁锅熬制沥青。锅内的沥青一般不应超过锅容量的3/4，不准向锅内投入有水分的沥青。配制冷底子油，不得超过锅容量的1/2，温度不得超过80℃。熬沥青的温度应控制在275℃以下（沥青在常温下为固态，其闪点为200~300℃，自燃点为270~300℃）。熬炼场所应配备温度计或测温仪。

4）向融化的沥青内添加汽油、苯等易燃稀释剂时，要离开锅灶和散发火花地点的下风向10m以外，并应严格遵守操作程序。

5）使用燃油灶具时，必须先熄灭火后再加油。沥青熬制完毕后，要彻底熄灭余火，盖好锅盖后（防止熬油时雨雪进入，产生溢锅引起着火），方可离开。沥青锅处要备有铁质锅盖或铁板，并配备相适应的消防器材或设备。

6）降雨、降雪或刮5级以上大风时，严禁露天熬制沥青。

7）施工区域内禁止一切火源，不准与电、气焊同时间、同部位上下交叉作业。施工区域内应配备消防器材。

8）严禁在屋顶使用明火熔化柏油。

14.4.6　锻炉工的消防要求

锻炉工是施工现场的一个重要工种，这项工作主要是进行钎子的加工和淬火。由于工作过程中使用明火和淬火液，如果工作完毕后未将余火熄灭或工作时违反规定，也易引起着火，存在着一定的火灾危险性，因此应严格遵守防火要求：

1）锻炉宜独立设置，并应选择在距可燃建筑、可燃材料堆场5m以外的地点。锻炉不能设在电源线的下方，其建筑应采用不燃或难燃材料修建。

2）锻炉间应配备适量的灭火器材。

3）锻炉建造好后，必须经工地消防保卫或安全技术部门检查合格，并领取用火审批合格证后，方准进行操作及使用。

4）禁止使用可燃液体开火，工作完毕后应将余火彻底熄灭，方可离开。使用可燃液体或硝石溶液淬火时，要控制好油温，防止因液体加热而自燃。

5）鼓风机等电器设备要安装合理，符合防火要求。

6）加工完的钎子要码放整齐，与可燃材料的防火间距不应小于1m。

7）遇有5级以上的大风天气时，应停止露天锻炉作业。

14.4.7　仓库保管员的消防要求

仓库保管员要牢记《仓库防火安全管理规则》：

1）熟悉存放物品的性质及储存中的防火要求和灭火方法，严格按照存放物品的性质、包装、灭火方法、储存防火要求和密封条件等分别存放，性质相抵触的物品不得混存在一起。

2）分垛储存物资，应严格按照"五距"的要求：垛与垛的间距不小于1m；垛与墙的间距不小于0.5m；垛与梁、柱的间距不小于0.3m；垛与散热器、供暖管道的间距不小于0.3m；照明灯具垂直下方与垛的水平间距不得小于0.5m。

3）库存物品应分类、分垛储存，主要通道的宽度不小于2m。露天存放物品应当分类、分堆、分组和分垛，并留出必要的防火间距。甲、乙类桶装液体，不宜露天存放。

4）物品入库前应当进行检查，确定无火种等隐患后，方准入库。

5）库房门窗等应当严密，物资不能储存在预留孔洞的下方。库房内照明灯不准超过60W，并做到人走断电及锁门。库房内严禁吸烟和使用明火。库房管理人员在每日下班前，应对经管的库房巡查一遍，确认无火灾隐患后，关好门窗、切断电源后方准离开。

6）随时清扫库房内的可燃材料，保持地面清洁。

7）严禁在仓库内兼设办公室、休息室、更衣室、值班室以及各种加工作业等。

14.4.8　使用喷灯的防火安全措施

1. 使用喷灯的一般操作注意事项

1）汽油的渗透性和流散性极好，一旦加油时不慎倒出油或喷灯渗油，点火时极易引起着火。因此，喷灯加油时，要选择好安全地点，并认真检查喷灯是否有漏油或渗油的地方，一旦发现漏油或渗油，应禁止使用。

2）喷灯加油时，应将加油防爆盖旋开，用漏斗灌入汽油。如加油时不慎将油洒在灯体上，则应将油擦拭干净，同时放置在通风良好的地方，使汽油挥发掉再点火使用。加油不能过满，加到灯体容积的3/4即可。喷灯在使用过程中需要添油时，应首先把灯的火焰熄灭，然后慢慢地旋松加油防爆盖放气，待放尽气和灯体冷却后再添油，严禁带火加油。

3）喷灯点火后要先预热喷嘴，预热喷嘴应利用喷灯上的储油杯，不能图省事采取喷灯对喷的方法或用炉火烘烤的方法进行预热，防止造成灯内的油类蒸气膨胀，使灯体爆破伤人或引起火灾。放气点火时，要慢慢地旋开手轮，防止放气太急将油带出起火。

4）喷灯作业时，火焰与加工件应注意保持适当的距离，防止高热反射造成灯体内气体膨胀而发生事故。

5）高处作业使用喷灯时，应在地面上点燃喷灯后将火焰调至最小，用绳子吊上去，不应携带点燃的喷灯攀高。作业点下面及周围不允许堆放可燃物，防止金属熔渣及火花掉落在可燃物上发生火灾。

6）在地下人井或地沟内使用喷灯时，应先进行通风，排除该场所内的易燃、可燃气体。严禁在地下人井或地沟内进行点火，应在距离人井或地沟 1.5~2m 以外的地面点火，然后用绳子将喷灯吊下去使用。

7）使用喷灯时，禁止与喷漆、木工等工序同时间、同部位上下交叉作业。

8）喷灯连续使用时间不宜过长，发现灯体发烫时应停止使用，并进行冷却，防止气体膨胀，发生爆炸引起火灾。

2. 喷灯作业现场的防火安全管理措施

实践证明，如不选择好安全用火的作业地点，不认真检查、清理作业现场的易燃、可燃物，不采取隔热、降温、熄灭火星、冷却熔珠等安全措施，喷灯作业现场极易造成人员伤亡和火灾事故。因此，喷灯作业现场务必要加强防火安全管理，落实防火措施：

1）作业开始前，要将作业现场下方和周围的易燃、可燃物清理干净，清除不了的易燃、可燃物，要采取浇湿、隔离等可靠的安全措施。作业结束时，要认真检查现场，在确无余热引起燃烧危险时，才能离开。

2）在相互连接的金属工件上使用喷灯烘烤时，要防止由于热传导作用，将靠近金属工件上的易燃、可燃物烤着引起火灾。喷灯火焰与带电导线的距离要求：10kV 及以下的 1.5m，20~35kV 的 3m，110kV 及以上的 5m，并应用石棉布等绝缘隔热材料将绝缘层、绝缘油等可燃物遮盖，防止烤着。

3）电话电缆常常需要干燥芯线，芯线干燥严禁用喷灯直接烘烤，应在蜡中去潮。熔蜡不应在工程车上进行，烘烤蜡锅的喷灯周围应设三面挡风板，控制温度不要过高。熔蜡时，容器内放入的蜡不要超过容积的 3/4，防止熔蜡渗漏，避免蜡液外溢遇火燃烧。

4）在易燃易爆场所或其他禁火的区域使用喷灯烘烤时，事先必须制订相应的防火、灭火方案，办理动火审批手续，未经批准不得动用喷灯烘烤。

5）作业现场要准备一定数量的灭火器材，以便一旦起火能及时扑灭。

3. 其他要求

1）使用喷灯的操作人员应经过专门训练，其他人员不应随便使用喷灯。

2）喷灯使用一段时间后应进行检查和保养。手动泵应保持清洁，不应有污物进入泵体内。手动泵内的活塞应经常加少量机油，保持润滑，防止活塞干燥碎裂。加油防爆盖上装有安全防爆器，在压力 600~800Pa 范围内能自动开启关闭，在一般情况下不应拆开，以防失效。

3）煤油和汽油喷灯应有明显的标志，煤油喷灯严禁使用汽油燃料。

4）使用后的喷灯应在冷却后将余气放掉，存放在安全地点，不应与废棉纱、手套、绳子等可燃物混放在一起。

14.5　施工现场灭火

14.5.1　灭火方法

燃烧必须具备三个基本条件，即有可燃物、助燃物和火源，这三个条件缺一不可。一切灭火措施都是为了破坏已经产生的燃烧条件，或使燃烧反应中的游离基中断而终止燃烧。根据物质燃烧原理和长期以来扑救火灾的实践经验，灭火的基本方法归纳起来有四种：窒息灭火法、冷却灭火法、隔离灭火法和抑制灭火法。

1. 窒息灭火法

窒息灭火法就是阻止空气流入燃烧区，或用不燃物质（气体）冲淡空气，使燃烧物质断绝氧气的助燃而使火熄灭。这种灭火方法仅适应于扑救比较密闭的房间、地下室和生产装置设备等部位发生的火灾。

在火场上运用窒息灭火法扑灭火灾时，可采用石棉布，浸湿的棉被、帆布、海草席等不燃或难燃材料覆盖燃烧物或封闭孔洞；用水蒸气、惰性气体（二氧化碳、氮气）充入燃烧区域内；利用建筑物原有的门、窗以及生产储运设备上的部件，封闭燃烧区，阻止新鲜空气流入，以降低燃烧区内氧气的含量，从而达到窒息燃烧的目的。此外，在万不得已且条件又允许的情况下，也可采用水淹没（灌注）的方法扑灭火灾。

采取窒息灭火法扑救火灾，必须注意以下几个问题：

1）在燃烧的部位较小，容易堵塞封闭，燃烧区域内没有氧化剂时，才能采用这种方法。

2）采取窒息灭火法灭火后，必须在确认火已熄灭时，方可打开孔洞进行检查。严防因过早地打开封闭的房间或生产装置的设备孔洞等，而使新鲜空气流入，造成复燃或爆炸。

3）采取惰性气体灭火时，一定要将大量的惰性气体充入燃烧区，以迅速降低空气中氧的含量，窒息灭火。

2. 冷却灭火法

冷却灭火法是灭火常用的方法，即将灭火剂直接喷洒在燃烧物体上，使可燃物质的温度降低到燃点以下，以终止燃烧。冷却灭火法主要是采取喷水或喷射二氧化碳等其他灭火剂，将燃烧物的温度降到燃点以下。灭火剂在灭火过程中不参与燃烧过程中的化学反应，属于物理灭火法。

在火场上，除了用冷却灭火法扑灭火灾外，在必要的情况下，可用冷却剂冷却建筑构件、生产装置、设备容器等，防止建筑结构变形造成更大的损失。

3. 隔离灭火法

隔离灭火法就是将燃烧物体与附近的可燃物质与火源隔离或疏散开，使燃烧失去可燃物质而停止。这种方法适用于扑救各种固体、液体和气体火灾。

采取隔离灭火的具体措施：将燃烧区附近的可燃、易燃易爆和助燃物质转移到安全地点；关闭阀门，阻止气体、液体流入燃烧区；设法阻拦流散的易燃、可燃液体或扩散的可燃气体；拆除与燃烧区相毗连的可燃建筑物，形成防止火势蔓延的间距。

4. 抑制灭火法

这种灭火方法是使灭火剂参与燃烧反应过程，使燃烧过程中产生的游离基消失，从而形成稳定分子或低活性的游离基，使燃烧反应停止。目前抑制灭火法常用的灭火剂有1211、1202、1301灭火剂。灭火时，一定要将足够数量的灭火剂准确地喷在燃烧区内，使灭火剂参与和阻断燃烧反应，否则将起不到抑制燃烧反应的作用，达不到灭火的目的。同时，还要采取必要的冷却降温措施，以防止复燃。

上述四种灭火方法所采取的具体灭火措施是多种多样的。在实际灭火中，应根据可燃物质的性质、燃烧特点和火场的具体条件，以及消防技术装备性能等情况，选择不同的灭火方法。有些火灾往往需要同时使用几种灭火方法，这就要注意掌握灭火时机，搞好协同配合，充分发挥各种灭火剂的效能，迅速有效地扑灭火灾。

14.5.2　灭火预案的制订

对于火灾危险性大，发生火灾后损失大、伤亡大、社会影响大和扑救困难的部位，都需要制订灭火预案。

1. 需要制订灭火预案的范围

1）易燃建筑密集的生活区、生产区。

2）易燃、可燃材料库，可燃材料的露天堆场。

3）乙炔站、氧气站、油料库、油漆调料间、配电室、木工房等。

4）采用易燃材料进行冬季保温或养护的工程部位。

5）模板、支柱等全部采用可燃材料的工程部位。

6）大面积支搭满堂脚手架（可燃材料）的工程部位。

7）大面积进行油漆、喷漆、脱漆施工的工程部位。

8）古建筑及重要建筑的维修工程。

9）采用高档装修和大面积使用可燃材料装修的工程部位。

2. 灭火预案的内容

灭火预案的内容主要有两个方面，即灭火预案对象的消防特点和扑救火灾的基本措施。具体内容应包括以下几点：

1）要确定灭火预案的重点部位的位置、周围的道路和通道，以及与毗邻部位的距离。

2）重点部位的平面布局，建筑结构特点，耐火等级，建筑（占地）面积和高度，生产、使用、储存物质的性质、数量或堆放形式。

3）可供灭火使用的水源，器材位置、种类和距离等。

4）疏散人员及抢救物资的方法和路线。

5）灭火所需的力量（义务消防人员数、保安人员数、警察人员数及能参加灭火的班组）及分工（应将参加灭火人员根据情况分成报警、警卫扑救、疏散抢救人员和物资等若干个组）。

6）灭火战斗中的注意事项。

7）与公安消防队的配合。

14.5.3　消防设施和器材

1. 一般规定

施工现场应设置灭火器、临时消防给水系统和临时消防应急照明等临时消防设施。

临时消防设施的设置应与在建工程的施工保持同步。对于房屋建筑工程，临时消防设施的设置与在建工程主体结构施工进度的差距不应超过 3 层。

在建工程可利用已具备使用条件的永久性消防设施作为临时消防设施。当永久性消防设施无法满足使用要求时，应增设临时消防设施，如灭火器、临时消防给水系统、应急照明。

施工现场的消火栓泵应采用专用消防配电线路。专用配电线路应自施工现场总配电箱的

257

总断路器上端接入，并应保持连续不间断供电。

地下工程的施工作业场所宜配备防毒面具。

临时消防给水系统的储水池、消火栓泵、室内消防竖管及水泵接合器等，应设置醒目标志。

2. 灭火器

灭火器是扑救初起火灾的重要消防器材。它轻便灵活，操作简单，可以有效地扑救各类工业与民用建筑的初起火灾。在建筑施工现场正确地选择灭火器的类型，确定灭火器的配置规格与数量，合理定位及设置灭火器，保证足够的灭火能力，并注意定期检查和维护灭火器，就能在被保护场所一旦着火时，迅速地用灭火器扑灭初起小火，减少火灾损失，保障人身和财产安全。

（1）灭火器配置场所 存在可燃的气体、液体、固体等物质的场所均是需要配置灭火器的场所。可燃材料存放、加工及使用场所，动火作业场所，易燃易爆危险品存放及使用场所，厨房操作间、锅炉房、发电机房、变配电房、设备用房、办公用房、宿舍等临时用房及其他具有火灾危险的场所，均应配置灭火器。

（2）灭火器配置类型 施工现场的某些场所既可能发生固体火灾，也可能发生液体、气体或电气火灾，因此，灭火器的类型应与配备场所可能发生的火灾类型相匹配。在实际选配灭火器时，应尽量选用能扑灭多类火灾的灭火器。

（3）灭火器的最低配置标准 灭火器的最低配置标准见表14-2。

表 14-2　灭火器的最低配置标准

项目	固体物质火灾		液体或可熔化固体物质火灾、气体火灾	
	单具灭火器最小灭火级别	单位灭火级别最大保护面积 /m²	单具灭火器最小灭火级别	单位灭火级别最大保护面积 /m²
易燃易爆危险品存放及使用场所	3A	50	89B	0.5
固定动火作业场所	3A	50	89B	0.5
临时动火作业点	2A	50	55B	0.5
可燃材料存放、加工及使用场所	2A	75	55B	1.0
厨房操作间、锅炉房	2A	75	55B	1.0
自备发电机房	2A	75	55B	1.0
变配电房	2A	75	55B	1.0
办公用房、宿舍	1A	100	—	—

注：表中 A 表示灭火器扑灭 A 类火灾的灭火级别的一个单位值，3A 组合表示该灭火器能扑灭 3A 等级（定量）的 A 类火试模型火（定性）；B 表示该灭火器扑灭 B 类火灾的灭火级别的一个单位值，也即灭火器扑灭 B 类火灾效能的基本单位，89B 组合表示该灭火器能扑灭 89B 等级（定量）的 B 类火试模型火（定性）。

（4）灭火器的配置位置与数量 灭火器的配置位置和数量需要根据配置场所的火灾种

类和危险等级，综合考虑灭火器的最低配置标准。灭火器的设置点个数，灭火器类型、规格与保护面积等，按《建筑灭火器配置设计规范》（GB 50140—2005）的有关规定经计算确定，且每个场所的灭火器数量不应少于2具。

灭火器的最大保护距离应符合表14-3的规定。

表 14-3　灭火器的最大保护距离　（单位：m）

灭火器的配置场所	固体物质火灾	液体或可熔化固体物质火灾、气体火灾
易燃易爆危险品存放及使用场所	15	9
固定动火作业场所	15	9
临时动火作业点	10	6
可燃材料存放、加工及使用场所	20	12
厨房操作间、锅炉房	20	12
发电机房、变配电房	20	12
办公用房、宿舍等	25	—

（5）施工现场灭火器的摆放要求

1）灭火器应摆放在明显和便于取用的地点，且不得影响安全疏散。

2）灭火器应摆放稳固，其铭牌必须朝外。

3）手提式灭火器应使用挂钩悬挂，或摆放在托架上、灭火箱内，其顶部离地面高度应小于1.5m，底部离地面高度宜大于0.15m。

4）灭火器不应摆放在潮湿或强腐蚀性的地点，必须摆放时，应采取相应的保护措施。

5）摆放在室外的灭火器应采取相应的保护措施。

6）灭火器不得摆放在超出其使用温度范围以外的地点，灭火器的使用温度范围应符合规范规定。

3. 应急照明

1）施工现场的下列场所应配备临时应急照明：

① 自备发电机房及变（配）电房。

② 水泵房。

③ 无天然采光的作业场所及疏散通道。

④ 高度超过100m的在建工程的室内疏散通道。

⑤ 发生火灾时仍需坚持工作的其他场所。

2）作业场所应急照明的照度值不应低于正常工作所需照度值的90%，疏散通道的照度值不应小于0.5lx。

3）临时消防应急照明灯具宜选用自备电源的应急照明灯具，自备电源的连续供电时间不应小于60min。

14.5.4　施工现场的消防给水

1. 施工现场消防给水系统

施工现场消防给水系统，在城市主要采用市政给水，在农村及边远地区采用地面水源

（江河、湖泊、储水池及海水）和地下水源（潜水、自流水、泉水）。无论采用何种消防给水，均应保证枯水期最低水位时供水的可靠性。施工现场消防给水系统可与施工、生活用水系统合并。

2. 施工现场消防给水管道

施工现场消防给水管道应布置成环状，应用阀门分成若干独立段，每段内消火栓的数量不宜超过 5 个。在布置有困难或施工现场消防用水量不超过 15L/s 时，可布置成枝状。消防给水管道的最小直径不应小于 100mm。

3. 施工现场的消火栓

施工现场的消火栓有地下消火栓和地上消火栓两种，地下消火栓有直径 100mm 和 65mm 栓口各一个，地上消火栓有一个直径 100mm 和两个直径 65mm 的栓口。施工现场消火栓的数量，应根据消火栓的保护半径（150m）及消火栓的间距（不超过 120m），确定其数量。施工现场内的任何部位必须在消火栓的保护范围以内。在市政消火栓保护半径内的施工现场，当施工现场消防用水量小于 15L/s 时，该施工现场可不再设置临时消火栓。消火栓应沿施工道路两旁设置。消火栓距道路路边不应大于 2m，距房屋或临时暂设外墙不应小于 5m，设地上消火栓距房屋外墙 5m 有困难时，可适当减小距离，但最小不应小于 1.5m。

4. 消防水池

凡储消防用水的水池均称为消防水池。施工现场没有消防给水管网或消防给水管网不能满足消防用水的水量和压力要求时，应设置消防水池储存消防用水。消防水池分为独立的消防水池，生活用水与消防用水合用的消防水池，施工用水与消防用水合用的消防水池，生活、施工用水与消防用水合用的消防水池。

消防水池的水一经动用，应尽快恢复，其补水时间不应超过 48h。

消防用水与生活、施工用水合用的消防水池，应有确保消防用水不作他用的技术措施。

消防水池的保护半径为 150m。消防水池与建筑之间的距离一般不应小于 15m（消防泵房除外）。在消防水池的周围应有消防车道。

5. 消防水泵

消防水泵的型号、规格应根据工程需要的消防用水量、水压进行确定，宜采用自灌式引水，并应保证在起火后 5min 内开始工作，确保不间断的动力供应。

消防水泵若采用双电源或双回路供电有困难时，也可采用一个电源供电，但应将消防系统的供电与生活、生产供电分开，确保其他用电因事故停止时消防水泵仍能正常运转。

消防水泵应设机械工人专门值班。

14.5.5 火灾扑救

施工现场灭火的目的是积极抢救人员，迅速消灭火灾，减少经济损失，有效地保卫职工人身和财产的安全。为达到这一目的，火场指挥员在指挥灭火战斗中，必须贯彻集中优势力量打歼灭战的指导思想；坚持先控制，后消灭的战术原则；运用堵截包围、重点突破、穿插分割、逐片消灭的战术。

1. 灭火行动的安全措施

发生火灾后要一面抢救，一面立即报火警，抢救与报火警同等重要。义务消防队或灭火人员到达火场时，指挥人员应根据火灾情况及灭火预案，迅速下达命令，义务消防队队员按照各自的分工，携带灭火工具迅速进入阵地，形成对火点进攻势态，及时扑救火灾或控制火势的蔓延扩大。在灭火行动中要注意以下几个方面：

1）正确地选择灭火器材和扑救方法。

2）在有电器设备的场所发生电器火灾，应先切断电源后，再进行扑救。

3）选择最近的道路铺设水带，拐弯处不应有直角，水带线路应保证不间断地供水。当火场用水量增加、超过水表的最大计量值时，应将常闭的水表跨越管闸阀开启，以免水表阻碍管道的过水能力，影响火灾扑救。

4）水枪手或扑救人员在深入火场内部时，应与外部保持联系。

5）在灭火车量不足或难以扑灭火灾时，应采取堵截包围的战术，减少燃烧区氧的含量，将火势控制在一定范围内，等待公安消防队到达和扑救。

6）火场上不要停留过多的人员，以免影响扑救或情况发生变化时不利于撤退和转移。

7）灭火人员与抢救、疏散人员要互相配合，必要时应用水枪为抢救、疏散人员掩护。

2. 火场救人

在火灾扑救中，要贯彻执行救人重于灭火的原则，尽早、尽快地将被困人员抢救出来。一般情况下，应根据实力，组织力量在火场上救人，同时布置一定力量扑救火灾。但在力量不足时，应以救人为第一行动。

所有的出入口、阳台、门窗、预留孔洞、脚手架及马道、提升架等均可作为抢救的通路。必要时可破拆砖墙和间隔墙等结构，作为抢救通路。

火场上救人的方法，要根据火势对人的威胁程度和被救者的状态来确定。对于神志清醒的人员，可指定通路，由他人指引，自行撤离危险区；对于在烟雾中迷失方向，或年老、行动不便的人员，则应引导并帮助他们撤退，必要时指派专人护送；对于已经失去知觉的人员，应将他们背抱、抢救出险区，需要穿越火焰区时，应先将被救者头部包好，用水流掩护。

3. 疏散物资

（1）必须疏散的物资

1）重要物资受火势直接威胁并无法保护时，特别是贵重设备、装修材料有被火烧毁的危险时，必须组织抢救和疏散。

2）受火势威胁的压力容器，易燃易爆液体及炸药等，必须进行疏散转移。

3）不能用水保护的物资如碳化钙（电石）等，在任何情况下，都必须组织搬移疏散。

4）当物资、设备接近火源，影响灭火行动时，必须进行搬移疏散。

5）堆放的物资，由于用水扑救而重力急剧增加，有引起楼板变形、塌落的危险时，为了减轻楼板负荷，应予以疏散。

（2）疏散物资的要求 疏散物资要有专人组织指挥，疏散人员要编成组，采取流水作业的方法组织搬运，使疏散工作安全而有秩序地进行。

1）先疏散受火、水、燃烧产物威胁最大的物资。必要时，应用水流掩护疏散物资的通路。

2）疏散出来的物资不得堵塞通路，从而影响灭火行动。堆放物资的地点应注意安全，防止受火、水、烟的威胁。一般应堆在上风方向和地势较高的地方，并派专人看护，防止物资丢失。

思 考 题

1. 施工现场的火灾因素及火灾隐患包括哪些?
2. 施工现场动火管理应满足哪些要求?
3. 建筑施工现场总平面布局防火包括哪些内容?
4. 施工现场临时用房防火要求包括哪些内容?
5. 施工现场要注意哪些重点工种的防火?
6. 常用的灭火器有哪些? 各类火灾应采用什么类型的灭火器?
7. 如何确定灭火器的配置场所和数量?
8. 施工现场消火栓的设置要求有哪些?
9. 施工现场灭火方法主要有哪些?

第15章 吊装工程施工安全技术

> **【本章主要内容】** 起重吊装作业安全技术；塔式起重机使用安全技术；施工升降机使用安全技术；物料提升机使用安全技术。
>
> **【本章重点、难点】** 起重吊装作业的一般安全规定；起重机械的安全规定；钢筋混凝土结构吊装；钢结构吊装；塔式起重机的安全保护装置；塔式起重机的安装与拆卸；塔式起重机的安全使用要求；施工升降机的安全保护装置；施工升降机的安装与拆卸；施工升降机的安全使用要求；物料提升机的稳定装置；物料提升机的安全保护装置；物料提升机的安装、拆除与验收；物料提升机的安全使用要求。

15.1 起重吊装作业安全技术

起重吊装作业是指使用起重设备将建筑结构构件或设备提升或移动至设计指定位置和标高，并按要求安装、固定的施工过程。起重吊装过程一般由绑扎、翻身、就位、起吊、对位、临时固定、永久固定等工作环节组成。

15.1.1 起重吊装作业的一般安全规定

1）必须编制吊装作业施工组织设计，并应充分考虑施工现场的环境、道路、架空电线等情况。作业前应进行技术交底；作业中，未经技术负责人批准，不得随意更改。

2）参加起重吊装的人员应经过严格培训，取得培训合格证后，方可上岗。

3）作业前，应检查起重吊装所使用的起重机滑轮、吊索、卡环和地锚等，应确保其完好，符合安全要求。

4）起重作业人员必须穿防滑鞋、戴安全帽，高处作业应系挂安全带，并应系挂可靠和严格遵守高挂低用。

5）吊装作业区四周应设置明显标志，严禁非操作人员入内。夜间施工必须有足够的照明。

6）起重设备通行的道路应平整、坚实。

7）登高梯子的上端应予固定，高空用的吊篮和临时工作台应绑扎牢靠。吊篮和工作台的脚手板应铺平绑牢，严禁出现探头板。吊移操作平台时，平台上面严禁站人。

8）绑扎所用的吊索、卡环、绳扣等的规格应按计算确定。

9）起吊前，应对起重机钢丝绳及连接部位和索具设备进行检查。

10）高空吊装屋架、梁和斜吊法吊装柱时，应于构件两端绑扎溜绳，由操作人员控制构件的平衡和稳定。

11）构件吊装和翻身扶直时的吊点必须符合设计规定。异形构件或无设计规定时，应经计算确定，并保证使构件起吊平稳。

12）安装所使用的螺栓、钢楔（或木楔）、钢垫板、垫木和焊条等的材质应符合设计要求的材质标准及国家现行标准的有关规定。

13）吊装大、重、新结构构件和采用新的吊装工艺时，应先进行试吊，确认无问题后，方可正式起吊。

14）大雨天、雾天、大雪天及六级以上大风天等恶劣天气应停止吊装作业。事后应及时清理冰雪并应采取防滑和防漏电措施。雨雪过后作业前，应先试吊，确认制动器灵敏可靠后方可进行作业。

15）吊起的构件应确保在起重机吊杆顶的正下方，严禁采用斜拉、斜吊，严禁起吊埋于地下或黏结在地面上的构件。

16）起重机靠近架空输电线路作业或在架空输电线路下行走时，必须与架空输电线始终保持不小于《施工现场临时用电安全技术规范》（JGJ 46—2005）规定的安全距离。当需要在小于规定的安全距离范围内进行作业时，必须采取严格的安全保护措施，并应经供电部门审查批准。

17）用双机抬吊时，宜选用同类型或性能相近的起重机，负载分配应合理，单机荷载不得超过额定起重量的80%。两机应协调起吊和就位，起吊的速度应平稳缓慢。

18）严禁超载吊装和起吊质量不明的重大构件和设备。

19）起吊过程中，在起重机行走、回转、俯仰吊臂、起落吊钩等动作前，起重司机应鸣声示意。一次只宜进行一个动作，待前一动作结束后，再进行下一动作。

20）开始起吊时，应先将构件吊离地面200~300mm后停止起吊，并检查起重机的稳定性、制动装置的可靠性、构件的平衡性和绑扎的牢固性等，待确认无误后，方可继续起吊。已吊起的构件不得长久停滞在空中。

21）严禁在吊起的构件上行走或站立，不得用起重机载运人员，不得在构件上堆放或悬挂零星物件。

22）起吊时不得忽快忽慢和突然制动。回转时动作应平稳，回转未停稳前不得做反向动作。

23）严禁在已吊起的构件下面或起重臂下旋转范围内作业或行走。

24）因故（天气、下班、停电等）对吊装中未形成空间稳定体系的部分，应采取有效的加固措施。

25）高处作业所使用的工具和零配件等，必须放在工具袋（盒）内，严防掉落，并严禁上下抛掷。

26）吊装中的焊接作业应选择合理的焊接工艺，避免发生过大的变形，冬季焊接应有焊前预热（包括焊条预热）措施，焊接时应有防风防水措施，焊后应有保温措施。

27）已安装好的结构构件，未经有关设计和技术部门批准不得用作受力支承点和在构件上随意凿洞开孔。不得在其上堆放超过设计荷载的施工荷载。

28）永久固定的连接，应经过严格检查，并确保无误后，方可拆除临时固定工具。

29）高处安装中的电、气焊作业，应严格采取安全防火措施，在作业处下面周围 10m 范围内不得有人。

30）对起吊物进行移动、吊升、停止、安装时的全过程应用旗语或通用手势信号进行指挥，信号不明不得启动，上下相互协调联系应采用对讲机。

15.1.2　起重机械的安全规定

1）凡新购、大修、改造以及长时间停用的起重机械，均应按有关规定进行技术检验，合格后方可使用。

2）起重机司机应持证上岗，严禁非驾驶人员驾驶、操作起重机。

3）起重机在每班开始作业时，应先试吊，确认制动器灵敏可靠后，方可进行作业。作业时不得擅自离岗和保养机车。

4）起重机的选择应符合下列规定：

① 起重机的型号应根据吊物情况及其安装施工要求确定。

② 起重机的主要性能参数（起重量、起重机臂杆的最小长度、起重半径）应符合规范规定。

5）自行式起重机的使用应符合下列规定：

① 起重机工作时的停放位置应与沟渠、基坑保持安全距离，且作业时不得停放在斜坡上进行。

② 作业前应将支腿全部伸出，并支垫牢固。调整支腿应在无荷载时进行，并将起重臂全部缩回转至正前或正后，方可调整。作业过程中发现支腿沉陷或其他不正常情况时，应立即放下吊物，进行调整后，方可继续作业。

③ 启动时应先将主离合器分离，待运转正常后再合上主离合器进行空载运转，确认正常后，方可开始作业。

④ 工作时起重臂的最大和最小仰角不得超过其额定值，如无相应资料时，最大仰角不得超过 78°，最小仰角不得小于 45°。

⑤ 起重机变幅应缓慢平稳，严禁猛起猛落。起重臂未停稳前，严禁变换挡位和同时进行两种动作。

⑥ 当起吊荷载达到或接近最大额定荷载时，严禁下落起重臂。

⑦ 汽车式起重机进行吊装作业时，行走驾驶室内不得有人，吊物不得超越驾驶室上方，并严禁带载行驶。

⑧ 伸缩式起重臂的伸缩，应符合下列规定：

a. 起重臂的伸缩，一般应于起吊前进行。当必须在起吊过程中伸缩时，起吊荷载不得大于其额定值的 50%。

b. 起重臂伸出后的上节起重臂长度不得大于下节起重臂长度，且起重臂的仰角不得小于总长度的相应规定值。

c. 在伸起重臂的同时，应相应下降吊钩，并必须满足动、定滑轮组间的最小规定距离。

⑨ 起重机制动器的制动鼓表面磨损达到 1.5~2.0mm 或制动带磨损超过原厚度 50% 时，应予更换。

⑩ 起重机的变幅指示器、力矩限制器和限位开关等安全保护装置，必须齐全完整、灵活可靠，严禁随意调整、拆除，或以限位装置代替操作机构。

⑪ 作业完毕或下班前，应按规定首先将操作杆置于空挡位置，起重臂全部缩回原位，转至顺风方向，并降至 40°~60°，收紧钢丝绳，挂好吊钩或将吊钩落地，然后将各制动器和保险装置固定，关闭发动机，驾驶室加锁后，方可离开。冬季还应将水箱、水套中的水放尽。

6）塔式起重机的使用应符合《塔式起重机安全规程》（GB 5144—2006）、《建筑施工塔式起重机安装、使用、拆卸安全技术规程》（JGJ 196—2010）及《建筑机械使用安全技术规程》（JGJ 33—2012）中的相关规定。

7）桅杆式起重机的使用应符合下列规定：

① 桅杆式起重机应按国家有关规范规定进行设计和制作，经严格的测试、试运转和技术鉴定合格后，方可投入使用。

② 安装起重机的地基、基础、缆风绳和地锚等设施，必须经计算确定。缆风绳与地面的夹角应为 30°~45°。缆风绳不得与供电线路接触，在靠近电线附近，应装设由绝缘材料制作的护线架。

③ 在整个吊装过程中，应派专人看守地锚。每进行一段工作后或大雨后，应对桅杆、缆风绳、索具、地锚和卷扬机等进行详细检查，发现有摆动、损坏等不正常情况时，应立即处理解决。

④ 桅杆式起重机移动时，其底座应垫以足够的承重枕木排和滚杠，并将起重臂收紧处于移动方向的前方，倾斜不得超过 10°，移动时桅杆不得向后倾斜，收放缆风绳应配合一致。

⑤ 卷扬机的设置与使用应符合下列规定：

a. 卷扬机的基础必须平稳牢固，并设有可靠的地锚进行锚固，严格防止发生倾覆和滑动。

b. 导向滑轮严禁使用开口拉板式滑轮。滑轮到卷筒中心的距离，对于带槽卷筒应大于卷筒宽度的 15 倍；对于无槽卷筒应大于 20 倍，并确保当钢丝绳处在卷筒中间位置时，应与卷筒的轴心线垂直。

c. 钢丝绳在卷筒上应逐圈靠紧，排列整齐，严禁互相错叠、离缝和挤压。钢丝绳缠满后，不得超出卷筒两端挡板。严禁在运转中用手或脚去拉、踩钢丝绳。

d. 在制动操纵杆的行程范围内不得有障碍物。作业过程中，操作人员不得离开卷扬机，并禁止人员跨越卷扬机钢丝绳。

15.1.3 钢筋混凝土结构吊装

1. 一般规定

1）构件的运输应符合下列规定：

① 运输前应对构件的质量和强度进行检查核定，合格后方可出厂运输。

② 长、重和特型构件运输应制定运输技术措施，并严格执行。

③ 运输道路应平整、坚实，有足够的宽度和转弯半径。公路运输构件的装运高度不得超过 4m，过隧道时的装运高度不得超过 3.8m。

④ 运输时，柱、梁板构件的混凝土强度不应低于设计值的 75%，桁架和薄壁构件或强度较小的细、长、大构件应达到 100%。后张法预应力构件的孔道灌浆强度应遵守设计规定，设计无规定时不应低于 $15N/mm^2$。

⑤ 构件运输时的受力情况应与设计一致，对"r"形等特型构件和平面不规则的梁板应分析确定支点。当受力状态不符合设计要求时，应对构件进行抗裂度验算，不足时应加固。

⑥ 高宽比较大的构件的运输，应采用支撑架、固定架、支撑或用倒链等予以固定，不得悬吊或堆放运输。支撑架应进行设计计算，保证稳定、可靠和装卸方便。

⑦ 大型构件采用半拖或平板车运输时，构件支撑处应设转向装置。

⑧ 运输时，各构件之间应用隔板或垫木隔开，上、下垫木应在同一垂线上，垫木应填塞紧密，且必须用钢丝绳及花篮螺栓将其连成一体拴牢于车厢上。

2）构件的堆放应符合下列规定：

① 构件堆放场地应平整压实，周围必须设排水沟。

② 构件应根据制作、吊装平面规划位置，按类型、编号、吊装顺序、方向依次配套堆放，避免二次倒运。

③ 构件应按设计支撑位置堆放平稳，底部应设置垫木。对不规则的柱、梁、板应专门分析确定支撑和加垫方法。

④ 屋架、薄腹梁等重心较高的构件，应直立放置，除设支撑垫木外，应于其两侧设置支撑使其稳定，支撑不得少于 2 道。

⑤ 重叠堆放的构件应采用垫木隔开，上、下垫木应在同一垂线上，其堆放高度应遵守以下规定：柱不宜超过 2 层；梁不宜超过 3 层；大型屋面板不宜超过 6 层；圆孔板不宜超过 8 层。堆垛间应留 2m 宽的通道。

⑥ 装配式大板应采用插放法或背靠法堆放，堆放架应经设计计算确定。

3）构件翻身应符合下列规定：

① 柱子翻身时，应确保本身能承受自重产生的正负弯矩值。其两端距端面 1/6~1/5 柱长处垫以方木或枕木垛。

② 屋架翻身时应验算抗裂度，不够时应予加固。当屋架高度超过 1.7m 时，应在表面加绑木、竹或钢管横杆增加屋架平面刚度，并于屋架两端设置方木或枕木垛，其上表面应与屋架底面齐平，且屋架间不得有黏结现象。翻身时，应做到一次扶直或将屋架转到与地面成 70° 后，方可制动。

4）构件拼装应符合下列规定：

① 采用平拼时，应防止在翻身过程中发生损坏和变形；采用立拼时，必须要有可靠的稳定措施。大跨度构件进行高空立拼时，必须搭设带操作台的拼装支架。

② 组合屋架采用立拼时，应在拼架上设置安全挡木。

5）吊点设置和构件绑扎应符合下列规定：

① 当构件无设计吊钩（点）时，应通过计算确定绑扎点的位置。绑扎的方法应保证可靠和摘钩简便安全。

② 绑扎竖直吊升的构件时，应符合下列规定：

a. 绑扎点位置应稍高于构件重心。有牛腿的柱应绑在牛腿以下；工字形断面应绑在矩形断面处，否则应用方木加固翼缘；双肢柱应绑在平腹杆上。

b. 在柱子不翻身或不会产生裂缝时，可用斜吊绑扎法，否则应用直吊绑扎法。

c. 天窗架宜采用四点绑扎。

③ 绑扎水平吊升的构件时，应符合下列规定：

a. 绑扎点应按设计规定设置。无规定时，一般应在距构件两端 1/6~1/5 构件全长处进行对称绑扎。

b. 各支吊索内力的合力作用点（或称绑扎中心）必须处在构件重心上。

c. 屋架绑扎点宜在节点上或靠近节点。

d. 预应力混凝土圆孔板用兜索时，应对称设置，且与板的夹角必须大于 60°。

④ 绑扎应平稳、牢固，绑扎钢丝绳与物体的水平夹角应为：构件起吊时不得小于 45°；扶直时不得小于 60°。

6）构件起吊前，其强度必须符合设计规定，并应将其上的模板、灰浆残渣、垃圾碎块等全部清除干净。

7）楼板、屋面板吊装后，对相互间或其上留有的空隙和洞口，应按《建筑施工高处作业安全技术规范》（JGJ 80—2016）的规定设置盖板或围护。

8）多跨单层厂房宜先吊主跨，后吊辅助跨；先吊高跨，后吊低跨。多层厂房应先吊中间，后吊两侧，再吊角部，且必须对称进行。

9）作业前应清除吊装范围内的一切障碍物。

2. 单层工业厂房结构吊装

1）柱的吊装应符合下列规定：

① 柱的起吊方法应符合施工组织设计规定。

② 柱就位后，必须将柱底落实，每个柱面用不少于两个钢楔楔紧，但严禁将楔子重叠放置。初步校正垂直后，打紧楔子进行临时固定。对重型柱或细长柱以及多风或风大地区，在柱子上部应采取稳妥的临时固定措施，确认牢固可靠后，方可指挥脱钩。

③ 校正柱时，严禁将楔子拔出，在校正好一个方向后，应稍打紧两面相对的四个楔子，方可校正另一个方向。待完全校正好后，除将所有楔子按规定打紧外，柱底脚与杯底四周每边应用不少于两块的硬石块将柱脚卡死。采用缆风绳或斜撑校正的柱子，必须在杯口第二次浇筑的混凝土强度达到设计强度的 75% 时，方可拆除缆风绳或斜撑。

④ 杯口内应采用强度高一级的细石混凝土浇筑固定。采用木楔或钢楔作临时固定时，应分两次浇筑，第一次灌至楔子下端，待达到设计强度的 30% 以上，方可拔出楔子，再二次浇筑至基础顶；当使用混凝土楔子时，可一次浇筑至基础顶面。混凝土强度应做试块检验，冬期施工时，应采取冬期施工措施。

2）梁的吊装应符合下列规定：

① 梁的吊装应在柱永久固定和柱间支撑安装后进行。吊车梁的吊装，必须在基础杯口二次浇筑的混凝土达到设计强度的 25% 以上，方可进行。

② 重型吊车梁应边吊边校，然后进行统一校正。

③ 梁高和底宽之比大于4时，应采用支撑撑牢或用钢丝将梁捆于稳定的构件上后，方可摘钩。

④ 吊车梁的校正应在梁吊装完，也可在屋面构件校正并最后固定后进行。校正完毕后，应立即焊接固定。

3）屋架吊装应符合下列规定：

① 进行屋架或屋面梁垂直度校正时，在跨中，校正人员应沿屋架上弦绑设的栏杆行走（采用固定校正支杆在上弦可不设栏杆）；在两端，应站在悬挂于柱顶上的吊栏上进行，严禁站在柱顶操作。垂直度校正完毕并予以可靠固定后，方可摘钩。

② 吊装第一榀屋架（无抗风柱或未安装抗风柱）和天窗架时，应在其上弦杆拴缆风绳作临时固定。缆风绳应采用两侧布置，每边不得少于两根。当跨度大于18m时，宜增加缆风绳数量。

4）天窗架与屋面板分别吊装时，天窗架应在该榀屋架上的屋面板吊装完毕后进行，并经临时固定和校正后，方可脱钩焊接固定。

5）永久性的接头固定：当采用螺栓时，应在拧紧后随即将丝扣破坏或将螺母与垫板、螺母与丝扣焊牢；当采用电焊时，应在两端的两面相对同时进行；冬季应有预热和防止降温过快的措施。

6）屋架和天窗架上的屋面板吊装，应从两边向屋脊对称进行，且不得用撬杠沿板的纵向撬动。就位后应用铁片垫实脱钩，并立即电焊固定。

7）托架吊装就位校正后，应立即支模浇灌接头混凝土进行固定。

8）支撑系统应先安装垂直支撑，后安装水平支撑；先安装中部支撑，后安装两端支撑，并与屋架、天窗架和屋面板的吊装交替进行。

3. 多层框架结构吊装

（1）框架柱吊装应符合的规定

1）上节柱的安装应在下节柱的梁和柱间支撑安装焊接完毕、下节柱接头混凝土达到设计强度的75%以上后，方可进行。

2）多机抬吊多层H形框架柱时，递送作业的起重机必须使用横吊梁起吊。

3）柱就位后应随即进行临时固定和校正。榫式接头的应对称施焊四角钢筋接头后方可松钩；钢板接头各边分层对称施焊2/3的长度后方可脱钩；H形柱则应对称焊好四角钢筋后方可脱钩。

4）重型或较长柱的临时固定，应采用在柱间加设水平管式支撑或设缆风绳。

5）吊装中用于保护接头钢筋的钢管或垫木应捆扎牢固，严防高空散落。

（2）楼层梁的吊装应符合的规定

1）吊装明牛腿式接头的楼层梁时，必须在梁端和柱牛腿上预埋的钢板焊接后方可脱钩。

2）吊装齿槽式接头的楼层梁时，必须将梁端的上部接头焊好两根后方可脱钩。

（3）楼层板的吊装应符合的规定

1）吊装两块以上的双T形板时，应将每块的吊索直接挂在起重机吊钩上。

2）板重在5kN以下的小型空心板或槽形板，可采用平吊或兜吊，但板的两端必须保

269

证水平。

3）吊装楼层板时，严禁采用叠压式，并严禁在板上站人或放置小车等重物或工具。

4. 装配式大板结构吊装

1）吊装大板时，宜从中间开始向两端进行，并应按先横墙后纵墙，先内墙后外墙，最后隔断墙的顺序逐间封闭吊装。

2）吊装时必须保证坐浆密实均匀。

3）采用横吊梁或吊索时，起吊应垂直平稳，吊索与水平线的夹角不宜小于 60°。

4）大板宜随吊随校正。就位后偏差过大时，应将大板重新吊起就位。

5）外墙板应在焊接固定后方可脱钩，内墙和隔墙板可在临时固定可靠后脱钩。

6）校正完后，应立即焊接预埋筋，待同一层墙板吊装和校正完后，应随即浇筑墙板之间的立缝做最后固定。

7）圈梁混凝土强度必须达到 75% 以上，方可吊装楼层板。

5. 框架挂板及工业建筑墙板吊装

（1）框架挂板吊装应符合的规定

1）挂板的运输和吊装不得用钢丝绳兜吊，并严禁用钢丝捆扎。

2）挂板吊装就位后，应与主体结构（如柱、梁或墙等）临时或永久固定后方可脱钩。

（2）工业建筑墙板吊装应符合的规定

1）各种规格墙板均必须具有出厂合格证。

2）吊装时应预埋吊环，立吊时应有预留孔。无吊环和预留孔时，吊索捆绑点距板端应不大于 1/5 板长。吊索与水平面夹角应不小于 60°。

3）就位和校正后必须做可靠的临时固定或永久固定后方可脱钩。

15.1.4 钢结构吊装

1. 一般规定

1）钢构件必须具有制造厂出厂产品质量检查报告，结构安装单位应根据构件性质分类进行复检。

2）预检钢构件的计量标准、计量工具和质量标准必须统一。

3）钢构件应按照规定的吊装顺序配套供应，装卸时，装卸机械不得靠近基坑行走。

4）钢构件的堆放场地应平整干燥，构件应放平、放稳，并避免变形。

5）柱底灌浆应在柱校正完或底层第一节钢框架校正完并紧固完地脚螺栓后进行。

6）作业前应检查操作平台、脚手架和防风设施，确保使用安全。

7）雨雪天和风速超过 5m/s（气保焊为 2m/s）而未采取措施者不得焊接。气温低于 -10℃时，焊接后应采取保温措施。重要部位焊缝（柱节点、框架梁受拉翼缘等）应用超声波检查，其余一般部位应用超声波抽检或磁粉探伤。

8）柱、梁安装完毕后，在未设置浇筑楼板用的压型钢板时，必须在钢梁上铺设适量吊装和接头连接作业用的带扶手的走道板。

9）钢结构框架吊装时，必须设置安全网。

10）吊装程序必须符合施工组织设计的规定。缆风绳或溜绳的设置应明确，对不规则构件的吊装，其吊点位置、捆绑、安装、校正和固定方法应明确。

2. 单层钢结构厂房吊装

1）钢柱吊装应符合下列规定：

① 钢柱起吊至柱脚离地脚螺栓或杯口 300~400mm 后，应对准螺栓或杯口缓慢就位，经初校后立即拧紧螺栓或打紧木楔（拉紧缆风绳）进行临时固定后方可脱钩。

② 柱子校正后，必须立即紧固地脚螺栓和将承重垫板点焊固定，并应随即对柱脚进行永久固定。

2）吊车梁吊装应符合下列规定：

① 吊车梁吊装应在钢柱固定后、混凝土强度达到 75% 以上和柱间支撑安装完后进行。吊车梁的校正应在屋盖吊装完成并固定后方可进行。

② 吊车梁支撑面下的空隙应用楔形铁片塞紧，必须确保支撑紧贴面不小于70%。

3）钢屋架吊装应符合下列规定：

① 应根据确定的绑扎点对钢屋架的吊装进行验算，确保吊装的稳定性要求，否则必须进行临时加固。

② 屋架吊装就位后，应经校正和可靠的临时固定后方可摘钩。

③ 屋架永久固定应采用螺栓、高强螺栓或电焊焊接固定。

4）天窗架宜采用预先与屋架拼装的方法进行一次吊装。

3. 高层钢结构吊装

1）钢柱吊装应符合下列规定：

① 安装前，应在钢柱上将登高扶梯和操作挂篮或平台等临时固定好。

② 起吊时，柱根部不得着地拖拉。

③ 吊装应垂直，吊点宜设于柱顶。吊装时严禁碰撞已安装好的构件。

④ 就位时必须待临时固定可靠后方可脱钩。

2）框架钢梁吊装应符合下列规定：

① 吊装前应按规定装好扶手杆和扶手安全绳。

② 吊装应采用二点吊，水平桁架的吊点位置，必须保证起吊后保持水平，并加设安全绳。

③ 梁校正完毕，应及时用高强螺栓临时固定。

3）剪力墙板吊装应符合下列规定：

① 当先吊装框架后吊装墙板时，临时搁置时必须采取可靠的支撑措施。

② 墙板与上部框架梁组合后吊装时，就位后应立即进行左右和底部的连接。

4）框架的整体校正，应在主要流水区段吊装完成后进行。

5）高层钢结构框架节点的连接应符合下列规定：

① 高强螺栓连接。

a. 高强螺栓的规格、材质、保管、发料应符合规定，有锈蚀和螺纹损坏者不得使用。

b. 同一节点的螺栓穿孔方向必须一致，螺栓与连接板的接触面之间应保证平整。

c. 摩擦面不得有锈蚀、污物、油脂、油漆等，否则应按规定进行清除处理。安装时，构件的摩擦面应保持干燥，不得在雨中作业。孔眼必须对准，错孔应按规定扩孔，严禁锤击穿孔。

d. 高强螺栓装上后，应立即按规定顺序和扭矩进行初拧。终拧应采用终拧电动扳手或长柄测力扳手，按规定终拧扭矩进行紧固。

e. 终拧后的螺栓应按（GNJ-205）检验，且宜尽快进行。

② 焊接连接。

a. 焊接应在框架流水段校正和高强螺栓紧固后进行。

b. 焊接前的坡口必须全部符合标准要求，坡口焊应采用垫板和引弧焊板。

c. 当焊接母材厚度不大于30mm时，可采用焊条电弧焊；当大于30mm或在高层和超高层作业时，宜采用半自动焊焊接。

d. 焊接的母材应按规定的温度和范围进行预热，未达到规定的最低预热温度时严禁焊接。

e. 柱节点和柱梁节点应采用人工对称焊，电流、焊条直径和焊接速度应力求相同。

f. 焊接施焊宜连续操作一次完成。大于4h焊接量的焊接，必须完成2/3以上方可停焊。间隙焊缝在焊接过程中不得停焊。

4. 轻型钢结构吊装

1）轻型钢结构的组装应在坚实平整的拼装台上进行。组装接头的连接板必须平整。

2）焊接宜用小直径焊条（2.5~3.5mm）和较小电流进行，严禁咬肉和焊透等缺陷发生。焊接时应采取防变形措施。

3）屋盖系统吊装应按屋架→屋架垂直支撑→檩条、檩条拉条→屋架间水平支撑→轻型屋面板的顺序进行。

4）吊装时，檩条的拉杆应预先张紧，屋架上弦水平支撑应在屋架与檩条安装完毕后拉紧。

5）屋盖系统构件安装完后，应对全部焊缝接头进行检查，对点焊和漏焊的进行补焊或修正后，方可安装轻型屋面板。

15.1.5 建筑设备安装

1. 一般规定

1）安装设备宜优先选用汽车式起重机或履带式起重机进行吊装。吊装时，起重设备的回转范围内禁止人员停留，起吊的构件严禁在空中长时间停留。

2）用滚动法装卸、安装建筑设备时，应符合下列规定：

① 滚杠的粗细应一致，长度应比托排宽度长500mm以上，严禁戴手套填塞滚杠。

② 滚道的搭设应平整、坚实，接头错开。装卸车滚道的坡度不得大于20°。

③ 滚动的速度不宜太大，必要时应设溜绳。

3）用拔杆吊装建筑设备时，应符合下列规定：

① 多台卷扬机联合操作时，各卷扬机的牵引速度宜相同。

② 建筑设备各吊点的受力宜均匀。

4）采用旋转法或扳倒法安装建筑设备时，应符合下列规定：

① 设备底部应安装具有抵抗起吊过程中水平推力的铰腕，在建筑设备的左右应设溜绳。

② 回转和就位应平缓。

5）在架体或建筑物上安装建筑设备时，应符合下列规定：

① 强度和稳定性应满足安装和使用要求。

② 设备安装定位后，应及时按要求进行连接紧固或焊接，完毕之后方可摘钩。

2. 龙门架安装、拆除

1）基础应高出地面并做好排水措施。

2）分件安装时，应符合下列规定：

① 用预埋螺栓将底座固定在基础上，找平、找正后，把吊篮置于底板中央。

② 安装立柱底节，应两边交错进行，且每安装两个标准节（不大于 8m）必须做临时固定，并按规定安装和固定附墙架或缆风绳。

③ 严格注意导轨的垂直度，任何方向允许偏差均不超过 10mm，并注意在导轨相接处不得出现折线和过大间隙。

④ 安装至预定高度后，应及时安装天梁和各项制动、限速保险装置。

3）整体安装时，应符合下列规定：

① 整体搬起前，应对两立柱及架体做检查，如原设计不能满足起吊要求则不能起吊。

② 吊装前应于架体顶部系好缆风绳和各种防护装置。

③ 吊点应符合原设计图规定要求，起吊过程中应注意观察立柱弯曲变形情况。

④ 起吊就位后应初步校正垂直度，并紧固地脚螺栓、缆风绳或安装固定附墙架，经检查无误后，方可摘除吊钩。

4）应按规定要求安装固定卷扬机。

5）应严格执行拆除方案，采用分节或整体拆除方法进行拆除。

15.2　塔式起重机使用安全技术

15.2.1　塔式起重机概述

塔式起重机简称塔机，是一种塔身竖立、起重臂回转的起重机。塔式起重机具有提升回转、水平输送（通过滑轮车移动和臂杆仰俯）等功能，不仅是重要的吊装设备，而且是重要的垂直运输设备，用其垂直和水平吊运长、大、重的物料的能力仍为其他垂直运输设备（施）所不及。起重杆位于塔身顶部，起重高度和回转半径都较大，特别适用于多层、高层、超高层的工业及民用建筑的施工。塔式起重机主要为建筑结构和工业设备安装、吊运建筑材料和建筑构件，一般用于垂直运输和施工现场内的短距离水平运输。但塔式起重机的安装和拆卸比较麻烦，人力和费用消耗较大。

由于高层建筑发展的需要，塔式起重机的性能也在不断改进。近年来出现了多种塔式起重机，在施工现场常见的一般有以下几种：

1. 自升式塔式起重机

这种起重机装拆方便、安全，依靠自身工作机构升降塔身，可随建筑物的升高而升高，同时不需要埋设地锚，不需要与其他起重机械配合，占用施工场地小、花费时间少、装拆费用低，特别适用于高层和超高层建筑的施工。根据升高方式的不同往往又分为附着式和内爬式两种。

2. 轨道式塔式起重机

这种起重机本身具有运行装置，可以自由行走，使用灵活，活动范围大。常见的有桥式起重机、履带式起重机、轮胎式起重机、汽车式起重机。

3. 旋转式塔式起重机

按旋转方式不同，旋转式塔式起重机可分为上旋式和下旋式两种。上旋式塔式起重机塔身不旋转，而是通过支撑装置安装在塔顶上的旋转塔（由起重臂、平衡臂、塔帽等组成）旋转，这类起重机结构简单、安装方便，覆盖范围大，可以在360°范围内自由旋转，如图15-1所示。

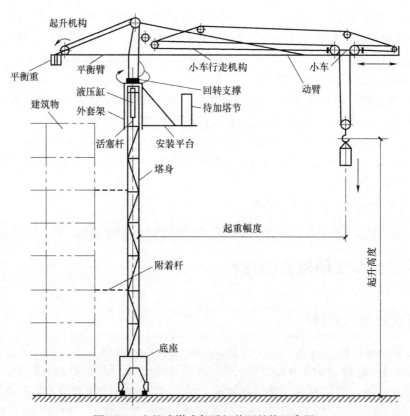

图 15-1 上旋式塔式起重机外形结构示意图

下旋式塔式起重机是指自塔身以上部分整体随支撑装置旋转，在弯矩的作用下，塔身构件各部同时受力，并且受力方向不变。由于平衡重放在塔身下部的平台上，所以重心位置较低，增加了稳定性；又由于大部分机构均安装在塔身下部的平台上，因此维修方便。但是由于平台低，为保证回转安全，起重机与建筑物必须保持一定的距离，从而减小了覆盖面积，如图15-2所示。

4. 爬升式塔式起重机

爬升式塔式起重机是指安装在建筑物内部的结构上，借助于套架托梁和爬升系统自动爬升的起重机，主要用于高层及超高层建筑的施工。

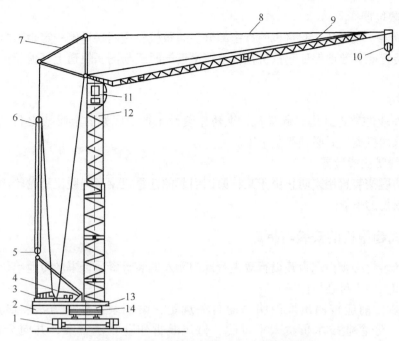

图 15-2　下旋式塔式起重机外形结构示意图

1—底架及行走机构　2—压重　3—架设及变幅机构　4—起升机构　5—变幅定滑轮组
6—变幅动滑轮组　7—塔顶撑架　8—臂架拉绳　9—起重臂　10—吊钩滑轮
11—司机室　12—塔身　13—转台　14—回转支撑装置

15.2.2　塔式起重机的安全保护装置

1. 起重力矩限制器

起重力矩限制器的主要作用是避免塔式起重机由于超载而引起塔式起重机的倾覆或折臂等恶性事故，当吊重力矩超过额定起重力矩时，起重力矩限制器便自动切断起升和幅度增大方向的动力源。起重力矩限制器一般分为机械式和电子式两大类，经常安装在塔帽、起重臂根部等部位。

2. 起重量限制器

起重量限制器的作用是防止塔式起重机的吊物质量超过额定起重量，从而避免发生机械损坏事故。当起吊质量超过额定起重量时，起重量限制器便自动切断起升动力源。起重量限制器通常分为电子式和机械式两种。

3. 高度限位器

高度限位器是装在起重臂尖端的防止过卷扬的限位装置，在吊钩接触到起重臂头部或下降到最低点以前，能使起升机构自动断电并停止工作。高度限位器常用的两种形式：一种是安装在起重臂端头附近；另一种是安装在起升卷筒附近。

4. 幅度限位器

幅度限位器是用来限制起重臂在俯仰时不超过极限位置的装置。当起重臂俯仰到一定限度之前能发出警报，当达到限定位置时则自动切断电源。

5. 行程限位器

行程限位器一般安装在起重机的行走部分。起重机轨道两端里侧一定距离内装有限位止挡装置，该装置能有效地保证起重机在行至轨道近端时或与同一轨道上其他起重机靠近时能自动安全停车。

6. 夹轨钳

对露天作业的轨道式塔式起重机，夹轨钳装设于行走底架的金属结构上，用来夹紧钢轨，一般要求司机离机后必须将其卡牢。

7. 钢丝绳防脱槽装置

钢丝绳防脱槽装置用来防止由于某种原因引起的起重机钢丝绳脱出滑轮轮槽从而造成钢丝绳卡死或损伤的事故。

15.2.3 塔式起重机的安装与拆卸

起重机的装拆必须由取得建设行政主管部门颁发的装拆资质证书的专业单位进行，作业时应由技术和安全人员在场监护。

起重机装拆前应按照出厂说明书的有关规定，编制装拆作业方法、质量要求和安全技术措施，经企业技术负责人审批后，做出装拆作业技术方案，并向全体作业人员交底。编制装拆工艺的主要依据是国家有关塔式起重机的技术标准、规范和规程，包括塔式起重机的使用、装拆说明书，整机、部件的装配图，电气原理及接线图等技术资料。

1. 塔式起重机的基础

固定式塔式起重机的基础是保证塔式起重机安全的必要条件，它承载塔式起重机的自重荷载、运行荷载及风荷载。基础设计及施工时，要考虑：一是基础所在地基的承载力能否达到设计要求，是否需要进行地基处理；二是基础的自重、配筋、混凝土强度等级等是否满足相应型号塔式起重机的技术指标。

塔式起重机基础有钢筋混凝土基础和锚桩基础两种，前者主要用于地基为砂石、黏性土和人工填土的地基条件，后者主要用于岩石地基条件。基础的形式和大小应根据施工现场土质差异而定。基础分为整体式和分块式（锚桩）两种，仅在坚岩石地基条件下才允许使用分块地基，土质地基必须采用整体式基础。基础的表面平整度应小于 1/750。混凝土基础整体浇筑前，要先把塔式起重机的底盘安装在基础表面，即基础钢筋网片绑扎完成后，在网片上找好基础中心线，按要求的位置摆放底盘并预埋 M36 地脚螺栓，螺栓强度等级为 8.8 级，其预紧力矩必须达到 1.8kN·m。预埋螺栓固定后，丝头部分用软塑料包扎，以免浇筑混凝土时被污染。浇筑混凝土时，随时检查地脚螺栓位置情况（由于地脚螺栓为特殊材料，禁止用焊接方法固定），螺栓底部圆环内穿直径 22mm、长 1000mm 的圆钢加强。底盘上表面水平度误差不大于 1mm，同时设置可靠的接地装置，接地电阻不大于 4Ω。

2. 安装前的准备工作

1）检查轨道基础是否符合技术要求，混凝土强度等级不应低于 C35，基础表面平整度偏差应小于 1/1000，埋设件的位置、标高和垂直度及施工工艺应符合出厂说明书要求。还要检查在纵横方向上钢轨顶面的倾斜度是否大于 1/1000，钢轨接头间隙是否大于 4mm，错开距离是否小于 1.5m，接头处是否架在轨枕上，两轨顶高度差是否大于 2mm，鱼尾板连接螺栓是否紧固，垫板是否固定牢靠。

2）对所拆装的塔式起重机的各机构、各部位、结构焊缝、重要部位螺栓、销轴、卷扬机构和钢丝绳、吊钩、吊具以及电气设备、线路等进行检查。

3）对自升式塔式起重机的顶升液压系统的液压缸、油管、顶升套架结构、导向轮、挂靴爬爪等进行检查，发现问题及时处理。

4）对装拆人员所使用的工具、安全带、安全帽等进行全面检查，不合格的应立即更换。

5）检查装拆作业中配备的起重机、运输汽车等辅助机械是否性能良好，技术要求是否能保证装拆作业的需要。

6）检查作业现场的供电线路、作业场地、运输道路等是否已具备装拆作业条件。

7）安全监督岗的设置及有关安全技术措施应符合要求。

8）装拆人员在进入工作现场时应正确穿戴安全防护用品，高处作业时应系好安全带，熟悉并认真执行装拆工艺和操作规程。

3. 装拆作业的安全技术

1）塔式起重机的装拆作业应在白天进行，不得在大风、浓雾和雨雪等恶劣天气时作业。

2）在装拆上回转、小车变幅的起重臂时应根据出厂说明书的装拆要求进行，并应保持起重机的平衡。连接螺栓时应采用扭矩扳手，并应按装配技术要求拧紧。

3）采用高强螺栓连接的结构应使用原厂制造的连接螺栓，自制螺栓则应有质量合格的试验证明。

4）在进行部件安装前，必须对部件各部分的完好情况、连接情况和钢丝绳穿绕情况、电气线路等进行全面检查。

5）在装拆作业过程中，如突然发生停电、机械故障、天气剧变等情况且短时间不能继续作业时，必须使起重机已安装、拆卸的部位达到稳定状态并锁固牢靠，经过检查确认后，方可停止作业。

6）拆除因损坏或其他原因而不能用正常方法拆卸的起重机时，必须按照技术部门批准的安全拆卸方案进行。

7）在安装起重机时，必须将大车行走缓冲止挡装置和限位器开关安装得牢固可靠，并将各部位的栏杆、平台、护链、扶杆、护圈等安全防护装置装好。

8）在安装过程中必须分阶段进行技术检验。整机安装完毕后应进行整机技术检验和调整，各机构动作时应正确平稳、无异响，制动应可靠，各安全装置应灵敏有效。

9）塔式起重机回转半径以外 6~10m 范围内不得有高低压线路。

4. 顶升作业的安全技术

1）顶升作业应在白天进行，遇特殊情况需在夜间作业时应有充分的照明。

2）顶升前应调整好顶升套架滚轮与塔身标准节之间的间隙，使起重臂和平衡臂处于平衡状态，并将回转部分制动。顶升过程中如发现故障必须立即停止顶升作业并进行检查。液压系统应空载运转，排净系统内的空气，并检查液压顶升系统各部件的连接情况，调整好顶升套架导向滚轮与塔身之间的间隙。

3）顶升作业必须在专人指挥下操作，并由专人照看电源和专人装拆螺栓，非作业人员不得登上顶升套架的操作台，操作室内只准1人操作，且要严格听从信号指挥。

4）风力在4级以上时不得进行顶升作业。如在作业过程中风力突然加大到4级，必须立即停止作业，并使上下塔身连接牢固。

5）顶升完毕后，各连接螺栓应按规定的扭矩紧固，液压系统的左右操纵杆要回到中间位置，并应切断液压顶升机构的电源。

6）顶升过程中，严禁旋转起重臂、开动小车或吊钩上下运动。

5. 附着锚固作业的安全技术

1）起重机附着的建筑物，其锚固点的受力强度必须经过验算，使之能满足塔式起重机在工作状态或非工作状态下的荷载，附着杆系的布置方式、相互间距、附着距离等应按出厂说明书的规定执行，有变动时应另行设计。

2）在装设附着框架和附着杆件时，应采用经纬仪测量塔身垂直度，并用附着杆件进行调整，附着杆件的倾斜角度不得超出10°，以保证塔身的垂直度。

3）附着框架应尽可能设置在塔身标准节的节点连接处以箍紧塔身，塔架对角处还应设斜撑加固。

4）随着塔身的顶升接高到规定的锚固间距时，应及时增设与建筑物的锚固装置。附着装置以上的塔身自由端高度应符合出厂说明书的规定。

5）拆卸塔式起重机时，应随塔身降落的进程拆除相应的附着锚固装置。严禁在落塔之前先拆除所有的锚固装置。

6）遇有6级及以上大风时，禁止安装或拆除附着锚固装置。

7）附着装置的安装、拆卸、检查及调整均应有专人负责，工作时应系安全带和戴安全帽，并遵守高处作业安全操作规程的有关规定。

6. 内爬升作业的安全技术

1）内爬升作业应在白天进行，风力超过5级时应停止作业。

2）爬升作业时，应加强上部楼层与下部楼层之间的联系及机上与机下之间的联系，遇有故障及异常情况应立即停机检查，故障未经排除不得继续爬升。

3）爬升过程中，禁止进行起重机的起升、回转、变幅等各项动作。

4）起重机爬升到指定楼层后，应立即拔出塔身底座的支撑梁和支腿，通过爬升框架将其固定在楼板上，同时要顶紧导向装置或用楔块塞紧，使起重机能承受垂直荷载和水平荷载。

5）内爬升塔式起重机的固定间隔一般不得小于3个楼层。

6）对有固定爬升框架的楼层，在楼板下面应增设支柱做临时加固。搁置起重机底座支撑梁的楼层下方的两层楼板，也应设置支柱做临时加固。

7）每次爬升完毕后，楼板上遗留下来的开孔必须立即用钢筋混凝土封闭。

8）起重机完成内爬升作业后，应检查爬升框架是否已固定好，底座支撑梁是否紧固，楼板临时支撑是否稳固等，确认可靠后方可进行吊装作业。

15.2.4 塔式起重机的安全使用要求

塔式起重机的安全技术要点如下：

1）塔式起重机的轨道基础和混凝土基础必须经过设计验算，验收合格后方可使用。基础周围应修筑边坡和排水设施，并与基坑保持一定的安全距离。

2）塔式起重机的装拆必须配备下列人员：持有安全生产考核合格证书的项目负责人和安全负责人、机械管理人员，具有建筑施工特种作业操作资格证书的建筑起重机械安装拆卸工、起重司机、起重信号工、司索工等特殊作业操作人员。

3）装拆人员应穿戴安全保护用品，高处作业时应系好安全带，熟悉并认真执行装拆工艺和操作规程。

4）顶升前必须检查液压顶升系统各部件连接情况。顶升时，严禁回转臂杆和其他作业。

5）塔式起重机安装后，应进行整体技术检验和调整，经分阶段及整机检验合格后，方可交付使用。在无荷载情况下，塔身与地面的垂直度偏差不得超过 1/250。

6）塔式起重机的金属结构、轨道及所有电气设备的可靠外壳都应有可靠的接地装置，接地电阻不应大于 4Ω，并设立避雷装置。

7）作业前，必须对工作现场周围环境、行驶道路、架空电线、建筑物以及构件的质量和分布等情况进行全面了解。塔式起重机作业时，塔式起重机起重臂杆起落及回转半径内不得有障碍物，与架空输电导线的安全距离应符合规定。

8）塔式起重机的指挥人员、操作人员必须持证上岗，作业时应严格执行指挥人员的信号，如信号不清或错误时，操作人员应拒绝执行。

9）在进行塔式起重机回转、变幅、行走和吊钩升降等动作前，操作人员应检查电源电压（应达到 380V，变动范围不得超过 –10~20V），送电前启动控制开关应在零位，并应鸣声示意。

10）塔式起重机的幅度限位器、行程限位器、起重力矩限制器、吊钩高度限制器以及各种行程限位开关等安全保护装置，必须安全完整、灵敏可靠，不得随意调整和拆除。严禁用限位装置代替操作机构。

11）在起吊荷载达到塔式起重机额定起重量的 90% 及以上时，应先将重物吊起，离地面 20~50cm 时停止提升并进行检查，检查起重机的稳定性、制动器的可靠性、重物的平稳性和绑扎的牢固性。

12）突然停电时，应立即把所有控制器拨到零位，断开电源开关，并采取措施将重物安全降到地面。严禁起吊重物长时间悬挂空中。

13）重物提升和降落速度要均匀，严禁忽快忽慢和突然制动。左右回转动作要平稳，回转未停稳前不得做反向动作。非重力下降式塔式起重机，严禁带载自由下降。

14）遇有 6 级以上的大风或大雨、大雪、大雾等恶劣天气时，应停止塔式起重机露天作业。在雨雪过后或雨雪中作业时，应先进行试吊，确认制动器灵敏可靠后方可进行作业。

15）严格执行"十不吊"：超载或被吊物质量不清不吊；指挥信号不明确不吊；捆绑、吊挂不牢或不平衡，可能引起滑动时不吊；被吊物上有人或浮置物时不吊；结构或零部件有影响安全工作的缺陷或损伤时不吊；遇有拉力不清的埋置物件时不吊；工作场地昏暗，无法看清场地、被吊物和指挥信号时不吊；被吊物棱角处与捆绑钢丝绳间未加衬垫时不吊；歪拉斜吊重物时不吊；容器内装的物品过满时不吊。

15.3 施工升降机使用安全技术

15.3.1 施工升降机概述

建筑施工升降机是依附建筑物而稳定直立的垂直运输机械，主要由导轨架、吊笼、驱动装置、控制装置及安全装置等组成。多数施工电梯为人货两用，少数为仅供货用。电梯按其驱动方式可分为齿条驱动和绳轮驱动两种。齿条驱动电梯又有单吊箱（笼）式和双吊箱（笼）式两种，并装有可靠的限速装置，适于 20 层以上建筑工程使用。绳轮驱动电梯为单吊箱（笼），为无限速装置，轻巧便宜，适于 20 层以下建筑工程使用。

吊笼安装在导轨架的外侧，吊笼（梯笼）是施工升降机运载人和物料的构件。吊笼内有传动机构、限速器及电气箱等，外侧附有驾驶室，并设置了门保险开关与门联锁，只有当吊笼前后两道门均关好后，吊笼才能运行。驱动装置由电动机、减速机、齿轮、齿条组成，齿轮沿着齿条式导轨以爬升方式上下运行。控制装置和操作人员均在吊笼内。

施工升降机是一种使用工作笼（吊笼）沿导轨架做垂直（或倾斜）运动来运送人员和物料的机械。由于施工升降机结构坚固，装拆方便，不用另设机房，同时具有使用高度大、安全可靠、人货两用等特点，因此，被广泛应用于工业、民用高层建筑的施工和桥梁、矿井、水塔的高层物料和人员的垂直运输。施工升降机整机示意图如图 15-3 所示。

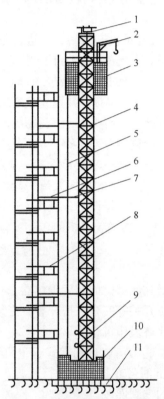

图 15-3 施工升降机整机示意图

1—天轮架 2—吊杆 3、10—吊笼 4—导轨架
5—电缆 6—后附墙架 7—前附墙架 8—护栏
9—配重 11—基础

15.3.2 施工升降机的安全保护装置

1. 限速器和捕捉器

限速器是施工升降机防止意外坠落的主要安全装置，它可以限制梯笼的运行速度，一般经常选用单向圆锥摩擦式限速器，要求每 3 个月进行一次试验，每 18 个月送生产厂家进行一次校核。捕捉器（瞬时式断绳保护装置）仅存在于一些单传动的施工电梯中。捕捉器一侧为圆弧形闸瓦，另一侧为楔铁，当梯笼发生意外而坠落时，捕捉器就会上升，像楔子一样插

入梯笼和导轨井架的导柱中间。限速器每动作一次后都要进行复位，同时应确认传动机构的电磁制动作用是否可靠。

2. 缓冲器

在施工升降机的底架上装有缓冲器，它具有吸收运动机构的能量并减少冲击的良好性能，当吊笼发生坠落事故时，可以减轻对吊笼的冲击力。

3. 上、下行程限位器

为防止因司机操作失误或电气故障等原因而导致吊笼上、下运动超过极限位置，使用上、下行程限位器能自动切断电源，从而保证吊笼安全。

4. 安全钩

安全钩是安装在吊笼上部的重要装置。当吊笼上行到导轨架顶部时，安全钩能钩住导轨架，保证吊笼不发生倾翻坠落事故。

5. 吊笼门、底笼门保护联锁装置

施工升降机的吊笼门、底笼门均应装有电气联锁开关，以防止因吊笼门或底笼门未关好就启动运行而造成人员坠落和物料滚落，当门打开时起重机的运行机构不能开动。

6. 急停开关

吊笼在运行过程中因各种原因需紧急制动时，急停开关可以使吊笼立即停止，从而防止事故发生。

7. 楼层通道门

在各层通道口与升降机的结合部位必须设置楼层通道门，当吊笼上下运行时该门处于常闭状态，只有在吊笼停靠时才能由吊笼内的人打开。

15.3.3　施工升降机的安装与拆卸

施工升降机的安装、拆卸和使用应符合《建筑施工升降机安装、使用、拆卸安全技术规程》（JGJ 215—2010）的规定。

1. 安装前的准备工作

施工升降机在安装和拆卸前必须编制专项施工方案，必须由取得住房城乡建设主管部门颁发的装拆资质证书的专业单位进行施工，并必须由经过专业培训和取得操作证的专业人员进行操作和维修。

1）认真阅读有关技术文件，了解升降机的型号、主要参数尺寸，搞清安装平面布置图、电气安装接线图，备好安装工具及有关设备。

2）检查浇筑混凝土基础的宽度与深度、地基平整度、楼层高度和排水设施等。

3）检查各机构、制动器及附墙架的位置以及预埋件的位置和尺寸等。

4）检查限位开关装置、限速器装置、电缆架、限位开关碰铁的位置。

5）检查开关箱的位置和容量，确定开关箱内短路、过负荷、断相及接零保护等装置。

6）有下列情况之一的施工升降机不得安装使用：

① 属国家明令淘汰或禁止使用的。

② 超过由安全技术标准或制造厂家规定使用年限的。

③ 经检验达不到安全技术标准规定的。

④ 无完整安全技术档案的。

⑤ 无安全有效的安全保护装置的。

2. 安装与拆卸的安全技术

1）安装过程中必须由专人负责统一指挥，操作人员在安装时应戴好安全帽和系好安全带，并应将安全带系在立柱节上。

2）导轨架安装时，应用经纬仪对升降机在两个方向进行测量校准，其垂直度允许偏差为其高度的 1/2000。

3）施工升降机处于安装工况时，应按照《吊笼有垂直导向的人货两用施工升降机》（GB/T 26557—2021）及说明书的规定，依次进行对不少于两节导轨架标准节的接高试验。

4）施工升降机导轨架接高标准节的同时，必须按说明书的规定进行附墙连接，导轨架顶部的悬臂部分不得超过说明书规定的高度。

5）施工升降机的吊笼与吊杆不得同时使用。吊笼顶部应装设安全开关，当人员在吊笼顶部作业时，安全开关应处于不能启动的断路状态。安装作业时，必须将按钮盒或操作盒移至吊笼顶部进行操作。当导轨架或附墙架上有人员作业时，严禁开动施工升降机。

6）有对重的施工升降机在安装或拆卸过程中，若吊笼处于无对重运行时，应严格控制吊笼内的荷载和避免超速制动。

7）遇到雨、雪、雾及大风等恶劣天气时不得进行安装或拆卸作业。

8）施工升降机的安装或拆卸导轨架作业不得与铺设或拆除各层通道作业上下同时进行。当搭设或拆除楼层通道时，严禁吊笼运行。

9）升降机安装后，应经企业技术负责人会同有关部门对基础和附壁支架以及升降机架设安装的质量、精度等进行全面检查，并应按规定程序进行技术试验（包括坠落试验），经试验合格验收签证后，方可投入运行。

15.3.4　施工升降机的安全使用要求

1）施工升降机的安装和拆卸工作必须由取得建设行政主管部门颁发的起重设备安装工程承包资质的单位负责施工，并必须由经过专业培训，取得操作证的专业人员进行操作和维修。

2）地基应浇筑混凝土基础，必须符合施工升降机使用说明书要求，说明书无要求时其承载能力应大于 150kPa，地基上表面平整度允许偏差为 10mm，并应有排水设施。

3）应保证升降机的整体稳定性，升降机导轨架的纵向中心线至建筑物外墙面的距离宜选用说明书提供的较小的安装尺寸。

4）安装导轨架时，应用经纬仪对升降机在两个方向进行测量校准。其垂直度允许偏差应符合表 15-1 中的要求。

表 15-1　导轨架垂直度允许偏差

架设高度 /m	≤70	>70~100	>100~150	>150~200	>200
垂直度允许偏差 /mm	≤1/1000H	≤70	≤90	≤110	≤130

5）导轨架顶端自由高度、导轨架与附墙距离、导轨架的两附墙连接点间距离和最低附墙点高度均不得超过出厂规定。

6）升降机的专用开关箱应设在底架附近便于操作的位置，馈电容量应满足升降机直接启动的要求，箱内必须设短路、过负荷、错相、断相及零位保护等装置。

7）升降机梯笼周围应按使用说明书的要求，设置稳固的防护栏杆，各楼层平台通道应平整牢固，出入口应设防护门。全行程四周不得有危害安全运行的障碍物。

8）升降机安装在建筑物内部井道中间时，应在全行程范围井壁四周搭设封闭屏障。装设在阴暗处或夜班作业的升降机，应在全行程上装设足够的照明和明亮的楼层编号标志灯。

9）升降机安装后，应经企业技术负责人会同有关部门对基础和附墙支架以及升降机架设安装的质量、精度等进行全面检查，并应按规定程序进行技术试验（包括坠落试验），经试验合格签证后，方可投入运行。

10）升降机的防坠安全器，只能在有效的标定期限内使用，有效标定期限不应超过 1 年。使用中不得任意拆检调整。

11）升降机安装后，在投入使用前，必须经过坠落试验。升降机在使用中每隔 3 个月，应进行一次坠落试验。试验程序应按说明书规定进行，梯笼坠落试验制动距离不得超过 1.2m；试验后以及正常操作中每发生一次防坠动作，均必须由专门人员进行复位。

12）作业前应重点检查以下项目，并应符合下列要求：

① 各部结构无变形，连接螺栓无松动。

② 齿条与齿轮、导向轮与导轨均接合正常。

③ 各部钢丝绳固定良好，无异常磨损。

④ 运行范围内无障碍。

13）启动前，应检查并确认电缆、接地线完整无损，控制开关在零位。电源接通后，应检查并确认电压正常，应测试无漏电现象。应试验并确认各限位装置、梯笼、围护门等处的电气联锁装置良好可靠，电气仪表灵敏有效。启动后，应进行空载升降试验，测定各传动机构制动器的效能，确认正常后，方可开始作业。

14）升降机应按使用说明书要求，进行维护保养，并按使用说明书规定，定期检验制动器的可靠性，制动力矩必须达到使用说明书的要求。

15）梯笼内乘人或载物时，应使荷载均匀分布，不得偏重。严禁超载运行。

16）操作人员应根据指挥信号操作。作业前应鸣声示意。在升降机未切断总电源开关前，操作人员不得离开操作岗位。

17）当升降机运行中发现有异常情况时，应立即停机并采取有效措施将梯笼降到底层，排除故障后方可继续运行。在运行中发现电气失控时，应立即按下急停按钮；在未排除故障前，不得打开急停按钮。

18）升降机在风速 10.8m/s 及以上大风、大雨、大雾以及导轨架、电缆等结冰时，必须停止运行，并将梯笼降到底层，切断电源。暴风雨后，应对升降机各有关安全装置进行一次检查，确认正常后，方可运行。

19）升降机运行到最上层或最下层时，严禁用行程限位开关作为停止运行的控制开关。

20）当升降机在运行中由于断电或其他原因而中途停止时，可以进行手动下降，将电动机尾端制动电磁铁手动释放拉手缓缓向外拉出，使梯笼缓慢地向下滑行。梯笼下滑时，不得超过额定运行速度，手动下降必须由专业维修人员进行操纵。

21）作业后，应将梯笼降到底层，各控制开关拨到零位，切断电源，锁好开关箱，闭锁梯笼门和围护门。

15.4 物料提升机使用安全技术

15.4.1 物料提升机概述

物料提升机是建筑施工现场常用的一种输送物料的垂直运输设备，一般额定起重量在2t以下，以地面卷扬机为牵引动力，由底架、立杆及天轮梁组成架体，并使用钢丝绳传动，以吊笼（吊篮）为工作装置，吊笼沿导轨做升降运动，在架体上装设滑轮、导轨、导靴、吊笼、安全装置等，从而构成完整的垂直运输体系即输送物料的起重设备。近年来，起重吊装机械虽有很大的改进和发展，但物料提升机仍被广泛使用，其重要原因就是构造简单、用料品种和数量少、制作容易、安装拆卸和使用方便、价格低、容易维修、受高度和场地的限制不大。

按结构形式的不同，物料提升机可分为井架式物料提升机和龙门架式物料提升机。

井架式物料提升机以地面卷扬机为动力，由型钢组成井字架体，通过滑轮和钢丝绳与吊盘相连，吊笼（吊篮）在井孔内或架体外侧沿轨道做垂直运动。井架式物料提升机如图15-4所示。

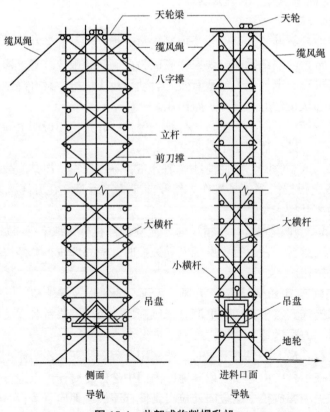

图 15-4 井架式物料提升机

龙门架式物料提升机是由桅杆式起重方法发展而产生的，即先用一根横梁将两个独立桅杆连接起来构成主体，依靠建筑物及缆风绳使其保持稳定直立，再在两柱之间设上料吊盘，操作人员在地面控制地面卷扬机作为动力，由两根立杆与天轮梁构成门架式架体，吊篮（吊笼）在两立柱间沿轨道做垂直运动。龙门架式物料提升机如图 15-5 所示。

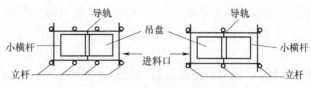

图 15-5 龙门架式物料提升机

按架设高度的不同，物料提升机可分为高架物料提升机和低架物料提升机。架设高度在30m（含 30m）以下的物料提升机为低架物料提升机；架设高度在 30~150m（不含 30m）的物料提升机为高架物料提升机。

15.4.2 物料提升机的稳定装置

物料提升架包括井式提升架（简称"井架"）、龙门式提升架（简称"龙门架"）。它们的共同特点：提升采用卷扬方式，卷扬机设于架体外。安全设备一般只有防冒顶、防坐冲和停层保险装置，因而只允许用于物料提升，不得载运人员。用于 10 层以下时，多采用缆风绳固定；用于超过 10 层的高层建筑施工时，必须采取附墙方式固定，成为无缆风绳高层物料提升架，并可在顶部设液压顶升构造，实现井架或塔架标准节的自升接高。

物料提升机的主要结构是架体，故对其稳定性要求较高，而其稳定性主要依靠基础、附墙架、缆风绳及地锚来实现。

1. 基础

基础要依据提升机的类型及土质情况来确定。30m 以下的物料提升机的基础一般应满足以下要求：架体基础的地基尺寸不小于 3.5m×4m，或按其出厂说明书的要求来确定；地基应平整夯实，确保其承载力不小于 80kPa，并在其上浇筑厚度为 300mm、强度等级不低于C20 的混凝土；基础表面水平误差应小于 10mm，基础四周要做好排水；若地势较低，应采用积水坑（池）排水，积水坑（池）与架体基础的距离应不小于 5m。30m 及以上物料提升机的基础应进行设计计算。

2. 附墙架

附墙架是指为增强架体的稳定性而连接在立柱与建筑物结构之间的钢结构。附墙架的设置应满足以下几点要求：

1）提升机附墙架的设置应符合出厂说明书或专项安全施工组织设计的要求，当出厂说明书或专项安全施工组织设计无要求时，其间隔一般不大于 9m，且在建筑物的顶层必须设置一组，提升机顶部的自由高度不得大于 6m。

2）附墙架与建筑结构的连接应进行设计计算。附墙架与架体及建筑物之间均应采用刚性构件连接，并形成稳定结构。附墙架的材质应与架体的材质相同。

3）附墙架不得连接在脚手架上，其材质应达到现行国家标准的要求，不得使用木杆、竹竿等做附墙架与金属架体连接，严禁采用钢丝绑扎。

4）当导轨架的安装高度超过设计的最大独立高度时，必须安装附墙架。

3. 缆风绳

缆风绳是指为保证架体稳定而设置的拉结绳索，所用材料为钢丝绳。缆风绳的设置应满足以下几个条件：

1）架体安装高度在 20m 以下（含 20m）时应设一组缆风绳，其中龙门架每组 4~6 根，井架每组 4~8 根。安装高度在 21~30m 时，缆风绳设置不能少于两组（每组 4 根），在架体顶端设置一组（4 根）。安装高度大于或等于 30m 时，不得使用缆风绳。

2）缆风绳应选用钢丝绳，其直径应经计算确定且不得小于 8mm。按规范要求，缆风绳钢丝绳的安全系数为 3.5。缆风绳与地面之间的夹角宜为 45°~60°，其下端应与地锚连接，不得拴在树、墙、门窗框、脚手架、电杆或堆放的构件等物体上。

3）缆风绳上端应对称设置在架体四角有横向缀件的同一水平面上，最高一组缆风绳应设在架体顶部，缆风绳与架体的连接处应有防止架体使缆风绳剪切破坏的措施。中间设置缆风绳时，应采取增加导轨刚度的措施。

4）缆风绳与地锚之间应采用与钢丝绳拉力相匹配的花篮螺栓拉紧，并加上保险，对连接处的架体焊缝及附件还必须进行设计计算。缆风绳不准在架空线路上方通过，与架空线路必须保持一定的安全距离。

4. 地锚

地锚又称锚碇，用来固定缆风绳、卷扬机等，多由木材、混凝土或钢材制成，常见的有桩锚、坑锚等。在选择锚固位置时，首先要视土质情况、缆风绳受力情况而确定，然后决定地锚的形式和做法。

30m 以下物料提升机可采用桩式地锚。当采用钢管（48mm×3.5mm）或角钢（75mm×6mm）时，不应少于 2 根，且应并排设置，间距不应小于 0.5m，打入深度不应小于 1.7m，顶部应设有防止缆风绳滑脱的装置。

15.4.3 物料提升机的安全保护装置

物料提升机的安全保护装置主要包括安全停靠装置、断绳保护装置、吊笼安全门、上极限限位器、下极限限位器、超载限制器、缓冲器和通信信号装置等。

1. 安全停靠装置、断绳保护装置

当吊笼停靠在某一层时，安全停靠装置能使吊笼安全定位并稳妥地支靠在架体上，由弹簧控制使支撑杆伸到架体的承托架上，且其荷载全部由承托架负担，而钢丝绳不受力，从而防止因钢丝绳断裂使吊篮坠落。断绳保护装置能够可靠地把吊笼停在导轨上，其最大制动滑落距离不应超过 1m，并且不应对结构件造成永久性损坏。

2. 吊笼安全门

吊笼安全门一般采用联锁开启装置。通常采用电气联锁，当安全门未关时，可造成断电，从而使提升机不能工作；也可采用机械联锁，吊笼运行时安全门会自动关闭。

3. 上、下极限限位器

上极限限位器安装在吊笼允许提升的最高工作位置。当吊笼上升至限定高度时，限位器自动切断电源。当吊笼下降至下极限位置时，下极限限位器也会自动切断电源，使吊笼停止下降。

4. 超载限制器

当吊笼内荷载达到额定载重量的 90% 时，超载限制器可以发出报警信号；当吊笼内荷载达到额定载重量的 100%~110% 时，超载限制器将自动切断提升机工作电源。

5. 缓冲器

缓冲器一般设在架体的底坑内，当吊笼以额定荷载和速度运动到缓冲器上时，缓冲器可以承受相应的冲击力。缓冲器一般采用弹簧或弹性实体。

6. 通信信号装置

通信信号装置是由司机控制的一种音响装置，可以使各楼层使用提升机装卸物料的人员清晰听到。通信信号装置是一个闭路的双向电气通信系统，司机和作业人员通过它能够相互联系。

15.4.4　物料提升机的安装、拆除与验收

物料提升机的安装、拆除与验收应满足《龙门架及井架物料提升机安全技术规范》（JGJ 88—2010）及其他相关规定。

1. 安装与拆除的安全技术

1）安装、拆除物料提升机的单位应具备下列条件：

① 安装、拆除单位应具有起重机械安拆资质及安全生产许可证。

② 安装、拆除作业人员必须经专门培训，取得特种作业资格证。

2）物料提升机安装、拆除前，应根据工程实际情况编制专项安装、拆除方案，且应经安装、拆除单位技术负责人审批后实施。

专项安装、拆除方案应具有针对性、可操作性，并应包括工程概况，编制依据，安装位置及示意图，专业安装、拆除技术人员的分工及职责，辅助安装、拆除起重设备的型号、性能、参数及位置，安装、拆除的工艺程序和安全技术措施，主要安全装置的调试及试验程序。

3）安装作业前的准备，应符合下列规定：

① 物料提升机安装前，安装负责人应依据专项安装方案对安装作业人员进行安全技术交底。

② 应确认物料提升机的结构、零部件和安全装置经出厂检验，并符合要求。

③ 应确认物料提升机的基础已验收，并符合要求。

④ 应确认辅助安装起重设备及工具经检验检测，并符合要求。

⑤ 应明确作业警戒区，并设专人监护。

4）基础的位置应保证视线良好，物料提升机任意部位与建筑物或其他施工设备间的安全距离不应小于 0.6m；与外电线路的安全距离应符合《施工现场临时用电安全技术规范》（JGJ 46—2005）的规定。

5）卷扬机（曳引机）的安装，应符合下列规定：

① 卷扬机安装位置宜远离危险作业区，且视线良好；操作棚应符合规范规定。

② 卷扬机卷筒的轴线应与导轨架底部导向轮的中线垂直，垂直度偏差不宜大于 2°，其垂直距离不宜小于 20 倍卷筒宽度；当不能满足条件时，应设排绳器。

③ 卷扬机（曳引机）宜采用地脚螺栓与基础固定牢固。当采用地锚固定时，卷扬机前端应设置固定止挡。

6）导轨架的安装程序应按专项方案要求执行。紧固件的紧固力矩应符合使用说明书的要求。安装精度应符合规范规定。

7）钢丝绳宜设防护槽，槽内应设滚动托架，且应采用钢板网将槽口封盖。钢丝绳不得拖地或浸泡在水中。

8）拆除作业前，应对物料提升机的导轨架、附墙架等部位进行检查，确认无误后方能进行拆除作业。

9）拆除作业应先拆吊具、后拆附墙架或缆风绳及地脚螺栓。拆除作业中，不得抛掷构件。

10）拆除作业宜在白天进行，夜间作业应有良好的照明。

2. 验收

物料提升机安装完毕后，应由工程负责人组织安装单位、使用单位、租赁单位和监理单位等对物料提升机安装质量进行验收，并应按规定填写验收记录。

物料提升机验收合格后，应在导轨架明显处悬挂验收合格标志牌。

15.4.5　物料提升机的安全使用要求

井架、龙门架物料提升机的安全技术要点如下：

1）进入施工现场的井架、龙门架必须具有下列安全装置：上料口防护棚，层楼安全门、吊篮安全门，断绳保护装置及防坠器，安全停靠装置，起重量限制器，上、下极限限位器，紧急断电开关、短路保护、过电流保护、漏电保护，信号装置，缓冲器。

2）基础应符合说明书的要求。缆风绳、附墙装置不得与脚手架连接，不得用钢筋、脚手架钢管等代替缆风绳。

3）起重机的制动器应灵活可靠。

4）运行中吊篮的四角与井架不得互相擦碰，吊篮各构件连接应牢固、可靠。

5）龙门架或井架不得和脚手架连为一体。

6）垂直输送混凝土和砂浆时，翻斗出料口应灵活可靠，保证自动卸料。

7）吊篮在升降工况下严禁载人，吊篮下方严禁人员停留或通过。

8）作业后，应检查钢丝绳、滑轮、滑轮轴和导轨等，发现异常磨损应及时修理或更换。

9）作业后，应将吊篮降到最低位置，各控制开关扳至零位，切断电源，锁好开关箱。

思　考　题

1. 什么是起重吊装作业？起重吊装作业的一般安全规定是什么？

2. 起重吊装作业前，起重机的选择中，起重机的起重量 Q、起重机的起升高度 H、起重机臂杆的最小长度符合什么规定？

3. 钢筋混凝土结构吊装中，构件的运输、构件的堆放、构件翻身、构件拼装、吊点设置和构件绑扎应分别符合哪些安全规定？

4. 钢筋混凝土结构的多跨单层厂房宜按照什么顺序吊装?

5. 钢筋混凝土结构的单层工业厂房结构吊装应遵守的安全规定是什么?

6. 单层钢结构厂房吊装应遵守的安全规定是什么?

7. 塔式起重机的安全保护装置主要有哪些?

8. 塔式起重机的安装与拆卸的具体规定是什么?

9. 塔式起重机的安全使用要求是什么?

10. 施工升降机的安全保护装置主要有哪些?

11. 施工升降机的安装与拆卸的具体规定是什么?

12. 施工升降机的安全使用要求是什么?

13. 物料提升机的稳定装置主要有哪些?

14. 物料提升机的安全保护装置主要有哪些?

15. 物料提升机的安装与拆卸的具体规定是什么?

16. 物料提升机的安全使用要求是什么?

第16章 建筑机械安全技术

> 【本章主要内容】 建筑施工机械类型及安全使用的一般规定；建筑工程主要施工机械的安全技术要求。
>
> 【本章重点、难点】 建筑施工机械类型及安全使用的一般规定；建筑工程主要施工机械的安全技术要求。

16.1 建筑施工机械类型及安全使用的一般规定

1. 建筑施工机械的分类

根据《建筑机械使用安全技术规程》（JGJ 33—2012），建筑工程施工机械主要分为建筑起重机械、土石方机械、运输机械、桩工机械、混凝土机械、钢筋加工机械、木工机械、地下施工机械、焊接机械、其他中小型机械（如手持电动工具、套丝切管机、水磨石机、潜水泵等）。

（1）建筑起重机械 建筑起重机械是用来完成施工现场起重、吊装、垂直运输的机械，是现代建筑生产部门中应用极为广泛的建筑机械。它主要用于建筑构件、建筑材料和设备的吊升、安装、报送、装卸作业以及作业人员输送，如卷扬机、施工升降机、塔式起重机、汽车式起重机等。

（2）土石方机械 土石方机械是土石方工程机械化施工中所有机械和设备的统称，用于土壤铲掘、短距离运送、堆筑填铺、压实和平整等作业。根据其作业性质，分为挖掘机械、铲土运输机械、夯压机械，如挖掘机（包括正铲、反铲、拉铲、抓铲等）、推土机、铲运机、装载机、压路机等。

（3）桩工机械 桩是一种人工基础，是工程中最常见的一种基础形式。相应地，桩工机械是主要的基础工程机械。根据桩的施工工艺不同，可分为预制桩施工机械和灌注桩施工机械。打桩的机械有蒸汽打桩机、柴油打桩机、静压打桩机；灌注桩成孔的机械有钻孔机（正、反循环钻进）、冲孔桩机、旋挖钻机、沉管灌注桩机、振动沉管灌注桩机、夯扩灌注桩机等。

（4）钢筋混凝土施工机械　在现代建筑工程中广泛采用钢筋混凝土结构，钢筋混凝土施工的两类专用机械是钢筋加工机械和混凝土机械，如钢筋冷拔机、钢筋矫直机、钢筋弯曲机、钢筋切断机、混凝土搅拌机、混凝土输送泵、振捣器等。

（5）木工机械　木工机械是指施工现场用于木材加工工艺中，将木材加工的半成品加工成为木制品的一类机械。常用的木工机械有带锯机、圆盘锯、平面刨、压刨床、木工铣床、打眼机、开榫机等。

2. 建筑施工机械安全使用的一般规定

1）操作人员必须体检合格，无妨碍作业的疾病和生理缺陷，经过专业培训、考核合格取得操作证后，并经过安全技术交底，方可持证上岗；学员应在专人指导下进行工作。特种设备由建设行政主管部门、人社部、公安部门或其他有权部门颁发操作证。非特种设备由企业颁发操作证。

2）机械必须按照出厂使用说明书规定的技术性能、承载能力和使用条件，正确操作，合理使用，严禁超载、超速作业或任意扩大使用范围。

3）机械上的各种安全防护及保险装置和各种安全信息装置必须齐全有效。

4）机械使用与安全生产发生矛盾时，必须首先服从安全要求。

5）机械作业前，施工技术人员应向操作人员进行安全技术交底。操作人员应熟悉作业环境和施工条件，听从指挥，遵守现场安全管理规定。

6）在工作中操作人员和配合作业人员必须按规定穿戴劳动保护用品，长发应束紧不得外露。

7）操作人员在每班作业前，应对机械进行检查，机械使用前，应先试运转。

8）操作人员在作业过程中，应集中精力正确操作，注意机械工况，不得擅自离开工作岗位或将机械交给其他无证人员操作。无关人员不得进入作业区或操作室内。

9）操作人员应遵守机械有关保养规定，认真及时做好机械的例行保养，保持机械的完好状态。机械不得带故障运转。

10）实行多班作业的机械，应执行交接班制度，认真填写交接班记录；接班人员经检查确认无误后，方可进行工作。

11）应为机械提供道路、水电、机棚及停机场地等必备的作业条件，并应消除各种安全隐患。夜间作业应设置充足的照明。

12）机械设备的基础承载能力必须满足安全使用要求，机械安装后，必须经机械、安全管理人员共同验收合格后，方可投入使用。

13）排除故障或更换部件过程中，要切断电源和锁上开关箱，并专人监护。

14）新机、经过大修或技术改造的机械，必须按出厂使用说明书的要求和现行国家标准进行测试和试运转。

15）机械在寒冷季节使用，应符合《建筑机械使用安全技术规程》（JGJ 33—2012）附录 B 的规定。

16）机械集中停放的场所，应有专人看管，并应设置消防器材及工具；大型内燃机械应配备灭火器；机房、操作室及机械四周不得堆放易燃易爆物品。

17）变配电所、乙炔站、氧气站、空气压缩机房、发电机房、锅炉房等易于发生危险的场所，应在危险区域界限处，设置围栅和警示标志，非工作人员未经批准不得入内。挖掘机、起重机、打桩机等重要作业区域，应设置警示标志及安全措施。

18）在机械产生对人体有害的气体、液体、尘埃、渣滓、放射性射线、振动、噪声等场所，应配置相应的安全保护设备、监测设备（仪器）、废品处理装置；在隧道、沉井、管道基础施工中，应采取措施，使有害物控制在规定的限度内。

19）停用一个月以上或封存的机械，应认真做好停用或封存前的保养工作，并应采取预防风沙、雨淋、水泡、锈蚀等措施。

20）机械使用的润滑油（脂）的品牌应符合出厂使用说明书的规定，并应按时更换。

21）当发生机械事故时，应立即组织抢救，保护好事故现场，并按国家有关事故报告和调查处理规定执行。

16.2 建筑工程主要施工机械的安全技术要求

根据《建筑机械使用安全技术规程》（JGJ 33—2012）的规定，为保障建筑机械的正确、安全使用，发挥机械效能，确保安全生产，应有针对性地对各种建筑施工机械制订相应的安全技术要求。由于起重机械在本书第 15 章中已有相关介绍，在本章仅列举建筑施工中除起重机械外其他主要施工机械的安全技术要求。

16.2.1 土石方机械

1. 一般规定

1）土石方机械的内燃机、电动机和液压装置的使用，应符合《建筑机械使用安全技术规程》（JGJ 33—2012）第 3.2 节、第 3.4 节和附录 C 的规定。

2）机械进入现场前，应查明行驶路线上的桥梁、涵洞的上部净空和下部承载能力，保证机械安全通过。承载力不够的桥梁，事先应采取加固措施。

3）机械通过桥梁时，应采用低速挡慢行，在桥面上不得转向或制动。

4）作业前，应查明施工场地明、暗设置物（电线、地下电缆、管道、坑道等）的地点及走向，并采用明显记号表示。严禁在离电缆、煤气管道 1m 距离以内进行大型机械作业。

5）作业中，应随时监视机械各部位的运转及仪表指示值，如发现异常，应立即停机检修。

6）机械运行中，严禁接触转动部位和进行检修。在修理（焊、铆等）工作装置时，应使其降到最低位置，并应在悬空部位垫上垫木。

7）在电杆附近取土时，对不能取消的拉线、地垄和杆身，应留出土台，土台大小可根据电杆结构、掩埋深度和土质情况由技术人员确定。

8）机械不得靠近架空输电线路作业，应留出安全距离。

9）在施工中遇下列情况之一时应立即停工，待符合作业安全条件时，方可继续施工：

① 填挖区土体不稳定、有坍塌可能。

② 地面涌水冒浆，出现陷车或因雨发生坡道打滑。

③ 发生大雨、雷电、浓雾、水位暴涨及山洪暴发等情况。

④ 施工标志及防护设施被损坏。

⑤ 工作面净空不足以保证安全作业。

⑥ 出现其他不能保证作业和运行安全的情况。

10）配合机械作业的清底、平地、修坡等人员，应在机械回转半径以外工作。当必须在回转半径以内工作时，应停止机械回转并制动好后，方可作业。当机械需回转工作时，机械操作人员应确认其回转半径内无人后，方可进行回转作业。

11）雨期施工，机械作业完毕后，应停放在较高的坚实地面上。

12）挖掘基坑时，当坑底无地下水，坑深在 5m 以内，且边坡坡度符合表 16-1 规定时，可不加支撑。

表 16-1　挖方深度在 5m 以内的基坑（槽）或管沟的边坡最陡坡度（不加支撑）

岩土类别	边坡坡度（高：宽）		
	坡顶无荷载	坡顶有静荷载	坡顶有动荷载
中密的砂土、杂素填土	1：1.00	1：1.25	1：1.50
中密的碎石类土（充填物为砂土）	1：0.75	1：1.00	1：1.25
可塑状的黏性土、密实的粉土	1：0.67	1：0.75	1：1.00
中密的碎石类土（充填物为黏性土）	1：0.50	1：0.67	1：0.75
硬塑状的黏性土	1：0.33	1：0.50	1：0.67
软土（经井点降水）	1：1.00		

13）机械作业不得破坏基坑支护系统。

14）在行驶或作业中，除驾驶室外，土方机械任何地方均严禁乘坐或站立人员。

2. 挖掘机的安全技术要求

土方机械化开挖应根据基础形式、工程规模、开挖深度、地质、地下水情况、土方量、运距、现场和机具设备条件、工期要求以及土方机械的特点等，合理选择挖土机械，以充分发挥机械效率，节省机械费用，加速施工进度。

挖掘机的安全控制要点如下：

1）挖掘机工作时，应停置在平坦的地面上，并应制动履带行走机构。

2）挖掘机通道上不得堆放任何机具等障碍物。

3）挖掘机工作范围内禁止任何人停留。

4）作业中，如发现地下电缆、管道或其他地下建筑物时，应立刻停止工作，并立即通知有关单位处理。

5）挖掘机在工作时，应等汽车司机将汽车制动停稳后方可向车厢回转倒土。回转时禁止铲斗从驾驶室上越过，卸土时铲斗应尽量放低，并注意不得撞击汽车任何部位。

6）在操作中，进铲不应过深，提斗不宜过猛，一次挖土高度不能高于 4m。

7）正铲作业时，禁止任何人在悬空铲斗下面停留或工作。

8）挖掘机停止工作时，铲斗不得悬空吊着，司机的脚不得离开脚踏板。

9）铲斗满载时，不得变换动臂的倾斜度。

10）在挖掘工作过程中应做到"四禁止"，即：

① 禁止铲斗未离开工作面时进行回转。

② 禁止进行急剧的转动。

③ 禁止用铲斗的侧面刮平土堆。

④ 禁止用铲斗对工作面进行侧面冲击。

11）挖掘机动臂转动范围应控制在 45°~60°，倾斜角应控制在 30°~45°。

12）挖掘机走行上坡时，履带主动轮应在后面，下坡时履带主动轮在前面，动臂在后面，大臂与履带平行。回转机构应该处于制动状态，铲斗离地面不得超过 1m。上下坡不得超过 20°。下坡应低速，禁止变速滑行。

13）禁止将挖掘机布置在上、下两个采掘段（面）内同时作业；在工作面转动时，应选取平整地面，并排除通道内的障碍物。如在松软地面移动时，需在行走装置下垫方木。

14）禁止在电线等高空架设物下作业，不得在停机下面作业，不准满载铲斗长时间滞留在空中。

15）挖掘机需在斜坡上停车时，铲斗必须降落到地面，所有操纵杆应置于中位，停机制动，且应在履带或轮胎后部垫楔块。

3. 蛙式夯实机的安全技术要求

1）蛙式夯实机应适用于夯实灰土和素土的地基、地坪及场地平整，不得夯实坚硬或软硬不一的地面、冻土及混有砖石碎块的杂土。

2）作业前应重点检查以下项目，并应符合下列要求：

① 漏电保护器灵敏有效，接零或接地及电缆线接头绝缘良好。

② 传动带松紧合适，带轮与偏心块安装牢固。

③ 转动部分有防护装置，并进行试运转，确认正常后，方可作业。

④ 负荷线应采用耐气候型的四芯橡皮护套软电缆。电缆线长应不大于 50m。

3）作业时夯实机扶手上的按钮开关和电动机的接线均应绝缘良好。当发现有漏电现象时，应立即切断电源，进行检修。

4）夯实机作业时，应一人扶夯，一人传递电缆线，且必须戴绝缘手套和穿绝缘鞋。递线人员应跟随夯实机后或两侧调顺电缆线，电缆线不得扭结或缠绕，且不得张拉过紧，应保持有 3~4m 的余量。

5）作业时，应防止电缆线被夯击。移动时，应将电缆线移至夯实机后方，不得隔机抢扔电缆线，当转向倒线困难时，应停机调整。

6）作业时，手握扶手应保持机身平衡，不得用力向后压，并应随时调整行进方向。转弯时不得用力过猛，不得急转弯。

7）夯实填高土方时，应先在边缘以内 100~150mm 夯实 2~3 遍后，再夯实边缘。

8）不得在斜坡上夯行，以防夯头后折。

9）夯实房心土时，夯板应避开钢筋混凝土基础及地下管道等地下构筑物。

10）在建筑物内部作业时，夯板或偏心块不得打在墙壁上。

11）多机作业时，其平行间距不得小于 5m，前后间距不得小于 10m。

12）夯实机前进方向和夯实机四周 1m 范围内，不得站立非操作人员。

13）夯实机连续作业时间不应过长，当电动机超过额定温升时，应停机降温。

14）夯实机发生故障时，应先切断电源，然后排除故障。

15）作业后，应切断电源，卷好电缆线，清除夯实机上的泥土，并妥善保管。

16.2.2　桩工机械

1. 一般规定

桩工机械类型应根据桩的类型、桩长、桩径、地质条件、施工工艺等综合考虑后再选择。

桩工机械的安全技术要点如下：

1）打桩机卷扬钢丝绳应经常润滑，不得干摩擦。

2）施工现场应按桩机使用说明书的要求进行整平压实，地基承载力应满足桩机的使用要求。在基坑和围堰内打桩，应配置足够的排水设备。

3）桩机作业区内应无妨碍作业的高压线路、地下管道和埋设电缆。作业区应有明显标志或围栏，非工作人员不得进入。

4）电力驱动的桩机，作业场地至电源变压器或供电主干线的距离应在200m以内，工作电源电压的允许偏差为其公称值的±5%。电源容量与导线截面应符合设备使用说明书的规定。

5）桩机的安装、试机、拆除应由专业人员严格按设备使用说明书的要求进行。安装桩锤时，应将桩锤运到立柱正前方2m以内，并不得斜吊。

6）打桩作业前，应由施工技术人员向机组人员进行详细的安全技术交底。

7）水上打桩时，应选择排水量比桩机质量大4倍以上的作业船或牢固排架，打桩机与船体或排架应可靠固定，并采取有效的锚固措施。当打桩船或排架的偏斜度超过3°时，应停止作业。

8）作业前，应检查并确认桩机各部件连接牢靠，各传动机构、齿轮箱、防护罩、吊具、钢丝绳、制动器等良好，起重机起升、变幅机构正常，电缆表面无损伤，有接零和漏电保护措施，电源频率一致、电压正常，旋转方向正确，润滑油、液压油的油位符合规定，液压系统无泄漏，液压缸动作灵敏，作业范围内无人或障碍物。

9）桩机吊桩、吊锤、回转或行走等动作不应同时进行。桩机在吊桩后不应全程回转或行走。吊桩时，应在桩上拴好拉绳，避免桩与桩锤或机架碰撞。桩机在吊有桩和锤的情况下，操作人员不得离开岗位。

10）桩锤在施打过程中，操作人员应在距离桩锤中心5m以外监视。

11）插桩后，应及时校正桩的垂直度。桩入土3m以上时，不应用桩机行走或回转动作来纠正桩的倾斜度。

12）拔送桩时，不得超过桩机起重能力。起拔荷载应符合以下规定：

① 打桩机为电动卷扬机时，起拔荷载不得超过电动机满载电流。

② 打桩机卷扬机以内燃机为动力，拔桩时若发现内燃机明显降速，应立即停止起拔。

③ 每米送桩深度的起拔荷载可按40kN计算。

13）作业过程中，应经常检查设备的运转情况，当发生异响、吊索具破损、紧固螺栓松动、漏气、漏油、停电及其他不正常情况时，应立即停机检查，排除故障后方可重新开机。

14）桩孔应及时浇注，暂不浇注的要及时封闭。

15）在有坡度的场地上及软硬边际作业时，应沿纵坡方向作业和行走。

16）遇风速 10.8m/s 及以上大风和雷雨、大雾、大雪等恶劣气候时，应停止一切作业。当风力超过 7 级或有风暴警报时，应将桩机顺风向停置，并增加缆风绳，必要时应将桩架放倒。桩机应有防雷措施，遇雷电时人员应远离桩机。冬季应清除机上积雪，工作平台应有防滑措施。

17）作业中，当停机时间较长时，应将桩锤落下垫好。检修时不得悬吊桩锤。

18）桩机运转时，不应进行润滑和保养工作。设备检修时，应停机并切断电源。

19）桩机安装、转移和拆运过程中，不得强行弯曲液压管路，以防液压油泄漏。

20）作业后，应将桩机停放在坚实平整的地面上，将桩锤落下垫实，并切断动力电源。冬季应放尽各种可能冻结的液体。

2. 柴油打桩锤的安全技术要求

1）作业前应检查导向板的固定与磨损情况，导向板不得在松动及缺件情况下作业，导向面磨损大于 7mm 时，应进行更换。

2）作业前应检查并确认起落架各工作机构安全可靠，起动钩与上活塞接触线在 5~10mm 之间。

3）作业前应检查桩锤与桩帽的连接，提起桩锤脱出砧座后，其下滑长度不应超过使用说明书的规定值，超过时应调整桩帽连接钢丝绳的长度。

4）作业前应检查缓冲胶垫，当砧座和橡胶垫的接触面小于原面积的 2/3 时，或下汽缸法兰与砧座间隙小于使用说明书的规定值时，均应更换橡胶垫。

5）对水冷式桩锤，应将水箱内的水加满，并应保证桩锤连续工作时有足够的冷却水。冷却水应使用清洁的软水。冬季应加温水。

6）桩帽上应有足够厚度的缓冲垫木，垫木不得偏斜，以保证作业时锤击桩帽中心。对金属桩，垫木厚度应为 100~150mm；对混凝土桩，垫木厚度应为 200~250mm。作业中应观察垫木的损坏情况，损坏严重时应予更换。

7）桩锤启动前，应使桩锤、桩帽和桩在同一轴线上，不应偏心打桩。

8）在软土打桩时，应先关闭油门冷打，待每击贯入度小于 100mm 时，方可启动桩锤。

9）桩锤运转时，应目测冲击部分的跳起高度，严格执行使用说明书的要求，达到规定高度时，应减小油门，控制落距。

10）当上活塞下落而柴油锤未燃爆时，上活塞可发生短时间的起伏，此时起落架不得落下，以防撞击碰块。

11）打桩过程中，应有专人负责拉好曲臂上的控制绳；在意外情况下，可使用控制绳紧急停锤。

12）桩锤启动后，应提升起落架，在锤击过程中起落架与上汽缸顶部之间的距离不应小于 2m。

13）作业中，应重点观察上活塞的润滑油是否从油孔中泄出。下活塞的润滑油应按使用说明书的要求加注。

14）作业中，最终十击的贯入度应符合使用说明书的规定，当每十击贯入度小于 20mm 时，宜停止锤击或更换桩锤。

15）柴油锤出现早燃时，应停止工作，按使用说明书的要求进行处理。

16）作业后，应将桩锤放到最低位置，盖上汽缸盖和吸排气孔，关闭燃料阀，将操作杆置于停机位置，起落架升至高于桩锤 1m 处，锁住安全限位装置。

17）长期停用的桩锤，应从桩机上卸下，放掉冷却水、燃油及润滑油，将燃烧室及上、下活塞打击面清洗干净，并应做好防腐措施，盖上保护套，入库保存。

3. 静力压桩机的安全技术要求

1）静力压桩机的安装、试机、拆卸应按使用说明书的要求进行。

2）压桩机行走时，长、短船与水平坡度不应超出使用说明书的允许值。纵向行走时，不得单向操作一个手柄，应两个手柄一起动作。短船回转或横向行走时，不应碰触长船边缘。

3）当压桩引起周围土体隆起，影响桩机行走时，应将桩机前进方向隆起的土铲平，不得强行通过。

4）压桩机爬坡或在松软场地与坚硬场地之间过渡时，应正向纵向行走，严禁横向行走。

5）压桩机升降过程中，四个顶升缸应两个一组交替动作，每次行程不得超过 100mm。当单个顶升缸动作时，行程不得超过 50mm。压桩机在顶升过程中，船形轨道不应压在已入土的单一桩顶上。

6）压桩作业时，应有统一指挥，压桩人员和吊桩人员应密切联系，相互配合。

7）起重机吊桩进入夹持机构进行接桩或插桩作业时，应确认在压桩开始前吊钩已安全脱离桩体。

8）压桩时，应按桩机技术性能表作业，不得超载运行。操作时动作不应过猛，避免冲击。

9）桩机发生浮机时，严禁起重机吊物，若起重机已起吊物体，应立即将起吊物卸下，暂停压桩，待查明原因，采取相应措施后，方可继续施工。

10）压桩时，非工作人员应离机 10m 以外。起重机的起重臂及桩机配重下方严禁站人。

11）压桩时，人员的手足不得伸入压桩台与机身的间隙之中。

12）压桩过程中，应保持桩的垂直度，如遇地下障碍物使桩产生倾斜时，不得采用压桩机行走的方法强行纠正，应先将桩拔起，待地下障碍物清除后，重新插桩。

13）在压桩过程中，夹持机构与桩侧出现打滑时，不得任意提高液压缸压力，强行操作，而应找出打滑原因，排除故障后，方可继续进行。

14）接桩时，上一级应提升 350~400mm，此时，不得松开夹持板。

15）当桩的贯入阻力太大，使桩不能压至标高时，不得任意增加配重，应保护液压元件和构件不受损坏。

16）当桩顶不能最后压到设计标高时，应将桩顶部分凿去，不得用桩机行走的方式，将桩强行推断。

17）作业完毕，应将短船运行至中间位置，停放在平整地面上，其余液压缸应全部回程缩进，起重机吊钩应升至最上部，并应使各部制动器制动，最后应将外露活塞杆擦干净。

18）作业后，应将控制器放在"零位"，并依次切断各部电源，锁闭门窗，冬季应放尽各部积水。

19）转移工地时，应按规定程序拆卸后，用汽车装运。所有油管接头处应加保护帽，不得让尘土进入。

4. 旋挖钻机的安全技术要求

1）作业地面应坚实平整，作业过程中地面不得下陷，工作坡度不得大于2°。

2）钻机司机进出驾驶室时，应面向钻机，利用阶梯和扶手上下。在进入或离开驾驶室时，不得把任何操纵杆当扶手使用。

3）钻机作业或行走过程中，除司机外，不得搭载其他人员。

4）钻机行驶时，应将上车转台和底盘车架销住，履带式钻机还应锁定履带伸缩液压缸的保护装置。

5）钻孔作业前，应确认固定上车转台和底盘车架的销轴已拔出。履带式钻机应将履带的轨距伸至最大，以增加设备的稳定性。

6）装卸钻具钻杆、转移工作点、收臂放塔、检修调试必须专人指挥，确认附近无人和可能碰触的物体时，方可进行。

7）卷扬机提升钻杆、钻头和其他钻具时，重物必须位于桅杆正前方。钢丝绳与桅杆夹角必须符合使用说明书的规定。

8）开始钻孔时，应使钻杆保持垂直，位置正确，以慢速开始钻进，待钻头进入土层后再加快进尺。当钻斗穿过软硬土层交界处时，应放慢进尺。提钻时，不得转动钻斗。

9）作业中，如钻机发生浮机现象，应立即停止作业，查明原因后及时处理。

10）钻机移位时，应将钻桅及钻具提升到一定高度，并注意检查钻杆，防止钻杆脱落。

11）作业中，钻机工作范围内不得有人进入。

12）钻机短时停机，可不放下钻桅，将动力头与钻具放下，使其尽量接近地面。长时间停机时，应将钻桅放至规定位置。

13）作业后，应将机器停放在平地上，清理污物。

14）钻机使用一定时间后，应按设备使用说明书的要求进行保养。维修、保养时，应将钻机支撑好。

16.2.3 混凝土机械

1. 一般规定

1）液压系统的溢流阀、安全阀齐全有效，调定压力应符合说明书要求。系统无泄漏，工作平稳无异响。

2）机械设备的工作机构、制动及离合装置、各种仪表及安全装置齐全完好。

3）电气设备作业应符合《施工现场临时用电安全技术规范》（JGJ 46—2005）的有关规定。插入式、平板式振捣器的漏电保护器应采用防溅型产品，其额定漏电动作电流不应大于15mA；额定漏电动作时间不应大于0.1s。

4）冬期施工，机械设备的管道、水泵及水冷却装置应采取防冻保温措施。

5）混凝土泵在开始或停止泵送混凝土前，作业人员应与出料软管保持安全距离。严禁作业人员在出料口下方停留。严禁出料软管埋在混凝土中。

6）泵送混凝土的排量、浇筑顺序应符合混凝土浇筑专项方案要求。集中荷载量最大值应在允许范围内。

7）混凝土泵工作时，料斗中混凝土应保持在搅拌轴线以上，不应吸空或无料泵送。

8）混凝土泵工作时严禁进行维修作业。

9）混凝土泵作业中，应对泵送设备和管路进行观察，发现隐患应及时处理。对磨损超过规定的管子、卡箍、密封圈等应及时更换。

10）混凝土泵作业后应将料斗和管道内的混凝土全部排出，并对泵、料斗、管道进行清洗。清洗作业应按说明书要求进行，不宜采用压缩空气进行清洗。

2. 混凝土搅拌机的安全技术要求

1）搅拌机安装应平稳牢固，并应搭设定型化、装配式操作棚，且具有防风、防雨功能。操作棚应有足够的操作空间，顶部在任一 0.1m×0.1m 区域内应能承受 1.5kN 的力而无永久变形。

2）作业区应设置排水沟渠、沉淀池及除尘设施。

3）搅拌机操作台处应视线良好，操作人员应能观察到各部工作情况。操作台应铺垫橡胶绝缘垫。

4）作业前应重点检查以下项目，并符合下列规定：

① 料斗上、下限位装置灵敏有效，保险销、保险链齐全完好。钢丝绳断丝、断股、磨损未超标准。

② 制动器、离合器灵敏可靠。

③ 各传动机构、工作装置无异常。开式齿轮、带轮等传动装置的安全防护罩齐全可靠。齿轮箱、液压油箱内的油质和油量符合要求。

④ 搅拌筒与托轮接触良好，不窜动、不跑偏。

⑤ 搅拌筒内叶片紧固不松动，与衬板间隙应符合说明书规定。

5）作业前应先进行空载运转，确认搅拌筒或叶片运转方向正确。反转出料的搅拌机应进行正、反转运转。空载运转无冲击和异常噪声。

6）供水系统的仪表计量准确，水泵、管道等部件连接无误，正常供水无泄漏。

7）搅拌机应达到正常转速后进行上料，不应带负荷启动。上料量及上料程序应符合说明书要求。

8）料斗提升时，严禁作业人员在料斗下停留或通过；当需要在料斗下方进行清理或检修时，应将料斗提升至上止点并用保险销锁牢。

9）搅拌机运转时，严禁进行维修、清理工作。当作业人员需进入搅拌筒内作业时，必须先切断电源，锁好开关箱，悬挂"禁止合闸"的警示牌，并派专人监护。

10）作业完毕，应将料斗降到最低位置，并切断电源。冬季应将冷却水放净。

11）搅拌机在场内移动或远距离运输时，应将料斗提升至上止点，并用保险销锁牢。

3. 混凝土搅拌运输车的安全技术要求

1）液压系统、气动装置的安全阀、溢流阀的调整压力必须符合说明书要求。卸料槽锁扣及搅拌筒的安全锁定装置应齐全完好。

2）燃油、润滑油、液压油、制动液及冷却液应添加充足，无渗漏，质量应符合要求。

3）搅拌筒及机架缓冲件无裂纹或损伤，筒体与托轮接触良好。搅拌叶片、进料斗、主辅卸料槽应无严重磨损和变形。

4）装料前应先启动内燃机空载运转，各仪表指示正常、制动气压达到规定值，并应低速旋转搅拌筒 3~5min，确认无误方可装料。装载量不得超过规定值。

5）行驶前，应确认操作手柄处于"搅动"位置并锁定，卸料槽锁扣应扣牢。搅拌行驶时最高速度不得大于 50km/h。

6）出料作业时，应将搅拌运输车停靠在地势平坦处，应与基坑及输电线路保持安全距离。并将制动系统锁定。

7）进入搅拌筒进行维修、铲除清理混凝土作业前，必须将发动机熄火，操作杆置于空挡，将发动机钥匙取出并设专人监护，悬挂安全警示牌。

4. 混凝土输送泵的安全技术要求

1）混凝土泵应安放在平整、坚实的地面上，周围不得有障碍物，在放下支腿并调整后应使机身保持水平和稳定，轮胎应揳紧。

2）混凝土输送管道的敷设应符合下列规定：

① 管道敷设前检查管壁的磨损减薄量应在说明书允许范围内，并不得有裂纹、砂眼等缺陷。新管或磨损量较小的管应敷设在泵出口附近。

② 管道应使用支架与建筑结构固定牢固。底部弯管应依据泵送高度、混凝土排量等设置独立的基础，并能承受最大荷载。

③ 敷设垂直向上的管道时，垂直管不得直接与泵的输出口连接，应在泵与垂直管之间敷设长度不小于 15m 的水平管，并加装逆止阀。

④ 敷设向下倾斜的管道时，应在泵与斜管之间敷设长度不小于 5 倍落差的水平管。当倾斜度大于 7° 时应加装排气阀。

3）作业前应检查确认管道各连接处管卡扣牢不泄漏。防护装置齐全可靠，各部位操纵开关、手柄等位置正确，搅拌斗防护网完好牢固。

4）砂石粒径、水泥强度等级及配合比应按出厂规定，满足泵机可泵性的要求。

5）启动后，应空载运转，观察各仪表的指示值，检查泵和搅拌装置的运转情况，确认一切正常后，方可作业。泵送前应向料斗加入 10L 清水和 0.3m³ 的水泥砂浆润滑泵及管道。

5. 混凝土泵车的安全技术要求

1）混凝土泵车应停放在平整坚实的地方，与沟槽和基坑的安全距离应符合说明书的要求。臂架回转范围内不得有障碍物，与输电线路的安全距离应符合《施工现场临时用电安全技术规范》（JGJ 46—2005）的有关规定。

2）混凝土泵车作业前，应将支腿打开，用垫木垫平，车身的倾斜度不应大于 3°。

3）作业前应重点检查以下项目，并符合下列规定：

① 安全装置齐全有效，仪表指示正常。

② 液压系统、工作机构运转正常。

③ 料斗网格完好牢固。

④ 软管安全链与臂架连接牢固。

4）伸展布料杆应按出厂说明书的顺序进行。布料杆在升离支架后方可回转。严禁用布料杆起吊或拖拉物件。

5）当布料杆处于全伸状态时，不得移动车身。作业中需要移动车身时，应将上段布料杆折叠固定，移动速度不得超过 10km/h。

6）严禁延长布料配管和布料软管。

6. 插入式振捣器的安全技术要求

1）作业前应检查电动机、软管、电缆线、控制开关等完好无破损。电缆线连接正确。

2）操作人员作业时必须穿戴符合要求的绝缘鞋和绝缘手套。

3）电缆线应采用耐气候型橡皮护套铜芯软电缆，并不得有接头。

4）电缆线长度不应大于 30m，不得缠绕、扭结和挤压，并不得承受任何外力。

5）振捣器软管的弯曲半径不得小于 500mm，操作时应将振捣器垂直插入混凝土，深度不宜超过振捣器长度的 3/4，应避免触及钢筋及预埋件。

6）振捣器不得在初凝的混凝土、脚手板和干硬的地面上进行试振。在检修或作业间断时应切断电源。

7）作业完毕，应切断电源并将电动机、软管及振捣器清理干净。

7. 附着式、平板式振捣器的安全技术要求

1）作业前应检查电动机、电源线、控制开关等完好无破损，附着式振捣器的安装位置正确，连接牢固并应安装减振装置。

2）平板式振捣器操作人员必须穿戴符合要求的绝缘胶鞋和绝缘手套。

3）平板式振捣器应采用耐气候型橡皮护套铜芯软电缆，并不得有接头和承受任何外力，其长度不应超过 30m。

4）附着式、平板式振捣器的轴承不应承受轴向力，使用时应保持电动机轴线在水平状态。

5）振捣器不得在初凝的混凝土和干硬的地面上进行试振。在检修或作业间断时应切断电源。

6）平板式振捣器作业时应使用牵引绳控制移动速度，不得牵拉电缆。

7）在同一个混凝土模板或料仓上同时使用多台附着式振捣器时，各振捣器的振频应一致，安装位置宜交错设置。

8）安装在混凝土模板上的附着式振捣器，每次振动作业时间应根据方案执行。

9）作业完毕，应切断电源并将振捣器清理干净。

8. 混凝土布料机的安全技术要求

1）设置混凝土布料机前应确认现场有足够的作业空间，混凝土布料机任一部位与其他设备及构筑物的安全距离不应小于 0.6m。

2）固定式混凝土布料机的工作面应平整坚实。当设置在楼板上时，其支撑强度必须符合说明书的要求。

3）混凝土布料机作业前应重点检查以下项目，并符合下列规定：

① 各支腿打开垫实并锁紧。

② 塔架的垂直度符合说明书要求。

③ 配重块应与臂架安装长度匹配。

④ 臂架回转机构润滑充足，转动灵活。

⑤ 机动混凝土布料机的动力装置、传动装置、安全及制动装置符合要求。

⑥ 混凝土输送管道连接牢固。

4）手动混凝土布料机，臂架回转速度应缓慢均匀，牵引绳长度应满足安全距离的要求。

严禁作业人员在臂架下停留。

5）输送管出料口与混凝土浇筑面保持 1m 左右的距离，不得被混凝土堆埋。

6）严禁作业人员在臂架下方停留。

7）当风速达到 10.8m/s 以上或大雨、大雾等恶劣天气应停止作业。

16.2.4 钢筋加工机械

1. 一般规定

1）机械的安装应坚实稳固。固定式机械应有可靠的基础；移动式机械作业时应揻紧行走轮。

2）室外作业应设置机棚，机旁应有堆放原料、半成品、成品的场地。

3）加工较长的钢筋时，应有专人帮扶，并听从操作人员指挥，不得任意推拉。

4）作业后，应堆放好成品，清理场地，切断电源，锁好开关箱，做好润滑工作。

2. 钢筋调直切断机的安全技术要求

1）料架、料槽应安装平直，并应对准导向筒、调直筒和下切刀孔的中心线。

2）应用手转动飞轮，检查传动机构和工作装置，调整间隙，紧固螺栓，检查电气系统确认正常后，启动后先空运转，并应检查轴承无异响，齿轮啮合良好，运转正常后，方可作业。

3）应按调直钢筋的直径，选用适当的调直块、曳引轮槽及传动速度。调直块的孔径应比钢筋直径大 2~5mm，曳引轮槽宽应与所需调直钢筋的直径相符合，传动速度应根据钢筋直径选用，直径大的宜选用慢速，经调试合格，方可送料。

4）在调直块未固定、防护罩未盖好前不得送料。作业中严禁打开各部防护罩并调整间隙。

5）送料前，应将不直的钢筋端头切除。导向筒前应安装一根 1m 长的钢管，钢筋应先穿过钢管再送入调直前端的导孔内。

6）当钢筋送入后，手与曳引轮应保持一定的距离，不得接近。

7）经过调直后的钢筋如仍有慢弯，可逐渐加大调直块的偏移量，直到调直为止。

8）切断 3~4 根钢筋后，应停机检查其长度，当超过允许偏差时，应调整限位开关或定尺板。

3. 钢筋切断机的安全技术要求

1）接送料的工作台面应和切刀下部保持水平，工作台的长度应根据加工材料长度确定。

2）启动前，应首先检查并确认切刀无裂纹，刀架螺栓紧固，防护罩牢靠。然后用手转动带轮，检查齿轮啮合间隙，调整切刀间隙。

3）启动后，应先空运转，检查各传动部分及轴承运转正常后，方可作业。

4）机械未达到正常转速时，不得切料。切料时，应使用切刀的中、下部位，紧握钢筋对准刃口迅速投入，操作者应站在固定刀片一侧用力压住钢筋，应防止钢筋末端弹出伤人。严禁用两手分在刀片两边握住钢筋俯身送料。

5）不得剪切直径及强度超过机械铭牌规定的钢筋和烧红的钢筋。一次切断多根钢筋时，其总截面面积应在规定范围内。

6）剪切低合金钢时，应更换高硬度切刀，剪切直径应符合机械铭牌规定。

7）切断短料时，手和切刀之间的距离应保持在 150mm 以上，如手握端小于 400mm 时，应采用套管或夹具将钢筋短头压住或夹牢。

8）运转中，严禁用手直接清除切刀附近的断头和杂物。钢筋摆动周围和切刀周围，不得停留非操作人员。

9）当发现机械运转不正常、有异常响声或切刀歪斜时，应立即停机检修。

10）作业后，应切断电源，用钢刷清除切刀间的杂物，进行整机清洁润滑。

11）液压传动式切断机作业前，应检查并确认液压油位及电动机旋转方向符合要求。启动后，应空载运转，松开放油阀，排净液压缸体内的空气，方可进行切筋。

12）手动液压式切断机使用前，应将放油阀按顺时针方向旋紧，切割完毕后，应立即按逆时针方向旋松。作业中，手应持稳切断机，并戴好绝缘手套。

4. 钢筋弯曲机的安全技术要求

1）工作台和弯曲机台面应保持水平，作业前应准备好各种芯轴及工具。

2）应按加工钢筋的直径和弯曲半径的要求，装好相应规格的芯轴和成型轴、挡铁轴。芯轴直径应为钢筋直径的 2.5 倍。挡铁轴应有轴套。

3）挡铁轴的直径和强度不得小于被弯钢筋的直径和强度。不直的钢筋，不得在弯曲机上弯曲。

4）应检查并确认芯轴、挡铁轴、转盘等无裂纹和损伤，防护罩坚固可靠，空载运转正常后，方可作业。

5）作业时，应将钢筋需弯一端插入在转盘固定销的间隙内，另一端紧靠机身固定销，并用手压紧；应检查机身固定销并确认安放在挡住钢筋的一侧，方可开动。

6）作业中，严禁更换轴芯、销子和变换角度以及调速，不得进行清扫和加油。

7）对超过机械铭牌规定直径的钢筋严禁进行弯曲。在弯曲未经冷拉或带有锈皮的钢筋时，应戴防护镜。

8）弯曲高强度或低合金钢筋时，应按机械铭牌规定换算最大允许直径并应调换相应的芯轴。

9）在弯曲钢筋的作业半径内和机身不设固定销的一侧严禁站人。弯曲好的半成品，应堆放整齐，弯钩不得朝上。

10）转盘换向时，应待弯曲机停稳后进行。

11）作业后，应及时清除转盘及孔内的铁锈、杂物等。

5. 钢筋冷拉机的安全技术要求

1）应根据冷拉钢筋的直径，合理选用卷扬机。卷扬钢丝绳应经封闭式导向滑轮，并和被拉钢筋成直角。卷扬机的位置应使操作人员能见到全部冷拉场地，卷扬机与冷拉中线距离不得小于 5m。

2）冷拉场地应在两端地锚外侧设置警戒区，并应安装防护栏及警告标志。无关人员不得在此停留。操作人员在作业时必须离开钢筋 2m 以外。

3）用配重控制的设备应与滑轮匹配，并应有指示起落的记号，没有指示记号时应有专人指挥。配重框提起时高度应限制在离地面 300mm 以内，配重架四周应有栏杆及警告标志。

4）作业前，应检查冷拉夹具，夹齿应完好，滑轮、拖拉小车应润滑灵活，拉钩、地锚及防护装置均应齐全牢固。确认良好后，方可作业。

5）卷扬机操作人员必须看到指挥人员发出信号，并待所有人员离开危险区后方可作业。冷拉应缓慢、均匀。当有停车信号或见到有人进入危险区时，应立即停拉，并稍稍放松卷扬钢丝绳。

6）用延伸率控制的装置，应装设明显的限位标志，并应有专人负责指挥。

7）夜间作业的照明设施，应装设在张拉危险区外。当需要装设在场地上空时，其高度应超过 5m。灯泡应加防护罩。

8）作业后，应放松卷扬钢丝绳，落下配重，切断电源，锁好开关箱。

6. 钢筋冷拔机的安全技术要求

1）应首先检查并确认机械各连接件牢固，模具无裂纹，轧头和模具的规格配套，然后启动主机进行空运转，确认正常后，方可作业。

2）在冷拔钢筋时，每道工序的冷拔直径应按机械出厂说明书规定进行，不得超量缩减模具孔径，无资料时，可按每次缩减孔径 0.5~1.0mm。

3）轧头时，应先使钢筋的一端穿过模具长度达 100~150mm，再用夹具夹牢。

4）作业时，操作人员的手和轧辊应保持 300~500mm 的距离。不得用手直接接触钢筋和滚筒。

5）冷拔模架中应随时加足润滑剂，润滑剂应采用石灰和肥皂水调和晒干后的粉末。钢筋通过冷拔模前，应抹少量润滑脂，拔丝过程中，当出现断丝或钢筋打结乱盘时，应立即停机；在处理完毕后，方可开机。

16.2.5 木工机械

1. 一般规定

1）木工机械操作人员应穿紧身衣裤，束紧长发，不得系领带和戴手套。

2）木工机械设备电源的安装和拆除、机械电气故障的排除，应由专业电工进行，木工机械只准使用单向开关，不准使用倒顺双向开关。

3）木工机械安全装置必须齐全有效，传动部位必须安装防护罩，各部件连接紧固。

4）工作场所应备有齐全可靠的消防器材。严禁在工作场所吸烟和有其他明火，并不得存放易燃易爆物品。

5）工作场所的待加工和已加工木料应堆放整齐，保证道路畅通。

6）机械应保持清洁，工作台上不得放置杂物。

7）机械的带轮、锯轮、刀轴、锯片、砂轮等高速转动部件应在安装时做平衡试验。

8）各种刀具破损程度应符合使用说明书的规定。

9）加工前，应从木料中清除钢钉、钢丝等金属物。

10）装设除尘装置的木工机械，作业前应先启动排尘装置，保持排尘管道不变形、不漏风。

11）严禁在机械运行中测量工件尺寸，清理机械上面和底部的木屑、刨花和杂物。

12）运行中不得跨过机械传动部分传递工件、工具等。排除故障、装拆刀具时必须待机械停稳后，切断电源，方可进行。

13）根据木材的材质、粗细、湿度等选择合适的切削和进给速度。操作人员与辅助人员应密切配合，以同步匀速接送料。

14）使用多功能机械时，只允许使用一种功能，应卸掉其他功能装置，避免多动作引起的安全事故。

15）作业后，应切断电源，锁好闸箱，进行清理、润滑。

16）噪声排放不应超过 90dB，超过时，应采取降噪措施或佩戴防护用品。

2. 圆盘锯的安全技术要求

1）锯片上方必须安装保险挡板，在锯片后面，离齿 10~15mm 处，必须安装弧形楔刀。锯片的安装，应保持与轴同心，夹持锯片的法兰盘直径应为锯片直径的 1/4。

2）锯片必须锯齿尖锐，不得连续缺齿两个，锯片不得有裂纹。

3）被锯木料厚度，以锯片能露出木料 10~20mm 为限，长度应不小于 500mm。

4）启动后，待转速正常后方可进行锯料。送料时不得将木料左右晃动或高抬，遇木节时要缓缓送料。接近端头时，应用推棍送料。

5）如锯线走偏，应逐渐纠正，不得猛扳，以免损坏锯片。

6）操作人员应戴防护眼镜，不得站在面对锯片离心力方向操作。作业时手臂不得跨越锯片。

16.2.6　焊接机械

1. 一般规定

1）焊接前必须先进行动火审查，配备灭火器材和监护人员后，开具动火证。

2）焊接设备应有完整的防护外壳，一、二次接线柱处应有保护罩。

3）焊接操作及配合人员必须按规定穿戴劳动防护用品，并必须采取防止触电、高空坠落、中毒和火灾等事故的安全措施。

4）现场使用的电焊机，应设有防雨、防潮、防晒、防砸的机棚，并应装设相应的消防器材。

5）焊割现场 10m 范围内及高处作业下方，不得堆放油类、木材、氧气瓶、乙炔发生器等易燃易爆物品。

6）电焊机绝缘电阻不得小于 0.5MΩ，电焊机导线绝缘电阻不得小于 1MΩ，电焊机接地电阻不得大于 4Ω。

7）电焊机导线和接地线不得搭在易燃易爆及带有热源或有油的物品上；不得利用建筑物的金属结构、管道、轨道或其他金属物体搭接起来形成焊接回路，并不得将电焊机和工件双重接地；严禁使用氧气、天然气等易燃易爆气体管道作为接地装置。

8）电焊机的二次线应采用防水橡皮护套铜芯软电缆，电缆长度不应大于 30m，二次线接头不得超过 3 个，二次线应双线到位，不得采用金属构件或结构钢筋代替二次线的地线。当需要加长导线时，应相应增加导线的截面。当导线通过道路时，必须架高或穿入防护管内埋设在地下；当通过轨道时，必须从轨道下面通过。当导线绝缘受损或断股时，应立即更换。

9）电焊钳应有良好的绝缘和隔热能力。电焊钳握柄必须绝缘良好，握柄与导线连接应牢靠，接触良好，连接处应采用绝缘布包好并不得外露。操作人员不得用胳膊夹持电焊钳，也不得在水中冷却电焊钳。

10）对压力容器和装有剧毒、易燃易爆物品的容器及带电结构严禁进行焊接和切割。

11）当需施焊受压容器、密封容器、油桶、管道、沾有可燃气体和溶液的工件时，应首先清除容器及管道内压力，消除可燃气体和溶液，然后冲洗有毒、有害、易燃物质；对存有残余油脂的容器，应先用蒸汽、碱水冲洗，并打开盖口，确认容器清洗干净后，再灌满清水方可进行焊接。在容器内焊接应采取防止触电、中毒和窒息的措施。焊、割密封容器时应留出气孔，必要时在进、出气口处装设通风设备；容器内照明电压不得超过 12V，焊工与焊件间应绝缘；容器外应设专人监护。严禁在已喷涂过油漆和塑料的容器内焊接。

12）焊接铜、铝、锌、锡等有色金属时，应通风良好，焊接人员应戴防毒面罩或采取其他防毒措施。

13）当预热焊件温度达 150~700℃时，应设挡板隔离焊件发出的辐射热，焊接人员应穿戴隔热的石棉服装和鞋、帽等。

14）高空焊接或切割时，必须系好安全带，焊接周围和下方应采取防火措施，并应有专人监护。

15）雨天不得在露天电焊。在潮湿地带作业时，操作人员应站在铺有绝缘物品的地方，并应穿绝缘鞋。

16）应按电焊机额定焊接电流和暂载率操作，严禁过负荷。在运行中，应经常检查电焊机的温升，当喷漆电焊机金属外壳温升超过 35℃时，必须停止运转并采取降温措施。

17）当清除焊缝焊渣时，应戴防护眼镜，头部应避开敲击焊渣飞溅方向。

2. 竖向钢筋电渣压力焊机的安全技术要求

1）应根据施焊钢筋直径选择具有足够输出电流的电焊机。电源电缆和控制电缆连接应正确、牢固。控制箱的外壳应牢靠接地。

2）施焊前，应检查供电电压并确认正常，当一次电压降大于 8% 时，不宜焊接。焊接导线长度不得大于 30m，截面面积不得小于 50mm²。

3）施焊前应检查并确认电源及控制电路正常，定时准确，误差不大于 5%，机具的传动系统、夹装系统及焊钳的转动部分灵活自如，焊剂已干燥，所需附件齐全。

4）施焊前，应按所焊钢筋的直径，根据参数表，标定好所需的电源和时间。一般情况下，时间（s）可为钢筋的直径数（mm），电流（A）可为钢筋直径的 20 倍数（mm）。

5）起弧前，上、下钢筋应对齐，钢筋端头应接触良好。对锈蚀粘有水泥的钢筋，应要用钢丝刷清除，并保证导电良好。

6）施焊过程中，应随时检查焊接质量。当发现倾斜、偏心、未熔合、有气孔等现象时，应重新施焊。

7）每个接头焊完后，应停留 5~6min 保温；寒冷季节应适当延长。当拆下机具时，应扶住钢筋，过热的接头不得过于受力。焊渣应待完全冷却后清除。

3. 气焊（割）设备的安全技术要求

1）气瓶每 3 年必须检验一次，使用期不超过 20 年。

2）与乙炔相接触的部件的铜含量（即质量分数）或银含量（即质量分数）不得超过 70%。

3）严禁用明火检验是否漏气。

4）乙炔钢瓶使用时必须设有防止回火的安全装置；同时使用两种气体作业时，不同气瓶都应安装单向阀，防止气体相互倒灌。

5）乙炔瓶与氧气瓶距离不得少于 5m，气瓶与动火距离不得少于 10m。

6）乙炔软管、氧气软管不得错装。乙炔气胶管、防止回火装置及气瓶冻结时，应用 40℃ 以下热水或明年加热解冻，严禁用火烤。

7）现场使用的不同气瓶应装有不同的减压器，严禁使用未安装减压器的氧气瓶。

8）安装减压器时，应先检查氧气瓶阀门接头，不得有油脂，并略开氧气瓶阀门吹除污垢，然后安装减压器，操作者不得正对氧气瓶阀门出气口，关闭氧气瓶阀门时，应先松开减压器的活门螺钉。

9）氧气瓶、氧气表及焊割工具上严禁沾染油脂。开启氧气瓶阀门时，应采用专用工具，动作应缓慢，不得面对减压器，压力表指针应灵敏正常。氧气瓶中的氧气不得全部用尽，应留 0.1~0.2MPa 以上的剩余压力。

10）点火时，焊枪口严禁对人，正在燃烧的焊枪不得放在工件或地面上，焊枪带有乙炔和氧气时，严禁放在金属容器内，以防气体逸出，发生爆燃事故。

11）点燃焊（割）炬时，应先开乙炔阀点火，再开氧气阀调整火。关闭时，应先关闭乙炔阀，再关闭氧气阀。氢、氧并用时，应先开乙炔气，再开氢气，最后开氧气，再点燃。熄灭火时，应先关氧气，再关氢气，最后关乙炔气。

12）操作时，氢气瓶、乙炔瓶应直立放置且必须安放稳固，防止倾倒，不得卧放使用，气瓶存放点温度不得超过 40℃。

13）严禁在带压的容器或管道上焊割，在带电设备上焊割应先切断电源。在储存过易燃易爆及有毒物品的容器或管道上焊割时，应先清除干净，并将所有的孔、口打开。

14）在作业中，发现氧气瓶阀门失灵或损坏不能关闭时，应先让瓶内的氧气自动放尽后，再进行拆卸修理。

15）使用中，当氧气软管着火时，不得折弯软管断气，应迅速关闭氧气阀门，停止供氧。当乙炔软管着火时，应先关熄炬火，可弯折前面一段软管将火熄灭。

16）工作完毕，应将氧气瓶、乙炔瓶气阀关好，拧上安全罩，检查操作场地，确认无着火危险，方准离开。

17）氧气瓶应与其他易燃气瓶、油脂和其他易燃易爆物品分别存放，且不得同车运输。氧气瓶应有防振圈和安全帽；不得用行车或起重机散装吊运氧气瓶。

思 考 题

1. 依据《建筑机械使用安全技术规程》（JGJ 33—2012），建筑施工机械主要分为哪些类型？
2. 挖掘机的安全技术要求是什么？
3. 蛙式夯实机的安全技术要求是什么？
4. 静力压桩机的安全技术要求是什么？
5. 旋挖钻机的安全技术要求是什么？
6. 混凝土输送泵的安全技术要求是什么？
7. 混凝土泵车的安全技术要求是什么？

8. 插入式振捣器的安全技术要求是什么？

9. 混凝土布料机的安全技术要求是什么？

10. 圆盘锯的安全技术要求是什么？

11. 竖向钢筋电渣压力焊机的安全技术要求是什么？

12. 气焊（割）设备的安全技术要求是什么？

附录 生产安全事故报告和调查处理条例

（国务院令第 493 号）

第一章 总 则

第一条 为了规范生产安全事故的报告和调查处理，落实生产安全事故责任追究制度，防止和减少生产安全事故，根据《中华人民共和国安全生产法》和有关法律，制定本条例。

第二条 生产经营活动中发生的造成人身伤亡或者直接经济损失的生产安全事故的报告和调查处理，适用本条例；环境污染事故、核设施事故、国防科研生产事故的报告和调查处理不适用本条例。

第三条 根据生产安全事故（以下简称事故）造成的人员伤亡或者直接经济损失，事故一般分为以下等级：

（一）特别重大事故，是指造成 30 人以上死亡，或者 100 人以上重伤（包括急性工业中毒，下同），或者 1 亿元以上直接经济损失的事故；

（二）重大事故，是指造成 10 人以上 30 人以下死亡，或者 50 人以上 100 人以下重伤，或者 5000 万元以上 1 亿元以下直接经济损失的事故；

（三）较大事故，是指造成 3 人以上 10 人以下死亡，或者 10 人以上 50 人以下重伤，或者 1000 万元以上 5000 万元以下直接经济损失的事故；

（四）一般事故，是指造成 3 人以下死亡，或者 10 人以下重伤，或者 1000 万元以下直接经济损失的事故。

国务院安全生产监督管理部门可以会同国务院有关部门，制定事故等级划分的补充性规定。

本条第一款所称的"以上"包括本数，所称的"以下"不包括本数。

第四条 事故报告应当及时、准确、完整，任何单位和个人对事故不得迟报、漏报、谎报或者瞒报。

事故调查处理应当坚持实事求是、尊重科学的原则，及时、准确地查清事故经过、事故原因和事故损失，查明事故性质，认定事故责任，总结事故教训，提出整改措施，并对事故责任者依法追究责任。

第五条　县级以上人民政府应当依照本条例的规定，严格履行职责，及时、准确地完成事故调查处理工作。

事故发生地有关地方人民政府应当支持、配合上级人民政府或者有关部门的事故调查处理工作，并提供必要的便利条件。

参加事故调查处理的部门和单位应当互相配合，提高事故调查处理工作的效率。

第六条　工会依法参加事故调查处理，有权向有关部门提出处理意见。

第七条　任何单位和个人不得阻挠和干涉对事故的报告和依法调查处理。

第八条　对事故报告和调查处理中的违法行为，任何单位和个人有权向安全生产监督管理部门、监察机关或者其他有关部门举报，接到举报的部门应当依法及时处理。

第二章　事　故　报　告

第九条　事故发生后，事故现场有关人员应当立即向本单位负责人报告；单位负责人接到报告后，应当于1小时内向事故发生地县级以上人民政府安全生产监督管理部门和负有安全生产监督管理职责的有关部门报告。

情况紧急时，事故现场有关人员可以直接向事故发生地县级以上人民政府安全生产监督管理部门和负有安全生产监督管理职责的有关部门报告。

第十条　安全生产监督管理部门和负有安全生产监督管理职责的有关部门接到事故报告后，应当依照下列规定上报事故情况，并通知公安机关、劳动保障行政部门、工会和人民检察院：

（一）特别重大事故、重大事故逐级上报至国务院安全生产监督管理部门和负有安全生产监督管理职责的有关部门；

（二）较大事故逐级上报至省、自治区、直辖市人民政府安全生产监督管理部门和负有安全生产监督管理职责的有关部门；

（三）一般事故上报至设区的市级人民政府安全生产监督管理部门和负有安全生产监督管理职责的有关部门。

安全生产监督管理部门和负有安全生产监督管理职责的有关部门依照前款规定上报事故情况，应当同时报告本级人民政府。国务院安全生产监督管理部门和负有安全生产监督管理职责的有关部门以及省级人民政府接到发生特别重大事故、重大事故的报告后，应当立即报告国务院。

必要时，安全生产监督管理部门和负有安全生产监督管理职责的有关部门可以越级上报事故情况。

第十一条　安全生产监督管理部门和负有安全生产监督管理职责的有关部门逐级上报事故情况，每级上报的时间不得超过2小时。

第十二条　报告事故应当包括下列内容：

（一）事故发生单位概况；

（二）事故发生的时间、地点以及事故现场情况；

（三）事故的简要经过；

（四）事故已经造成或者可能造成的伤亡人数（包括下落不明的人数）和初步估计的直接经济损失；

（五）已经采取的措施；

（六）其他应当报告的情况。

第十三条 事故报告后出现新情况的，应当及时补报。

自事故发生之日起 30 日内，事故造成的伤亡人数发生变化的，应当及时补报。道路交通事故、火灾事故自发生之日起 7 日内，事故造成的伤亡人数发生变化的，应当及时补报。

第十四条 事故发生单位负责人接到事故报告后，应当立即启动事故相应应急预案，或者采取有效措施，组织抢救，防止事故扩大，减少人员伤亡和财产损失。

第十五条 事故发生地有关地方人民政府、安全生产监督管理部门和负有安全生产监督管理职责的有关部门接到事故报告后，其负责人应当立即赶赴事故现场，组织事故救援。

第十六条 事故发生后，有关单位和人员应当妥善保护事故现场以及相关证据，任何单位和个人不得破坏事故现场、毁灭相关证据。

因抢救人员、防止事故扩大以及疏通交通等原因，需要移动事故现场物件的，应当做出标志，绘制现场简图并做出书面记录，妥善保存现场重要痕迹、物证。

第十七条 事故发生地公安机关根据事故的情况，对涉嫌犯罪的，应当依法立案侦查，采取强制措施和侦查措施。犯罪嫌疑人逃匿的，公安机关应当迅速追捕归案。

第十八条 安全生产监督管理部门和负有安全生产监督管理职责的有关部门应当建立值班制度，并向社会公布值班电话，受理事故报告和举报。

第三章 事 故 调 查

第十九条 特别重大事故由国务院或者国务院授权有关部门组织事故调查组进行调查。

重大事故、较大事故、一般事故分别由事故发生地省级人民政府、设区的市级人民政府、县级人民政府负责调查。省级人民政府、设区的市级人民政府、县级人民政府可以直接组织事故调查组进行调查，也可以授权或者委托有关部门组织事故调查组进行调查。

未造成人员伤亡的一般事故，县级人民政府也可以委托事故发生单位组织事故调查组进行调查。

第二十条 上级人民政府认为必要时，可以调查由下级人民政府负责调查的事故。

自事故发生之日起 30 日内（道路交通事故、火灾事故自发生之日起 7 日内），因事故伤亡人数变化导致事故等级发生变化，依照本条例规定应当由上级人民政府负责调查的，上级人民政府可以另行组织事故调查组进行调查。

第二十一条 特别重大事故以下等级事故，事故发生地与事故发生单位不在同一个县级以上行政区域的，由事故发生地人民政府负责调查，事故发生单位所在地人民政府应当派人参加。

第二十二条　事故调查组的组成应当遵循精简、效能的原则。

根据事故的具体情况，事故调查组由有关人民政府、安全生产监督管理部门、负有安全生产监督管理职责的有关部门、监察机关、公安机关以及工会派人组成，并应当邀请人民检察院派人参加。

事故调查组可以聘请有关专家参与调查。

第二十三条　事故调查组成员应当具有事故调查所需要的知识和专长，并与所调查的事故没有直接利害关系。

第二十四条　事故调查组组长由负责事故调查的人民政府指定。事故调查组组长主持事故调查组的工作。

第二十五条　事故调查组履行下列职责：

（一）查明事故发生的经过、原因、人员伤亡情况及直接经济损失。

（二）认定事故的性质和事故责任；

（三）提出对事故责任者的处理建议；

（四）总结事故教训，提出防范和整改措施；

（五）提交事故调查报告。

第二十六条　事故调查组有权向有关单位和个人了解与事故有关的情况，并要求其提供相关文件、资料，有关单位和个人不得拒绝。

事故发生单位的负责人和有关人员在事故调查期间不得擅离职守，并应当随时接受事故调查组的询问，如实提供有关情况。

事故调查中发现涉嫌犯罪的，事故调查组应当及时将有关材料或者其复印件移交司法机关处理。

第二十七条　事故调查中需要进行技术鉴定的，事故调查组应当委托具有国家规定资质的单位进行技术鉴定。必要时，事故调查组可以直接组织专家进行技术鉴定。技术鉴定所需时间不计入事故调查期限。

第二十八条　事故调查组成员在事故调查工作中应当诚信公正、恪尽职守，遵守事故调查组的纪律，保守事故调查的秘密。

未经事故调查组组长允许，事故调查组成员不得擅自发布有关事故的信息。

第二十九条　事故调查组应当自事故发生之日起60日内提交事故调查报告；特殊情况下，经负责事故调查的人民政府批准，提交事故调查报告的期限可以适当延长，但延长的期限最长不超过60日。

第三十条　事故调查报告应当包括下列内容：

（一）事故发生单位概况；

（二）事故发生经过和事故救援情况；

（三）事故造成的人员伤亡和直接经济损失；

（四）事故发生的原因和事故性质；

（五）事故责任的认定以及对事故责任者的处理建议；

（六）事故防范和整改措施。

事故调查报告应当附具有关证据材料。事故调查组成员应当在事故调查报告上签名。

第三十一条　事故调查报告报送负责事故调查的人民政府后，事故调查工作即告结束。事故调查的有关资料应当归档保存。

第四章　事　故　处　理

第三十二条　重大事故、较大事故、一般事故，负责事故调查的人民政府应当自收到事故调查报告之日起 15 日内做出批复；特别重大事故，30 日内做出批复，特殊情况下，批复时间可以适当延长，但延长的时间最长不超过 30 日。

有关机关应当按照人民政府的批复，依照法律、行政法规规定的权限和程序，对事故发生单位和有关人员进行行政处罚，对负有事故责任的国家工作人员进行处分。

事故发生单位应当按照负责事故调查的人民政府的批复，对本单位负有事故责任的人员进行处理。

负有事故责任的人员涉嫌犯罪的，依法追究刑事责任。

第三十三条　事故发生单位应当认真吸取事故教训，落实防范和整改措施，防止事故再次发生。防范和整改措施的落实情况应当接受工会和职工的监督。

安全生产监督管理部门和负有安全生产监督管理职责的有关部门应当对事故发生单位落实防范和整改措施的情况进行监督检查。

第三十四条　事故处理的情况由负责事故调查的人民政府或者其授权的有关部门、机构向社会公布，依法应当保密的除外。

第五章　法　律　责　任

第三十五条　事故发生单位主要负责人有下列行为之一的，处上一年年收入 40%至 80% 的罚款；属于国家工作人员的，并依法给予处分；构成犯罪的，依法追究刑事责任：

（一）不立即组织事故抢救的；

（二）迟报或者漏报事故的；

（三）在事故调查处理期间擅离职守的。

第三十六条　事故发生单位及其有关人员有下列行为之一的，对事故发生单位处 100万元以上 500 万元以下的罚款；对主要负责人、直接负责的主管人员和其他直接责任人员处上一年年收入 60% 至 100% 的罚款；属于国家工作人员的，并依法给予处分；构成违反治安管理行为的，由公安机关依法给予治安管理处罚；构成犯罪的，依法追究刑事责任：

（一）谎报或者瞒报事故的；

（二）伪造或者故意破坏事故现场的；

（三）转移、隐匿资金、财产，或者销毁有关证据、资料的；

（四）拒绝接受调查或者拒绝提供有关情况和资料的；

（五）在事故调查中作伪证或者指使他人作伪证的；

（六）事故发生后逃匿的。

第三十七条　事故发生单位对事故发生负有责任的，依照下列规定处以罚款：

（一）发生一般事故的，处 10 万元以上 20 万元以下的罚款；

（二）发生较大事故的，处 20 万元以上 50 万元以下的罚款；

（三）发生重大事故的，处 50 万元以上 200 万元以下的罚款；

（四）发生特别重大事故的，处 200 万元以上 500 万元以下的罚款。

第三十八条　事故发生单位主要负责人未依法履行安全生产管理职责，导致事故发生的，依照下列规定处以罚款；属于国家工作人员的，并依法给予处分；构成犯罪的，依法追究刑事责任：

（一）发生一般事故的，处上一年年收入 30% 的罚款；

（二）发生较大事故的，处上一年年收入 40% 的罚款；

（三）发生重大事故的，处上一年年收入 60% 的罚款；

（四）发生特别重大事故的，处上一年年收入 80% 的罚款。

第三十九条　有关地方人民政府、安全生产监督管理部门和负有安全生产监督管理职责的有关部门有下列行为之一的，对直接负责的主管人员和其他直接责任人员依法给予处分；构成犯罪的，依法追究刑事责任：

（一）不立即组织事故抢救的；

（二）迟报、漏报、谎报或者瞒报事故的；

（三）阻碍、干涉事故调查工作的；

（四）在事故调查中作伪证或者指使他人作伪证的。

第四十条　事故发生单位对事故发生负有责任的，由有关部门依法暂扣或者吊销其有关证照；对事故发生单位负有事故责任的有关人员，依法暂停或者撤销其与安全生产有关的执业资格、岗位证书；事故发生单位主要负责人受到刑事处罚或者撤职处分的，自刑罚执行完毕或者受处分之日起，5 年内不得担任任何生产经营单位的主要负责人。

为发生事故的单位提供虚假证明的中介机构，由有关部门依法暂扣或者吊销其有关证照及其相关人员的执业资格；构成犯罪的，依法追究刑事责任。

第四十一条　参与事故调查的人员在事故调查中有下列行为之一的，依法给予处分；构成犯罪的，依法追究刑事责任：

（一）对事故调查工作不负责任，致使事故调查工作有重大疏漏的；

（二）包庇、袒护负有事故责任的人员或者借机打击报复的。

第四十二条　违反本条例规定，有关地方人民政府或者有关部门故意拖延或者拒绝落实经批复的对事故责任人的处理意见的，由监察机关对有关责任人员依法给予处分。

第四十三条　本条例规定的罚款的行政处罚，由安全生产监督管理部门决定。

法律、行政法规对行政处罚的种类、幅度和决定机关另有规定的，依照其规定。

第六章　附　　则

第四十四条　没有造成人员伤亡，但是社会影响恶劣的事故，国务院或者有关地方人民政府认为需要调查处理的，依照本条例的有关规定执行。

国家机关、事业单位、人民团体发生的事故的报告和调查处理，参照本条例的规定执行。

第四十五条　特别重大事故以下等级事故的报告和调查处理，有关法律、行政法规或者国务院另有规定的，依照其规定。

第四十六条　本条例自 2007 年 6 月 1 日起施行。国务院 1989 年 3 月 29 日公布的《特别重大事故调查程序暂行规定》和 1991 年 2 月 22 日公布的《企业职工伤亡事故报告和处理规定》同时废止。

参 考 文 献

[1] 姚刚.建筑施工安全 [M].重庆：重庆大学出版社，2017.

[2] 蔺伯华.建筑工程安全管理 [M].2 版.北京：机械工业出版社，2017.

[3] 李钰.建筑施工安全 [M].2 版.北京：中国建筑工业出版社，2013.

[4] 王云江.建筑工程施工安全技术 [M].北京：中国建筑工业出版社，2015.

[5] 全国一级建造师执业资格考试用书编写委员会.建设工程法规及相关知识 [M].北京：中国建筑工业
出版社，2020.

[6] 全国一级建造师执业资格考试用书编写委员会.建设工程项目管理 [M].北京：中国建筑工业出版
社，2020.

[7] 全国一级建造师执业资格考试用书编写委员会.建设工程管理与实务 [M].北京：中国建筑工业出版
社，2020.

[8] 中国安全生产科学研究院.安全生产技术基础 [M].北京：应急管理出版社，2020.

[9] 中国安全生产科学研究院.安全生产管理 [M].北京：应急管理出版社，2020.

[10] 中国安全生产科学研究院.安全生产法律法规 [M].北京：应急管理出版社，2020.

[11] 中国安全生产科学研究院.安全生产专业实务：建筑施工安全 [M].北京：应急管理出版社，2020.

[12] 廖亚立.建筑工程安全员培训教材 [M].北京：中国建材工业出版社，2010.

[13] 王海滨.工程项目施工安全管理 [M].北京：中国建筑工业出版社，2013.

[14] 门玉明.建筑施工安全 [M].北京：国防工业出版社，2012.

[15] 高向阳.建筑施工安全管理与技术 [M].北京：化学工业出版社，2012.